河南省"十二五"普通高等教育规划教材

新编大学生心理健康教育

主　编　王文鹏　贾喜玲　刘秋云
副主编　翟居怀　王永铎　魏双锋　朱黎娅

科学出版社
北京

内 容 简 介

本书以学生心理素质培养为目的，解决大学生成长中的心理困惑。全书共十三章，内容包括导论、大学生的自我意识、人际交往与沟通、情绪管理、心理压力与挫折应对、大学生的学习心理、恋爱与性心理、大学生审美心理的塑造、生活生涯与职业生涯、人格完善与心理健康、心理障碍与精神疾病的认识及防治、大学生的应急与心理危机，以及珍爱生命、探寻人生。

本书可作为普通高等学校心理健康课程教材，也可作青少年通俗读物，还可供相关人员参考使用。

图书在版编目(CIP)数据

新编大学生心理健康教育 / 王文鹏，贾喜玲，刘秋云主编. —北京：科学出版社，2014

河南省"十二五"普通高等教育规划教材
ISBN 978-7-03-041542-4

Ⅰ. ①新… Ⅱ. ①王… ②贾… ③刘… Ⅲ. ①大学生－心理健康－高等学校－教材 Ⅳ. ①B844.4

中国版本图书馆CIP数据核字(2014)第177447号

责任编辑：相 凌 乔艳茹 / 责任校对：刘亚琦
责任印制：霍 兵 / 封面设计：华路天然工作室

科学出版社 出版
北京东黄城根北街16号
邮政编码：100717
http://www.sciencep.com

三河市荣展印务有限公司 印刷

科学出版社发行 各地新华书店经销
*

2014年8月第 一 版 开本：787×1092 1/16
2020年8月第七次印刷 印张：18 1/2
字数：439 000

定价：37.00元
(如有印装质量问题，我社负责调换)

本书编委会

主　编：王文鹏　贾喜玲　刘秋云

副主编：翟居怀　王永铎　魏双锋　朱黎娅

参　编（按姓氏笔画排序）：

　　　　王文鹏　王永铎　王冰蔚　王艳荣

　　　　刘秋云　朱黎娅　吴　丹　张高峰

　　　　陈富立　贾普君　贾喜玲　翟居怀　魏双锋

前　言

亲爱的大学生朋友们，站在大学这个人生旅途中的第一个驿站，蓦然回首，家的港湾已飘然远去；举目前望，人生之路漫漫，前路未卜……身处异境，也许你会心感新奇，豪情万丈；也许你会屡屡受挫，备感迷惘、忧伤……

年轻的大学生朋友们，大学，对你们来说，是一段新旅程的开始，是人生成长发展过程中具有重要转折意义的一个关键时期，不管你愿意与否，在这里，你都要开始独立地面对真实的生活。

年轻的大学生朋友们，你们看似是一个充满浪漫与轻松的群体，事实上却是一个承受巨大压力的特殊群体，年轻的心灵承受着学业、事业、情感、生活等多种压力。而在大学，这个你的人生的第一个驿站里，你又会遇到许多问题，滋生许多烦恼，诸如人际关系、情感问题及人生方向等。面对种种问题，你会因阅历不深，对生活中的困难或障碍估计不足，在残酷的现实面前，你脆弱的心灵也许会不堪一击，瞬间崩溃，你的远大理想、抱负、对未来美好的憧憬与向往也会随之像那东流水离你而去。

西方有句谚语："一切的成就，一切的财富，都始于健康的心理。"也就是说，一切财富的获得和事业的成功都源于健康的心理，心理健康是人生快乐、幸福、成功的基础和前提，对于现代人来说，心理健康的意义已远远超过躯体健康。

事实上，大学生的心理问题已凸显成为全社会关注的焦点。为了帮助年轻的大学生朋友们勇敢地面对真实的生活，自如应对成长中的诸多烦恼，自主解决自己的人生难题，我们组织长期从事相关教学实践的学者、心理咨询师在参考并吸纳国内外学者许多有价值的相关研究成果的基础上，突破以往教材的模式，结合大学生的心理活动规律和课堂教学特点，本着理论性与实践性相结合、知识性与趣味性相结合的原则编写了这本《新编大学生心理健康教育》，教材围绕大学生的自我意识、人际交往、情绪管理、心理压力、学习心理、恋爱与性心理、审美心理、生活生涯与职业生涯、人格发展、心理障碍、精神疾病、应激与心理危机、人生探寻等问题进行了科学的分析与阐释，内容设置几乎囊括了大学生朋友们从入校到毕业可能遇到的各种心理问题，并根据每个问题设计了理论引入、心海导航、心理案例、哲理故事、实验实训、心理游戏、情景剧场、心理美文、心理测试、调适技巧等版块内容，版块设计新颖，让人耳目一新；全书根据章节内容穿插了生动图片于其中，结构独特，内容丰富，体系完整，时代感强，既有利于阅读、掌握理论知识，也有利于课堂实训的组织；既有利于教师教学，也有利于学生自学。它是一本心理百科，丰富的版块内容极大地开阔了学生的视野，是献给大学生朋友们的一场心灵盛宴。

本教材由王文鹏（平顶山学院）、贾喜玲（河南科技学院）、刘秋云（河南科技学院）同志任主编，负责本书的编写方案、提纲及统稿与校对，由河南科技学院的翟居怀、王永铎、魏双锋、朱黎娅同志任副主编，协助统稿与校对等工作，由平顶山学院的王文鹏、河南科技学院的贾喜玲、刘秋云、翟居怀、王永铎、魏双锋、朱黎娅、张高峰、吴丹、贾普君、陈富立、王冰蔚、土艳荣同志负责各章节的撰写。本书虽名为《新编大学生心理健康教育》，但也阐述了个体的心理理论、应对策略、调适技巧等方面的理论，是读者朋友们的心理导航仪，读者朋友们可以借助本书完成自我学习、自我教育、自我调节，感受心理成长的快乐。所以，本书既可以作为各类大中专院校心理健康教育方面的教材，也可以作为关注自身心理成长的青年朋友们和教育工作者的有益读本。

由于心理健康教育是一个新兴领域，同时限于时间与水平，本书难免有不足之处，敬请各位专家、同行和读者批评指正。同时，我们也希望通过本书与广大从事心理健康教育的专家、教师和关心大学生心理健康的朋友们相识，共同探讨，共同提高，共同为大学生的成长、发展奠定健康的心理之路。

王文鹏
2014 年夏

目 录

- 第一章　导论 ·· 1
  - 第一节　心理健康概论 ·· 1
  - 第二节　心理咨询与治疗 ·· 7
  - 第三节　心理咨询与治疗的常用技术 ·· 9
- 第二章　大学生的自我意识 ··· 15
  - 第一节　自我意识的概述 ·· 15
  - 第二节　大学生自我意识常见问题 ·· 21
  - 第三节　大学生自我意识的完善 ·· 31
- 第三章　人际交往与沟通 ··· 39
  - 第一节　人际交往概述 ·· 39
  - 第二节　人际沟通概述 ·· 45
  - 第三节　做交流与沟通的智者 ·· 51
- 第四章　情绪管理 ··· 59
  - 第一节　情绪概述 ·· 59
  - 第二节　情绪管理的策略 ·· 67
  - 第三节　常见情绪困扰与调控 ·· 75
- 第五章　心理压力与挫折应对 ··· 86
  - 第一节　压力认知 ·· 86
  - 第二节　挫折认知 ·· 91
  - 第三节　心理挫折的应对 ·· 98
- 第六章　大学生的学习心理 ··· 109
  - 第一节　学习概述 ·· 109
  - 第二节　影响学习的非智力因素 ·· 114
  - 第三节　大学生学习心理问题及调适 ·· 119
- 第七章　恋爱与性心理 ··· 131
  - 第一节　情感概述 ·· 131
  - 第二节　大学生情感心理问题 ·· 137
  - 第三节　性心理概述 ·· 149
- 第八章　大学生审美心理的塑造 ··· 170
  - 第一节　审美与人生发展 ·· 170
  - 第二节　大学生的审美心理 ·· 177
  - 第三节　健康审美心理的塑造 ·· 180

第九章　生活生涯与职业生涯 189
第一节　生涯规划概述 189
第二节　职业生涯规划的盲动与迷思 195
第三节　有效规划职业生涯 200

第十章　人格完善与心理健康 208
第一节　人格的概述 208
第二节　人格理论 216
第三节　健全人格的培养 222

第十一章　心理障碍与精神疾病的识别及防治 233
第一节　心理障碍概述 233
第二节　常见心理障碍的表现与治疗 235
第三节　精神疾病概述 245

第十二章　大学生的应激与心理危机 256
第一节　心理应激概述 256
第二节　心理危机概述 260
第三节　大学生的另一种危机状态——自杀 264

第十三章　珍爱生命　探寻人生 270
第一节　认知生命 270
第二节　珍爱生命 274
第三节　探寻人生 281

参考文献 286

第一章 导论

大学生活是人生中最丰富多彩、绚丽多姿的一段时光，这个阶段不仅是大学生的人生转折点，也是成长、成才的关键期。大学生处于人生观、世界观、价值观的形成、稳固阶段，面对纷繁错杂的社会，心理上容易产生波动。一方面，大学阶段是大学生心理的"断乳期"，要独立地面对生活、学习的压力，独自处理个人事务，凡事不再有师长全程督促；另一方面，随着经济和社会的迅速发展，诸多社会转型期的特殊问题和社会上的不良现象等形成的浮躁心态也逐渐渗透进了校园。这些都对大学生心理健康产生潜移默化的影响，如果处理不当，很容易成为心理健康的隐患。

第一节 心理健康概论

我国政治、经济、文化的飞速发展，给当今社会结构、家庭结构、人际关系、职业生涯等方方面面带来了巨大的变化。除了丰富多彩的现代化生活方式之外，也产生了更多的压力和困惑，这导致现代社会中人们心理方面的问题逐渐增多起来，如今心理健康问题已逐渐受到社会大众的关注。

一、心理健康的含义

健康是人们永恒的追求，不论是古代帝王对"长生不老术"的痴迷，还是现代医学技术、心理学技术的持续发展，其原动力都是人类对健康的期望。健康的概念在不同的历史时期有着不同的含义。古代人平均寿命较短，长寿便是健康；到了现代，人的平均寿命大大增加，"保持身心愉悦，提高生命质量"就成为健康的主要标准。

（一）健康的概念

1948年，世界卫生组织在《世界卫生组织宪章》中指出："健康不仅是免于疾病和虚弱，而且是保持身体上、精神上和社会适应方面的完美状态。"

1989年，世界卫生组织深化了健康的概念，认为健康包括躯体健康、心理健康、社会适应良好和道德健康，要求人们不能仅以躯体状态来评判一个人的健康，而应从以上四个方面进行综合评判。

由此可见，健康是一个随着人类社会发展而不断发展、不断完善的概念。生理健康是健康的必要条件，当人的生理产生疾病时，心理也必然受到影响，会情绪低落、烦躁不安并容易发怒，从而导致心理不适；同样，长期心情抑郁、精神负担重、焦虑的人也易产生身体不适。只有当一个人生理、心理和社会适应、道德状况都处于和谐状态时，才算真正健康，这是对健康概念科学、完整的定义。

健康的外在表现：五快三良

五快：吃得快、便得快、睡得快、说得快、走得快；

三良：良好的个性、良好的处世能力、良好的人际关系。

（二）心理健康的概念

心理健康（Mental Health），又称精神卫生，在20世纪已经成为医学、心理学界研究的热点。心理健康作为健康的一个子范畴，其内涵也在不断地充实和完善。

1946年，第三届国际心理卫生大会把心理健康定义为："心理健康，是指在身体、智能以及情感上与他人的心理健康不相矛盾的范围内，将个人心境发展成最佳的状态。"具体表现为：身体、智力、情绪十分协调；适应环境，人际关系中彼此能谦让；有幸福感；在工作和职业中，能充分发挥自己的能力，过有效率的生活。

心理学家英格里斯认为："心理健康是指一种持续的心理情况，当事者在那种情况下，能做出良好的适应，具有生命的活力，并能充分发挥其身心的潜能，这乃是一种积极的丰富的情况，不仅只是免于心理疾病而已。"

荷兰心理学家麦格尔认为，心理健康是指人们对于环境及相互间具有最高效率和快乐的适应情况，不仅是要有效率，也不仅是要有满足感或能愉快地接受生活的规范，而是需要三者兼备。心理健康的人应能保持平静的情绪、敏锐的智能、适于社会环境的行为和愉快的气质。

美国人本主义心理学家马斯洛将理想的心理健康状态看做自我实现，即人的所有潜能的充分实现与人的不断成长。

《简明大不列颠百科全书》指出，心理健康是指个体心理的本身及环境条件许可范围内所能达到的最佳功能，但不是十全十美的绝对状态。

2007年，世界卫生组织官方网站对"精神卫生"一词的释义是："精神卫生不仅仅是无精神障碍。其定义指一种健康状态，在这种状态中，每个人能够认识到自己的潜力，能够应付正常的生活压力，能够有成效地从事工作，并能够对其社区作贡献。"

综合上述观点，我们可以从广义和狭义两种角度来理解心理健康。从广义上讲，心理健康指一种高效而满意的、持续的心理状态；从狭义上讲，心理健康指人的认知、情感、意志、行为、人格完整和协调，能适应所处的社会环境。

（三）亚健康

过去人们将健康与疾病看成非此即彼的两个极端，健康与疾病是一对相反的状态，彼此没有交集。随着健康观念的逐步成熟，人们更倾向于将健康看做一个连续的状态，在健康状态与疾病状态之间有一个很大的混合空间，称为亚健康状态，或者"第三状态"。亚健康形成的原因包括生理因素、心理因素、社会因素，以及不良的生活习惯和行为的因素。具体情况可能有：

（1）长期高强度和无休止的学习、工作，使机体各脏器处于长期超负荷的状态，体质虚弱。

（2）长期面临压力，如学业压力、情感压力、就业压力，如果压力长期不能得到缓解，就会对身体产生影响，其中对神经、免疫、胃肠、心血管及内分泌等系统影响较大。

（3）有不良的生活习惯和行为，如抽烟、酗酒、晚睡晚起、生活无规律等。

小测验：亚健康的一些表现

（1）是否经常头疼？
（2）是否忘性大？
（3）是否胃口不好？
（4）是否感到孤独？
（5）是否怕单独出门？
（6）是否过分担忧？
（7）是否感到比不上别人？
（8）是否有时脑子变空了？
（9）是否不能集中注意力？
（10）是否容易烦恼和激动？
（11）是否头脑中有不必要的想法盘旋？
（12）是否有想摔坏或破坏东西的冲动？
（13）是否曾有想打人、伤害他人的冲动？
（14）同异性相处时是否感到害羞、不自在？
（15）是否感到别人对你不友好、不喜欢你？

二、心理健康的标准

心理健康作为健康概念的重要内容，已经成为当代人生活质量高低的一个主要指标。如何才能判断一个人的心理健康与否？接下来让我们来探讨心理健康的标准。

（一）心理健康的标准

由于心理健康标准因文化、地域、个体的不同而存在差异，迄今为止，关于心理健康没有一个统一的标准，以下几种标准可供我们参考。

（1）美国心理学家阿尔波特给健康的人格提出了六项标准：① 自我广延的能力。健康成人参加活动的范围广，他们有许多朋友、许多爱好，并且在政治、社会或宗教方面也颇为积极。② 与他人热情交往的能力。健康成人与他人的关系是亲密的，但没有占有欲，没有嫉妒心；有同情心，能够容忍自己与别人在价值观与信念上的主要差别。③ 情绪上有安全感，能自我认同、自我承认。健康成人能忍受生活中不可避免的冲突和挫折，经得起不幸的遭遇。他们对自己也是有积极的意象：即自我形象或对自己的看法。④ 表现具有现实性知觉。健康成人看待事物是根据事物的实际情况，而不是根据自己希望的那样看待事物。这种人看待情境及顺应情境都是极为明白的，是"明白人"，不是"糊涂人"。⑤ 具有自我个体化的表现。

健康成人对自己的所有和所缺都十分清楚。他们理解真正的自我与理想的自我之间的差别，也知道自己如何看待自己与别人如何看待自己之间的差别。⑥ 有一致的人生哲学。健康成人需要有一种一致的定向，为一定的目标而生活，有一种主要的愿望。这种定向在性质上不一定是宗教的，而意识形态、哲学、信念、生活的预感或前景等都能对人的一切行动产生创造性的推动力。

（2）人本主义心理学家马斯洛提出心理健康标准有十条：① 有足够的自我安全感；② 能充分地了解自己，并能对自己的能力做出适度的评价；③ 生活理想切合实际；④ 不脱离周围现实环境；⑤ 能保持人格的完整与和谐；⑥ 善于从经验中学习；⑦ 能保持良好的人际关系；⑧ 能适度地发泄情绪和控制情绪；⑨ 在符合集体要求的前提下，能有限度地发挥个性；⑩ 在不违背社会规范的前提下，能恰当地满足个人的基本要求。

（3）根据目前世界卫生组织有关专家的研究，对人的心理健康的评判有七条标准：① 智力正常；② 善于调节和控制情绪；③ 具有坚强的意志品质；④ 人际关系和谐；⑤ 能动地反映和改造现实环境；⑥ 人格的完整与健康；⑦ 心理行为符合年龄特征。

从以上几种说法可以看出，一个心理健康的人必须具备两个基本条件：一是能融入社会，与他人及所处社会环境协调一致；二是能够保持认知、情感、意识、行为等心理活动的协调统一，并具有相对稳定性。除此之外，在不同的文化背景、不同的地域、不同的社会群体中都存在与各自所处环境相适应的其他要求。

> **心理词典：全国大学生心理健康日**
>
> 教育部、团中央确定每年的5月25日为"全国大学生心理健康日"。"5·25"谐音"我爱我"，是提倡大学生爱自己、珍爱自己的生命，并由爱自己发展到关爱他人、关爱社会。

（二）大学生心理健康的标准

大学生年龄一般在18~25岁，正处于青年中期。总体来看，大学生群体的智力水平较高，求知欲望强烈；思想积极向上，乐观自信，富有朝气和活力；关心国家大事和社会发展，对未来充满了希望和憧憬；自我意识较强，注重关心自我、展示自我。大学生作为现代社会的重要组成部分，对政治经济环境变化、社会发展变迁的反应也是最迅速、最明显、最强烈的。目前在少数大学生中出现了一些心理健康方面的不和谐现象，如极端个人主义、抗挫折能力差、人际适应能力差、感恩能力差等。我们可以用一些心理健康的参考标准来对照和衡量自己，通过合理的自我评价与反思不断提高自己的心理健康水平。一般来说，判断大学生心理健康的程度，可以从以下四个方面来看。

（1）经验标准。即个体按照自己的主观感受来描述、判断自己的心理健康状况，研究者凭借自己的经验对当事人的心理健康状态进行判断。经验标准重在衡量主观心理感受。由于个体所处的社会环境、文化环境、成长经历不尽相同，所以经验标准更强调个体差异，在实际的判断操作中对研究者的经验有较高的要求。

（2）社会适应标准。以某一社会群体中大多数人的心理健康的外在表现为参照标准，观察个体是否适应所处环境，以此作为心理是否健康的判断标准。例如，一个正常的大学生，应当具有独立生活与处理生活中面临的事务的能力,而如果有的大学生生活能力低下,不能正常安排自己的日常生活,这便需要引起重视。大学生不但需要有正确观察、判断、认识、处理的能力,还需要有根据自身情况与周围社会环境的适配情况,进行协调适应的能力。

(3)统计学标准。所谓统计学标准,是将个体的心理特征通过一定的测量手段化为可测量的数据,并将此数据与大量正常人心理特征测量值的常模进行比较,查看个体心理测量数据是否在正常范围内。

(4)自身行为标准。个体在以往生活中逐渐形成的较为稳定的行为模式,是否具有与年龄、角色相适应的心理行为特征,也是判断的一个标准。

正确理解大学生心理健康标准应注意以下三个方面:一是标准的相对性;二是心理活动的整体协调性;三是个体心理健康的发展性。心理健康与否并无明显的区别,它是一个不可分割的连续过程,大多数人在大多数时间里都不是处于完全健康或完全不健康的状态。这也是心理健康没有一个权威的统一标准的重要原因。个体出现心理问题属于正常现象,只要能够提高心理健康维护的意识和能力,及时进行调适,不会对生活造成太大影响。心理健康与否的判断,应以心理活动、心理特征、外在行为分析为基础,考察个体心理活动的整体协调性。心理健康的个体,其心理活动是完整、协调、统一的,这种整体协调保证了个体认识世界的准确性和有效性。不健康、不协调的心理活动和心理冲突是正常个体发展过程中不可避免的阶段性问题,随着个体的心理成长,以及个体的调适能力增强,心理活动将趋于健康和协调。

三、心理健康的维护途径

目前社会上还没有形成对心理健康特别重视的氛围,包括社会公众、学生家长甚至大学生本人往往较多地关注生理健康,而忽视心理健康。大学生心理健康问题主要来源于学习、生活、情感及竞争等各方面压力,压力如果处理不当,可能会引发焦虑、恐惧、烦躁甚至厌世等心理问题。

大学生心理健康的维护主要有以下三种途径。

(一)自我心理健康维护

(1)保持健康的生活方式。一是生活有规律,合理作息,保证睡眠;二是平衡膳食,注意营养搭配,保持体重正常;三是科学用脑,合理安排各项活动,提高学习效率,避免用脑过度;四是积极休闲,愉悦身心;五是适量运动,积极锻炼。大学生不健康的生活方式包括沉溺于电子信息产品(包括社交网站、各种游戏等)、饮食不规律(常见的包括不吃早餐、暴饮暴食、节食瘦身、抽烟酗酒等)、生活不规律(包括晚睡晚起、长期不从事体育运动等)。

(2)保持良好的人际关系。通过人际交往,人们可以同外界保持密切的联系,获得理解、信任和友谊,摆脱孤独、寂寞,形成积极向上的心态,有效地促进心理健康。

(3)积极进行自我心理调适。自我调适是指个体根据客观需要和主观愿望,主动调节心理过程及认识体系,以保持与社会发展、周围环境变化基本一致。自我调适就像是天平上的砝码,人们通过不断的自我调适,能够达到和谐的心理状态。自我心理调适是解决大学生心理问题的直接途径之一,在心理问题化解过程中具有不可替代的作用,最好的"心理咨询师"实际上是大学生自己。

（二）学校心理健康教育和心理咨询服务

（1）开设心理健康教育课程，树立心理健康意识。学校通过建立健全心理健康教育课程体系和心理素质拓展体系，来提高学生心理健康意识。从学生踏入校门起，学校应该根据大学生的特点和需要开设心理健康教育课程。

（2）通过专题报告、讲座、广播电视、校报橱窗、网络平台等各种途径普及心理健康教育知识。通过多渠道的教育方式，引导大学生了解心理知识，学会心理调适，寻求心理发展，培养自尊、自爱、自律、自强的优良品格，增强克服困难、承受挫折的能力。

（3）通过心理咨询机构提供心理咨询及指导服务。高校心理咨询中心负责学生心理健康普查与建档、心理健康知识宣传与教育、心理辅导与咨询等日常工作。心理咨询中心也可以指导学生成立心理协会或其他心理互助社团，开展心理健康活动，宣传和普及心理健康知识。

（4）强化大学生心理问题预防与干预机制，构建完善的工作体系。心理问题的发现、干预要有快速反应机制保障，才能确保及早发现并处理问题。实践表明，大学生心理问题的发现、干预仅靠辅导员或心理咨询老师是远远不够的，同宿舍、同班同学往往是问题的最早发现者，也是跟踪关注、朋辈互助、沟通支持最直接有效的实施者。因此，发挥宿舍成员的作用，设置班级心理信息员，构建"宿舍-班级-院系-学校"四级预防预警工作体系，是及早发现、解决大学生心理问题的有效措施。

（三）社会支持

社会支持是指个体通过社会联系，如家庭成员、朋友、社会心理互助团体的支持和帮助，所获得的能减轻心理应激反应、缓解精神紧张状态、提高社会适应能力的精神和物质力量。

社会支持是维护大学生心理健康的重要途径。马斯洛的需求层次理论认为，个体的需求从低到高的层次依次是生理需求、安全需求、社交需求、尊重需求和自我实现需求，这些需求只有在良好的人际关系和社会支持系统中才能得到更好的满足。和谐的人际关系使人感到温暖、安全、愉快，在这样的条件下，人的积极性和创造性能够得到正常甚至超常的发挥。相反，如果人际关系中充满了冷漠、排斥和敌意，那么人就会感到压抑、焦虑、烦恼，从而影响人的正常生活。因此，社会支持不仅直接影响到大学生的身心健康，而且还会直接影响到他们大学期间的学习和生活状态。有效的社会支持在学生的成长过程中发挥着很大的作用，对大学生的心理健康具有积极意义。社会支持主要有朋辈互助和家庭支持两种形式。

（1）朋辈互助。即通过开展同辈心理辅导而形成的心理互助模式。同辈心理辅导是由受过训练或受过督导的非专业人员（心理辅导员或班级心理健康委员）在周围年龄相当的同学中开展具有心理咨询功能的服务，帮助同学解决一般的心理困扰，形成学生群体的互相帮助、互相关怀和互相支持的局面，最终实现学生"互助"成长的模式。现在的大学生通常都远离父母，身边每天接触最多的就是周围的同学。这些朝夕相处的同学是大学生人际互动的主要对象，也是大学生生活中的重要组成部分。朋辈心理辅导具有接纳性强、实施方便等特点，在心理问题预防和干预中具有不可忽视的独特作用。在朋辈互助的过程中，个体能够获得较高的情感支持，在解决大学生心理问题的过程中也能发挥较好的作用。

（2）家庭支持。大学生在遇到困难时会向家人、亲友寻求精神上的理解和安慰。我们在工作中也发现，部分大学生心理问题是源自家庭的，因此在大学生心理健康的维护中，家庭需要发挥更大的作用。随着独生子女的增多以及离婚率的上升，家庭环境的作用在大学生心理危机中的影响不可轻视。因此，大学生自我心理调适要充分重视家庭支持的作用，利用家庭成员、亲友提供心理和情感上的支持，运用亲情的力量唤醒大学生战胜心理问题的信心，重建和谐的精神状态。

第二节 心理咨询与治疗

心理咨询与治疗是保持心理健康的重要途径，全面、科学地认识心理咨询与治疗，也是建立正确的心理健康概念的基本要求。社会大众目前对心理咨询与治疗的了解程度较低，甚至存在片面和错误的认识。

一、心理咨询与治疗的含义与原则

心理咨询与治疗的对象主要是遇到心理问题或心理危机的正常人，他们只不过是遇到了暂时性的心理调适困难，但是许多人却总把心理咨询与"心理失常的人"联系在一起，这种看法是片面和错误的。作为大学生，我们应该如何看待和认识心理咨询与治疗呢？

（一）心理咨询与治疗的含义

由于心理咨询的范围广、形式灵活，所以难以确立严格而权威的定义，不同的学者往往根据自己的知识和经验来对其进行界定。罗杰斯认为："心理辅导是一个过程，其间辅导者与当事人的关系能给予后者一种安全感，使其可以从容地开放自己，甚至可以正视自己过去曾否定的经验，然后把那些经验融合于已经转变了的自己，做出统合。"黎奥尼·泰勒认为，"咨询是一种从心理上进行帮助的活动，它集中于自我同一感的成长以及按照个人意愿进行选择和做出行动的问题"。心理咨询本质上是一个"助人、自助"的过程，是咨询师对来访者进行了解、理解、支持和帮助，促成来访者自己改变认识和行为的过程。在心理咨询过程中，来访者并非学习到了某种知识技能，也不是获得了道德上的教诲。咨询师给来访者的是一种特殊的帮助，即通过心理咨询的完整过程，使来访者以"正确"的思维方式和角度思考问题，用恰当的方式表达思想感情，采取适当的行为方式适应周边环境，建立和谐的人际关系，等等。因此，心理咨询是一个"对话、交流、启迪、促进、改变"的过程。

关于心理治疗的概念，不同学者的定义也各有侧重。沃尔培格把心理治疗定义为：心理治疗是针对情绪问题的一种治疗方法，由一位经过专门训练的人员，以慎重认真的态度与病人建立一种职业性的联系，以消除、矫正或缓解现有的症状，调节异常的行为模式，促进积极的人格成长或发展。我国的学者一般认为，心理治疗是指在良好的医患关系的基础上，由经过专门训练的治疗者运用心理治疗的有关理论和技术，通过语言、文字、表情、姿势、行为及周围环境的作用，来改善和消除患者的病理心理状态和行为，以及由此而引起的躯体症状，促进其人格向健康、协调的方向发展。

心理咨询与心理治疗有区别，也有联系，同时，心理咨询和心理治疗也难以严格地区分开来。心理咨询和心理治疗的相同点在于运用的理论和方法往往是一致的，都注重建立帮助者与求助者之间的良好关系，都是通过双方的互动增进求助者身心健康，而且二者工作的对象常常是相似的。不同点在于，心理咨询与心理治疗的求助者面临的问题的严重程度不同、帮助者的身份和所处场所不同、所解决问题的性质不同、解决问题所需时间长短不同。心理咨询与心理治疗虽然有一定的区别，但这些区别只是相对的、人为的，它们之间并无明确的界限。因此，二者很难截然分开。目前在我国的许多心理咨询机构中实际上也在进行心理治疗的工作，二者往往结合在一起，相互穿插、渗透，共同进行。特别是在心理咨询过程中，对有轻度心理障碍和精神症状的病人，往往在咨询中也给以心理治疗，或者在心理治疗后继之以心理咨询，所以二者是紧密联系的。越来越多的心理咨询与治疗的工作者倾向于认为二者没有本质的区别。如果有区别的话，也是问题的程度、范围及侧重点的差别，在本书中对二者也不作严格的区分。

（二）心理咨询与治疗的原则

1. 保密性原则

保密性原则是心理咨询中最为重要的原则，它既是咨询师与来访者确立相互信任的关系的前提，也是高校心理咨询活动顺利开展的基础。在非必要的情况下，咨询师必须充分保护来访者的利益和隐私。当然，保密原则也并不是绝对无条件的，假如来访者有明显自杀意图或攻击性行为，咨询师就有必要与学校相关人员沟通信息，采取适当的保护性措施，以避免恶性事故的出现。

2. 信赖性原则

信赖性原则指咨询师应以互相尊重、互相信任、平等交流的态度和行为对待来访者，努力和来访者建立起互相信赖的关系，从而保证心理咨询活动的顺利开展。

3. 主体性原则

心理咨询中，咨询师要以来访者为主体设计咨询的过程，引导来访者进行自我分析、自我判断，在此基础上进一步提出供来访者采纳的建议，使来访者主动地将咨询师的引导、建议转化为自己的行动。

4. 时间限定原则

为了保证咨询效果，心理咨询要遵守一定的时间限制。心理咨询的时间一般规定为 50 分钟或 60 分钟（初次咨询时间可以适当延长），原则上不能随意延长咨询时间或咨询间隔。电话咨询原则上限定为 30 分钟。当然，咨询时间的限定也不是绝对的，根据实际情况，有时可以缩短时间和间隔，适当增加咨询次数。

二、心理咨询与治疗的对象与范围

我国学者张人骏等在《咨询心理学》一书中指出："心理咨询的对象主要是正常人及能够接受咨询帮助的轻微精神病患者，幼儿及不能合作或无法自诉、交谈的精神病患者，不能作为心理咨询的直接对象，但可以通过其父母、家属或亲友、同事陪伴，给予间接的心理咨询的指导意见。"所以，心理咨询的对象应包括以下几种情况：

一是正常人。当人们在工作、学习和生活中遇到难以解决的问题和生活事件时，会产生情绪困扰和心理应激，如果无法自行摆脱心理困扰时，就需要心理咨询师的帮助，以维护心理健康状况。人们为了提高心理素质，更好地发挥心理潜能，也会求助于心理咨询师。这些来访者可能分布在不同的年龄阶段、行业和地域，这些人是心理咨询的主要对象。

二是有心理障碍和轻微的心理疾病患者，主要是患有轻度的神经或精神疾患，这些患者通过认知、情感、意志和行为等方面疏导、调整或矫治，可以完全恢复心理健康状况。

三是精神病康复期的患者。对精神病患者的治疗进入康复阶段时，可以通过心理咨询的方式促进其康复，帮助他们尽快地适应社会生活，这些也是少数对象。

从上述情况可以看出，心理咨询的对象主要是正常人，他们不一定是病人，因此常称为来访者或求助者，上述后两种情况属于少数对象，可能需要花费咨询师较多的时间和精力，但不是心理咨询的重点对象。

第三节 心理咨询与治疗的常用技术

在长期的实践过程中，心理咨询与治疗形成了丰富的理论、技术和方法。据统计，目前已被使用过的咨询和治疗方法就达250多种。虽然不同的心理咨询与治疗工作者实际使用的方法很多，但诸多方法背后的理论基础相对集中，比较有代表性的理论流派包括精神分析理论、行为主义理论、认知心理学理论和人本主义理论。

一、精神分析理论常用技术

精神分析理论，又称心理分析或心理动力学理论，是20世纪初由奥地利著名医师、精神分析学家弗洛伊德创立的。精神分析疗法是所有心理咨询理论中最早形成的，已经作为心理咨询与治疗的基础理论渗透到实践中。今天所采用的几百种不同的治疗技术，都或多或少地从精神分析理论中吸取了某些基本原则和技术。

弗洛伊德认为，人的心理分为潜意识、前意识和意识。潜意识是心理活动的底层结构，包括了人类的本能及原始冲动。潜意识的内容往往与社会道德准则和行为规范相悖，因此通常被压抑，无法直接得到满足。前意识是介于潜意识和意识之间的一部分内容，充当潜意识和意识的"警卫"，不允许潜意识领域的内容随便进入意识领域。意识是心理活动的表层，面向外部世界，直接表现出人的心理活动状况。

精神分析理论认为，神经症的根源在于被压抑的潜意识的心理冲突，其治疗原理是通过精神分析，使来访者的潜意识动机转变为意识，使其真正领悟到"症状"的真实含义，找到心理问题的症结，这样症状即可消失。

精神分析治疗的方式一般是在安静舒适的房间，让来访者进入放松的状态，咨询师随时倾听和观察来访者的表现，周围环境要安静，一般不应有其他人在场。精神分析理论所采用的技术主要包括自由联想、释梦法、移情、阻抗分析等。

（一）自由联想

自由联想是精神分析治疗最主要和最基本的方法，这种方法要求来访者随时把浮现在脑海的任何想法都毫无保留地说出来，不管这些想法是否荒谬、不道德甚至罪恶，也不管会多难堪、不合逻辑，表述没有顺序要求，只需要不假思索地"原样"说出来，以使来访者逐渐释放压抑在内心深处的隐私和情绪。咨询师对来访者所述内容进行分析和解释，帮助来访者揭示其中的潜意识动机，以及内心的矛盾冲突，从而揭示与"症状"有关的心理因素。

（二）释梦法

释梦法又称梦的分析。弗洛伊德认为，梦是有价值、有意义的心理现象。精神分析理论认为，梦的分析是了解潜意识内容和心理冲突的一种途径。弗洛伊德通过对梦境、现实之间关系的研究，提出了释梦理论，其标志是《梦的解析》的出版。他指出，在睡眠状态下，人的自我控制能力降低，在白天被压制的潜意识内容得以表现。潜意识内容在梦里不能直接出现，而是通过象征化、移置、凝结等方式以伪装的形式表现出来，因此需要对梦进行解释，以揭示梦境的真实含义。弗洛伊德根据释梦理论，将梦境分为显梦和隐梦两部分，显梦指梦境直接"看"或"经历"到的内容，隐梦则指显梦所代表的潜意识内容。梦的分析和解释的过程，是帮助来访者揭示梦所隐含的含义，从而了解潜意识的动机和欲望，找到心理问题的症结所在，进而解决问题。通过解释，可以使来访者对自己的心理问题有深入的了解，使来访者潜意识的心理内容达到意识领域，揭示其症状背后的潜意识动机，使来访者领悟心理症结的真正含义，以更有效的方式处理心理冲突和现实问题。

（三）移情

移情指在以精神分析理论进行心理咨询和治疗的过程中，来访者把自己对父母、亲人或生活中其他重要人物的感情转移到咨询师身上，把咨询师当做一个情感寄托者。移情分为正移情和负移情。正移情是指来访者正面情感的转移，如对咨询师表示依恋、友爱、同情等；负移情是指来访者负面情感的转移，如对咨询师产生敌意、不满、愤怒甚至仇恨。把握并有效利用移情所产生的效果是精神分析治疗的关键，咨询师可以通过移情近乎"直接"地了解来访者的人际关系、情绪反应状况；咨询师通过对移情的诱导分析，可以了解来访者潜意识中存在的心理冲突和问题的原因，从而有针对性地疏导来访者把潜意识中压抑的不良情绪和痛苦发泄出来，从而达到解决心理问题的目的。

（四）阻抗分析

在心理分析治疗的过程中，来访者往往会因为心理症结没有打开，对某些问题存在焦虑的记忆与认识的压抑，从而表现出对某些敏感话题的回避，这样的回避和不配合称为心理阻抗。心理阻抗是精神分析心理咨询过程中普遍存在的，它有两个方面的作用，首先是造成心理咨询与治疗活动的困难或中止，与此同时，心理阻抗也恰巧反映出了来访者心理症结所在，提示咨询师从何处着手化解来访者的心理症结。

二、行为主义理论常用技术

行为主义疗法，又称行为矫正法，是以行为主义理论为基础的心理咨询与治疗方法。行为主义疗法虽然出现的时间较晚，但发展和被人们接受的速度却很快，至今已成为最重要的心理咨询与治疗方法之一。在行为主义心理咨询与治疗中常用技术主要有放松疗法、系统脱敏法、冲击疗法、厌恶疗法和强化疗法等。

（一）放松疗法

放松疗法又称松弛疗法、放松训练，是通过特殊设计的训练程序，帮助来访者有意识地控制自身的心理生理活动、降低唤醒水平、改善机体紊乱功能的心理咨询与治疗方法。它既可以单独使用，以克服一般的身心紧张和焦虑，又可以合并到其他技术如系统脱敏法中使用，可帮助来访者克服焦虑症状、消除疲劳、稳定情绪。

（二）系统脱敏法

系统脱敏法主要用于治疗各种恐怖或焦虑症状，如害怕某些动物、考试焦虑、社交恐怖、广场恐怖等。系统脱敏法的原理是通过使来访者逐渐暴露在引发焦虑或恐怖的场景中，场景引发焦虑的程度由弱到强，通过"焦虑刺激—放松—缓解焦虑—加强焦虑刺激—再放松—缓解焦虑"的循环，通过"焦虑—放松"的连续呈现，使来访者在诱发焦虑的场景与放松的反应之间建立条件反射，从而使来访者即使暴露在原来引发焦虑或恐怖的场景中，也能够下意识地放松，从而不再感到焦虑和恐怖。

（三）冲击疗法

冲击疗法，又叫做满灌疗法、暴露疗法。这种治疗方法是让来访者长时间地想象恐怖的场景或直接置身于自己感觉到严重恐怖的环境，以加深来访者的焦虑程度，同时不允许来访者采取逃避行为。当来访者通过一段时间的适应，发现自己担心的灾难或痛苦并没有发生时，焦虑反应就随之消退。

最先报告使用这种方法治疗患者的是一名内科医生 Crafts，他在 1938 年出版的《心理学最新实验》一书中报告了一个成功的案例：有一个女患者，不敢驾驶和乘坐汽车，尤其是恐惧汽车通过桥梁和隧道。医生将她强行安置在汽车后座上，从她的家一直驶到自己的诊所，沿途桥梁接二连三，还要穿越长长的大隧道。途中患者极度惊恐，不断呕吐、战栗、叫喊，行驶 50 英里（约合 80.47 千米）后，以上反应减弱。返回途中，她几乎没有上述各种反应，她驾乘汽车的恐惧永远消失了。20 世纪 60 年代初，研究者又进行了一些临床试验，并正式将这种治疗方法命名为冲击疗法。

（四）厌恶疗法

厌恶疗法是将某些使来访者感觉到不适的刺激，通过直接作用或间接想象，与来访者需改变的不良行为症状之间产生联系，使来访者最终因对不适刺激的厌恶而放弃这种不良行为。厌恶疗法实际上是利用条件反射原理，使来访者认为不良行为与不适刺激之间有必然的因果关系，进而最终消除这种不良行为。由于不良行为常常可以给来访者带来短暂的满足和快感，这些满足和快意反复强化着那些不良行为，所以治疗所使用的厌恶刺激必须达到相当强烈的程度，使其产生的不愉快体验压倒原有的种种快感，才能达到削弱或消除不良行为的目的。

（五）强化疗法

强化疗法又称操作条件疗法，是指系统地应用强化的手段去增进某些适应性行为，以减弱或消除某些不适应行为的方法。例如，某一行为（适应性行为）若得到鼓励和奖赏，那么以后这个行为重复出现的频率就会增加；反之，得不到鼓励和奖赏的行为（不适应行为）出现的次数就可能减少。在实践中常用的强化方法主要有正强化法和消退法。

（1）正强化法。它通过反复的正面鼓励的强化手段，矫正来访者的行为，使之逐步接近某种适应性行为模式。具体做法是对好的行为给予奖励（正强化），奖励可以用食物、荣誉、表扬、鼓励等。比如，一看到小学生上课专心听讲，立即给以表扬奖励，使其逐步形成热爱学习的习惯。代币管制法是正强化法最常用的一种形式，它是利用强化原理促进更多的适应性行为出现的方法，是使用有形的、可得到实物奖励的一种正强化手段。代币是指可在一定范围内兑换物品的证券，如兑换券、小徽章，来访者可用这些换取自己所需的物品。代币管制法可用于集体治疗，以培养儿童的适应性行为。

(2) 消退法。它是对不良行为不予注意、不给强化，从而使该行为逐渐消失的治疗方法。例如，小孩子想要得到玩具或受到大人的关注，会以哭闹的方式引起大人注意，如果大人对此不予理睬，孩子看到哭也不能得到自己想要的玩具或关注，就会停止哭闹。

三、认知心理学常用技术

认知心理学疗法是根据认知心理学提出的认知过程影响情感和行为的理论假设，是通过认知和行为技术来改变病人不良认知的一种心理咨询与治疗的方法。

认知心理学理论认为，外部世界的刺激并不是直接作用于个体的心理活动，而是作为一种信息，经过个体认知的加工处理，从而引发各种情绪反应和行为表现。任何情绪与行为都是经过认知的加工而产生和维持的。当病人出现认知的局限和扭曲时，就会引起情绪的紊乱和行为适应不良，这时就必须通过纠正错误的认知过程和错误的观念来进行治疗。

认知心理学疗法适用于多种情绪障碍和心理疾病，如抑郁性神经症、焦虑性神经症、情景性紧张和焦虑、神经性厌食、性变态、偏头痛、慢性疼痛、酒精依赖等。认知疗法不宜治疗言语沟通及领悟能力低下的智能障碍者，年幼或年长者，以及精神病急性期患者。

（一）产婆辩论技术

这是心理医生与来访者就其不合理信念进行辩论的方法，源于古希腊哲学家苏格拉底的辩论术。产婆辩论技术让来访者说出其非理性的观点，然后针对其非理性的信念或思维方式进行归谬推理，或展开辩论，或因势利导，通过提问和面质，直至来访者的观点被驳倒，自愿放弃原来的错误信念和改变非理性的思维方式，以合理的观点代替那些不合理的观点。

（二）合理情绪想象技术

合理情绪想象技术通过引导来访者主动想象进入一个引起不适情绪的情境，并体验自己过度的情绪反应，再通过认识这种不恰当的情绪反应来改变自己对情绪反应的夸大或过度担心，启发来访者认识自己的观念与想象之间的关系，使其认识到想象的恐惧并不等于现实，改变不合理的认知可以消除对消极情绪反应的自我暗示。

（三）认知家庭作业

要求来访者结束咨询回家后对自己的不合理信念进行自我观察和自我分析，以延续和巩固咨询效果。主要形式有大同小异的 RET 自助表（RET self-help form）和自我分析报告（rational self-analysis，RSA）。认知家庭作业技术要求来访者根据自己在实际生活中所遇到的问题，先写出引发消极情绪的刺激事件（A）及其情绪和行为的结果（C），再找出与此相关的不合理信念和自动思维（B），尝试找出一些新的合理信念（D）来替代原来的B，按照新的信念和思维方式再来看事件A，看看情绪和行为可能会发生什么变化（E），即 ABCDE 治疗模式。

（四）识别负性自动思维

（1）垂直下降技术。来访者的不良情绪和反应背后潜藏的负性自动思维往往是导致其焦虑的原因，但是负性自动思维往往如同条件反射，来访者自己往往意识不到。如何识别负性自动思维呢？负性自动思维常具有一些特征，例如，总是问自己"如果……怎么办？"，这种思维导致来访者处于持续的紧张之中。如果咨询师使用"垂直下降技术"，不断地询问："如果那是真的，那会发生什么结果呢？"反复进行递进询问，可以挖掘出来访者心里底层的不合理信念或潜在的担心，一旦问题明确了，将有助于来访者削弱负性自动思维。

（2）角色扮演和互换。为了矫正负性想法，咨询师可以和来访者交替扮演正性和负性想法两个方面的角色。一般咨询师扮演有正性或理性想法的角色，让来访者扮演负性自动思维的角色，然后互换角色，让来访者尝试用理性的想法来辩驳和说服咨询师。通过几轮扮演训练，可以促进来访者对自己负性想法的察觉，并学习理性思维。

四、人本主义理论常用技术

人本主义理论中最常用的技术是来访者中心疗法，又称个人中心疗法和非指导性心理治疗，是由罗杰斯于20世纪40年代首创的一种心理咨询与治疗的方法。来访者中心疗法重视来访者的经验和主观世界，认为心理咨询和治疗的作用是帮助来访者意识到解决自己问题的能力只存在于他们自身，因此咨询师只要为来访者提供适当的心理环境和气氛，他们就能产生自我理解，改变对自己和他人的看法，产生自我导向的行为，并最终达到心理健康水平。

罗杰斯的来访者中心疗法有以下几个方面的特点：

（1）以来访者为中心。该理论主张由来访者主导心理咨询和治疗过程，所有的情况都是由来访者提供，咨询师并不是以医生或指导者的身份出现，而是一个有专业知识的伙伴或朋友。咨询师的任务是创造一种良好的气氛，使来访者感到放松、得到宽容，以及充分的理解与接纳，从而调动来访者的积极性，促进来访者的人格改变和成长。

（2）重视来访者的主观世界。咨询师应设身处地去理解来访者的内心世界和愿望，将自己的注意力集中在来访者的自我概念和经验的矛盾上，以促进其转变。

（3）重视咨访关系。咨询师应与来访者建立良好融洽的关系，给以真诚、无条件关怀和共情，才能取得良好的咨询效果。

（4）强调来访者有自我实现的潜力。该理论认为，来访者具有发现自己问题的能力，并且有自己找到适应现实生活途径的责任。咨询师的责任则是启发来访者认识到自己具备相应的能力和责任。

（5）咨询采用非指导性技巧。在咨询中反对操作和支配来访者，咨询师很少提问题，避免替来访者做决策；从来不给来访者回答问题，任何时候都由来访者确定讨论的问题；不提出需要矫正的问题，不发指令；不进行调查、解释或分析，咨询中不采集病史、不下诊断。

来访者中心疗法可以适用于有烦恼体验的正常人和部分精神病人。来访者中心疗法着眼于促进来访者的成长，具体帮助来访者进行自我探索，促进其自我概念向着更接近自我的经验、体验的方向发展。

（一）促进来访者心理成长的条件

在以来访者为中心的治疗中，有三种主要的促进来访者心理成长的条件，它们是真诚、无条件积极关注和共情。

（1）真诚。在与来访者的交谈过程中，咨询师应坦诚相待，做到表里如一，使来访者看到咨询师没有任何的隐瞒和作假，对咨询师产生充分信任。来访者才会把自己的感受和态度坦率地加以流露，进而产生内在的改变和成长，取得良好的咨询效果。

（2）无条件积极关注。无条件积极关注是指咨询师对来访者的积极态度，应该不附加任何条件地接受、关注和肯定来访者，不管其情感正确与否。这样的关注是没有任何先决条件的。在咨询过程中，不论来访者当时的直接感受如何，是混乱、怨恨、恐惧、恼怒还是骄傲，咨询师都应表示无条件地、积极地接受。心理咨询师通过对来访者无条件地积极关注，来消除他人附带条件的"关怀"给来访者的心中所形成的消极影响，从而恢复他们的自我评价和自我指导能力，这在来访者的转变过程中是非常重要的。

（3）共情。共情是指咨询师能够设身处地地理解和体验来访者的思想感情，站在来访者的角度体会他们的痛苦和矛盾。咨询师应能够及时准确地深入体察来访者的感受和情感，不仅能理解来访者自己意识到的意思，而且还能理解其本人觉察不到的意思。咨询师将这种体验和感受反馈给来访者，使来访者了解到咨询师已经理解和感受到其思想感情。共情有助于促进来访者深入探索自己真实的思想和情感，发掘自身潜能，使咨询和治疗取得成功。

以上三种促进心理成长的条件是互相联系、互相促进的。当来访者能够感受到真诚、无条件的积极关注和共情时，他也会关注、注意和接受他自己，能够脱下虚伪的面具，更加开放地体验到他自己，他的自我实现的能力和无条件的积极自尊就会随之产生。

（二）来访者中心疗法的咨询过程和技术

来访者中心疗法的咨询过程是由来访者自己决定的，例如，如何开始咨询、何时结束、是否继续咨询、下次咨询的时间等都尊重来访者的意愿。在咨询开始时，咨询师告诉来访者，他可以自由地决定谈什么，他可以谈他的过去，也可以不谈；如果他不愿意再说下去，可以相对沉默；如果他想宣泄情感，他可以用他认为合适的方式尽情地倾诉。咨询师对来访者的谈话要表示感兴趣和理解，以热情的态度耐心倾听，不干涉、不打断、不解释、不指责、不评论、不把自己的价值观强加于对方。在耐心倾听的过程中，咨询师可以做出情感反应，关注来访者的内心感受并反馈给来访者，通过点头、重复来访者谈话的要点、澄清其表达的情感等，鼓励他继续说下去。在这种温暖、真诚、宽松的气氛中，咨询师相信来访者自己就能认识到自身的价值，能够发现自己的问题，对自己的成长负责。

在来访者中心疗法的咨询中，并不追求特殊的策略和技术，而是把咨询的重点放在建立一种良好的咨访关系和适宜的交流气氛中。咨询师与来访者之间的关系是真诚坦率的、相互信任的，无条件地接纳对方，从而使来访者具有安全感，能够自由自在地表达个人内心的感情。通过咨询师真诚、无条件的积极关注和共情的理解，使来访者感到轻松、安全和自由，就会使其减少或消除防御心理和行为。来访者通过重新考察自己、探索自己的真实感受，从而达到一种领悟，这样个人的潜能就能发挥出来，进而消除由此造成的紧张、焦虑，以及引起的心理、生理反应和症状，促进个人的改变和成长。

罗杰斯对来访者中心疗法进行了系统的研究和总结，他认为成功的咨询会使来访者在人格和行为方面发生以下几方面的变化：

（1）来访者的内心更协调，自我防御减少，能更清楚地体察自身内部的感受，对经验采取开放的态度。

（2）来访者不再感到有威胁、紧张、焦虑。

（3）来访者变得更加自信，更能自主和负责，相信自己的命运由自己主宰。能妥善处理生活中的各种问题。

（4）行为更成熟，与人的关系更融洽，更能容忍他人，对挫折的容忍态度增加，改变自己的人格特征。

第二章 大学生的自我意识

探寻更多的关于自我、他我及二者关系的渴望，欲了解自己、他人、社会甚至整个世界、宇宙的奥秘。在这一章中，我们将以"自我意识"为主题，探讨它的内涵、发展过程、它与心理健康的关系，以及如何针对有关问题做出积极的调整。其间或许会有自我剖析的痛苦，但对自我认识上的突破，将使目标更加明确。

第一节 自我意识的概述

对自我的关注是人进步、成熟的表现，而认识自我的过程是复杂而又艰难的，但如果不去尝试揭开谜底，那将永远不能对自我、人生有一个清晰的认识，将糊糊涂涂地走下去。自我意识也称自我，是个体意识发展的高级阶段。

一、自我意识的概念

自我是心理学的重要内容。精神分析学派创始人弗洛伊德提出了"自我的三结构说"，即本我、自我和超我，从人格的三个维度上研究自我的发展。意识是人脑对客观事物的主观反映，意识既是心理学研究的重点，也是难点。与意识相对应的是"潜意识"，弗洛伊德曾用冰山比喻。意识只是冰山浮出水面的尖峰，而潜意识则是潜藏于海底的冰体，蕴藏深厚，但不被看到，在他的理论中强调了潜意识对人的发展的重要性。

美国心理学家詹姆斯提出，凡属于我或与我有关的事物都是自我的内容，如身体、品质、能力、愿望、家庭等，自我从物质自我、精神自我和社会自我三个层次起作用。

社会心理学家库利指出，自我是一面镜子，它可以从别人那里反映自己的行为，自我是经历无数次他人评价而形成的社会产物。而米德则认为，自我分为主体我（I）和客体我（Me），主体我代表每个人的自然特性而客体我代表自我社会的一面；主体我先于客体我形成，客体我形成需要很长时间，自我意识的发展包含主体我与客体我不断对话。

自我意识（self-consciousness）是意识的核心部分，就是对"自我的认知"，或者说是自己对自己的认知。它包含自我认知、自我评价和自我控制。如果再进一步简化，自我意识是对自己及自己与周围环境关系的认识，包括对自己存在的认识，以及对个体身体、心理、社会特征等方面的认识。这种认识是个体通过观察、分析外部活动及情境、社会比较等途径获得的，是一个多维度、多层次的心理系统。个体对自己的各种身心状态的认识、体验和愿望，具有目的性和能动性等特点，对人格的形成、发展起着调节、监控和矫正的作用。

二、自我意识的结构

自我意识包括三个方面：自我认识、自我体验、自我控制。如同意识表现为知、情、意的统一。自我认识主要指"我究竟是一个什么样的人？""我为什么是这样一个人？"；自我体验则主要指从情绪情感上对自己接受、认可的状况："能否悦纳自己？""对自己是否满意？"；自我控制则是要解决"如何有效地调控自己？""如何使自己成为一个理想的人？"的问题。三者紧密联系、相辅相成。自我意识各部分之间的关系见表2-1。

表2-1 自我意识不同分类对应关系表

自我	自我认识	自我体验		自我控制
		积极的	消极的	
生理自我	对自己身体、外貌、衣着、风度、所有物等的认识	俊、美、获得	丑、残、失去	追求外表、物质欲望的满足，维持家庭的利益，等等
社会自我	对自己的地位、角色、义务、责任、影响力等的认识	自信、自豪、主动、负责	自卑、自怜、孤立、嫉妒	与人竞争、追求名誉地位、争取良好的社会评价等
心理自我	对自己的智力、性格、气质、兴趣、能力、记忆、思维等的认识	聪明、敏捷、成熟	无知、迟钝、愚昧	追求信仰，谋求智慧与能力的发展，注意自己行为的规范

（一）自我认识

自我认识，即自己对自己的认识，包括自我认知和自我评价，前者是个体对自身各种状况的了解，后者则是对"自我"各方面的评估。一个人需要了解自己什么呢？概括地讲，有以下三个方面。其一，生理自我，也就是你对自身这样一个生物个体的基本认识。比如，独立个体的意识（"我"不同于他人、他物）、性别、年龄、发育状况、生理特征等。其二，社会自我，指对自身社会性要素的认识。人的本质即各种社会关系的总和，所以"社会自我"包含了你的各种社会关系及由此产生的相应的各种社会角色、所生活的社会文化环境和社会定位。其三，心理自我，就是对自身心理状况的了解，包括对自己的认知、情绪情感、意志、个性倾向（兴趣、爱好、价值观、理想）及个性特征（能力、气质、性格）等的全面认识。这三方面的综合了解才是完整的"自我认知"。

在"自我认知"的基础上，自我对自我各方面会有个评估，然后给自己下一个结论，即"自我评价"。比如，我太瘦了，我是个很情绪化的人，我过于严肃，我是个受欢迎的人，很多时候我都是大家的中心，等等。

根据"理情疗法"的创始人艾里斯的观点，认知决定我们的情绪、情感及相应的行为，所以"如何认识自我，我到底是个怎样的人"是我们的重要课题。很好地认识自己，才可能很好地体验自己、控制自己，否则，只会因"认识"而痛苦。

（二）自我体验

自我体验是自我认识基础上的一种情绪体验，即自己对自己是否满意的问题，"满意"则自我肯定，信心十足；反之，则自我否定，垂头丧气。它有自爱、自尊、自侍、自卑、责任感、义务感、优越感等表现。自我认识决定自我体验，同时，自我体验又往往会强化自我认识并影响自我控制。我们可能都有过这样的体验：当你对自己失望时，整个世界都似乎成了"灰色"，你心情沮丧、抑郁消沉，所看到的、所做的，甚至从记忆深层挖出的点滴过去都是令人伤感的、令自己否定自己的；而充满自信时，对自己的缺点都可以合理化地、积极地去看待，去争取改善。人区别于其他动物的一个很大的特点就是感情丰富，自我体验正是自我对自我的感受，它的积极与否直接关系到我们对自身发展的要求高低及行动的方向对错。

（三）自我控制

自我控制就是自己对自己的控制，自我认识了解了"我"，自我体验感受了"我"，自我控制则是要表现"我"。这里包含了两层含义：其一，自己对自己的设计，即"我"应该做什么、我不应该做什么；其二，自己对自己的指导，即"我可以怎样做"。

我们常说的"自制力"就是自我控制的能力，它的强弱、高低可以直接由我们的情绪、行为表现出来。自制力强的人，不易感情用事，常常会克制自己的情绪，做事有计划性，自我发展方向明确，给人以深沉、冷静、含蓄的印象；极端者则犹如"冷血动物"，过于刻板，不近人情；相反，自制力弱的人，常会不顾场合宣泄一番，高兴时手舞足蹈，生气时乱发脾气，表情就是"晴雨表"，行为好像3岁儿童，心理学术语称此为"过度情绪化"，行为充满"情境性"，对将来则愿意"跟着感觉走"。诸如自立、自主、自制、自强、自信、自律等词都是对积极自我控制的描述，而自我失控、自残、自虐、自我放弃则是消极的自我控制方式。

因此，广义上的自我控制，不仅是对自我行为的控制，也是对自我认识、自我体验的控制，通过主观能动性，选择认识角度，转变自我观念，调整自我评价体系，修正自我形象，去感受积极的自我。

自我认识是其中最基础的部分，决定着自我体验的主导心境及自我控制的主要内容；自我体验又强化着自我认识，决定了自我控制的行动力度；自我控制则是完善自我的实际途径，对自我认识、自我体验都有着调节作用。三方面整合一致，便形成了完整的自我意识。

案例

李某，女，18岁，某大学一年级学生。李某中学时在班上名列前茅，初中担任班级团支部书记，高中担任班长，深得老师的信任和同学的羡慕。进入大学，决心在大学学习中大显身手，保持在中学时的优越地位。但入学近一个学期的学习中，学习成绩在班上属中等位置，宿舍人际关系也不太融洽，在班上未担任主要干部，任宿舍室长。期中成绩一般，情绪低沉，决心在期末考试中与班上同学一决高低，但期末考试科目较多，自己在复习时情绪很不平静，学习效果不佳，看书时注意力难以集中，读过的内容记不住。为了争一口气，连连开夜车学习，造成心动过速和失眠。在期末考试前一周，来到了心理咨询室。

心理分析

这位同学的问题是自我认识的失调，昔日的自命不凡的形象在众多佼佼者面前并未鹤立鸡群，从前的辉煌已成过眼云烟。大学新生进入大学后，要面临一个非常重要的问题，就是改变从前的参照系，重新认识自己，重新给自己定位，否则，还是按照以往在中学的标准要求自己，就很容易导致失望，丧失信心。重新认识自己并不是放任自己，而是更好地根据自己的实际情况，制定学习目标，规划学习进程。这样才能更好地把握自己。

> **完成自我**
>
> 请你完成以下句子，然后大家分享，分享你有什么独特的体会：
>
> 假如我是一种花，我希望是_____，因为_____。
>
> 假如我是一种动物，我希望是_____，因为_____。
>
> 假如我是一种乐器，我希望是_____，因为_____。
>
> 假如我是一种食物，我希望是_____，因为_____。
>
> 假如我是一种颜色，我希望是_____，因为_____。

三、自我意识的形成

埃里克森是美国著名的精神病医师，新精神分析派的代表人物。他认为，人的自我意识发展持续一生，他把自我意识的形成和发展过程划分为八个阶段，这八个阶段的顺序是由遗传决定的，但是每一阶段能否顺利度过却是由环境决定的，所以这个理论可称为心理社会阶段理论。每一个阶段都是不可忽视的。

埃里克森的人格终生发展论，为不同年龄段的教育提供了理论依据和教育内容，任何年龄段的教育失误，都会给一个人的终生发展造成障碍。它也告诉每个人你为什么会成为现在这个样子，你的心理品质哪些是积极的，哪些是消极的，多在哪个年龄段形成的，给你以反思的依据。

（一）婴儿期（0～1.5岁）：基本信任和不信任的心理冲突

此时，不要认为婴儿是一个不懂事的小动物，只要吃饱不哭就行，这就大错特错了。此时是基本信任和不信任的心理冲突期，因为这期间孩子开始认识人了，当孩子哭或饿时，父母是否出现则是建立信任感的重要问题。信任在人格中形成了希望这一品质，它起着增强自我的力量。具有信任感的儿童敢于希望、富于理想，具有强烈的未来定向；反之，则不敢希望，时时担忧自己的需要得不到满足。埃里克森把希望定义为：对自己愿望的可实现性的持久信念，反抗黑暗势力、标志生命诞生的怒吼。

（二）儿童期（1.5～3岁）：自主与害羞和怀疑的冲突

这一时期，儿童掌握了大量的技能如，爬、走、说话等。更重要的是他们学会了怎样坚持或放弃，也就是说，儿童开始有意志地决定做什么或不做什么。这时候父母与子女的冲突很激烈，也就是第一个反抗期的出现，一方面，父母必须承担起控制儿童行为使之符合社会规范的任务，即养成良好的习惯，如训练儿童大小便，使他们对肮脏的随地大小便感到羞耻，训练他们按时吃饭、节约粮食等；另一方面，儿童开始了自主感，他们坚持自己的进食、排泄方式，所以训练良好的习惯不是一件容易的事。这时孩子会反复应用我们来反抗外界控制，而父母绝不能听之任之、放任自流，这将不利于儿童的社会化。反之，若过分严厉，又会伤害儿童的自主感和自我控制能力。如果父母对儿童的保护或惩罚不当，儿童就会产生怀疑，并感到害羞。因此，把握住度的问题，才有利于在儿童人格内部形成意志品质。埃里克森把意志定义为：不顾不可避免的害羞和怀疑心理而坚定地自由选择或自我抑制的决心。

（三）学龄初期（3～5岁）：主动对内疚的冲突

在这一时期如果幼儿表现出的主动探究行为受到鼓励，幼儿就会形成主动性，这为他将来成为一个有责任感、有创造力的人奠定了基础。如果成人讥笑幼儿的独创行为和想象力，那么幼儿就会逐渐失去自信心，这使他们更倾向于生活在别人为他们安排好的狭窄圈子里，缺乏自己开创幸福生活的主动性。

当儿童的主动感超过内疚感时，他们就有了目的的品质。埃里克森把目的定义为：一种正视和追求有价值目标的勇气，这种勇气不为幼儿想象的失利、罪疚感和惩罚的恐惧所限制。

（四）学龄期（6～12岁）：勤奋对自卑的冲突

这一阶段的儿童都应在学校接受教育。学校是训练儿童适应社会、掌握今后生活所必需的知识和技能的地方。如果他们能顺利地完成学习课程，他们就会获得勤奋感，这使他们在今后的独立生活和承担工作任务中充满信心；反之，就会产生自卑。另外，如果儿童养成了过分看重自己的工作的态度，而对其他方面木然处之，这种人的生活是可悲的。埃里克森说：如果他把工作当成他唯一的任务，把做什么工作看成是唯一的价值标准，那他就可能成为自己工作技能和老板们最驯服和最无思想的奴隶。

当儿童的勤奋感大于自卑感时，他们就会获得有能力的品质。埃里克森说：能力是不受儿童自卑感削弱的，完成任务所需要的是自由操作的熟练技能和智慧。

（五）青春期（12～18岁）：自我同一性和角色混乱的冲突

一方面，青少年本能冲动的高涨会带来问题；另一方面，更重要的是青少年面临新的社会要求和社会的冲突而感到困扰和混乱。所以，青少年期的主要任务是建立一种新的同一感或自己在别人眼中的形象，以及他在社会集体中所占的情感位置。这一阶段的危机是角色混乱。

这种同一性的感觉也是一种不断增强的自信心，一种在过去的经历中形成的内在持续性和同一感（一个人心理上的自我）。如果这种自我感觉与一个人在他人心目中的感觉相称，很明显这将为一个人的生涯增添绚丽的色彩。

埃里克森把同一性危机理论用于解释青少年对社会不满和犯罪等社会问题上，他说：如果一个儿童感到他所处的环境剥夺了他在未来发展中获得自我同一性的种种可能，他就将以令人吃惊的力量抵抗社会环境。在人类社会的丛林中，没有同一性的感觉，就没有自身的存在，所以，他宁做一个坏人或干脆死人般地活着，也不愿做不伦不类的人，他自由地选择这一切。

随着自我同一性形成了忠诚的品质。埃里克森把忠诚定义为：不顾价值系统的必然矛盾，而坚持自己确认的同一性的能力。

（六）成年早期（18～25岁）：亲密对孤独的冲突

只有具有牢固的自我同一性的青年人，才敢于冒与他人发生亲密关系的风险。因为与他人发生爱的关系，就是把自己的同一性与他人的同一性融为一体。这里有自我牺牲或损失，只有这样才能在恋爱中建立真正亲密无间的关系，从而获得亲密感，否则，将产生孤独感。埃里克森把爱定义为压制异性间遗传的对立性而永远相互奉献。

（七）成年期（25～65岁）：生育与自我专注的冲突

当一个人顺利地度过了自我同一性时期，以后的岁月中将过上幸福充实的生活，他将生儿育女，关心后代的繁殖和养育。他认为，生育感有生和育两层含义，一个人即使没生孩子，只要能关心孩子、教育指导孩子也可以具有生育感。反之没有生育感的人，其人格贫乏和停滞，是一个自我关注的人，他们只考虑自己的需要和利益，不关心他人（包括儿童）的需要和利益。

在这一时期，人们不仅要生育孩子，同时要承担社会工作，这是一个人对下一代的关心和创造力最旺盛的时期，人们将获得关心和创造力的品质。

（八）成熟期（65岁以上）：自我调整与绝望期的冲突

由于衰老过程，老人的体力、心力和健康状态每况愈下，对此他们必须做出相应的调整和适应，所以被称为自我调整与绝望感的心理冲突。

当老人们回顾过去时，可能怀着充实的感情与世告别，也可能怀着绝望走向死亡。自我调整是一种接受自我、承认现实的感受，一种超脱的智慧之感。如果一个人的自我调整大于绝望，他将获得智慧的品质，埃里克森把它定义为：以超然的态度对待生活和死亡。

老年人对死亡的态度直接影响下一代儿童时期信任感的形成。因此，第八阶段和第一阶段首尾相连，构成一个循环或生命的周期。埃里克森认为，在每一个心理社会发展阶段中，解决了核心问题之后所产生的人格特质，都包括了积极与消极两方面的品质，如果各个阶段都保持向积极品质发展，就算完成了这阶段的任务，逐渐实现了健全的人格，否则，就会产生心理社会危机，出现情绪障碍，形成不健全的人格。

四、自我意识的心理功能

自我意识即对自我的认知及自我评价，其自我意识的功能有以下几种（图2-1）。

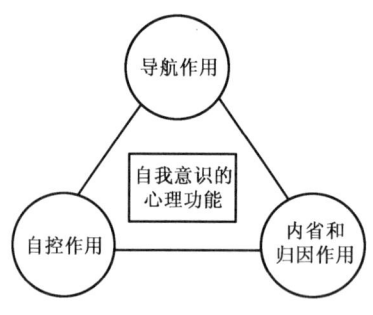

图2-1　自我意识功能示意图

（一）导航作用

目标是人才发展的导航机制。拥有健康的自我意识的人能够正确认识自我、规划自我，为自己制定适合的目标。有了目标，才有发展方向，才会调动自身潜能，激发强大动力，使个人价值得到最大实现。

（二）自控作用

自我控制是自我意识发挥能动作用的一个重要方面。缺乏自我控制意识的人，将是一个情绪化的人、缺乏毅力的人、一事无成的人。一个能够控制自我的人，往往与环境适应良好，并能规范自己的情绪和行为，容易实现自己的目标获取成功。

（三）内省和归因作用

有健康自我意识的人，能够对自己对他人有正确的分析和判断，对自我有敏锐的觉察和反省，不断完善自我，在个体成长中进行自我监督和自我教育，同时又不会将他人的问题归于自己，与他人拥有良好的关系，但又能保持自我的独立性。一个有稳固基础的自我形象是迈向个人成功的先决条件。

个体具备良好心理素质的最重要的标志是对自我的接受和认可，即有成熟的自我意识和健康的自我形象。大学生自我认识、自我评价、自我控制如何，直接影响着大学生的社会适应、身心健康和成才发展。

第二节　大学生自我意识常见问题

在大学生的自我意识逐渐形成的过程中，常见的问题有：对自我过度关注，面临理想自我和现实自我的冲突，同时对自我的评价存在片面性。此外，自我意识丰富而深刻。

一、大学生对自我的关注

进入大学后，个人的形象以及他人对自己的评价等有关自我概念的信息引起了主体的关注。

（一）大学生自我意识逐渐趋于稳定，但未完全成熟，存在矛盾冲突

大学生自我意识逐渐趋于稳定，当然这并不意味着大学生自我意识已成熟、完善，它还存在着各种各样的矛盾与困扰，突出表现在以下几个方面。

1. 理想自我与现实自我的冲突

这可以说是大学生自我意识矛盾的最突出、最集中的表现。理想自我是指个体最希望达到的境界；现实自我是指个体目前的真实状况。相关调查显示，大学生的理想自我和现实自我的落差很大，平均落差为65分，表明大学生都是有理想、有抱负的，且理想和抱负很高。但由于他们生活范围狭窄，社会交往单一，缺少社会经验，对自我认识的参照点较少，所以，不能很好地将理想与现实结合起来，从而使理想自我与现实自我之间产生较大差距。这种差距在给大学生带来苦恼和不满的同时，也会激发大学生奋发进取的积极性。但如果这种矛盾冲突过于强烈，不及时加以调适，则会导致自我意识的分裂，从而带来一系列心理问题。

2. 积极自我与消极自我的冲突

大学生已接触到复杂的社会，掌握了社会上某些行为准则、道德规范，并能对自己和他人的思想行为进行一定的评价，因而在自我意识中逐渐分化出相互对立的两个方面：积极的自我和消极的自我。积极的自我是指在行为中能考虑到行为准则，顾及他人、集体和社会利益；消极的自我是指在行动中未能考虑到行为准则，只顾及个人利益。积极自我与消极自我经常进行着激烈的矛盾斗争，调节着一个人的思想行为。一般人在自我意识的矛盾斗争中大多数能保持积极的自我方面占优势，尽可能使自己成为符合社会要求的公民。如果一旦在自我意识的矛盾中让消极的自我占优势，那么大学生就可能违反行为准则，严重的甚至会走上违法犯罪的道路。

3. 自尊与自卑并存

自尊与自卑是自我评价的两种相反倾向。自尊是一个人悦纳并尊重自己，对自己持肯定态度；自卑则是对自己不满、鄙视，对自己持否定态度。这两种相反的自我评价倾向在大学生身上比较普遍地存在着，几乎是相随相伴。当自我处于顺境时，他们常常会自我欣赏、自我肯定、自信心增强，甚至是高傲自大、目空一切。当自我处于逆境时，又常常会自我厌倦、自我否定，甚至自暴自弃，形成人格障碍。这反映了大学生自我认识、自我评价的复杂性和矛盾性，是自我意识矛盾的突出表现。

（二）大学生自我评价能力增强，但存在片面性

大学时期，由于大学生掌握了比较广阔的知识，面对社会对他们的期望和要求，深入了解自己的愿望更加迫切，"我究竟是什么样的人？""我应该成为什么样的人？""我的前途怎样？"等都是大学生们十分感兴趣而又紧迫思考的问题。他们还经常主动地与周围的人作比较来认识自己、评价自己。这一切都表明大学生的自我认识具有更高的自觉性和主动性。大学生能借助一定的社会评价来认识自己，但又不完全依赖别人的评价，这是大学生自我评价能力增强的表现。但是，大学生对客观事物的理解和判断上的肤浅性和片面性，常常使得他们对自我的理解和判断只看到一面而看不到另一面，只看到表象而看不到本质，所以就有可能时而夸大自己的长处、缩小自己的短处，时而又相反。

（三）大学生自我体验深刻丰富，但两极性明显

大学生的自我体验比较丰富，有喜欢、满意自己或讨厌、不满意自己的肯定和否定的体验，有喜悦或是忧虑的积极和消极的体验，也有紧张和轻松的体验。大学生的情感体验虽然丰富、深刻，但两极性明显。当他们取得成绩受到表扬时，当他们的言行举止被别人接纳时，就会表现出愉快、喜悦等积极的肯定的情感体验；当他们受到挫折、批评时，就会产生低沉、忧郁等消极的否定的情感体验。

（四）主观要求独立，但客观上不能完全独立的矛盾

在以学生自理为主的大学学习环境里，大学生们需要自己安排自己的学习、照料自己的生活、组织自己的活动、解决自己的问题，也由于自我认识、自我体验的发展，从而进一步促使大学生的自我控制能力达到较高水平。他们主观上强烈地期望充分发展其独立性，摆脱依赖性和幼稚性，但是由于青年初期独立性的不完善，加之刚脱离家庭踏上独立之路，面对许多实际问题他们却束手无策，缺乏独立解决的能力，因此心理上产生了主观要求独立和客观上不能完全独立的自我意识矛盾。这种心理矛盾使他们自叹自责、苦闷不安。

（五）自我意识水平存在年级差异

不同年级的大学生在自我发展方面存在明显差异，大学一、三、四年级的学生自我意识随年级升高而发展，而二年级是大学生自我意识最低、内心矛盾冲突最尖锐、思想斗争最激烈、回顾与展望时间最多的时期，是大学生自我意识相对稳定阶段中的不稳定时期，但也是一次新的上升时期，因此也称之为大学生自我意识发展的转折时期。

二、大学生自我意识的特点

总的来说，大学生自我意识的发展是随着年级的上升而发展的，并表现出以下几个方面的特点。

（一）大学生自我认识方面的主要特点

1. 自我认识的广度和深度大大提高

大学这一特殊的学习、生活环境，为大学生提供了一个博览群书、自由发展、自我实现的新天地。这个新天地为他们的自我认识向广度和深度发展提供了有利条件。大学生的视野更开阔了，关心的社会问题也多了，社会对他们的期望值也高。这时，他们的自我认识不只涉及自我的气质、性格等一般问题，而且还涉及自己的社会地位、社会责任、自我价值等问题。通过对这些问题的分析和思考，大学生的自我意识达到新的广度和深度。

2. 自我认识的自觉性和主动性明显提高

大学是大学生走向社会的最后学习阶段。学习期间，在他们面前摆着许多深刻的课题：我将来做个什么样的人？成就什么事业？我能为社会做些什么贡献？等等。求知欲强烈的大学生，总是十分感兴趣而又急切地思考着这些问题，强烈地期待着一个满意的答案。这种思考比少年期更主动、更自觉，具有较高水平。

3. 自我评价能力的提高

随着大学生活的继续，大学生的知识增加了，社会经验也丰富了，大多数人对自己的分析、评价逐渐变得全面、客观和主动，对自己的优缺点有了较正确的认识和评价，并能选择自己的长处进行发展，开始具备在自觉基础上的"自知自明"。

（二）大学生自我体验方面的主要特点

自我体验方面的特点可以从自我体验的形式和内容两个方面来看。

1. 从自我体验的形式来看显示出的特点

（1）自我体验的丰富性。大学生丰富多彩的学习生活为他们发展自我体验的丰富性提供了有利条件。例如，由于意识到自己的成熟就产生了成人感；由于意识到自己的能力和品德的高低而产生了自豪、自卑、自惭等体验；由于意识到自己的社会角色和社会地位而产生了社会责任感和义务感。一般来说，在自我体验方面，男生比女生更有自信心、更富于活力，但容易急躁；女生则更热情、内心舒畅更明显，但容易多愁善感。大学生自我体验的情感基调是积极的、健康的。大学生要注意自我意志的指向能力，提高自我认识水平，这将有助于大学生自我体验的丰富性向健康方面发展。

（2）自我体验的敏感性和波动性。大学生由于对自我的认识还在不断进行中，个性还不够成熟和稳定，意志也缺乏驾驭情感的力量，所以凡涉及"我"的事物均会引起他们的兴趣，与"我"有关的事物也往往能诱发连锁反应。他们可能因一时的成功而产生积极的、愉快的情感体验，甚至骄傲自满、忘乎所以；也可能因一时的挫折、失败而低估自我或丧失信心，甚至悲观失望。到了高年级，当大学生自我认识和自我控制比较确定后，这种波动性才逐渐减少。

（3）自我体验的深刻性。大学生比起儿童和成人往往更容易对外界事物产生感触，进而把这种感触内化为深刻的自我体验。他们的自我体验不是浮光掠影式的，而是非常投入和深刻的。他们往往希望通过这种自我体验使自己获得某种宝贵的经验和知识。一个最明显的例子就是大学生对于那些心理刻画细腻复杂的文学作品的偏好，因为这一类作品为他们提供了深刻的自我体验的空间。

2. 从大学生自我体验的内容看体现的特点

（1）自尊心和好胜心强烈。自尊心是指一个人悦纳并尊重自己，对自己抱肯定态度的情感体验，是一种希望别人尊重自己和自尊自爱的自我意识倾向，它与自信心、进取心、责任感、荣誉感等密切联系，都是一个人积极的心理品质。自尊心是一种内驱力（是指由内部或外部刺激所唤起的，并使个体指向实现一定目标的某种内在倾向），它激励着自我不断奋发努力、创造佳绩，尽可能使自己的言行得到别人的尊重，以维护自己的荣誉和社会地位。处于青年中期的大学生，由于认识到自身存在的价值，强烈地要求肯定自己和保护自己，因此他们的自尊心很强烈，对触及自尊心的刺激十分敏感。在一项问卷调查中，回答"自己有强烈自尊心"的大学生达90%以上。

好胜心是一种力求获得成功的一种自我意识倾向。好胜心往往与自信心有着密切联系，因为丧失了自信心，就不可能去争取成功。具有极强自信心的大学生，好胜心也是十分强烈的。他们争强好胜，不甘落后，希望能用行动表明自己是人生道路上的强者。例如，有的大学生有目的地参加各种有益的社会活动，从中锻炼和表现自己的才干；大多数学生则把好胜心用在学习上，勤奋努力，博览群书，提高自己的能力，为将来事业上的成功打下良好的基础。这是大学生好胜心发展的正确方面。

大学生的自尊心和好胜心都很强烈，但要适当，否则，就容易转化为自卑感或嫉妒心。

（2）自卑感和孤独感明显。自卑感，也称自卑，是指一个人自己看轻自己、对自己的能力和品质评价过低、对自己持否定态度的情感体验。它是一种消极的自我体验。当代大学生的自尊心是很强烈的，但是，也有少数大学生具有自卑感。轻微的自卑可以超越，过度的自卑则可导致精力不集中、意志消沉、自信心极低，甚至自暴自弃，严重的导致自杀。所以，大学生一定要及时克服自卑感，恢复自信，提高自尊，以便顺利完成学业，早日成才。

孤独感，是指一种由于缺乏他人的理解，自己感到与世隔绝、内心充满孤单寂寞的情感体验。最近，在某高校的一项调查中发现：54.5%的学生有不同程度的孤独感，尤其是在新生中比例更高，达81.5%。为什么在大学生中会有如此多的人感到孤独呢？研究表明，大学生产生孤独感受的最主要原因是青年期的闭锁性心理。大学生自尊心强，独立欲望强烈，但内心世界一般不轻易向外人袒露。这就造成了一定时期的心理闭锁性。他们虽然生活在父母、师生之间，却感到缺少可以向之吐露心事的人，因而常常有莫名的孤独感。

（三）大学生自我控制方面的主要特点

1. 自我控制能力提高

在成年人眼中，青年人是精力旺盛、富有朝气的，但却是极为冲动和多变的。这是因为青年人的自我控制能力还较差。处于低年级的大学生，冲动性还较为明显。进入中年级，特别是进入高年级后，随着知识积累、生活阅历的增加，大学生自我认识和自我评价水平增强，他们能够根据别人的评价和自己行动的结果进行反省，及时调整自己的行为以适应实现目标的要求。这说明大学生行为的自觉性和自我控制能力明显增强，而盲目性和冲动性则逐渐减少。

大学生自我控制能力的明显提高，还表现在他们的行为和目标能以社会期望和社会要求为转移。在我国市场经济初步建立的今天，社会对大学生的要求越来越高，不单看文凭，更看重大学生的真才实学和竞争意识。面对社会的期望和要求，大学生能对自己的目标进行及时的调整，在掌握专业知识的同时，注重外语水平和计算机水平的提高，注重各种能力的培养，以便能更好地适应社会。

当然，大学生自我控制水平还缺乏一定的稳定性，还需进一步发展和完善。

2. 自我设计的愿望强烈

大学生有设计自我、完善自我的强烈愿望。他们根据自我设计的"最佳自我形象"而不断地充实自己的知识、培养自己的能力、形成自己良好的性格和品德。大学生的成就动机是最强烈的，他们不愿做一个庸碌无为的人，都想干出一番事业，能对社会、对祖国有所贡献，以实现自己的人生价值。但是大学生的自我设计常会产生与社会要求不一致的矛盾。这主要表现在：一方面，大学生都支持改革开放，希望有一个公平、民主、自由的社会，强烈地反对腐败行为；另一方面，在涉及自己的利益时，又对合理的利己主义、享乐主义、拜金主义等表示认同，甚至有人为了所谓的自我实现而损人害己。

3. 强烈的独立意识和自信心

独立意识，也叫独立感，是指个体力图摆脱监督支配和管教的一种自我意识倾向。由于大学生在生理发育上已经完全具备了成人的特点，心理成熟和社会成熟已达到较高的阶段，加之在他们心目中"我"的形象是一个肩负着历史使命、又有一定知识才能和高尚人格的大学生形象，所以成人感特别强烈。此外，大学校园生活给大学生的独立提供了条件。

自信心是从独立感中派生出来的一种相信自己精力和能力的自我意识倾向。青年大学生有体力充沛、精力旺盛、思维灵活、记忆力强等优越条件，这是他们产生自信心的生理及心理基础；而"天之骄子""时代宠儿"的优越感，则是大学生充满自信的社会基础。所以，大学生的自信心是十分强烈的，他们不仅对自己的才华、学识充满自信，而且对自己的风度、能力也充满自信。但由于知识、经验不足，他们易于产生过分的自信，而且容易因一时的挫折而降低自信。

大学生的独立意识和自信心十分宝贵，它是蓬勃向上、积极进取等优良品质的心理基础。因此要加以适当的保护和引导，而不要因为一时的偏差而冷眼待之。一般来说，随着自我评价能力的提高和知识经验的积累，大学生的独立意识和自信心会逐步表现出客观和稳定。

三、自我意识常见问题及调适方法

大学生在不断成长的过程中，由于心理尚未成熟，自我意识还在不断地发展、完善，因而容易出现各种发展的偏差，引起自我意识的缺陷。大学生自我意识的常见问题主要有以下几个方面。

（一）过度自卑

1. 过度自卑的表现

自卑感是对自己不满、否定的情感，往往是自尊心屡屡受挫的结果。这类人自我认识不客观，往往只看到自我缺点而忽略了自我的长处，不喜欢自己、不能容忍自己的缺点和弱点，否定、抱怨、指责自己，看不到自己的价值，或夸大自己的不足，感到自己什么都不如他人，处处低人一等，丧失信心，严重的还可能由自我否定发展为自我厌恶甚至走向自我毁灭。

案例分析

"从很小的时候起，我就发现自己打骨子里就有一种自卑感。总觉得自己不如人，做事畏畏缩缩，说话躲躲闪闪。我特别害怕别人的取笑。取笑对我来说，就是嘲笑、挖苦、贬低、伤害。有时别人根本不是取笑，我也认为是取笑。虽然我各方面条件都不差，可心里总觉得比别人低一等。我内心软弱，总怕别人看到自己的缺点，从小就封闭自己，不与人交往。我总觉得别人不对劲、不可理喻；其实我知道不对劲和不可理喻的正是我自己。"这是一位大学生写来诉说自己苦恼的一封信。

像前面所说的心理困扰你曾经有过吗？

你也曾有过自卑的感觉吗？

你是否也有时认为自己事事不如人，只看到自己的短处，看不到自己的长处？

你是否常常因为来自外界的负面评价而深感苦恼？比如，因为工作、学习不如别人，或者在某次公开场合出了丑，或者由于家境贫寒、衣着老土、自认为长得不美，或者身体残疾等，而感到深深的自卑？（讨论自卑的表现与调适方法）

自卑是心理咨询中的常见问题，其实质是一种消极的自我评价或自我意识。一个自卑的人往往过低评价自己的形象、能力和品质，总是拿自己的弱点和别人的强处比较，觉得自己事事不如人，在人前自惭形秽，从而丧失自信，悲观失望。

具有强烈自卑感的人，一般自我封闭、内向，不愿意跟别人来往。一个有充分自信的人，就不会时时为疑心所扰，他们有充分的安全感，而自卑的人则容易消极地评价自己不如他人，总觉得自己在容貌、身材、知识、能力、口才甚至衣着（这一点特困生表现明显）等各方面不如别人，低人一等，害怕与人交往。那么，你身上是否存在着自卑感呢？

2. 调适的方法

为了改变过度自卑，第一，应对其危害有清醒的认识，有勇气和决心改变自己；第二，应客观、正确、自觉地认识自己、无条件接受自己，欣赏自己所长，接纳自己所短，做到扬长避短；第三，正确地表现自己，对自己的经验持开放态度，同化自我但有限度；第四，根据经验，调整对自己的期望，确立合适的抱负水平，区分长期目标和近期目标，区分潜能和现在表现；第五，对外界影响相对独立，正确对待得失，勇于坚持正确的改正错误的。同时保持一定程度的容忍。

心理助手——战胜自卑的方法

（1）认知法，就是通过全面、客观的认识，辩证地看待别人和自己。自卑者往往有很强的自尊心和抱负，自我评价协定高，当在学习生活中，由于自己的方法不当或缺乏处世能力而陷入困境时，自尊心受到损害，优越感严重失落，于是从一个自尊自信者走向另一个极端，变成一个完全失去自信的人。

常言说："金无足赤，人无完人。"每个人都有自己的弱点和优点，我们应该坦然地接受自己的优点，但也不忌讳自己的缺点。这样就能正确地与人比较，在看到自己不如别人之处时，也能看到自己过人之处。伟人之所以难以高攀，是因为你跪着看的缘故。

其实，最重要的比较是自己跟自己比。每个人应根据自己的兴趣、爱好、能力、特点等来确立自己的事业和人生道路，为此发奋努力，不断进步，最后实现人生价值。这样的人生才是积极的、有意义的人生。

自卑感往往是在表现自己的过程中，由于受到挫折，对自己的能力发生怀疑而造成的。有此心理的同学，不妨多做一些力所能及、把握较大的事情，一举成功后便会有一份喜悦，每一次成功都是对自信心的强化。而自信心的恢复需要有一个过程，切不可着急。应从一连串小小的成功开始，通过不断的成功来表现自己和确立自信，来消除对自己能力的怀疑。表现自己时，期望值不要过高，不要操之过急，要循序渐进地锻炼自己的能力，逐步用自信心取代自卑感。

有自卑感受的人大多性格内向、敏感多疑，因此，表现自己还得从锻炼自己的性格入手。有自卑感受的大学生应多参加集体活动，在活动中培养自己的坚韧性、果断性、勇于进取等优秀品质，树立自信，以逐步克服自卑心理。

（2）补偿法，即通过努力奋斗，以某方面的成就来补偿自己的缺陷。生理上的补偿现象，如盲人尤明、聋者尤聪，这是大家常见的。其实，人还有心理上、才能上的补偿能力。勤能补拙、扬长补短，可以说是心理上、才能上的补偿作用。华罗庚说："勤能补拙是良训，一分辛苦一分才。"记住：只要工夫深，一定能赶上他人。每个人都有自己的长处和短处，要学会扬长补短。

亚历山大、拿破仑，他们生来身材矮小，这是他们的短处，但他们并不因此自卑，而能看到自己的长处并立志在军事上取得成就，经过不断努力，最终他们都成功了。所以说，人的某些缺陷和不足，不是绝对不能改变的，而要看自己愿不愿意改变。只要找到正确的补偿目标，就能克服自身的缺陷或者从另一方面得到补偿。

（3）领悟法，即有自卑感受的大学生，主动求助于心理咨询老师，进行心理咨询和心理分析治疗。其要点是在心理老师的帮助下，通过自由联想和对早期经历的回忆，经分析找出导致自卑的深层原因。经过心理分析，主求助者领悟到，一个人之所以有自卑感，并不是自己的实际情况很糟，而是潜藏于意识深处的症结使然。

显然，自卑者会发现过去生活中的阴影影响今天的心理状态是没有道理的，从而使他们有豁然开朗之感，最终从自卑的阴影中解脱出来。

（4）暗示法，就是个人通过积极的自我暗示、自我鼓励进行自助的方法。人的自我评价实际上就是人对自我的一种暗示作用。它与人的行为之间有很大的关系。消极的自我暗示导致消极的行为，而积极的暗示则带来积极的行动。每个人的智力相差都不是太大，我们在做事的时候，就应不断地暗示自己，别人能做的我也一定能做好。

始终坚信"我能行""我也能够做好"。成功了，自信心得到加强；失败了，我们也不应气馁，不妨告诉自己"胜败乃兵家常事，慢慢来我会想出办法的"。

（5）训练法，有自卑心理的人常常在性格上表现出不当之处，如内向、不与人交往、敏感多疑等，为此，我们不妨进行一下成功性格的训练。

其具体做法如下：

第一，随意找到四个你熟悉的人，问他们对你的印象如何，确定你是否喜欢他们的回答，判断你为什么喜欢或不喜欢留给别人的那种印象。

第二，确定一下，如果你是一名演员的话，愿意扮演什么角色，以及你为什么喜欢这个角色。

第三，选择任何一个你所崇拜的人，列出他身上那些使你崇拜的特征和品质。

第四，把第二和第三综合为你自己所选择的性格。

第五，改变你的形象、行为、个性中所不喜欢的东西，强化你所喜欢的东西。

第六，去表现你的新个性。

（二）过度的自我认同

1. 过度自我认同的表现

自我认同是指一个人喜欢自己的个性、肯定自己的能力，对自己的优点与缺点、长处与短处均有一个正确的认识，坦然接受，并能给出客观的评价，不会过多地抱怨和指责自己，对自我的认同是心理健康的表现。而过度的自我认同是有点自我扩张的人，他们高估自我，对自己的肯定评价往往有过之而无不及。他们拿放大镜看自己的长处，甚至把缺点也视为长处，拿显微镜看他人的短处，把别人细微的短处找出来，他们的人际交往模式是"我好，你不好""我行，你不行"。过度自我认同的人容易产生盲目乐观情绪，自以为是，不易处理好人际关系；而且过高评价滋生骄傲，对自己易提出过高要求，导致承担无法完成的任务、义务而失败。

2. 调适的方法

自尊心和自信心、好胜心、独立感等诸多形式都是大学生自我意识发展的主要表现。要克服过度自我接受，首先要看到自己的不足，承认自己也需要不断完善；其次，要看到他人的长处，欣赏他人的独特性；最后，多与他人交往，以开放的心态尊重和认真对待来自他人的反馈意见。

自卑与过度的自我认同都是由自我评价不当引起的，要改变这种状况需要从以下几个方面来调整：

（1）树立正确的认知观点。人非完人，每个人都有各自的长项与短处，任何一个人都不可能事事都做得来，也不可能事事都不行，不能通过一件事来评价某个人怎么样。

（2）确立合理的评价参照体系和立足点。若总是以弱者为参照物则会自大，若总以强者为标准则会自卑，因而寻找适合自己的评价标准就显得很重要。人应立足于自己的长处、自己拥有的一切，这会导致良好的感觉，树立起自己的信心，但也应明了自己的不足。人在困难时应多看到成绩和进步以提高勇气，在成功时则应多发现缺点以再接再厉。

（3）培养健康的人格品质，诸如自信而不狂妄、谦虚而不自卑、乐观但不盲目、克己而不过人等。

案例分析

为什么她总是不随愿？

小赵是独生女，从小父母都非常疼爱她，为了她能有更多的时间学习，父母从没让她做过家务活。由于父母的鼎力支持，加上她脑子比较聪明、学习踏实用功，成绩一向很好，从小学到高中毕业期间的十几年成长还算顺利。然而自上大学之后，她开始感到许多事情总不顺心,尤其是如何与人交往、怎样处理人际关系的问题使她伤透了脑筋、吃尽了苦头。一年多来,她和班上的同学很不融洽,发现宿舍里的人也越来越疏远她。自尊心很强的她为了不与大家碰面,天天早出晚归,打扰了同学的休息,反而雪上加霜,与同学的感情隔阂加深,关系很紧张。她认为自己没有一个能互相了解、相互信任、谈得来的知心朋友,常常感到特别孤单和自卑,情绪烦躁,痛苦至极,而巨大的精神痛苦无处倾诉,长期的苦恼和焦虑使她患上神经衰弱症。经常的失眠和头痛使她精神疲惫、体质下降。她曾想尽力克制自己,强打精神,企图用埋头学习的方法来减轻痛苦、冲淡烦恼。然而,事与愿违,由于她学习精力很难集中,效果很差,成绩急剧下降,后来竟出现考试不及格的现象。她感到震惊和恐慌,心境和体质也越来越坏,深感自己已陷入病困交加的境地而无力自拔,失去了坚持学习的信心。

(三)自我中心

1. 自我中心产生原因及表现

随着自我意识的发展,大学生越来越多地感到自己内心世界的千变万化、独一无二,他们越来越多地把关注的重心投向自己,因而更多地从自身的角度考虑问题,尤其是大学生有较强的自信心、自尊心、优越感和独立感,就比较容易出现自我中心倾向。当这种倾向与某些不健康的思想意识(如个人主义、自私自利的思想等)结合时,就会表现出过分的、扭曲的自我中心。

而过分自我中心的人,往往以自我为核心,想问题办事情都从自身出发,很少设身处地地为他人考虑,不顾忌他人的感受和需要。他们往往以同学的导师或领袖身份出现,颐指气使,盛气凌人,处事总认为自己对、别人错,好把自己的意志强加于人。因此,他们不易赢得他人的好感和信任,人际关系多不和谐,行为做事难得他人帮助,易遭挫折。

2. 克服自我中心的方法

要克服自我中心,首先得摆正自己的位置,既重视自己也不贬抑他人,自觉地把自己和他人、集体结合起来,走出自我的小天地;其次要实事求是、恰如其分地评估自己,既不高抬自大,也不低踩菲薄;最后要学会移情,多设身处地地从他人的角度思考问题,尊重他人的感受、关心他人。

 案例分析

为什么他在几个宿舍都跟同学们合不来?

一名家庭条件很优越的大学生,上大学前从来没住过校,在家里爷爷、奶奶与父母都把他视为掌上明珠,从来不让他干任何家务,放学到家饭已经端到桌上了。生活上也照顾得十分周到,一切事都依着他。来到大学后,他对宿舍的条件很不满意,也很少与同学们打交道,没多长时间就与同宿舍的几个同学闹矛盾,原因是他睡觉时不能受其他因素干扰,可同处一室,不可能所有的同学同时睡着。这还不算,在生活用品上与其他同学严格分开,从来不让其他同学碰他的衣物,同学们都受不了这种生活气氛。最后没办法,老师帮他调个宿舍,没多久,与这个宿舍的同学仍然处不下去,一连换了四个宿舍都不行。

他在几个宿舍都住不下去的原因是什么?

（四）苛求完美

1. 苛求完美的表现

处于青春年少的大学生绝大部分时间还是在校园里度过的，与社会接触少，缺乏社会经验，考虑问题、处理事情理想化，完美主义是相当多一部分大学生常常追求的目标。追求完美的大学生对自己持过高的要求，期望自己完美无缺，却不顾自己的实际状况，不能容忍自己"不完美"的表现，对自己"不完美"的地方过分看重，甚至把人人都会出现的"不完美"也看得很重，这会严重地影响情绪和自信心。这种人对自我十分苛刻，只接受自己理想中的"完美"的自我，不肯接纳现实中平凡的或有缺点的自我，其后果往往适得其反，使其对自我的认识和适应更加困难。

2. 改善的途径与方法

树立正确的认知观念。人不能十全十美，每个人都有优缺点。一个人应该接纳自己，并肯定自己的价值，不自以为是，也不妄自菲薄。

确立合理的评价参照体系和立足点。人应该选择合适的标准，更重要的是以自己为标准，按照自己的条件评定自己的价值，应该立足自己的长处，明了、接受并尽力改进自己的短处。

目标合理恰当。在充分了解自己的基础上对自己有恰当的目标和要求，目标符合自己的实际能力，不苛求自己，不被他人的要求左右。

接纳自己的不完美。人各有所长所短，每个人都是独特的、与众不同的。欣赏自己的独特性，不断自我激励。

找回真实的自我

有一名女生，在高中时一直是校学生乐队的第一小提琴手，很被音乐老师赏识。进入大学后，虽然也顺利进入了校乐队，但是首席的位置分给了另外一个音乐特长生。乐队的指导老师也明显不如以前的老师那样重视她。她觉得自己才是首位最佳人选，老师没有眼光，要做就做最好的，否则，就干脆放弃算了，通过与老师交涉仍然没有做成第一提琴手。于是她自暴自弃，经常不去参加乐队的合练，一连好几个星期都不碰一下她的乐器。终于通过一次演出，作为观众的她意识到现在的首席小提琴手确实比她功底好，她决定接纳自己不如别人的现实。她认为不必非要争一个首席的位置，只要努力训练，提高自己的技艺，做最佳的乐队队员，同样可以用自己出色的表现给听众带来快乐。她懂得了人不必要求自己样样做得最好，做一个真实的人，要能够发挥自己的长处，也要坦然地接受自己的能力限制。

（五）过分的独立意识与过分的逆反心理

从心理学的角度看，大学生正处于"第二断乳期"——逆反期，正在从幼稚走向成熟。新生入学后，其自我意识发展迅速。他们具有时代强者之感，十分讨厌居高临下的家长式教育态度。但对于刚刚脱离家庭而踏上独立之路的他们，面对许多实际问题却束手无策、缺信心，难以作决断，缺乏独立解决的能力，因此心理上产生了主观要求独立和客观上不能完全独立的自我意识矛盾。

逆反表明大学生的独立意识和批判精神增强，但这种反叛精神有时会显得不够成熟，同时不少大学生还不善于确切地把握反抗，表现出过分的逆反，如对学校、教师抵触，以"顶牛、对着干"来显示自己的"高明"和"非凡"，这是一种有意执拗的行为和放荡不羁的倾向。

1. 表现

强烈逆反的大学生讨厌学校的规章制度与管理，听不进教师与家长的合理要求与建议，对正面宣传作反面思考，对榜样和先进人物无端否定，对不良倾向产生情感认同，对老师、家长和周围事物持消极、冷漠、反感甚至抗拒的态度，越是禁止的东西越是感兴趣，越是不让做的越是要做。过分的逆反心理阻碍了大学生学习新的或正确的知识，容易助长个人自由主义倾向，给思维模式、行为方式及情感等带来负面影响，使人际关系僵化，不利于大学生健康成长、成才。

2. 改善的策略

（1）提高大学生自身素质，特别是思想政治素养和心理素质，同时加强沟通和交流，寻求正规的心理帮助。

（2）家庭要充分尊重大学生的独立性，积极引导他们建立正确的价值观和人生观。帮助他们尽快社会化，通过对他们独立性的尊重和满足达到同样的教育目的。

（3）优化社会环境。加强宣传工作，树立尊师重教的风气；合理协调学校、家庭、社会之间的关系，齐心合力提高教育实效；加强文化市场建设，健全文化市场法规，严厉取缔和控制不利于大学生成长的不良信息。

（4）提高教育者的素养，真正实现言传身教。

综上，大学生自我意识发展偏差，是其心理还不成熟的表现，是由其身心发展和成长背景决定的年龄阶段的特征，这些失误、偏离和障碍是大学生自我意识发展中的普遍的、正常的现象，不需要大惊小怪，但是必须进行调整和控制。只有认识到这一点，教育者和大学生本人才有可能去面对它、解决它，以达到大学生自我的真正统一和健康发展。

第三节　大学生自我意识的完善

自我意识在人格形成与人格结构中占有极重要的地位，人的认知、情感一直都受到自我意识的影响。因此，健全的自我意识是个体全面发展的重要条件，也是促进人的心理健康的有效途径。

一、健康的自我意识的标准

自我意识对人的心理健康起着很重要的作用，它制约着人格的形成和发展，在人格的优化中发挥着强大的动力功能。健全的自我意识是心理健康的重要标准，是人类自身内在的一种成功机制，在人才发展中发挥着重要作用。健全的自我意识有如下标准：

（1）自我意识健全的人，应该是自我认识、自我体验和自我控制协调一致的人，同时又与外界保持协调一致。

（2）自我意识健全的人，应该是一个有自知之明的人，既知道自己的优势，也知道自己的劣势，能够接纳它们，并能正确评价自我与自我发展。

（3）自我意识健全的人，应该是积极自我肯定的、独立的并与外界保持一致的人。

（4）自我意识健全的人，应该是理想自我与现实自我相统一的人，有积极的目标意识和内省意识，积极进取，永无止境。

你的自我健康吗？

（1）接受自己的生理状况，不自怨自艾；
（2）对自己的心理素质有较清晰的认识，知道自己的长处和短处；
（3）对自己所处的环境有较清晰的认识，包括家庭、工作和学校环境；
（4）对自己的经历有正确的评价；
（5）对未来的自我发展有较明确的目标；
（6）对自己的需求有清楚认识；
（7）知道生活中什么是应该珍惜的，什么是应该抛弃的；
（8）对妨碍自己达到目标的因素有较为清楚的认识；
（9）对自己能够做到的事情有较为清楚的认识；
（10）对自己的希望和能力的差距比较清楚；
（11）对正确估计自己的社会角色；
（12）对自己的感受和情绪有较为清楚的认识；
（13）明白自己能力的极限。

二、自我认知遵循的原则

健康的自我意识有利于人的心理健康，有利于人对自身行为进行适宜的调控，实现自己的义务和责任，取得全面发展与成功。自我认知是人类从古到今一个永恒的话题，正确地认识自我是培养形成健全的自我意识的基础。古人云："人贵有自知之明。"如果一个人能对自我有一个较全面、客观的认识和评价，就能扬长避短、取长补短、发展自己、完善自己。具体以下从三个方面进行。

（一）全面深刻地了解自我，找准自己在现实环境中的位置

要正确地认识自我，首先要从生理的自我、心理的自我、社会的自我三个方面来全面深刻地了解自己。为此，要努力拓宽自己的知识面，增强信息来源，提高文化水平和修养；多与人交流思想，多征询他人对自己的看法，以适当的参照系来了解自己，这对理想自我的构建、自我的发展及人际关系的处理大有裨益。

（二）客观准确地认识自我，建立自信

注意从多个角度、多个侧面来客观评价自我。一方面，既要进行纵向比较，将现实的自

我和理想的自我作比较，看到自己的差距；同时，也要将现实的自我与过去的自我作对照，看到自己的进步。另一方面，又要进行横向比较，与超过自己的、与自己相似的、比自己稍差的人作比较。要将上述各个方面获得的信息综合分析，以获得较为客观的评价。既不妄自菲薄，也不夜郎自大。

（三）独立、稳定地认识自我

在评价自我时，避免盲目地接受他人的暗示和对权威、群体性心理的完全依赖。要有自己独立的意志，同时还要避免以一时、一事作为衡量评价自我的尺度，要对自己有一个稳定的、概括的评价。

总而言之，正确认识自我是需要付出艰辛的努力的，并且是不断深化的过程，它是每个追求卓越、追求自我实现的人的终生课题。下面两个小活动有助于你更准确地认识自我。

乔韩窗口理论

现代人有很多文化经验、科学知识，可说无所不知，但却少自知。而自知乃是一个人自我意识发展的基础。美国心理学家约翰和哈里提出了关于人自我认知的窗口理论，被称为乔韩窗口理论。他们认为人对自己的认识是一个不断探索的过程。根据一个人对自身的了解与他人对自身的了解两个纬度可把每个人的自我都分为四部分：公开的自我、盲目的自我、秘密的自我和未知的自我。通过与他人分享秘密的自我，通过他人的反馈减少盲目的自我，人对自己的了解就会更多、更客观。

项目	自知	自不知
他知	A 公开的自我	B 盲目的自我
他不知	C 秘密的自我	D 未知的自我

课堂实训

20 个我是谁

【目的】认识并接纳自我，认识并接纳独特的他人

【时间】约 50 分钟

【准备】1 张白纸，1 支笔

【操作】

指导者可以先找出一个成员示范，连续让他回答"我是谁"，当他说出一些众所周知的特征时，如"我是男人"，指导者告诉大家，这种回答不反映个人特征，应尽量选择一些能反映个人风格的语句。然后指导者让大家开始边思考边回答"我是谁"这个问题，至少写出 20 个。当指导者看到最后 1 位放下笔时，请团体成员在小组（5~6 人）内交流。任何人都抱着理解他人的心情，去认识团体内一个个独特的人。最后指导者请每个小组代表发言，交流活动的感受。

三、健康自我意识的培养

怎样培养大学生具有良好的自我意识，使他们具有健康的自我概念、自我体验和自我实现的意向呢？这主要靠两个方面的工作：一方面，家庭、学校和社会要营造一个有利于大学生自我意识发展的环境；另一方面，大学生要加强自我意识的修养。

（一）营造良好的社会环境

这是涉及大学生教育培养全方位性的工作，是涉及家庭、学校和整个社会教育思想、教育制度和教育方法改革的大问题，需要慎重地加以对待。

1. 提倡新现代化的思想观念

一个民族的思维模式和社会性格总是同民族的文化渊源密不可分。我国传统文化历来重视人与人之间的伦常关系和道德规范，往往使学生形成一种传统的思维模式和拘谨的性格特征。有人对我国青年学生观念现代化做了调查，发现有82.3%的学生处于由传统观念向现代观念的过渡阶段，13.4%的学生传统观念十分严重，只有4.3%的学生具有较为现代化的观念。

具有传统观念的学生对世界大局不关心，只关心本地区同自己密切相关的问题，但表达意见谨慎；他们缺乏接受新事物的心理倾向，对周围的人缺乏信任感；他们关心国家的改革开放，但缺乏参与的积极性与勇气。

上述这种传统观念下的表现显然同时代的要求、同培养社会主义现代化人才的要求不相符合。如果我们培养的大学生只能恪守传统，而没有自己的独立意识，缺乏参与竞争的精神，他们如何能在现代社会的竞争中坚定自信、克服困难、迎接挑战？他们又如何能在未来的事业中独立思考、开拓进取，做出新的发明和创造？

2. 改革传统的教育体制

由于受到传统思想的束缚，我国的大学生在集体主义、依从性等性格特征方面显著高于欧美人，而在独立性方面则明显不如欧美人。

根据教育部等单位所做的一项调查，有65.5%的学生经常会对老师和课本的说法表示怀疑，但公开质疑的人却很少；即使有人提出质疑，公开表示赞同的人也会很少，甚至有16.5%的同学认为，如果质疑，"大多数同学会予以非议"。随着年龄的增长，这种思维定势和对权威的服从会日益增强，这种状况显然不利于大学生自我意识的健康发展。只有当学习变成主动探索和发现的过程，大学生才能在学习过程中不断自我发现、自我完善和自我实现。

3. 在家庭和学校中营造良好的人际关系氛围

有什么样的人际关系氛围，就会培养出什么样的自我意识。根据一项对全国50所大学1580名学生的家庭教养方式所做的调查发现，我国大学生家长的教养方式具有高拒绝、否认和高惩罚的严厉特征，容易引发子女的高焦虑、自卑、敌对、不能正确认识自己等心理障碍，不利于大学生心理健康发展。因此，在处理亲子关系和师生关系时，都要讲民主，反对家长制的教育方式，要建立相互关心、相互尊重、相互信任、相互帮助的人际关系，使大学生能从日常的人际关系中感受到人性的温暖，获得爱的体验，使大学生热爱生活、关心他人，形成健康的自我意识。

（二）加强自我意识的培养

为了帮助大学生能更好地完善自我、超越自我、健康成长，应让他们学会积极主动地了解自己，调整自我拒绝、自我否定、自以为是、自我中心等自我意识发展缺陷，形成正确的自我概念，培养健康的自我意识，使自我评价更加客观、自我体验更加积极、自我控制更加有力。

（1）在经常的自省中认识自我。孔子曰："吾日三省吾身。"要引导大学生学会自省，经常检查自己的行为和动机正确与否，行为过程中有什么不足，结果如何，有哪些收获和缺憾，从中发现长短得失，以便他们有的放矢地进行自我调整。

（2）通过他人的认识来认识自我。个体与社会、与他人有着密切的联系，个体要超出自身来认识自我，必须通过认识他人、认识外界来进行。所以，大学生应该积极地投身于认识世界、改造世界的社会实践，在其中不断丰富自己对自然、社会、他人的认识，并在此基础上进一步认识自我。深刻的自我认识是以深刻地认识和理解他人、社会为前提的。

（3）在他人的评价中认识自我。心理学家认为，当一个人的自我评价与别人对他的客观评价有较大程度的一致性时，表明他的自我意识较为成熟。了解他人对自己的看法，常有助于发现自己忽视的问题。唐太宗有句名言："以铜为鉴，可以整衣冠；以人为鉴，可以知得失。"个体可以通过他人对自己的态度、期望、评价来进一步认识自己。当然，大学生不能简单地接受他人的评价，评价者的特点（是否学有专长，是否值得信任，是集体评价还是个人评价）、评价的特点（例行公事还是私人性质、与自我评价的差距大小、与他人评价的一致性、评价是肯定还是否定）都会影响到大学生对他人评价的接受。因此，值得注意的是，对别人的评价应有一个正确的态度，不因过高的评价而飘飘然，也不为过低的评价而失去信心。

（4）在与人的比较中认识自我。有比较才有鉴别。人们在缺乏客观评价标准的情况下，可以通过与他人的比较来评价自己。与周围的普通人比较，能认识自己的实际水平及在群体中的地位；而与杰出人物比较，则能找出自己的差距和努力方向。与他人比较，最重要的是要选定恰当的而不是盲目的参照系。同时还要学会用发展的眼光、辩证的方法去看待自己和他人，比较的视野越广阔、方法越科学，自我的位置就定得越恰当。恰当地与他人比较而正确地评估自己的人，就能做到既不妄自尊大，也不妄自菲薄，从而能合乎实际地确定自己的奋斗目标和行动计划。

 **课堂实训**

我是……

目的：理解自己，认识到自己的独特之处。

操作：让学生们拿出一张纸，在上面写作题为"我是……"的小诗。待学生写完后，让他们默读一遍，仔细体会自我的独特之处。然后请小组成员互相交流，并推举出一个人来念他写的小诗。

第一阶段	第二阶段	第三阶段
我是（我所具备的两种品格）	我假设（我想假设的事情）	我明白（我认定为真的事情）
我好奇（我所好奇的事情）	我感到（一种想象的感觉）	我说（我相信的事情）
我听见（一种想象的声音）	我触摸到（一种想象的触觉）	我梦想（我实在梦想的东西）
我看见（一种想象的情景）	我担心（实在令你心烦的事）	我试图（我真正努力去做的事情）
我愿（一个实在的愿望）	我哭泣（令你非常悲伤的事）	我希望（我真正希望的事情）
我是（重复本诗的第一行）	我是（重复本诗的第一行）	我是（重复本诗的第一行）

（5）通过自我比较来认识自我。人们不仅可以通过与他人比较来认识自我，还可以通过把目前的"自我"与过去或将来的"自我"相比较来进一步认识自我。心理学家曾提出"自尊＝成就/抱负"，这说明个体的自我评价不仅取决于他的成就，而且取决于他的抱负水平，取决于两者之间的比较。过去的成就水平越高，个体越容易积极地评价自己；而指向未来的抱负水平越高，个体越不容易满足，越难以对自己做出肯定的评价。所以，教育者在培养大学生正确的自我意识的过程中，一方面要鼓励学生超越自我，不满足现有的成绩，另一方面也应该引导学生制定能达到的目标，不要一味跟自己过不去。

（6）以活动的成果来认识自我。活动成果的价值有时直接标志着自身的价值。社会衡量一个人的价值主要是通过活动成果认定的。理想的活动成果可以使个体进一步认识自我的能力，发现自我的价值，从而进一步开发潜能、激发自信。

 课堂实训

小小动物园

目的：促进学生自我了解，并了解他人，学习接纳每个人的独特性。

准备：每人一支笔、一张卡片，给学生分组，大约6~8人一组。

操作：要求学生仔细思考，用一种动物代表自己，并在卡片上写下这种动物的名字。等所有人写完后，同时亮出卡片，请组内成员看看在这个小小动物园中有哪些动物，哪些与自己相似，哪些与自己不同。然后让大家讨论，轮流介绍自己为什么会选这种动物代表自己，该种动物的优点和缺点是什么。

（三）科学地塑造自我

1. 要确立明确的行动目标

人的行为特点是有目的的，个体的行为是否有目的性，结果是不一样的。一般地说，有目标指向的行为较无目标指向的行为成就大得多。因为正确的目标能够诱发人的动机，强化人的行为，并促使其指向预定的方向。例如，有的同学能够抵御种种诱惑，刻苦攻读，学业优秀，是因为他把学习成绩与自己未来的发展联系起来了。确立正确的自我目标，关键是要按照社会的需要和个人的特点来进行设计，做一个"自如的我，独特的我，最好的我，社会欢迎的我"。所谓"做一个自如的我"，是指不要给自己提出力所不能及的过高要求，使自己总是陷入自责、自怨、自恨的境地，而是给自己设计只要付出相当的努力就能达到的目标，从而能够在坦然面对自己的客观存在的前提下，不忘积极地生活；所谓"做一个独特的我"，指不要一味地追求时尚，在刻意模仿中失去自我，而是在接受自我的过程中，扬长避短，得以自在地生活；所谓"做一个最好的我"，指立足于现实，选择适合自己的人生道路，尽最大努力，达到最佳水平，充分实现自己的人生价值，能够满意地生活；所谓"做一个社会欢迎的我"，是指要有正确的价值取向，把自我实现的蓝图与祖国的富强、人类的文明结合起来，努力为社会做出自己最大的贡献，真正充实地生活。

2. 要培养坚强的自控能力

在实现人生目标的旅途上，既有各种本能欲望的干扰，又有各种外界诱惑的侵袭。本能的欲望常令人失去理智，如贪图安逸、追求物欲等。名利和物质的诱惑，容易使人偏离正确的前进轨道，丧失奋进的斗志，放弃对远大目标的追求，甚至把青年学生引向堕落。一个人要想成就一番事业，就必须能够抵制诱惑，主宰自己的行动，这就需要有较强的自我控制能力，以保证理智地约束自己的情感、把握自己的行为。

自我和谐量表

下面是一些个人对自己看法的陈述，选择答案时，请你看清每句话的意思，然后选一个数字（"1"代表该句话完全不符合你的情况，"2"代表不太符合你的情况，"3"代表不确定，"4"代表比较符合你的情况，"5"代表完全符合你的情况）以代表该句话与你现在对自己的看法相符合的程度，每个人对自己的看法都有其独特性，因此答案是没有对错的，你只要如实回答就行了。

	完全不符合			完全符合	
1. 我周围的人往往觉得我对自己的看法有些矛盾	1	2	3	4	5
2. 有时我会对自己在某些地方的表现不满意	1	2	3	4	5
3. 每当遇到困难，我总是首先分析造成困难的原因	1	2	3	4	5
4. 我很难恰当表达我对别人的情感反应	1	2	3	4	5
5. 我对很多事情都有自己的观点，但我并不要求别人也与我一样	1	2	3	4	5
6. 我一旦形成对事物的看法，就不会再改变	1	2	3	4	5
7. 我经常对自己的行为不满意	1	2	3	4	5
8. 尽管有时候做一些不愿意的事，但我基本上是按自己意愿办事的	1	2	3	4	5
9. 一件事好就是好，不好就是不好，没有什么可含糊的	1	2	3	4	5
10. 如果我在某件事上不顺利，我就往往会怀疑自己的能力	1	2	3	4	5
11. 我至少有几个知心朋友	1	2	3	4	5
12. 我觉得我所做的很多事情都是不该做的	1	2	3	4	5
13. 不论别人怎么说，我的观点绝不改变	1	2	3	4	5
14. 别人常常会误解我对他们的好意	1	2	3	4	5
15. 很多情况下我不得不对自己的能力表示怀疑	1	2	3	4	5
16. 我朋友中有些是与我截然不同的人，这并不影响我们的关系	1	2	3	4	5
17. 与朋友交往过多容易暴露自己的隐私	1	2	3	4	5
18. 我很了解自己对周围人的情感	1	2	3	4	5
19. 我觉得自己目前的处境与我的要求相距太远	1	2	3	4	5
20. 我很少去想自己所做的事情是否应该	1	2	3	4	5
21. 我所遇到的很多问题都无法自己解决	1	2	3	4	5
22. 我很清楚自己是什么样的人	1	2	3	4	5
23. 我很能自如地表达自己所要表达的意思	1	2	3	4	5
24. 如果有足够的证据，我也可以改变自己的观点	1	2	3	4	5
25. 我很少考虑自己是一个什么样的人	1	2	3	4	5

续表

	完全不符合			完全符合	
26. 把心里话告诉别人不仅得不到帮助，还可能招致麻烦	1	2	3	4	5
27. 在遇到问题时，我总觉得别人都离我很远	1	2	3	4	5
28. 我觉得很难发挥出自己应有的水平	1	2	3	4	5
29. 我很担心自己的所作所为会引起别人的误解	1	2	3	4	5
30. 如果我发现自己某些方面表现不佳，总希望尽快弥补	1	2	3	4	5
31. 每个人都在忙自己的事，很难与他们沟通	1	2	3	4	5
32. 我认为能力再强的人也可能遇上难题	1	2	3	4	5
33. 我经常感到自己是孤独无援的	1	2	3	4	5
34. 一旦遇到麻烦，无论怎么做都无济于事	1	2	3	4	5
35. 我总能清楚地了解自己的感受	1	2	3	4	5

计分方法与结果解释：

本量表经因素分析得到三个分量表："自我与经验的不和谐""自我的灵活性"及"自己的刻板性"。各分量表的得分为其所包含的项目分直接相加。三个分量表包含的项目分别为

自我与经验的不和谐（共16项）	1、4、7、10、12、14、15、17、19、21、23、27、28、29、31、33
自我的灵活性（共12项）	2、3、5、8、11、16、18、22、24、30、32、35
自我的刻板性（共7项）	6、9、13、20、25、26、34

"自我与经验的不和谐"反映的是自我与经验之间的关系，包含对能力和情感的自我评价、自我一致性、无助感等，它所产生的症状更多地反映了对经验的不合理期望；"自我的灵活性"与敌对和恐怖显著相关，可能预示了自我改变的刻板和僵化。"自我的刻板性"不仅同质性信度较低，而且仅与偏执显著相关，说明这一分量表的含义有待进一步研究。

计算三个量表总分的方法是将"自我的灵活性"项目反向计分，再与其他两个分量表得分相加，得分越高，自我和谐程度越低。在大学生中，可以以低于74分为低分组，75~102分为中间组，103分以上为高分组。

评分说明

各分量表的得分为其包含的项目分直接相加，三个分量表包含的项目为：

1. 自我与经验的不和谐：

1,4,7,10,12,14,15,17,19,21,23,27,28,29,31,33

2. 自我的灵活性：

2,3,5,8,11,16,18,22,24,30,32,35

3. 自我的刻板性：

6,9,13,20,25,26,34

将"自我的灵活性"反向计分，再与其他两个分数相加。得分越高，自我和谐度越低。在大学生中，低于74分为低分组，75~102分为中间组，103分以上为高分组。

自我与经验的不和谐	自我的灵活性	自我的刻板性	总评

第三章 人际交往与沟通

每个人从一降生到世间就开始与他人发生千丝万缕的联系。我们生活的社会,就是由各种错综复杂的人际关系组成的网络。相信每一个准大学生都为自己设计了五彩斑斓、精彩无比的大学生活,并为之雀跃着、向往着。

但是,真正踏进大学校园,才知道在自由生活的背后,还有诸多问题需要思考、适应和解决,如如何处理生活琐事、如何与周围的人相处等。

第一节 人际交往概述

人际交往是人与人之间的一种互动,是人际关系的构成条件之一,是人们掌握知识和获取信息的重要途径,人际交往贯穿于我们生活的所有领域。对于正处在成长期的大学生来说,人际交往是大学生活的基本内容之一。师生之间、同学之间、朋友之间、室友之间、个人与班级以及和学校之间等错综复杂的社会交往,构成了大学生人际交往的立体网络系统。培养大学生良好的人际交往能力,不仅是大学生活的需要,更是将来顺利适应社会的需要。

一、人际交往的概念和意义

任何人的成长与发展、成功和幸福都跟他的人际关系密切相关。没有人与人之间的关系,就没有生活基础。

(一)人际交往的概念

人际交往是指个体与周围人之间的一种心理与行为的沟通过程。人际关系是指人在相互交往过程中,彼此间相互影响而形成的一种心理上和社会上的联系,它反映的是人与人之间的心理距离,即交往双方寻求满足其社会需要的心理状态。人际交往是建立人际关系的基础,人际关系是在人际交往过程中形成的。

(二)大学生人际交往的特点

1. 交往需要更迫切

交往是人的基本需要。大学生渴求交往希望建立和谐的人际关系是由生理、心理发展特点决定的。大学生的交往需求很迫切,据最新调查结果显示,50.4%的大学生认为人际交往活动非常需要,45.1%认为需要,只有3%认为可有可无,0.8%认为不需要。刚开始大学生活的新生，由于离开熟悉的生活环境，缺乏较强的独立生活的能力和心理准备，又缺乏为人处世的经验，所以大学生迫切需要人际交往，希望获得团体的接受认可、尊重和信任。

2. 交往形式更开放

大学生的交往意识很强，人际交往呈开放式特点，交往范围较宽。班级、年级、专业和性别都不会成为障碍，更有一些大学生把交往领域扩展到校外甚至社会。而且由于互联网的发展，网络为大学生提供了广阔的交往平台，大大拓展了他们的人际交往范围。但由于一些因素的影响，目前大学生交往心理的一个显著特点是注重和同学之间的交往，而忽视与老师、领导和家长之间的交流。

3. 交往的独立性显著

大学生之间的个性差异较大，每个人都不同于他人。但无论是活泼好动还是孤僻好静的大学生在人际交往的过程中都表现出强烈的自主性、独立性。大学生的交往活动是互为主体、相互影响的，在心理上存在较强的独立感，而且大学生的交往多是兴趣所至，外在约束力不强，自主性高。大学生交往主要是追求心理上的、情感上的满足。交流情感、联络感情是大学生交往活动的一个主要内容。

4. 交往障碍普遍存在

在大学生的交往活动中，只有少数大学生能没有任何交往障碍，既敢于交往也善于交往。而大部分同学或轻或重地存在交往障碍，从而产生消极情绪体验以致影响正常的生活学习，如自卑、害羞、孤僻、猜疑 嫉妒、固执、封闭等。

（三）人际交往的重要意义

一般来说，正常的人际交往和良好的人际关系都是我们心理正常发展、个性保持健康和生活具有幸福感的必要前提，所以人际交往对大学生的成长成才具有重要的意义。

1. 人际交往是维护大学生身心健康的重要途径

对于青年期的大学生而言，他们思想活跃、感情丰富，尤其是人际交往的需求极为强烈，大家都努力通过人际交往来获得友谊，满足自己物质和精神上的需要。此时，积极的人际交往、良好的人际关系，不仅使人精神愉快、充满信心，而且会使人保持乐观的人生态度。一般来说，具有良好人际关系的学生，大都能保持开朗的性格、热情乐观的品质，从而能够正确认识、对待各种现实问题，化解学习、生活中的各种矛盾，形成积极向上的优秀品质，迅速适应大学生活。相反，如果缺乏积极的人际交往，不能正确地对待自己和他人，心胸狭隘，目光短浅，则容易形成精神上、心理上的巨大压力，难以化解心理矛盾，严重的还可能导致病态心理，如抑郁症等。

2. 人际交往是大学生成长成才的重要保证

现代社会是信息社会，信息量大且价值高。人们对拥有各种信息和利用信息的要求，随着信息量的扩大，也在不断地增长；人际交往是交流信息、获取知识的重要途径。大学生通过人际交往，可以相互传递、交流信息和成果，不断完善自己的经验，开阔视野，活跃思维；人际交往是个体认识自我、完善自我的重要手段。孔子曾说过："独学而无友，则孤陋而寡闻。"人际交往实际上就是一种获得和交流知识信息的社会活动。在当今信息化充斥的社会里，那些不愿意与他人交往的学生，必然在自己与社会之间筑起一道道屏障，从而孤陋寡闻。因此，人际交往不但能够使人拓宽自己的知识视野，而且信息的沟通又必然成为大学生成功道路上的润滑剂。

二、人际交往的影响因素

良好的人际关系不仅关系到大学生在校期间的学习、生活及身心发展，而且对大学生毕业后乃至一生都具有深远的影响。尽管多数大学生都十分重视交往能力的培养与提高，但在实际过程中却往往会因彼此的一些差异，而使之成为交往方面的障碍，影响学习、生活。影响大学生人际交往的主要因素有以下几个方面。

（一）家庭背景差异

家庭背景差异主要表现在，有的同学出身"贵族"，父母或者为高官，或者为个体大老板，或者为高级知识分子；有的同学出身一般，父母或者为农民，或者为工人，或者为个体小老板；有的同学出身贫寒，或者是父母双亡，或者是单亲家庭，或者是父母残疾等，生活来源依靠贷款、别人资助，具有这样家庭背景差异的群体在一起学习生活，难免导致在交往中出现一些问题，例如，有些家庭富裕学生的交往带有"功利性"，不愿与贫困生交往，而有些贫困生因自卑也不敢不愿与富裕学生交往。

（二）成绩差异

大学生在中学时代大多数是学校或所在县（区、市）或省的成绩佼佼者，有的甚至是高考状元，但到高校以后，由于多方面原因，彼此成绩出现差异，有的考试学科甚至出现"挂科"现象。例如，有的同学学习上缺乏上进心、怕吃苦，整天沉迷于网络，因而成绩每况愈下，而成绩好的学生一般不愿和没有上进心的同学交往。

（三）理想目标差异

当代大学生，每个同学或因家庭的要求，或因自身的理想抱负彼此不同，有的同学只要求平时学科成绩及格就行，本科顺利毕业找工作即可，有的同学准备考研、考博，有的同学更有远大抱负——出国留学读研读博，理想抱负不同，也是影响彼此交往的一个重要因素。

（四）区域差异

我国很多高校学生来自全国各地，彼此语言、风俗习惯、生活习惯等差异较大，部分学生平时沉默寡言，平时往来于教学楼、宿舍、食堂、图书馆，只有在周末才找家乡人相聚相叙，不愿与外地学生交往。

（五）个性差异

个性差异往往是影响人际交往的一大障碍，例如，有的同学"自卑心理"较重，总觉得自己在容貌、身材、知识、能力、口才甚至衣着等各方面不如别人，低人一等，害怕与人交往；有的同学"嫉妒心理"较重，对他人的长处、成绩心怀不满，报以嫉恨，甚至采取不道德行为，导致人际冲突和交往障碍；有的同学"自负心理"较重，与人相处时常以"自我"为中心，傲气轻狂、居高临下、自夸自大，只关心个人的需要，强调自己的感受而忽视他人；有的同学存在与"异性交往"困惑，与异性交往总感到比与同性交往困难，以至于不敢、不愿与异性交往。

三、人际关系的发展过程

勒温格等认为，人际关系的发展有三个阶段：第一是单向注意阶段，对方没有互动；第二是表面接触阶段，双方有初步的、浅层的互动，但是还没有相互卷入，也就是说没有走进彼此的私我领域，一般的泛泛之交就停留在这一阶段；第三是相互卷入阶段，双方向对方开放自我，分享信息和感情，这是友谊发展的阶段。

阿特曼等提出了社会渗透理论（social penetration theory）来解释关系发展的过程。他们认为人际交往主要有两个维度：一是交往的广度，即交往或交换的范围；二是交往的深度，即交往的亲密水平。人际关系发展的过程是由较窄范围内的表层交往向较广范围的密切交往发展的。人们根据对交换成本和回报的计算来决定是否增加对人际关系的投入。阿特曼等认为，良好的人际关系的发展，一般经过四个阶段：定向阶段、情感探索阶段、情感交流阶段、稳定交往阶段。

（一）定向阶段

在人际交往中，人们对交往的对象具有很高的选择性。进入一个交往场合时，人们往往会选择性地注意某些人，而对另外一些人视而不见，或者只是礼貌性地打个招呼。对于注意到的对象，人们会进行初步的沟通，谈谈无关紧要的话题，这些活动就是定向阶段的任务。在这个阶段，人们只有很表层的自我表露，例如，谈谈自己的职业、工作，对最近发生的新闻事件的看法等。

（二）情感探索阶段

如果在定向阶段双方有好感，产生了继续交往的兴趣，那么就可能有进一步的自我表露，如工作中的体验、感受等，并开始探索在哪些方面双方可以进行更深的交往。这时双方有一定程度的情感卷入，但是还不会涉及私密性的领域。双方的交往还会受到角色规范、社会礼仪等方面的制约，比较正式。

（三）情感交流阶段

如果在情感探索阶段双方能够谈得来，建立了基本的信任感，就可能发展到情感交流阶段，彼此有比较深的情感卷入，谈论一些相对私人性的问题，例如，相互诉说工作、生活中的烦恼，讨论家庭中的情况等。这时，双方的关系已经超越了正式规范的限制，比较放松，比较自由自在，如果有不同意见，也能够坦率相告，没有多少拘束。

（四）稳定交往阶段

情感交流如果能够在一段时间内顺利进行，人们就有可能进入更加密切的阶段，双方成为亲密朋友，可以分享各自的生活空间、情感、财物等，自我表露更深更广，相互关心也更多。一般来说，能够达到这种境界的关系相当少，这也就是人们常说的"人生难得一知己，千古知音最难觅"。

还有一些研究讨论了人际关系退化的原因。综合起来，导致人际关系的亲密程度减弱的原因主要有：①空间上的分离，交往的一方迁徙到别的地方，虽然分离的双方可以通过书信、电话、电子邮件等形式保持联系，但是最现代的通信工具也取代不了面对面的交往；②新朋友代替了老朋友；③逐渐不喜欢对方行为上或人格上的某些特点，一方面，个人的喜好标准可能发生变化，另一方面，交往中可能发现对方的一些新的特点，而这些特点恰恰是另一方不喜欢的；④交换回报水平的变化，即一方没有按照另一方所期望的水平给予回报；⑤妒忌或批评；⑥对与第三方的关系不能容忍，在亲密关系中，这一点比较突出，因为亲密关系，尤其是异性之间的亲密关系往往有一定程度的排他性；⑦泄密，即将两人之间的秘密透露给其他的人；⑧对方需要时不主动帮忙；⑨没有表现出信任、积极肯定、情感支持等行为；⑩一方的"喜好标准"发生了改变。

四、人际交往的心理效应

人际交往的心理效应会影响人际交往的效果与深度，恰当地运用心理效应可以更好地开展人际交往。因为现代人际关系心理学认为，人际交往过程是人与人之间的信息沟通、思想感情交流和行为互动的产生过程，期间存在着许多复杂因素，在一定程度上影响着人际关系的发展方向。其中，心理效应无疑是制约人际关系、影响人际知觉良性发展的重要因素。一般情况下，影响人际交往的主要包括以下四种心理效应。

（一）首因效应

首因效应也称"第一印象"，它主要是人的知觉因素与情感因素相结合而产生的综合效应。尽管首因效应是对人的一种整体看法，但是这种整体只是一个表面现象，受到观察者主观认识的影响，具有片面性。在人际交往中，第一次经历的事件往往给人留下的印象特别深刻，以后要改变这种印象是相当困难的，心理学家为此做过这样的实验：让被试者看两种性格类型——性格A为聪明、勤奋、易冲动、爱批评、顽固、嫉妒心强，性格B为嫉妒心强、顽固、爱批评、易冲动、勤奋、聪明、实验的结果表明，人们对性格A有好印象。其实，性格A和性格B的内容完全一样，只是顺序变换了一下，但结果却完全不同。这表明，当不同的信息结合在一起时，我们总是先倾向于前面的信息，而忽视后面的信息；即使人们同样也注意了后面的信息，但也会认为后面的信息是"非本质的""偶然的"。由于这种第一印象，人们很容易在交往过程中从一时的表象出发，产生错误的判断而掩盖对客观对象本质的了解，这往往会对人际交往产生不利的影响。

（二）晕轮效应

晕轮效应也称"光圈效应"，是指在人际交往中，人身上表现出的某一方面的特征掩盖了其他的特征，从而给人际认知造成障碍。"晕轮效应"是一种以偏概全的主观心理臆测，其错误在于：第一，它容易抓住事物的个别特征，习惯以个别推及一般；第二，它把并无内在联系的一些个性或外貌特征联系在一起，断言有这种特征必然会有另一种特征；第三，它说好就全部肯定，说坏就整体加以否定，是一种受主观偏见支配的绝对化倾向。总之，晕轮效应是人际交往中对人的心理影响很大的认知障碍。

（三）刻板印象

刻板印象是指在人际交往中，对某一类人或事物进行简单的、比较固定的概括而形成的笼统的看法。即使对从未见过面的人，也会根据间接的资料与信息而产生刻板印象。于是，有些人总是带着一定模式有选择地发现人的各种特征，并期待与模式相吻合的特征，而舍弃不符的特征。可以说，刻板印象的产生与我们在认识中的选择性有密切的关系。人们认知的选择性使他们在对事物的认知过程中能抓住事物最明显或典型的特征。同样，在人际认知中，选择性能使我们很快地对一个人进行归类，判断出他的典型特征。但是，当人们用一种固定模式去认知事物，而这种模式并不能反映事物的本质时，就很有可能形成刻板印象。这种效应将阻碍对人的具体、全面的了解，造成人际交往中的不良影响。

（四）亲和效应

亲和效应是指人们在交际中，往往会因为彼此间存在着某种共同之处或近似之处，从而感到相互之间更加容易接近。而这种相互接近，则通常又会使交往对象之间萌生亲切感，并且更加相互接近、相互体谅。交往对象由接近而亲密、由亲密而进一步接近的这种相互作用，有时被人们称为亲和力。人们在人际交往和认知过程中，往往存在一种倾向，即对于自己较为亲近的对象，会更加乐于接近。人际交往与认知过程中的较为亲近的对象，俗称"自己人"。所谓"自己人"，大体上是指那些与自己存在着某些共同之处的人。这种共同之处，可以是血缘、姻缘、地缘、学缘、业缘关系，可以是志向、兴趣、爱好、利益，也可以是彼此共处于同一团体或同一组织。在其他条件大体相同的情况下，所谓"自己人"之间的交往效果一般会更为明显，其相互之间的影响通常也会更大。在"自己人"之间的交往中，对交往对象属于"自己人"这一认识本身，大都会让人们形成肯定式的心理定势，从而对对方表现得更为亲近和友好，并且在此特定的情境中，更加容易发现和确认对方值得自己肯定和引起自己好感的事实。所有这一切，反过来又会进一步巩固并深化自己对对方的原来已有的积极性评价。在这一心理定势作用下，"自己人"之间的相互交往与认知必然在其深度、广度、动机、效果上，都会超过非自己人之间的交往与认知。可见，人们在与"自己人"的交往中，肯定式的心理定势发挥着一定的作用。所以，为了使自己的热情获得对方的正面评价，有必要在交往或服务过程中积极创造条件，努力形成双方的共同点，从而使双方都处于"自己人"的情境中。

"知人者智，自知者明"，能否正确理解以上人际关系的四种心理效应，关系到人际交往能否顺利进行。现代社会主张个性独立，人际交往也日益复杂。人们在人际交往中要不断审视、认识自己和他人，才有可能形成理想和谐的人际关系。

五、人际交往的交互分析

人际交往中的"交互性原则"，指的是"你肯定别人，别人也喜欢你；你否定别人，别人也不喜欢你"。对此，心理学家霍曼斯进一步发现和指出，人与人之间的交往本质上是一个社会交换过程。只有当一种关系对人们来说是值得的，人们之间的交往行为才会出现，人际关系才可以建立和维持。

许多研究表明，人际交往中的喜欢与厌恶、接近与疏远是相互的，在一般情况下，喜欢我们的人，我们才会喜欢他们；愿意接近我们的人，我们才愿意去接近他们。而对于疏远我们、厌恶我们的人，我们的反应也是相应的，对他们也会疏远和厌恶。

"投桃报李"、"来而不往非礼也"，这种心理体验是大多数人都曾经历的，在现实生活中人们都在自觉不自觉地运用着这种交互原则，来平衡彼此间的情感，协调人际关系。

世上没有无缘无故的爱，也没有无缘无故的恨。友情是一种互惠互利的关系，这是友情的基础所在；否则，正如单相思不是爱情一样，"剃头挑子一头热"，你的热情换来的是别人的冷漠，双方的情感达不到共鸣，友谊不可能建立，也不可能持续。

所以，生活就像一面镜子，如果你想得到一个微笑，你就要先给别人一个微笑。不要一心希望别人为你做些什么，因为事实上别人并没有任何义务。首先要求自己去接纳、肯定、支持你周围的人，你就会收获他们对你的喜欢与尊重。

 心理加油站

善于应用人际吸引的增减原则

有一幢宿舍楼的后面，停放着一部旧汽车，大院里的孩子们每天晚上放学后出来玩，他们攀上车厢，在上面蹦跳打闹，喧哗的吵闹声使住户无法好好休息，在屡禁不止的情况下，一位老人想出一个办法。这天，他对小孩子们说："小朋友们，今天你们比赛，蹦得最响的奖玩具手枪一支。"小孩子们很高兴，争相蹦跳，优者果然得奖。次日，老人又来到车前，说："今天继续比赛，奖品是两粒奶糖。"小孩们见奖品直线下跌，纷纷不悦，无人卖力蹦跳，声音稀疏而弱小。第三天，老人又对孩子们说："今天奖品是两粒花生米。"小孩们纷纷下汽车："不蹦了，不蹦了，真没有意思，回家看电视去。"

这是一则十分有趣的故事。生活中常有这样的情况发生："正面进攻"难以奏效，"曲线"方能"救国"。老人开始对孩子们的奖励，实际上是表现了对孩子们蹦跳行为的赞扬，刺激了孩子们继续蹦跳的热情。之后逐渐减少这种认可与奖励，孩子们当然会越来越不高兴，也就没有了进行这一行为的情绪。

在一家食品店里，顾客们常常喜欢排成长队在一位售货员那里购买食品，而别的售货员却无事可做，一天，店领导问她有什么诀窍。"很简单，"她回答说，"别的售货员称糖时，总是先装得满满的，而后往外取出，而我却相反，先装得少一些，过秤时添上一些，并随便说上一句'我送你两颗，谢谢你光顾，欢迎再来'，这就是我的诀窍。"

其实，每位售货员卖给顾客的东西在斤两上都是不多不少的，但是，如果先装多了然后往外取出，顾客会认为是从他的袋子里往外取，在心理上容易怀疑短秤；相反，如果先把糖装少，过秤时再往里添，顾客对售货员产生信任感，还认为自己占了便宜。

这两个故事里其实包含了一个非常普遍的社会心理学原理，即"人际吸引的增减原则"，其大意是：人们最喜欢那些对自己的喜欢、奖励、赞扬不断增加的人或物，最不喜欢对自己的喜欢、奖励、赞扬显得不断减少的人或物。因此，一方面，我们要善于应用人际吸引的增减原则，在日常工作和生活中，尽量避免自己的表现不当所造成的他人对自己的印象向不良方向逆转；另一方面，在形成对别人的印象的过程中，要避免受其影响而失去客观公正性。

第二节　人际沟通概述

人际沟通是一种历程，是在一段时间之内有目的地进行的一系列行为。与你的亲人饭后闲聊，或者和好友千里一线牵的电话聊天，甚至使用网络与网友们对谈都是一种人际沟通。人与人之间只有通过相互沟通，才能产生相互影响、相互了解对方，才能达到思想上、行动上的协调一致，达到共同的活动目标。

一、人际沟通的含义

关于人际沟通的概念目前还没有统一的定义。英国传播学学者哈特利认为："人际沟通是一个个体向另一个个体的信息传播，双方是面对面的。沟通方式能反应个体的个性特征和社会角色及其关系。"拉里·A·萨姆瓦等将人际沟通定义为"一种双边的、影响行为的过程。在这个过程中，一方（信息源）有意地将信息码通过一定的渠道传递给意向所指的另一方（接收者），以期唤起特定的反应或行动"。桑德拉·黑贝维斯和理查德·威沃尔则认为，"沟通是人们分享信息、思想和情感的任何过程"。还有一些研究者也进行了类似的定义。综合各种观点，我们认为人际沟通是人们运用语言符号系统或非语言符号系统来传递信息、思想和情感的过程，包括输出者、接收者、信息、渠道四个主要因素。

二、人际沟通的意义

人际沟通在日常生活中具有重大意义，具有心理、社会和决策等功能，和我们生活的层面息息相关。一般来说，主要体现在以下几个方面。

首先，人际沟通是人们适应环境、适应社会的必要条件。沟通是人与人之间发生相互联系的最主要的形式。通过信息沟通，我们了解周围的许多情况，哪些是有利的，哪些是不利的，从而及时调整我们的行为，使我们的目标得以实现。同时，通过与别人进行比较以及了解他人对自己的态度和评价，可以使我们更正确地了解和认识自己，提高自我意识水平。

其次，人际沟通具有心理保健功能，即它有助于人们的心理健康，能促进良好个性的形成。人际沟通是人类最基本的社会需求之一，同时也是人们赖以同外界保持联系的重要途径。通过沟通，保证了个人的安全感，增强了人与人之间的亲密感。如果沟通的需要得不到满足，就会影响个人的身心健康。因此，人际沟通对于个人来说是不可缺少的行为。保持人与人之间充分的情感、思想交流，能使人心情舒畅，起到保健的作用；而与他人沟通不充分的人，往往有更多的烦恼和难以排除的苦闷。

最后，人际沟通还是心理发展的动力，它提供了人们身心发展所必需的信息资源。通过人际沟通，人与人之间交流各种各样的信息、知识、经验、思想和情感等，为个体提供了大量的社会性刺激，从而保证了个体社会性意识的形成与发展。婴儿一出生就通过与父母的沟通获得生理和心理上的满足。随着年龄的增长，个人与他人沟通的范围日益广阔，接受各种社会思想，形成一定的道德体系，逐渐完成各个年龄阶段的人生发展课题，社会意识由低级向高级迈进，形成健全的人格特征以适应复杂的社会生活。

三、人际沟通的结构与分类

在人际沟通中，沟通双方都有各自的动机、目的和立场，都设想和判断自己发出的信息会得到什么样的回答。因此，沟通的双方都处于积极主动的状态，在沟通过程中发生的不是简单的信息运动，而是信息的积极交流和理解。一般来说，分为以下几种情况。

（一）正式沟通和非正式沟通

从组织系统区分，将沟通分为正式沟通和非正式沟通。信息通过组织明文规定的渠道进行的传递和交流是正式沟通。组织内部的文件传达、通知发布、工作布置、工作汇报、各种会议，以及组织与其他组织之间的公函往来都属于正式沟通。其优点是信息通路规范、准确度较高。

在正式沟通渠道之外进行的信息传递和交流称为非正式沟通，如员工间的私人交谈及一般流传的"流言"等。因为非正式沟通不但表露或反映人们的真实动机，同时也常提供组织没有预料到的内外信息，所以现在的管理者都很重视非正式沟通，常利用私人会餐及非正式团体的娱乐活动等，多与员工接触并从中获取各种资料，作为改善管理或拟订政策的参考。非正式沟通既具有沟通形式灵活、信息传播速度快等优点，又具有随意性和不可靠性等致命的弱点。

（二）下行沟通、上行沟通和平行沟通

根据信息流动的方向，将沟通分为下行沟通、上行沟通和平行沟通。下行沟通是上级向下级传递信息，如上级领导向下级发布命令和指示。这种沟通方式大体有五种目的：传达工作指示；促使下级了解本项工作与其他任务的关系；提供关于程序与任务的资料；向下级反馈其工作绩效；向下级阐明组织目标，使下级增强其"任务感"。这种自上而下的沟通能够协调组织内各层级之间的关系，增强各层级之间的联系，对下级具有督导、指挥、协调和帮助等作用。但是，这种沟通易形成一种"权利气氛"而影响士气，并且由于曲解、误解或搁置等因素，所传递的信息会逐步减少或歪曲。

上行沟通是指由下级向上级传递信息，如下级向上级报告工作情况、提出自己的建议和意见、表述自己的态度等。在组织中，不仅要求下行沟通迅速有效，而且还应保证上行沟通畅通无阻。因为只有这样，领导者才能及时掌握各种情况，从而做出符合实际的决策。但有关研究表明：有时自下而上的信息沟通即使到达了管理阶层，通常也不会被重视，或根本没被注意到，并且在逐层上报过程中内容会被逐层压缩，细节会被一一删去，造成严重失真。

平行沟通是指同级之间传递信息，如员工之间的交流、同一层级不同部门的沟通等。在企业部门中经常可以看到各部门之间发生矛盾和冲突。除其他因素以外，部门之间互不"通气"是重要原因之一。保证平行组织之间沟通渠道的畅通，是减少各部门之间冲突的一项重要措施。这种沟通一般具有业务协调性质。它有助于加强相互间的了解，增强团结，强化协调，减少矛盾和冲突，改善人与人之间的关系。

（三）单向沟通和双向沟通

根据发信者与接信者的地位是否变换，可将沟通分为单向沟通和双向沟通。

单向沟通只是一方向另一方发出信息，发信者与接信者的方向位置不变，双方无论在语言上还是在表情动作上都不存在反馈信息，发指示、下命令、演讲、报告等都带有单向沟通的性质。

双向沟通即指发信者和接信者的位置不断变化，发信者以协商、讨论或征求意见的方式面对接信者，信息发出后，又立即得到反馈。有时双方位置互换多次，直到双方共同明确为止。招聘会、座谈会等都属于双向沟通。

（四）口头沟通和书面沟通

根据沟通形式区分，可将沟通分为口头沟通和书面沟通。口头沟通是面对面的口头信息

交流，如会谈、讨论、会议、演说及电话联系等。其优点是有亲切感强，可以用表情、语调等增强沟通的效果，可以马上获得对方的反应，具有双向沟通的好处，且富有弹性，可以随机应变，但如果传达者口齿不清或不能掌握要点做简洁的意见表达，则无法使接受者了解其真意。沟通时如果接受者不专心、不注意或心里有困扰，因口头沟通一过即逝，便无法回头再追认。

书面沟通即指通过布告、通知、文件、刊物、书信、电报、调查报告等方式进行的信息交流。其优点是具有一定的严肃性、规范性、权威性，不容易在传达中被歪曲；它可以作为档案材料和参考资料，以及正式交换文件长期保存；它比口头表达更详细地供接受者慢慢阅读、细细领会。其弱点是沟通不灵活，感情因素少一些，对文字能力要求较高。

四、人际沟通网络

在人际沟通中，信息往往不是从发送者直接传递到接收者，而是经过一些中间环节，这就出现了沟通渠道的问题。各种沟通渠道所组成的结构形式即沟通网络。也有学者认为，人际沟通网络是信息随时间在个体间流动的沟通模式。两种定义是类似的，前者强调信息传递渠道的结构形态，后者从动态的角度关注信息流动的方向。根据前人的研究，人际沟通网络大体上可分为两类，即正式沟通网络和非正式沟通网络。正式沟通网络一般遵循权力系统的组织方式，按照明文规定的渠道，以垂直或水平的方式传递与工作相关的信息。非正式沟通网络则是指在正式沟通渠道以外进行的信息传递，常常涉及小道消息或流言的传播。它可以跳过权力等级，向任何方向自由传递。研究表明，人际沟通网络的结构形态不仅关系着组织内信息传递的效率，也对群体态度和群体行为有着不同程度的影响。下面就这两类沟通网络的结构形态及主要特点进行探讨。

（一）正式沟通网络

正式沟通网络是指通过正式信息沟通渠道建立起来的联系，它在组织中最为常见，在信息沟通中发挥主渠道作用。A.Bavelas 和 H.J.Leavitt 在 20 世纪 50 年代通过实验提出了五种正式沟通网络，分别是：链式、轮式、Y 式、圆周式和全通道式。值得一提的是，现实生活中组织内的正式沟通网络可能是以下五种基本形式的变体或者综合。

链式：代表信息沿着组织等级向上或向下依次传递。只有垂直方向上的信息交流，不存在水平方向或者越级的信息传递，体现出严格的从属关系。

轮式：代表一名中心人物（通常是主管）与周围成员（通常是下属）进行信息交流，该中心人物是信息的发送点也是各信息的汇集点，其他成员之间无信息交流。这种模式也只有垂直方向的信息传递。

Y 式：可视为链式和轮式的结合与变形，是一种较复杂的垂直沟通，存在一个中心人物，没有平行沟通。

圆周式：成员间依次联系的一个封闭系统，没有中心人物，既可将其视为一个全部为水平沟通的系统，也可将其视为一个包含垂直和水平两种传递方向的系统。

全通道式：全方位开放式的沟通网络系统，所有成员地位平等，没有中心成员，各成员间都能相互进行信息传递和交流。

（二）非正式沟通网络

任何组织都建有一定的正式沟通网络，同时在工作和人际交往过程中自然形成了非正式的沟通网络。其信息流动随机性较大，一般是没有规定、未经计划的，并且带有一定的态度倾向和感情色彩。相比于正式沟通，它结构灵活、传递速度快，且易于了解内幕消息等；但同时也具有信息传递不准确、难以控制流言散播和导致小集团的产生等缺点。

K.Davis通过对一家皮革制品公司67名管理人员进行调查，研究了组织内小道消息的传播。他认为通过非正式渠道传递小道消息有四种方式：单线式、流言式、偶然式和集束式。单线式表现为消息在成员之间相互转告，经过一连串组织成员传到最终接收者；流言式即由一人告诉其他所有人；偶然式也被称为概率传播式，是指一个人在偶然机会下传递给他人，其他人也随机传播消息，没有固定的传播路径，传播中带有很大的偶然性；集束式又名"葡萄藤式"，是最普遍的一种形式，指几个人将小道消息有选择地告诉朋友或熟人，这些人又传给各自的朋友和熟人。

Davis的研究得到了三个有价值的结论。第一，他发现仅有10%的管理人员是小道消息的传播者。例如，当一名经理准备辞职跳槽到其他公司，尽管81%的同事得知此事，但只有11%的人将该消息传递给了他人。第二，信息倾向于在主要的功能部门（生产、销售）之间流动，而不是在部门内部流动。第三，没有证据表明某一个成员一直在组织内固定地担任"传播者"角色，不同的人根据自己的兴趣传递着不同的信息。

此后，有研究者以小型政府办公室的工作人员为被试重复这一研究，也发现仅有很小比例（约10%）的人传播小道消息。然而，与Davis之前的调查结果不一致的是，在政府办公室有一部分人固定地扮演者"热心传播者"的角色，且信息主要是在部门内部而非部门之间流动。研究者认为这种差异源于样本的不同，前者的样本是管理人员，后者的样本不仅有管理者，也包括普通员工。此外，管理者可能要面对保持消息灵通地位的压力，因而倾向于向部门外的人传递信息。

有研究表明，小道消息中有75%是准确的。苏联心理学家B.A.谢苗诺夫提出情绪消息理论，对小道消息传播的条件和原因作出解释。他认为人们掌握信息的程度、满足需要的信息量、信息需要等要素决定着消息传播的情绪，用公式$E = N(H-C)$表明。如果没有信息需要（即$N=0$），那么该信息不会使人产生任何情绪，小道消息也就没有了产生基础。如果满足需要所需的信息量等于现在已掌握的信息量（即$H=C$），那么也没有产生消息的必要。当人们掌握信息的需求大，已掌握信息和满足需要的信息量差异越大，就越有可能产生获取小道消息的情绪。从这一理论来看，小道消息的存在，至少表明了成员感兴趣或想要了解的一些信息，而这些信息往往不能或还没有经正式沟通网络进行有效传递。但是，目前还缺乏相关实证研究来证实这一理论。

 心理测试

大学生人际关系综合诊断量表

指导语：这是一份人际关系行为困扰的诊断量表，共28个问题，在每个问题后的括号内，选"是"的打"√"，计1分；选"非"的打"×"，计0分。请你认真完成，然后对照后面对测验结果作出的解释检查自己的人际关系是否和谐。

（1）关于自己的烦恼有口难言。（　）
（2）和生人见面感觉不自然。（　）
（3）过分地羡慕和妒忌别人。（　）
（4）与异性交往太少。（　）
（5）对连续不断的会谈感到困难。（　）
（6）在社交场合感到紧张。（　）
（7）时常伤害别人。（　）
（8）与异性来往感觉不自然。（　）
（9）与一大群朋友在一起，常感到孤寂或失落。（　）
（10）极易受窘。（　）
（11）与别人不能和睦相处。（　）
（12）不知道与异性相处如何适可而止。（　）
（13）当不熟悉的人对自己倾诉其生平遭遇以求同情时，自己常感到不自在。（　）
（14）担心别人对自己有什么坏印象。（　）
（15）总是尽力使别人赏识自己。（　）
（16）暗自思慕异性。（　）
（17）时常避免表达自己的感受。（　）
（18）对自己的仪表（容貌）缺乏信心。（　）
（19）讨厌某人或被某人所讨厌。（　）
（20）瞧不起异性。（　）
（21）不能专注地倾听。（　）
（22）自己的烦恼无人可申诉。（　）
（23）受别人排斥与冷漠。（　）
（24）被异性瞧不起。（　）
（25）不能广泛地听取各种意见、看法。（　）
（26）自己常因受伤害而暗自伤心。（　）
（27）常被别人谈论、愚弄。（　）
（28）与异性交往不知如何更好地相处。（　）

测量结果的解释与辅导

总分 0~8 分，说明你在与朋友相处上的困扰较少。你善于交谈，性格比较开朗，主动关心别人，对你周围的朋友都比较好，愿意和他们在一起，他们也都喜欢你，你们相处得不错。而且，你能够从与朋友相处中得到许多乐趣。你的生活是比较充实而且丰富多彩的，你与异性朋友也相处得很好。一句话，你不存在或较少存在交友方面的困扰，你善于与朋友相处，人缘很好，获得许多人的好感与赞同。

总分在 9~14 分，说明你与朋友相处存在一定程度的困扰。你的人缘很一般，换句话说，你和朋友的关系并不牢固，时好时坏，经常处在一种起伏波动的状态之中。

总分在 15~28 分，那就表明你在同朋友相处时行为困扰较严重；分数超过 20 分，则表明你的人际关系的行为困扰程度很严重，而且在心理上出现较为明显的障碍。你可能不善于交谈，也可能是一个性格孤僻的人，不开朗，或者有明显的自高自大、讨人嫌的行为。

第三节 做交流与沟通的智者

在纷繁复杂的社会中，我们会遇到各种各样的人；你工作、学习的社会群体中，要和不同个性的人打交道；就算是熟悉的环境，也要不断适应周围群体的变化。所以，在人际交往中要做交流与沟通的智者，只有这样，才能在交往过程中游刃有余。

一、大学生人际交往的常见问题

目前，有些大学生在人际交往中没有遵守交往规范，不懂人际交往技巧，由此引发了一些问题，值得大家注意。

（一）大学生人际交往的常见问题

1. 过分地自我保护，不能完全坦诚待人

大学对许多人来说，都是一个完全陌生的地方。远离了家人，到了一个不知道的城市，遇见完全陌生的人，在还未有一定了解的情况下，每个人对自己的心有所保留，谨慎交往是正常的，但往往更活泼的人、看起来更坦诚的人，更容易交到更多的朋友，拓展人脉。人们都希望能拥有知心朋友，能分担痛苦、分享快乐、被别人信任，知晓别人的真心是一件幸福的事，但倾吐自己的内心还不是一件那么容易的事，传统的"害人之心不可有，防人之心不可无"的处世原则对人们产生了很大的影响。

2. 大学生人际交往中的种种心理问题

各种各样的心理问题阻碍着大学生与他人的交往。恐惧心理，感到紧张、害怕，不由自主、手足无措，自卑心理，过低的自我评价，都是对自己缺乏信心的表现。自卑心理，要么孤芳自赏，自命清高，不愿与人为伍，要么自惭形秽，害怕别人无法接纳自己，因而孤处一隅。嫉妒心理，不能坦承别人的优点，个人主义的消极心理。此外，还有封闭心理、敌意心理等。这些不健康的心理状态对大学生的人际交往造成了很大的阻碍。

3. 大学生人际交往经验和技巧的缺乏

由于一直忙于学习，很多刚上大学的同学还不能完全适应大学生活，还不能积极投入到人际圈的扩充活动中，很多人还是在以寝室、老乡为主轴的范围内发展交际圈，使交际范围不够大，再加上性格、思想、兴趣等各方面的因素，致使交往的圈子越来越小。而当人际关系不顺时，大学生们往往会怀疑自己、否定自己，进而产生自卑感，致使交往更不尽如人意。

4. 交际成本上涨，造成一定的分层

社会贫富差距的存在，在大学校园也体现出来，来自富裕家庭的学生有更多的资金用来进行一些交际活动，如聚餐、唱歌等。而家庭条件不好的学生往往承担不起频繁的社交活动，所以他们参与各种活动和交际场合的机会少，再加上经济上的悬殊，使大学生在兴趣爱好、思想情趣上有着很大的差距。久而久之，学生间就出现了分层。

5. 网络交往多于现实交往

计算机、互联网技术的发展，各种社交网站兴起，给大学生提供了一种新的交往方式，这种方式更为方便快捷。虚拟世界对大学生有着充分的吸引力，能让大学生创造一个完全不一样的世界，体验着新的多重角色的乐趣，实现着改变角色的愿望，满足在现实生活中受压抑的情感需要。

（二）处理好大学生人际交往中的以上问题可以采取的对策

1. 正确认识自己

在社会生活中，需要与他人比较自己的言行，但是，在与他人比较时，应注意标准，应进行客观地比较，既不能以己之长去比他人之短，更不能以己之短去比他人之长，另外，也不能以偏概全，自己某些方面不如别人就认为自己什么都不行，自己某方面突出就认为自己什么都行。例如，对自己的认识与评价不符合实际，夸大了自己的缺点、短处，看不到自己的优点和长处，则只会使自己在别人面前丧失信心，增强自卑感；相反，夸大了自己的优点、长处，看不到自己的缺点和短处，会使自己觉得高人一等，产生目中无人的感觉。"金无足赤，人无完人"，大学生在交往中，要善于发现自己的优点和长处，肯定自己的成绩，懂得欣赏自己；"尺有所短，寸有所长"，大学生在交往中同样也要善于看到自己的短处和不足，明确自己的差距，学会解剖自己。只有学会客观公正地认识自己、评价自己，才能既增强自己的信心、克服自卑感，又避免狂妄自大，抑制自己的高傲感。

2. 主动大胆地与人交往

大学生人际交往是交往双方积极互动的过程，一方主动而另一方被动势必造成交往难以正常进行或不能持久，主动大胆地与人交往有利于消除自卑、性格内向所带来的交往障碍。因为主动大胆地与人进行交往，能够锻炼自己的胆量。客观地说，一个人的胆量是在后天的实践活动中形成和发展起来的，要大胆地主动与人交往，锻炼自己的胆量。只有大胆地尝试，主动地参与社交活动，慢慢地才不会害怕见陌生人，从而社交恐惧症和孤独感也会随之慢慢消除，久而久之，自卑感也会烟消云散。

3. 对人以诚相待

嫉妒、猜疑是交往的大敌，而以诚待人、宽以待人则是交往成功的关键。人之相交贵在知心，而要做到知心，交往双方就必须以诚相待，不能以猜疑、嫉妒的眼光去看待对方。只有真诚才能打动人，也只有真诚才会让人以真诚相报。另外，每个人都是独立的个体，大家来自不同的地方，生活习惯不同，脾气性格各异，人各有别，人各有志，在交往中不能要求他人都按照自己的意志去做。不能苛求他人、责怪他人、要学会容忍，要善于发现别人的长处和优点，宽以待人。

4. 掌握必要的交往技巧

正确认识自己、积极主动地与人交往、对人以诚相待，固然有助于交往的顺利进行，但光凭这些还不够，还必须掌握一定的交往技巧，尤其应注意人际交往中的语言技巧。语言是人与人之间相互沟通的基本工具，交谈则是一门大有学问的艺术。大学生在与人交谈中要注意避免以下几点：一是不理会对方的意见和反馈，只顾喋喋不休地发表自己的意见；

二是不能专注地听别人讲话,交谈中总是频频打岔;三是交谈中总是质问对方,让对方觉得自己像是被审问的罪犯一样;四是过于亲善或急于巴结对方,语气措辞肉麻不堪,让人难以忍受。同时,善于聆听也是交往语言技巧的一个重要部分。交往是双向的,讲与听也是一次交谈中必不可少的两个方面。"听"的方式不同,也会影响交谈的效果。最好的方式是能站在对方的立场上,投入到对方的情感中,集中精力了解对方谈话的内容,同时还应当通过适当的提问、点头和注视等方法来表明自己对其谈话的兴趣,由此来提高交谈的效果。

5. 积极参加各项有益活动,增加愉快的生活体验

大学生刚进校门时都会有一种既新鲜又茫然的感觉。因为大学里的一切对于他们都很陌生,使他们感到无所适从,对学习、对生活都感到一片空白。这个时候就会产生恋旧感、孤独感、羞怯感。如果能积极地投身到集体中去,参加各项有益的活动,就可以从这些活动中、从同学交往中获得快乐和慰藉。不要拒绝同学的友爱与关怀,也不要忘记关心与关爱同学。只有如此,才能生活充实、精神愉快、心情舒畅,从而在人际交往中表现出更为积极乐观的精神状态,增强人际吸引力。

总之,解决大学生人际交往问题不可能一蹴而就,而是要循序渐进,需要联合学校、家庭、社会的共同力量,当然特别还是靠自己的努力,在交往中要遵循平等、相容、互利、信用、宽容的原则,克服自私心理,走出心理阴影,主动地融入到集体、融入到与他人的交往中。这样才能在良好的人际环境中更好地学习、生活,得到健康快乐地成长,也一样培养当代大学生健全的人格。

二、人际冲突

人际冲突是指因利益关系、观点不一、个性差异等而引发的人际交往对象之间的紧张状态和对抗过程。那么由此类推,大学生人际冲突指的是大学生之间因利益关系、观点分歧及个性差异而引发的交往紧张状态和对抗过程。

人际冲突通常发生在交往最为密切的群体中。尽管大学生的人际交往圈比较大,他们的人际冲突会发生在与家人和亲友的沟通方面,与老师和宿舍管理者发生冲突,与陌生人突发冲突等,但最为突出的还是发生在与同龄人的交往中(如宿舍关系等),具体表现为语言和行为的冲突。面对不同的冲突情境,不同人格的大学生采取不同的处理方式:冲动型人格的学生容易选择直接处理,争取己方利益或维护己方立场,不断声张自己的主张或权益,并不惜削弱、抨击对方;而理智型、温和型和软弱型人格的学生及遵循"以和为贵"交往原则的学生则易选择间接、退让、回避的处理方式(双方协商公开解决问题的建设性冲突处理策略或者愿意顺应他人或回避冲突的方式)。大学生人际冲突的原因有以下几方面。

1. 内部因素

在环境刺激异常丰富的大学生活中,大学生人际交往机会多,但各种内部或外部原因,会使得大学生经常面对人际冲突的困境。大学生在个性心理品质、自身能力及生活方式等方面存在很大差异,情绪的不稳定性特点、错误的认知观念的存在及交往技能的缺乏是最显著的原因。另有少数人是由于具有冲突型人格而经常与人发生冲突。

1）情绪的不稳定性

大学生处在青年中期，神经过程趋于平衡，但其性激素分泌旺盛，提高了大脑皮层的兴奋性，使他们精力充沛，导致情绪丰富且不稳定。时而欢欣鼓舞，时而悲观忧郁，有强烈的两极性。心境易变，对人对事敏感易怒。由于这些情绪的不稳定性，且在与同伴交往过程中各种复杂的交往情境会影响个体的情绪体验，情绪体验不良者若情绪控制能力差则势必会引发冲突。

2）认知观念的错误

（1）自我认识不足。自我意识在自我结构中处于核心地位，对人们的心理活动和行为方式起着很大的制约作用。大学生自我意识迅速增强，注重自我体验与自我探索，且自我明显分化，自我矛盾加剧。自我意识和自我统一性发展不良者常以个人为中心看问题，很少客观、全面地认识自己、评价自己。自我评价过低或过高，不当的归因方式以及理想我与现实我的冲突等，导致其在人际交往中表现得孤傲或者自卑，过于积极或者冷漠偏执，甚至自私自利。这都会引发不同程度的冲突。

（2）对交往对象的认知偏差。大学生有独特的世界观和价值观，但由于其社会经历有限和心理上不成熟，对人对事的认识轻率片面，且往往带有主观色彩，如"晕轮效应""自我投射"和"刻板反应"等形成偏见或定势思维，导致其在交往中做出错误的判断或者反应不得当，产生误会和矛盾，从而引发各种冲突。

（3）对交往本身的认识不足。人际交往过程本身是交往双方以感情为纽带、以交往为手段，彼此满足需要的一个过程，双方只有在平等、真诚的基础上交往才能实现人际关系的和谐发展。若在交往中只考虑自己需要的满足而忽略对方的需要和利益，则是扭曲的交往观念，人际关系不会有良好的发展，甚至会障碍重重、冲突频发，违背交往的初衷。

3）交往能力的缺乏

交往技能不足是大学生人际冲突不可忽视的原因之一，可对于有些大学生来说，则是第一位的原因。比如，有的大学生想要关心帮助他人，可不知从何做起；交友欲望强烈且有尝试行为，可总找不到交心的人；在与同伴交往中想表现自己，却把握不住机会，甚至出尽洋相；明知要以友好的态度与人相处，却总是不能控制自己冲动的情绪等，这些都是交往能力缺乏的表现，成为人际冲突的"左邻右舍"。没有这些基本的交往技巧，是难以与人建立良好关系的，甚至会由于某些问题处理不当而引发冲突，造成不良后果。

4）冲突型人格

具有这类人格特征的大学生看问题主观片面，自我估计过高，学习工作常言过其实，失误时易迁怒于他人而谅解自己。自尊心较强而又很自卑，对批评十分敏感，较易产生偏执观念，易冲动。他们更容易为争取己方利益或维护己方立场，不断声张自己的主张或权益，并且不讲究方式地削弱、抨击对方。

2. 外部因素

大学生是即将迈入社会的群体，其心理和行为均会不同程度地受到各种社会因素的影响：家庭教育方式的缺陷和家庭背景的差异（如父母婚姻状况、家庭经济状况、社会地位等）；学校心理健康教育不足、师资力量差及教育模式的不熟等缺陷；物欲横流的现代社会，拜金主义、功力主义的存在和异国流行文化的渗透等。这些对大学生的价值观有着深刻的影响，从而进一步影响其认知观念、交往观念及交际方式，即影响了大学生的交往心理和行为。

此外，网络的兴起及消极社会现象对大学生人际交往的影响不容忽视。光怪陆离的网络虚拟世界使部分大学生沉迷于虚拟世界而脱离了实际生活，不愿面对实际生活中的实际问题。要么自我封闭，要么交往泛滥，在与他人的必要交往中难免会有不同程度的冲突困扰。消极社会现象造成的心理危机与防御状态（如遍布媒体报道的自杀事件、群体冲突事件等，给众人造成了很大的心理压力）导致人与人之间的有意防御，甚至激起心理高危人群的爆发，从而阻碍交往关系的正常发展。

三、人际交往的原则

作为当代大学生，把握人际交往的基本原则，学习各种交往技巧成为生活必需，在我们的社会中，人与人之间的交往应遵循的基本原则有以下几个方面。

（一）平等原则

平等，主要指交往双方态度上的平等。在交往过程中，大学生往往个性很强，互不认输，这种精神是值得提倡的，但绝不能觉得高人一等。坚持平等的交往原则，就要正确估价自己，不要光看自己的优点而居高临下、盛气凌人，要尊重他人的自尊心和感情。

（二）尊重原则

每个人都期望在各种场合得到尊重。大学生的自尊心都较强。大学生在交往中尤其要注意尊重的原则，不损伤他人的名誉和人格，承认或肯定他人的能力与成绩；否则，容易导致人际关系的紧张和冲突。坚持尊重的原则，必须注意在态度上和人格上尊重同学，讲究语言文明、礼貌待人，不开恶作剧式的玩笑，不乱给同学取绰号，尊重同学的生活习惯。

（三）真诚原则

只有以诚相待，才能使交往双方建立信任感。坚持真诚的原则，必须做到热情关心他人而不求回报，对朋友的不足和缺陷能诚恳批评。对人、对事要实事求是，对不同的观点能直达己见而不口是心非，既不当面奉承人，也不在背后诽谤人，做到肝胆相照、真诚待人。

（四）互助原则

交往双方要本着互助原则，破除极端个人主义，与人为善，乐于助人，同时又善于求助别人。这样可以进一步沟通双方的情感交流。

（五）诚信原则

诚信是成功的伙伴，诚信原则要求大学生在人际交往中要说真话，言必行，行必果。答应做到的事情要千方百计地办到。如果经再三努力也没有实现，则应诚恳地说明原因，不能有"凑合"的思想。

（六）宽容原则

人际交往中往往会产生误解和矛盾。大学生个性较强，接触密切，不可避免地会产生矛盾。这就要求大学生在交往中要谦让大度。不计较对方的态度，并勇于承担自己的行为责任，做到"宰相肚里能撑船"。宽容克制并不是示弱，它是有度量的表现，能"化干戈为玉帛"，赢得更多的朋友。

四、人际关系的改善

建立良好的人际关系对大学生的成长和发展非常重要，是其获得知识、开创事业、更好地适应社会的可靠保证。为提高个人人际交往能力，大学生在现实生活中应注意以下几方面来改善自己的人际关系。

（一）提高语言交流艺术

1. 学会倾听

俗话说，会说的不如会听的，在交往中善于倾听是非常重要的，同时，注意在倾听过程中不要随意打断对方的谈话，如果确有需要要说声"对不起、不好意思"等，说完后请别人继续说下去。

2. 学会问候

见面时的相互问候可以体现对对方的感情，增添友好的氛围。大学生要主动向老师、长辈、学长问好，问候时要面带微笑，还要准确使用称呼，对长辈的称呼要体现尊重，对同学的称呼要表示亲切、友好，同时还要注意分寸，以免唐突。

3. 学会赞美

要积极地去发现他人的优点和长处，学会真诚的赞美。一位哲人曾经说过：人的本质中最殷切的需要是渴望被肯定，期望得到他人的赞美。真诚的赞美，会使对方产生极大的热情，并对你产生由衷的好感。

（二）正确认识客观差异，设身处地地为别人着想

心理障碍的产生往往是因别人或环境没能满足自己的需要，或者觉得别人需要的满足超过了自己因而不满。个人在集体中的地位、职务、年龄、学习状况等差异的存在，往往容易导致人际交往的心理障碍。这种心理上的反应，往往是从自己一方面着想，因而很容易带有主观片面性。要克服这一障碍，大学生就必须做到以下几点。

1. 设身处地为别人着想

要经常与别人进行心理互换，站在别人的角度，从别人的心理需要进行考虑，不要总是从狭隘的自身角度考虑问题，很多人际交往问题就是双方互不理解造成的。学会心理换位可以更好地理解他人，建立和谐的人际关系。

2. 提高认知

理性看待成绩，不要过于欣赏自己的成绩、议论别人的不足，不要去计较那些微不足道的事情，养成虚心向别人求教的习惯。

3. 及时调理心态

大学校园是人才济济的地方，很多同学在高中阶段都是校园优秀人才，到大学校园后，发现"山外有山，人外有人"，于是心理出现失衡。遇到这样的情况，大学生要及时调整好自己的心态，发现自己的不足，承认差距并继续努力，或者不断寻找自己的闪光点，重新找回属于自己的舞台。

（三）积极沟通，善于沟通

人际沟通是人际关系建立和发展的前提，一旦沟通受阻，人际关系就会产生障碍。心理学研究表明，人与人之间空间距离上的接受，是促进人际吸引的重要因素，因为人与人之间空间位置上越接近，彼此交往的频率就越高，越有助于相互了解、沟通情感、密切关系。

1. 与朋友交往中尽量保持接触密切

接触密切是建立友情的良好客观条件，应充分利用这一条件，与朋友保持适度的接触频率，这样才能使人际关系不至于淡化甚至消失。

2. 沟通过程中要注意改善沟通手段

首先，要避免传递工具不灵的障碍，有些同学间的信息传递最好亲自传达，以免环节多而引起失真、引起误解。其次，要分析对方的心理状态，克服心理上的障碍，努力消除对方的不信任感。最后，要注意沟通的双方思想、个性和习惯上的差异，如果双方的差异大，就应各自照顾对方的需要。

3. 提高自身人际交往的能力

一方面，可以向辅导员、班主任老师咨询此方面的知识；另一方面，要积极参加大学校园中的各项学生组织和社会实践活动，在学生组织的环境中，可以相互交流和学习，形成理论与实践的有机结合。同时，人际交往能力的水平与参加社会活动的数量和质量有联系，大学生们应该多参加社会活动，在实践中学会理解别人、接纳别人，锻炼与别人友好相处的品格与技巧。

五、有效沟通的技巧

有些人无论在生活中，还是在工作中，人际关系都处理得非常和谐，就是因为他们掌握了有效的沟通技巧。关于有效沟通，有很多研究和分析的资料，这里简单总结几条实用有效的沟通技巧：

（1）从沟通组成看，一般包括三个方面：沟通的内容，即文字；沟通的语调和语速，即声音；沟通中的行为姿态，即肢体语言。这三者的比例为：文字占7%，声音占38%，行为姿态占55%。同样的文字，在不同的声音和行为下，表现出的效果是截然不同的。所以，有效的沟通应该是更好地融合好这三者。

（2）从心理学角度讲，沟通中包括意识和潜意识层面，而且意识只占1%，潜意识占99%。有效的沟通必然是在潜意识层面的、有感情的、真诚的沟通。

（3）沟通中的"身份确认"，针对不同的沟通对象，如上司、同事、下属、朋友、亲人等，即使是相同的沟通内容，也要采取不同的声音和行为姿态。

（4）沟通中的肯定，即肯定对方的内容，不仅仅是说一些敷衍的话。这可以通过重复对方沟通中的关键词，甚至能把对方的关键词语经过自己语言的修饰后，回馈给对方。这会让对方觉得他的沟通得到您的认可与肯定。

（5）沟通中的聆听，聆听不是只要简单地听就可以了，而是需要您把对方沟通的内容、意思把握全面，这样才能使自己在回馈给对方的内容上，与对方的真实想法一致。例如，有很多人属于视觉型的人，在沟通中有时会不等对方把话说完，就急于表达自己的想法，结果有可能无法达到深层次的共情。

（6）沟通中的"先跟后带"，无论是职业咨询、心理辅导还是一般的合作，都可以使用这种技巧。"先跟后带"是指，即使您的观点与对方的观点是相对的，在沟通中也应该先让对方感觉到您是认可他、理解他的，然后再通过语言和内容的诱导抛出您的观点。

心灵鸡汤

一位青年人拜访年长的智者。

青年人问："我怎样才能成为一个自己愉快、也能使别人快乐的人呢？"

智者说："我送你四句话，第一句话：把自己当成别人。也就是说，当你感到痛苦、忧伤的时候，就把自己当做别人，这样痛苦自然就减轻了；当你欣喜若狂时，把自己当做别人，那些狂喜也会变得平和些；第二句话：把别人当做自己，这样就可以真正同情别人的不幸，理解别人的需要，在别人需要帮助的时候给予恰当的帮助；第三句话：把别人当成别人，要充分尊重每个人的独立性，在任何情形下都不能侵犯他人的核心领地；第四句话：把自己当做自己。"

青年人问道："如何理解把自己当做自己，如何将四句话统一起来？"

智者说："用一生的时间、用心去理解。"

哲理小故事

妻子正在厨房炒菜。丈夫在她旁边一直唠叨不停："慢些，小心！火太大了。赶快把鱼翻过来。快铲起来，油放太多了！把豆腐整平一下。哎唷，锅子歪了！""闭嘴！"妻子脱口而出："我懂得怎样炒菜。"

"你当然懂，老婆大人，"丈夫平静地答道，"我只是想让你知道，我在开车时，你在旁边喋喋不休，我的感觉如何。"

温馨提示：

学会体谅他人并不困难，只要你愿意认真地站在对方的角度和立场看问题。当然，前提是你的沟通是有效的。

第四章 情绪管理

随着社会的快速发展，各方面的竞争日趋激烈，情绪困扰成了影响人们身心健康的潜在威胁。有资料表明，当前引起各种疾病的原因中大约有70%和心理因素，特别是和情绪因素有关，约有10%的人患有身心疾病，世界卫生组织的资料也显示，我国精神疾病的负担到2020年会占到疾病总负担的25%左右。这些数字也表明，情绪对我们的身心健康有着直接影响，需要引起我们的关注与重视。

而作为大学生的我们应该明白，大学生活也并不是一帆风顺的，在大学四年的青葱岁月中，不顺心的事情是不可避免的。考试的失败、被人嫉妒、压抑、失恋、疾病等，都可能产生苦恼、焦虑、愤怒、恐惧、悲观等不良情绪。因此，要保持和获得健康的情绪，就必须学会善于调节情绪，当不良情绪产生的时候能及时发泄，把不良情绪对身心的伤害降到最低。

第一节 情绪概述

我们每时每刻都有自己的情绪，或高兴，或惊奇，或愤怒，或失望，这些丰富多彩的情绪都是我们身体的一部分。那么情绪到底是什么，情绪是如何产生的，对我们的身心健康都有哪些影响呢？

一、情绪的概念及分类

情绪是一种多功能、多属性以及在人的心理生活中以多种形式存在着的复杂心理现象，有着独特的心理过程，不同的心理流派都根据自己的理论研究来解释情绪，并对其进行分类，因此，对于情绪的概念和分类，至今没有统一的观点。

（一）情绪的基本概念

"情绪"一词来源于拉丁文"e"（外）和"movere"（动），意思从一个地方向外转移到另外一个地方，表达了采取行动逃离危险的内在驱动力。后来，"情绪"一词出现在了文学、社会学、精神病学等领域，甚至在物理学意义上被使用，指移动、激活、鼓动、烦扰等，最后这一词被用来描述个体任何具有鼓动性的、激烈的精神状态，因此有"满意的喜悦被确切地称为emotion"，因此，我们可以认为，情绪是用来描述一种运动过程的，而现在已经被运用在表示精神的范畴之内。

关于情绪并没有一个公认的定义，概括起来主要有以下几种。

《心理学词典》中情绪的定义是:"指任何短时评估的、情感的、意图的及心理的状态,包括高兴、悲伤、厌恶及其他内心感受。"

《牛津英语大词典》关于情绪的解释是:"指心灵、感觉或情感的激动或骚动,泛指任何激动或兴奋的心理状态。"

美国心理学家利珀将情绪定义为"一种具有动机和知觉的积极力量,这种积极力量可以组织、维持和指导行为。"另一位美国心理学家丹尼尔·戈尔曼认为"情绪是感觉及其特有的心理、思维和生理状态及行为的倾向性。"当代的部分西方心理学家将情绪界定为"一种躯体和精神上的复杂的变化模式,包括生理唤醒、感觉、认知过程以及行为反应,这些是对个人知觉到的独特处境的反应"。

普通心理学中关于情绪的定义是:伴随着认知和意识过程产生的对外界事物的态度,是对客观事实和主体需求之间关系的反应,是以个体的愿望和需要为中介的一种心理活动。情绪包含情绪体验、情绪行为、情绪唤醒和对刺激物的认知等复杂行为。一般认为,情绪包括基本情绪和复杂情绪。

(二)情绪的分类

东西方的学者很早就对情绪进行了较为系统、全面的分类,应用较为广泛的主要有以下几种分类。

1. 我国的分类"六情说""七情说"

东汉时的《白虎通》将情绪分为六种且具有两极性,分别是喜、怒、哀、乐、爱、悲。我国古代著名的《礼记》记载有"七情"的分法,即喜、怒、哀、乐、爱、恶、欲。

2. 西方心理学者的分类

德国心理学家冯特将情绪分为:愉快—不愉快、激动—平衡、紧张—轻松三个相对层面。美国心理学家 Rech,将其归为如下四类:

(1)原始情绪:快乐、愤怒、恐惧、悲哀;
(2)与感觉刺激有关的情绪:厌恶、疼痛、舒服、轻快;
(3)与自我评价有关的情绪:骄傲、羞耻、内疚、悔恨;
(4)与别人有关的情绪:热爱、仇恨、尊敬、轻视。

3. 苏联的分类

苏联心理学家将情绪分为:心境、激情和应激(紧张状态)。

现代心理学将情绪分类集中于基本的情绪,一般认为快乐、愤怒、恐惧和悲哀是最基本的、最原始的四种情绪。这些情绪与基本需要相联系,在这四种最基本的情绪之上,还可能派生出许多类型,组成复合的形式,形成高级的情感,也就是我们所说的复杂情绪。例如,与感知有关的厌恶与愉快;与自我评价有关的骄傲、自卑、自信、羞耻、罪过、悔恨等;与评估他人有关的热爱、怨恨、羡慕、妒忌等。常见情绪类型如图 4-1 所示。

由于情绪的存在方式具有多样性,强度变化千差万别,所以要对情绪做出严格的定义和分类是很困难的。很多心理学者都试图详细精确地阐释环境中的事件和生理唤醒是如何相互作用引发主观的情绪体验,并归纳总结,形成具有独特风格的理论体系。但至今尚没有哪一种理论和分类法能够得到心理学家的普遍认可。

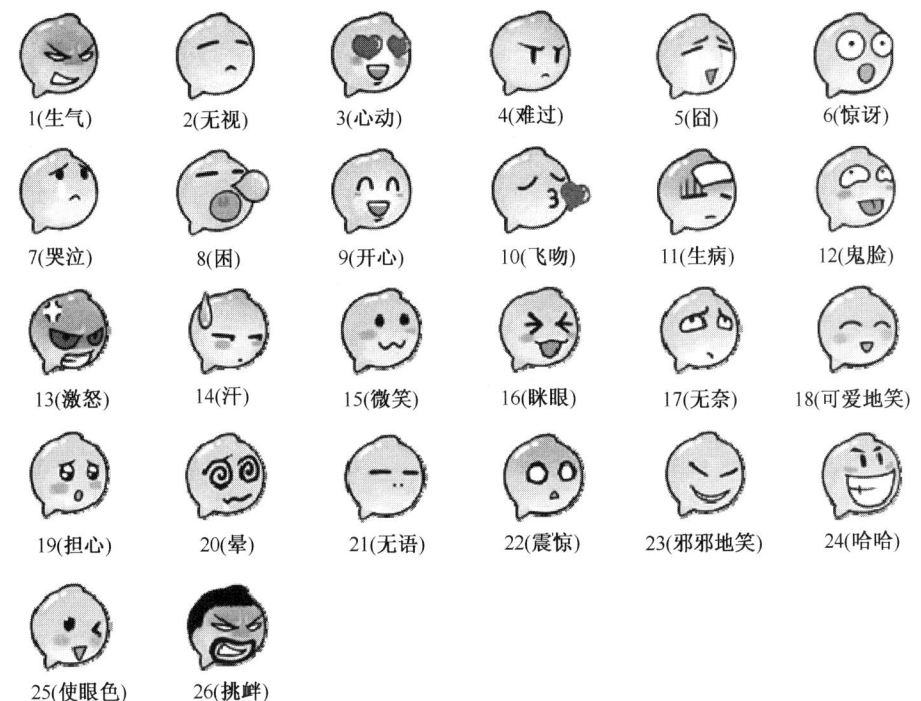

图 4-1 常见情绪类型

（三）情绪的表达

情绪的表达方式主要分为语言表达和非语言表达，其中非语言表达包括面部表情、姿势语言、语音语调等。

语言表达主要是通过语言的直接沟通和交流来表达自己的情绪状态。

非语言表达主要包括以下三种表达方式。

（1）面部表情：人的面部表情最为丰富，它是通过眼部肌肉、颜面肌肉和口部肌肉来表现人的各种情绪状态的。

例如，眼睛，高兴时"眉开眼笑"，悲伤时"两眼无光"，气愤时"怒目而视"，恐惧时"目瞪口呆"；眉毛，展眉欢颜、蹙眉愁苦、扬眉得意、低眉慈悲、横眉冷对、竖眉愤怒；口部，嘴角上提为笑，下挂为气，憎恨时"咬牙切齿"，恐惧时"张口结舌"。

（2）姿势语言：是指通过四肢与躯体的变化来表现人的各种情绪状态，可分为身体表情和手势表情。

例如，身体表情，高兴时"手舞足蹈"，悔恨时"顿足捶胸"，恐惧时"手足失措"；手势表情，如表达开始、停止、同意、反对等情绪。

有研究发现，手势表情是通过学习得来的，存在个体差异，以及民族和团体差异。常见的姿势语言如图 4-2 所示。

（3）语音语调，通过音调、音速、音响的变化来表现各种情绪状态。

如高兴时语调激昂，节奏轻快；悲哀时语调低沉，节奏缓慢，声音断续且高低差别很少；愤怒时语言生硬，态度凶狠。

"怎么了？"表示疑问、生气或者惊讶等。

图4-2 常见的姿势语言

 心理小故事

据说美国一位女演员用悲调念26个英语字母,竟使听众落泪,而一个波兰喜剧演员用另一种语调念同样的26个字母,却把听众引得哄堂大笑。

(四)情绪、情感的区别与联系

相对于情绪来讲,情感我们可能更为熟悉,也容易将二者混淆,在一定程度上,情绪和情感都是对需要满足状况的心理反应,是属同一类而不同层次的心理体验,是既有区别又紧密联系着的两个概念。

1. 情绪与情感的区别

(1)情绪更多与人的生理需要是否得到满足有关,受人的生理性需求制约,而情感与社会性需求是否得到满足有关,受人的社会性需求制约。

(2)情绪发展先于情感体验的产生。

(3)情绪具有较大的情境性和暂时性,情感则具有稳定性和深刻性。

(4)情绪具有外显性和冲动性,而情感则较为稳定、持久和深刻。

(5)在表现方式方面,情绪有较为明显的外部特征,而情感多以内在感受和体验的形式存在。

2. 情绪和情感的联系

(1)情绪是情感的外部表现;情感是情绪的本质内容。情感是在情绪的稳固基础上发展建立起来的;情感通过情绪的形式表达出来。

(2)情感的产生会伴随有情绪反应,情绪的变化又常常受情感的支配。

情感的强弱变化与情绪变化是成正比的，并且会在一定程度上影响情绪的表现形式，情绪发生过程中往往包含有不同程度的情感因素。

二、情绪发生的机制及心理功能

我们都知道，低等生物是没有知觉和思维能力的，但却有着和我们人类一样的"趋利避害"的情绪机制，人类的情绪现象是比较复杂的，但其心理机制是相对稳定的，也是心理学研究中应该首先认识的。此外，对其心理功能也要有一个清晰的认识，正确全面地认识情绪的机制和心理功能，对于全面理解和有效调节情绪、发挥情绪的积极作用，有着重要意义。

（一）情绪和情感的生理机制

在大脑皮层的支配下，皮层与皮层下神经过程协同作用，产生情绪和情感。

1. 情绪状态下机体的内部变化

个体出现情绪反应时，其呼吸、血液循环、皮肤静电反应、脑电反应等都会发生变化，而对这些变化进行有效记录，可以作为描述情绪反应特性和强度的客观指标。

（1）呼吸。一般来说，人在平静时每分钟呼吸 20 次，愤怒时呼吸次数会增加，可以达到 40～50 次，突发惊恐时人的呼吸会短时中断。另外，恐惧时呼气与吸气的比率由正常情绪状态下的 0.7 增加到 3.0 或 4.0 可见，呼吸时的频率和强度与个体的情绪情感变化有着直接关系。

（2）血液循环。情绪激动或紧张时，人们会由于血液循环加快而使脸涨得通红，心率也会比平时增加 20 余次，血压也会升高，血管容积则会降低。

（3）皮肤静电反应。皮肤静电反应是反应情绪变化的客观指标之一，任何来自外界的新异刺激都能引起不同程度的皮肤静电反应，皮肤静电的变化主要是汗腺分泌和皮肤血管收缩引起的。人在遇到重大活动时，皮肤电阻会减弱；过度劳累时，皮肤电阻则会增强。

（4）脑电反应。人在松弛状态时，脑电活动为每秒波动 10 次的脑电 φ 波。随着情绪活动强度的不断增加，这种节律会消失产生 α 波阻抑；人在紧张或焦虑时，脑电会降低，波动的频率会加强，出现低振幅的 β 波；个体出现病理性情绪障碍时，则会出现高振幅 α 波。将大脑各部位的脑电波活动记录下来就形成了脑电图，不同的情绪状态则呈现出不同的脑电图。

（5）内外分泌腺的反应。人体内有内分泌腺和外分泌腺两种，前者主要是甲状腺、甲状旁腺、肾上腺、脑垂体和性腺等，外分泌腺主要有汗腺、泪腺、唾液腺、消化腺等。人们的情绪状态不同时，这些分泌腺会产生相应分泌物。例如，伤心痛苦会使人落泪，焦虑急躁会使人出汗，在不同的情绪状态中，内分泌腺的反应也是比较明显的，焦虑或紧张会使肾上腺素分泌增加。

2. 情绪和情感的中枢机制

已有心理学研究发现，下丘脑、边缘系统和脑干网状结构的功能与情绪情感反应也有很大的关系，对皮层下中枢的活动起调节作用的则是大脑皮层。

（1）下丘脑。实验表明，下丘脑与情绪反应有着密切的关系，有研究发现，如果动物的下丘脑被破坏，就不能表现出充分协调的愤怒反应，也就是说，下丘脑是产生愤怒的重要区域。奥尔兹等发现，下丘脑等部位存在着"痛苦中枢"和"快乐中枢"，对这些部位进行刺激，人和动物会产生相应的情绪体验。

(2)边缘系统。边缘系统对于整合情绪体验有着重要作用,如切除双侧杏仁核能降低动物凶暴的情绪反应。

(3)网状结构。网状结构对呼吸和心血管活动有重要的调节作用,并与激活或唤醒有关,也是产生情绪的必要条件。

(4)大脑皮层。巴甫洛夫通过研究发现,动力定型的维持、发展和破坏会引起肯定或否定的情感。阿诺德认为,必须经过个体的评价和估量外部刺激才能引起有关情绪,而评估是在大脑皮层上进行的。人类可以通过第二信号系统来调节和控制情感,可以说,大脑皮层在情绪和情感活动中起主导作用。

(二)情绪的心理功能

科学心理学经过 100 多年的发展,对情绪心理功能的认识也越加清晰和全面,研究者也一致认为对于情绪的心理功能,必须从多个视角进行衡量和揭示,在此将其归纳为以下四个方面。

1. 情绪是适应生产的心理工具

在低等动物种系中几乎是不存在情绪的,情绪是不断进化的产物,低等脊椎动物的哺乳、求偶等行为,也仅仅是适应性的行为反应。这些行为反应模式会在脑中产生相应的感受并会有痕迹留下,便形成了最基本的喜怒哀乐等情绪反应。

一般来说,特定的行为模式、生理唤醒及与之相对应的感受状态出现后,就具备了情绪产生的条件,可以发动机体中的能量使机体处于合理的活动状态,将这些感受通过特定的方式表达出来,以引起注意或共鸣。

2. 情绪激发心理活动和行为的动机

情绪能使有机体发生反应、开展活动,能在较为广泛的领域里为人类的各种活动提供动机,这可以体现在生理活动和认识活动中。一般而言,生理内驱力可以激发有机体行为的动力,情绪则能放大内驱力的信号,更强地激发行动。

另外,生物节律活动的刻板性是内驱力的一个重要特点,如呼吸、饮食都能按照生物节律而定时。情绪反应会比内驱力更加灵活,它既可以根据主客观需要及时发生反应,也可以脱离内驱力独立作用于动机。例如,任何情况下,恐惧都会使人退缩。

被苍蝇击倒的冠军

1965 年 9 月 7 日,世界台球冠军争夺赛在美国纽约举行。路易斯·福克斯的得分一路遥遥领先,只要再得几分便可稳拿冠军了。

而就在这个时候,一只苍蝇落在了主球上。此时路易斯并未在意,一挥手将苍蝇赶走了。可是,当他俯身准备击球的时候,那只苍蝇又飞回到主球上来了。在观众的笑声中,路易斯又去赶苍蝇,情绪也受到了影响。而更为糟糕的是,这只苍蝇好像是有意跟他作对,他一回到球台,它就又跟着飞回到主球上来,引得周围的观众哈哈大笑。

路易斯的情绪恶劣到了极点,终于失去了冷静和理智。他愤怒地用球杆去击打苍蝇,不小心碰动了主球,裁判判为击球,他因此失去了一轮机会。本以为败局已定的对手见状勇气大增,信心十足,愈战愈勇,最终赶上和超过路易斯,夺走了冠军。

第二天早上,人们在河里发现了路易斯·福克斯的尸体——他投河自杀了!

3. 情绪是心理活动的组织者

情绪有自己的发生机制和操作规律，对其他心理活动具有组织、协调作用。一般而言，正性情绪起协调的、组织的作用；负性情绪则会起到破坏、瓦解或阻断的作用。

另外，情绪对人的记忆和行为也会产生重要影响，人在积极乐观的情绪状态下，更多地能看到事物较为美好的一面，而在消极的情绪状态下则更容易产生悲观意识，失去希望和追求。

4. 情绪是人际通信交流的重要手段

情绪可以通过自身特有的方式来实现信息传递和人际沟通，还可以成为人们认识事物的媒介，如面部表情、语音语调及身体姿态等，日常生活中最常见的就是面部表情。这些情绪的表达在人际交往中发挥着重要作用。

三、情绪对身心健康的影响

日常生活中，我们不难发现，心情愉悦时我们更容易发现事物美好的一面，而情绪低落时常常会有事事不顺的感觉，好像周围的一切都和自己过不去，自己也极容易陷入郁闷难过之中，如果不能及时处理，还可能出现抑郁等心理问题，可见，情绪对身心健康的影响是较为明显的，它与我们的身心健康息息相关，积极情绪能有效促进身心健康，而消极情绪则会严重影响我们的身心健康。

（一）情绪对身体健康的影响

我国最早的医书《黄帝内经》也早就指出："人有五脏化五气，以生喜怒忧思恐，怒伤肝、喜伤心、思伤脾、忧伤肺、惊恐伤肾。"也就是说，如果心情变化过于剧烈，时间过于持久，就可导致内脏功能失调，因气血不足而发生疾病。西方具有"医学之父"之称的思想家希波克拉底就曾提出过健康的身体与健康的个性、稳定的情绪是紧密相关的，现代医学揭示出，不少疾病的发生并不是由于生理的器质性病变，而是由精神忧郁、情绪异常所致，这说明情绪与身心健康状况有着密切关系。

现代生理学、心理学和医学的研究成果也表明，情绪对人的身心健康具有直接影响。若能保持愉快的心境，开朗乐观、积极向上，则人体免疫功能活跃旺盛，可以减少患病的机会，有益健康。同时，良好的情绪不仅使大学生对生活充满希望，对自己满怀自信，而且能使他们的求知欲增强、思维敏捷、富于创造力、爱好广泛、建立良好的人际关系，促进他们全方位地发展。

与此相反，消极的情绪对人的身心健康危害极大，在压抑、紧张、焦虑、恐惧等消极情绪的长期作用下，人的免疫能力下降，容易患各种传染性疾病，内脏功能也会受到伤害。许多研究表明，消极情绪是健康的大敌。突然而强烈的紧张情绪会抑制大脑皮层高度活动，破坏大脑皮质的兴奋和抑制的平衡，使人的意识范围狭窄、判断力减弱，失去理智和自制力。调查发现，大学生中常见的消化性溃疡、紧张性头痛和偏头痛、心律失常、月经失调、神经性皮炎等，都与消极情绪有关。

关于猴子的心理学实验

预备实验：把一只猴子放在铜条里，双脚绑在铜条上，然后给铜条通电。猴子挣扎乱抓，旁边有一弹簧拉手，是电源开关，一拉就不痛苦了，这样猴子一被电就拉开关，建立了一级反射。然后每次在通电前，猴子前方的一个红灯就亮起来，多次以后，猴子知道了，红灯一亮，它就要受苦了，所以每次还不等来电，只要红灯一亮，它就先拉开关了。这就建立了一个二级条件反射。预备试验完成。

正式试验：在这个猴子的旁边，再放一只猴子，与第一个猴子串联在铜条上，隔一段时间就亮红灯，每天持续6小时。第一只猴子注意力高度集中，一看到红灯就赶紧拉开关，第二只猴子不明白红灯什么意思，无所事事，无所用心，过了二十几天，第一只猴子就死了。

第一只猴子是因为什么死的呢？科学家发现，它死于严重的消化道溃疡，胃烂掉了，实验之前体检它没有任何胃病，没有溃疡，可见这是二十几天内新得的病。

（二）情绪对大学生社会人际关系的影响

有关统计显示，大学生心理咨询的主题中，人际关系问题占有很大比重，而在这些问题中，由情绪情感的原因导致的也占有较大的比例。情绪对人际交往具有重要作用，例如，乐观、热情、自尊、自信是人与人之间相互吸引的重要条件，能促进彼此间心理距离缩短、情感融洽。在交往中，自卑、嫉妒、孤独、冷漠等情绪情感都严重影响着交往的质量，而社交恐惧症更是明显的交往障碍。与此同时，大学生在人际交往中，注重提高自身修养，学会适度控制与调适自己的情绪，做情绪的主人，才能拥有良好的人际关系。

心理案例

一位大学生这样形容宿舍另一位同学：他的情绪正如六月的天，喜怒无常，无法把握，与他相处，有些如履薄冰，我们时刻要受到他的情绪的支配与感染。我们认为，他没有用坏情绪影响我们好心情的权利，因而我们选择逃避，尽量少与他交往。因此，大学生在人际交往中，注重提高自身修养，学会适度控制与调适自己的情绪，做情绪的主人，才能拥有良好的人际关系。

（三）情绪对大学生学习的影响

情绪不仅与大学生的身心健康有关，而且会对大学生的学习产生较大影响。良好的情绪情感往往有助于大学生开阔思路、注意力集中、富有创造性，而精神愉快、心情舒畅、紧张而轻松是学习、思考和创造的最佳状态。

进入大学后，大学生的学习方式方法有了很大的改变，他们从中学时那种以依赖性和机械性为主的被动式的学习方式，进入到以理解、探索为主的主动式的学习方式，学习中自学的成分越来越大。美国一项关于大学生焦虑情绪的研究发现，有焦虑情绪的学生学习成绩会明显受到负面影响，消极、悲观等消极情绪状态会严重影响学习效率。另一项心理学的研究也表明，焦虑程度与学习成绩的关系呈"倒 U 形"。适度的焦虑能使大学生取得很好的学习效率，焦虑程度过高或过低，均难以取得优异的学习成绩。在生活中常有这种现象：有的大学生在考试时过分紧张，结果出现"晕场"现象；反之，有的学生对考试采取不以为意的态度，考试成绩也不高。

（四）情绪对大学生行为目标的影响

心理学家爱普斯顿 1979 年在《人类情绪的生态学研究》这篇文章中，介绍了他对大学生的自我观念、情绪与行为变化之间关系的研究成果。结果表明，当体验到的是积极的情绪时，如感到高兴、亲切、安全等，大学生的行为目标往往是积极、生动的，对新经验的接受和开放态度、对周围人的尊重和理解、对价值和长远目标的献身精神等，都有明显增强；当体验到的是痛苦、愤怒、紧张或受威胁等消极情绪时，一部分大学生的社会兴趣下降，反社会行为增加，对新经验持审慎甚至闭锁的态度，但也有一些大学生的行为并没有向消极方面转化，而是汲取教训，准备再次行动。

爱普斯顿的实验结果表明，积极的情绪体验与积极的行为变化总是有一致的关系。因此，在大学生活中要尽可能多地缔造这种关系，积极引导消极情绪，使之转化为为长远目标和价值献身的精神。

第二节 情绪管理的策略

随着社会的不断发展，社会环境变得越来越复杂，人们面临着越来越多的生活、工作和学习等方面的压力，特别是对大学生而言面对越来越严重的就业、学习压力及不可预知的未来发展时，难免会出现抑郁、焦虑、自卑等负面情绪，如果不对其进行有效管理，克服负面情绪，将可能发展为严重的心理问题。因此，掌握有效的情绪管理策略，找出适合自己的情绪调节方法和技巧具有重要意义。

一、健康情绪的标准

保持良好的情绪状态是我们很多方面取得成功的重要保障之一，而如何能保持一种健康良好的情绪，也越来越受到人们的关注。首先，我们了解一下健康情绪的标准。

健康的情绪是健全人格的重要标志。一般而言，情绪的目的性恰当、反应适度，不带有极端的、冲动的特征，符合社会规范的要求，就是情绪健康的标准。在具体的健康情绪的标准方面，针对不同的群体，不同的理论流派和心理学家从不同角度提出了自己的标准。

心理学家瑞尼斯等提出了情绪健康的六项指标：①能够学会使用一些技巧应对挫折情境；②能够重新解释并接纳自己与情绪的关系，能避免挫折并安排替代目标；③知觉某些情境会引起挫折，可以避开并找寻替代目标，以获得情绪满足；④能使用合适的方法，缓解生活中的不愉快；⑤能认清各种防卫机制的功能，包括幻想、退化、投射、合理化等，避免其成为错误的习惯，以致防卫过度，造成情绪困扰；⑥必要时能寻求专家的帮助。

我国学者通过总结，发现大学生情绪健康具体表现为：情绪的基调是积极、乐观、愉快、稳定的，对不良情绪具有自我调控能力，情绪反应适度；高级的社会情感（理智感、道德感、美感等）能得到良好的发展。

清代大学士阎敬铭的《不气歌》

他人气我我不气，我本无心他来气；
倘若生病中他计，气下病时无人替；
请来医生把病治，反说气病治非易；
倘若不消气中气，诚恐因病将命弃；
我今尝过气中味，不气不气真不气。

二、情绪管理的内涵及意义

掌握和运用好情绪管理的策略首先要对情绪管理的内涵有一个清晰明确的认识。

有趣的实验

美国生理学家艾尔马的实验研究：将人在不同情绪状态下呼出的气体收集在玻璃试管中，冷却后变成水发现：在心平气和状态下呼出的气体冷却成水后，水是澄清透明的；在负面情绪状态下呼出的气体冷却成水后，水是浑浊的。分别将两种水注射到白鼠身上，几分钟后被注射浑浊水的白鼠就死亡了。

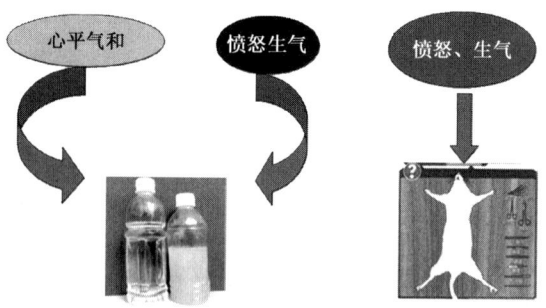

人在生气时，会分泌出有毒性的物质，一个人生气10分钟所耗费的精力，不亚于参加一次3000米的赛跑。因此，生气的心理反应是十分强烈的，它的分泌物比任何情绪都复杂，都更具有毒性。

（一）情绪管理的内涵

20世纪90年代，美国心理学家沙洛维和梅耶首先提出情绪智力的概念。随着情绪智力的概念在全世界范围内迅速普及，情绪管理理念也逐渐形成。

"任何人都会生气，这没什么难的。但要能适时适所，以适当方式对适当的对象恰如其分地生气，可就难上加难。"这是古希腊哲学家亚里士多德的名言，这句话可以说是对情绪管理最古老的定义。也就是说，情绪管理不是压制或去除情绪，而是如何合理有效地表达情绪，很多心理学家认为情绪管理是通过一定的策略和机制，使情绪在生理活动、主观体态、表情行为等方面发生一定的变化，从而达到个体管理和改变自己或他人情绪的过程。情绪有积极和消极之分，是丰富多彩的，但真正的关键并不在于情绪本身如何，而在于情绪的表达方式，以适当的方式在适当的情境表达适当的情绪，就是很好的健康的情绪管理方法。

综上所述，我们在这里可以将情绪管理定义为：个体在应激过程中，产生负面情绪时，积极探寻合理的情绪表达方式，有效抑制情绪不适带来的负面影响，也就是在适当的情境中，选择适当的时间和对象，恰如其分地表达自己的情绪的一种能力。

（二）情绪管理的意义

情绪对人的身心健康有着重要影响。它是个体行为的重要驱动力，对人们的认知活动的方向、行为的选择、人格的形成及人际关系的处理有着重要影响。特别是正处于青年期的大学生，正经历着由身体、环境变化的巨大改变而引起的心理上的急剧变化，情绪起伏的波动较大，情感的体验丰富且复杂，容易陷入情绪困扰，这一特点必然会影响到大学生的学习学业、生活质量、人际关系等各个方面，长期持续的不良情绪会严重影响大学生的身心健康，甚至出现较为严重的心理障碍。

因此，情绪管理对于个人的身心健康，建立良好的人际关系，提高学习、工作效率，更好地发挥人生价值，达到自我实现有重要意义。

情绪管理的重要性

三国时期的诸葛亮就曾经在战场上当众把周瑜活活气死，周瑜不懂得控制情绪，诸葛亮正是抓住了他这个弱点。诸葛亮是个情绪管理的高手，他设的空城计完全是在和对方玩心理战术，如果他不能很好地控制自己的情绪，在敌人面前露出半点慌张，那么他的空城计将会失败。

有一个男孩脾气很坏，于是他的父亲就给了他一袋钉子，并且告诉他，当他想发脾气的时候，就钉一根钉子在后院的围篱上。第一天，这个男孩钉下了40根钉子。慢慢地，男孩可以控制他的情绪，所以每天钉下的钉子也跟着减少了，后来他发现控制自己的脾气比钉下那些钉子来得容易一些。终于，父亲告诉他，现在开始每当他能控制自己脾气的时候，就拔出一根钉子。一天天过去了，最后男孩告诉他的父亲。他终于把所有的钉子都拔出来了，于是，父亲牵着他的手来到后院，告诉他说："孩子，你做得很好，但看看那些围篱上的坑坑洞洞，这些围篱将永远不能回复到从前的样子了，当你生气时所说的话就像这些钉子一样，会留下很难弥补的疤痕。"从此，男孩对情绪管理有了更为深刻的认识。

三、情绪管理的有效策略

情绪管理的有效策略就是如何有效控制和调节自己的情绪，掌握挖掘和培植情绪智力的方式方法，学会合理驾驭自己的情绪。

（一）情绪管理的基本原则

情绪管理并不是说不发脾气，而是强调"情绪的恰如其分的表达"。《中庸》指出，能够控制喜怒哀乐就是"中"，能够协调喜怒哀乐就是"和"。"中"，天下至高原则；"和"，天下至高道德。情绪管理大师戈尔曼博士也指出，情绪管理不是情绪压抑，而是适当地宣泄和释放情绪。下面是情绪管理需要掌握的一些基本原则。

1. 先处理心情，再处理事情

在日常的生活、学习和工作中，难免会有糟糕的事情让我们处于不良情绪状态之中，特别是有时候情绪可能会比较激动，在这种情况下我们往往不能做出正确的判断，做事的效率自然就会降低很多，甚至会适得其反，做出一些不理智的决定，或者鲁莽行事而错失良机，后悔终生，因此我们应首先学会处理不良情绪，良好情绪是良好行为的基础和前提。

 小故事

张良桥上得兵书

汉代"开国三杰"之首的张良被认为是中国第一策略家、第一兵法家。他年轻的时候，国家被秦始皇消灭，他倾家荡产雇佣一个大力士，欲杀秦始皇，却未成功，后来被朝廷通缉，于是就隐居于一个小乡村之中。张良每天早上都去散步，有一天经过一座桥的时候，有一位老人坐在桥上，看到他走过来，就将自己脚上的鞋子朝桥下丢，然后指着他说："帮我捡上来！"

张良当时很生气，想揍这个老人。后来想想，不能跟老人家计较，就下去把鞋子捡上来。岂知老人又命令他："帮我穿上！"他犹豫了一下，但想想既然已经捡回来了，就帮老人穿上好了。鞋子穿上之后，老人很高兴地对张良说："五天以后你到这桥上来，我会送你一本书。"

五天以后张良依约前往，老人坐在桥上，看到他便大发脾气说："年轻人跟老头子约会还会迟到，五天以后再来！"五天以后张良又去，看到老人又已坐在桥上，老人又对他发脾气说："五天以后再来！"

五天后，这一次张良半夜就去了，过一会老人来了，看到他已经在那里，就非常感动地说："孺子可教！"然后送给他一本"兵书"。

这位老先生在传张良兵书之前，先故意激怒他，原因何在？因为一个人学问再好、智商再高，如果情绪管理能力不强，有了学问也没用。

孙子认为，你要差遣人，要让他做得心甘情愿、全力以赴，就要让他觉得那是他的事，他在做自己的事。而员工会不会把企业的事当做自己的事情来做，与他的情绪有很大关系。"先处理心情，再处理事情"的修养极为重要。

2. 活在当下

"活在当下"就是要你放下过去的烦恼、舍弃未来的忧思，把全副的精神用来承担眼前的这一刻，快乐来临的时候就享受快乐，痛苦来临的时候就迎向痛苦，在黑暗与光明中，既不回避，也不逃离，以坦然自然的态度来面对人生。

禅的智慧要求禅修者"活在当下",注重当下的生活,寻找当下的快乐。过去的已经过去,未来的还没有来,这就是禅修的正念。

 心理小贴士

有人曾问释迦牟尼佛:"梵行圣者,你们居住在树林简陋的茅屋里,每天仅仅吃一顿饭,为什么还这么快乐?"

释迦牟尼说:"不悲过去,非贪未来,心系当下,由此安详。"

研究发现,许多心理疾病都是因为沉湎于过去及对未来的过高期望而产生的,所以进行情绪管理要认识到"当下的生活"是最重要,情绪管理与禅修是一样的。要从当下实现自己的内心平和开始。试看我们身边的小孩子,他们天真快乐,他们对生活中的每个细节都很关注,这些细节可以给他们带来快乐。他们在玩耍中,享受小花、小草、蚂蚁、小鸟带给他们的快乐。这就是活在当下。在生活学习中,每个人都要学会欣赏生命中美丽的风景,包括欣赏身边的每一个同学,享受学习工作的过程,而不要过多地被过去和未来所牵绊。

 小故事

卡耐基的快乐计划——只为今天

卡耐基根据快乐原则,为自己及世人制订了一个快乐的计划,计划的名字叫做"只为今天"。

(1)只为今天,我要很快乐。假如林肯所说的"大部分的人只要下定决心都能很快乐"这句话是对的,那么快乐是来自内心的,而不是存在于外在的。

(2)只为今天,我要让自己适应一切,而不去试着调整一切来适应我的欲望。我以这种态度接受我的家庭、我的事业和我的运气。

(3)只为今天,我要爱护我的身体。我要多加运动,善自照顾,善自珍惜;不损伤它,不忽视它,使它能成为我争取成功的最好基础与条件。

(4)只为今天,我要加强我的思想。我要学一些有用的东西,我不要做一个胡思乱想的人。我要看一些需要思考、需要集中精神才能看的书。

(5)只为今天,我要用三件事来锻炼我的灵魂:我要为别人做一件好事,但不要让他知道;我还要做两件我总想做的事,这就是像威廉·詹姆斯所建议的,只是为了锻炼。

(6)只为今天,我要做个外表讨人喜欢的人,外表要尽量修饰,衣着要尽量得体,说话低声,行动优雅,丝毫不在乎别人的毁誉。对任何事都不挑毛病,也不干涉或教训别人。

(7)只为今天,我要试着只考虑怎么度过今天,而不把我一生的问题都一次解决。我能连续12个小时做一件事,但若要我一辈子都这样做下去的话,就会吓坏了我。

（8）只为今天，我要订下一个计划，我要写下每个钟点该做什么。也许我不会完全照着做，但还是要制订这个计划，这样至少可以免除两种缺点——过分仓促和犹豫不决。

（9）只为今天，我要为自己留下安静的半个小时，轻松一番。在这半个小时里，我要使我的生命更充满希望。

（10）只为今天，我心中毫无惧怕。尤其是，我不怕快乐，我要去欣赏美的一切，去爱，去相信我爱的那些人也会爱我。

3. 恰如其分地表达自己的情绪

很多人认为，在日常生活、工作和学习中表达自己的情绪特别是负面情绪，是一件很丢人的事情，怕别人说自己"太情绪化"。尤其是男士，更是认为表达自己的情绪是脆弱的表现。这就会导致我们一味地否认、压抑或控制负面情绪，我们将会失去适当地反映真实情绪的能力，所以也将无法真实感受到快乐等正面情绪，而变成一个单调、无情绪的人。其实，当我们失去感受负面情绪的能力时，也就失去了感受正面情绪的能力。

对此，我们应当有一个正确的认识，真正的问题不在于情绪本身，而在于情绪的表达方式上。在这里，我们要强调的是"适当"。我们通过找自己的朋友、信任的同学或家人适当地倾诉来表达自己的情绪，甚至可以哭泣，或者采取一些其他方法来调整自己的情绪都是可取的。"适当"表达情绪不鼓励大发脾气、又哭又闹。

 心理小贴士

倾诉饥渴症

倾诉饥渴成为比自闭危害更广泛及严重的都市病，尤其是女性。你有倾诉饥渴症吗？刚刚，你是否正在网上同陌生而熟悉的人们抱怨自己的不幸，或者抱怨自己的老板？

通常情况下，25～35岁的女性每天平均比男性多说156句话（包括网上聊天）。这些话中，63%为向他人倾诉自己遭遇不公、情感危机或情绪垃圾。人们曾经以为善于倾诉的外向型女性心理相对健康，近年的心理学统计资料却表明，自闭女性的情绪焦虑指数为8，而倾诉饥渴女性的情绪焦虑指数为7。专家指出，过多的倾诉会破坏心理健康。

美国心理学家在对一家知名企业的员工及一组家庭主妇进行对照心理分析后得出结论，两组人群中倾诉饥渴症患者概率相当，只是侧重点与方式不同。名企员工热衷于说老板、同事的坏话及感情困惑，家庭主妇的话题则主要是围绕老公及孩子。如果你在一周时间内，有三次以上与他人进行纯私人谈话，并且话题围绕你遇到的不开心的事或感情上的困惑，那么，你正被倾诉饥渴症盯上。

正常倾诉与倾诉饥渴的最大区别在于，正常倾诉的女性在倾诉后会有相当放松的感觉，并能够立刻将精力集中于其他事情。而倾诉饥渴的女性只能在倾诉当中获得快感，因此必须不断倾诉，哪怕对同一件事重复一百遍依然意犹未尽。遇到事情时，你是首先想到找他人倾诉并立刻付诸行动，还是首先努力自我消化，实在无法消化时才找最可信赖的人倾诉？这是倾诉饥渴人群与正常人群的分水岭。

4. 全面认识情绪，有效利用负面情绪

情绪具有两面性，任何一种情绪都有其正面和负面两种价值，虽然负面的消极情绪会使人难过，但却是一种行动信号，提醒我们拿出行动，改变现状，因此对于负面情绪，我们要进行客观分析，改变原有的认知、行为等，不能全盘否定，发现问题本身就是一种进步和提高。在日常的工作、生活和学习中，我们要学会利用负面情绪的正面价值和能量，使其成为我们的资源。

（二）情绪管理的有效策略

无论是正面情绪还是负面情绪，都有其独特的价值和功能，因此，一个心理健康的人会给情绪一个适当的空间并允许自己有负面的情绪，只要我们采取有效的情绪管理策略，坦然接受自己的情绪，将它视为正常，成为情绪的主人，就能充分利用情绪的价值和功能。

例如，我们不必为了想家而感到羞耻，不必因为害怕某物而感到不安，对触怒你的人生气也没有什么不对。这些感觉与情绪都是自然的，关键在于我们如何恰如其分地表达出来，通过合理的方式方法释放出来，这远比压抑、否认有益得多，接纳自己内心感受的存在，这是有效管理情绪的前提，我们可以将其归纳为以下三个步骤。

1. 准确把握自身情绪状态

这是有效管理情绪的第一步，我们在平时更多地在关注负面情绪，容易忽略正面情绪，因此，我们有时的感受并不是真实的，情绪的管理既包括负面的情绪管理，也包括正面情绪的管理。因此，情绪管理的第一步就是要准确把握自己的情绪状态，然后正视并接受它。只有当我们准确地把握认清了情绪，知道自己的现实感受，才有机会去掌控情绪，不为情绪所左右，为有效管理情绪打下基础。

2. 探寻情绪产生的真实原因

我为什么生气？为什么会觉得孤单无助？甚至为什么会得意忘形？我为什么……每当这些情绪产生时，我们只有找出原因才能知道这些反应是否正常，也只有找到原因我们才能对症下药。

3. 如何有效地处理情绪

思考一下，当你产生需要处理的情绪时，你都是通过什么途径来处理的，处理的效果如何？

我们每个人都有自己处理情绪的方式方法，都有让自己的情绪排解或发泄的途径。比如，可以通过运动、听音乐、散步等来让心情平静，也有人会找人倾诉、大哭一场来宣泄一下或者通过换个角度思考问题来改变心情。

心理小贴士

> 诺贝尔文学奖得主赫尔曼·黑塞说:"痛苦让你觉得苦恼,只是因为你惧怕它、责怪它;痛苦会紧追你不舍,是因为你想逃离它。所以,你不可逃避、不可责怪、不可惧怕。你自己知道,在心的深处完全知道——世界上只有一个魔术、一种力量和一个幸福,它就叫爱。因此,去爱痛苦吧,不要违逆痛苦、不要逃避痛苦,去品尝痛苦深处的甜美吧。"

(三)情绪管理的具体措施

无论出现什么样的情绪,我们都可以采取以下措施去进行管理,帮助我们尽快摆脱情绪困扰,恢复正常的情绪状态。

1. 觉察自我的真实情绪

上面已经提到,情绪的管理是建立在自我认知的基础之上的,很多时候,我们对自身情绪的把握是不确切的,是模糊的,只是放纵自己陷在负面情绪里,成为"感觉的奴隶",这些会增强自己对负面情绪的感受。其实,只要多问问自己,如"我现在有什么样的感觉?""产生这些感觉的原因在哪里?"等问题,通过对这些问题的回答,来确认自己真正的感受。这种方法可以很快地降低情绪的强度,从而使我们能以客观且较理性的态度去处理问题。

通常,我们可以通过尝试回答以下四个方面的问题来帮助确认自己真正的情绪感受:
(1)我到底期望什么?
(2)如果我不想这么继续下去,应该怎么做呢?
(3)对于目前的状况,应如何处理?
(4)我能从带来负面情绪的问题中学到些什么?

通过回答这些问题,在确认自己情绪的过程中,我们能够学习到许多重要的东西,这种不断思考、积累的过程必将丰富我们的人生阅历,历练我们的情绪管理能力。

2. 学会用辩证的思路看待情绪,事物都是具有两面性的

情绪是我们的真实感受,它源自我们的内心,是最值得信赖的,我们必须认识到消极情绪也有积极的一面,它能提供正面的建议,告诉我们有些地方必须改变,或者是认知方面,或者是行为方面。不要一味地压抑或逃避负面情绪,这样反而容易使情绪恶化。

因此,我们不要害怕负面情绪,摆脱情绪困扰最有效的办法,就是重新认识情绪的内涵和价值,以积极的态度去看待它,把它作为信息来源或警告器,这样,即使遇到了负面情绪,也能很快调整,或者带着它正常工作、学习和生活。

3. 接纳自己,相信自己

我们在任何时候都应该无条件地接纳自己,不能低估自己的实力,特别是在处理情绪时,一定要相信自己,这种自信会产生无比巨大的力量,人若缺乏自信心,就会在生活、工作及学习等多个方面表现出退缩与冷淡。

4. 注意经验的积累，不断反思和学习

我们要不断总结反思自己的情绪经历经验，有效管理情绪的经验是我们需要继续保持的，并且要从失败的经验中吸取教训，探寻合理的处理方式。学会经常总结和反思，将会积累丰富的情绪管理经验，为我所用。

5. 行动起来

当我们掌握正确的理念及方式方法后，就要积极地行动起来，通过实践不断提高情绪管理能力，学以致用。

6. 向前看

人生应该是向前看的，已经发生的事情无论好坏都是我们成长中的财富，情绪也是一样，我们只有不断的积累才会成长，才会有收获。要想有效地管理情绪，就要关注每次情绪处理的过程。你要全心全意地去思考，感受整个情绪调整的情景和过程，使每次顺利处理情绪的经过深深地印在心里。当然，也许这时我们能找到多种可以替代的处理方式，可以把它记下来，强化其作用。

这些措施对于我们有效管理情绪，会有一定的指导作用，但我们也应该认识到，情绪问题的处理一定是越早越好，当负面情绪长期困扰我们，对我们的生活产生较大影响时，处理起来是比较麻烦的，必要时还需要求助于我们的心理咨询师。

心理健康座右铭

我们无法改变人生，但可以改变人生观！
我们无法改变环境，但可以改变心境！
我们不能改变容貌，但可以展现笑容！
我们不能控制他人，但可以控制自己！
我们不能预知明天，但可以利用今天！
我们不会样样顺利，但可以事事尽力！

第三节 常见情绪困扰与调控

我们都知道情绪问题会对我们的生活、学习和工作产生负面影响，遇到情绪困扰时如果不能及时调控与处理，长期受其影响就可能出现情绪障碍，甚至会出现脱离现实的、被夸大的情绪情感体验，对我们生活的很多方面都会产生较大影响。因此，认识常见的情绪困扰并掌握一定的调控技能和方法就显得尤为重要。

一、常见情绪困扰的特征与表现

这是一种与心理异常活动过程相关的特殊情绪，很多大学生的情绪障碍就是其情绪表现的失常,这将会严重地影响青少年学生自身的发展,甚至干扰生活在其周围的其他人。一般来讲,常见的情绪困扰主要有以下几个方面。

(一)焦虑

焦虑是主观上预料将会有某种不良后果产生或模糊的威胁出现时的一种不安感,并伴有忧虑、烦恼、害怕、紧张等负面情绪混合交织的体验。其症状表现为:反复出现惊恐,烦躁不安,思维受阻,行动不灵活,失眠,身体不舒服等症状。人们在面临威胁或预料到某种不良后果时,感觉到难以达到目标或者不能克服困难,使个体自尊心与自信心严重受挫,或者使个体失败感和内疚感增加时,都有可能产生这种体验。

大学生常见的焦虑主要包括以下几种:

(1)适应困难的焦虑。

(2)过度学习焦虑。

(3)关注身体健康的焦虑。

(4)考试焦虑(图4-3)。我们在考试前应保持心态平和,心静如水(图4-4)。

(5)动机冲突和困难选择的焦虑,在面对生活中的很多两难选择时,如当不当班干部、专业与兴趣的矛盾、临近毕业等。

图4-3　考试焦虑

图4-4　心静如水

另外,大学生在交友、恋爱的过程中也会产生自我形象焦虑,担心自己不够漂亮、没有吸引力;对梦遗、手淫等有关性的问题因缺乏正确认识而惶惶不安等,使青少年很容易陷入焦虑的状态之中;情感焦虑多数是由恋爱受挫而引发的自我否定,认为自己不具备爱人与被爱的能力,因而过度担心。

(二)抑郁

抑郁是一种感到无力应付外界压力而产生的消极情绪,抑郁情绪的自我体验为忧愁和伤感,主要表现为情绪低落、思维迟缓、兴趣索然、精力丧失等,自我评价过低,并因此导致生活能力减弱、学习能力降低和学习效率下降等,严重者会患有抑郁症。

大学生中因生活不适应、学习压力、人际关系紧张、失恋等问题而产生抑郁情绪的较为常见。这些负面的生活事件给当事人带来强烈的心理冲击,使其自信心受到打击,生活陷入混乱。另外,我们心中一些同有的、潜在的消极自我观念(如我是一个多余的人、没有人喜欢我、失败的原因是我没有能力等)也是导致抑郁状态的主要原因。它影响我们对外界事件的看法,使我们丧失自我价值感,丧失奋斗的勇气和对未来的信心(图4-5)。

一般来说，这种情绪多发生在性格内向、孤僻、敏感多疑、依赖性强、不爱交际、生活遭遇挫折、长期努力得不到回报的大学生身上。

（三）恐惧

恐惧是一种人类及其他生物的心理活动状态；是周围有不可预料、不可确定的因素而导致的无所适从的心理或生理的一种强烈反应，是只有人与其他生物才有的一种特有现象。从心理学的角度来讲，恐惧是

图 4-5　抑郁

一种有机体企图摆脱、逃避某种情景而又无能为力的情绪体验。

在大学生中最常见的是社交恐惧心理，对正常的人际交往表现出明显的焦虑和回避。比如，不敢在众人面前说话，不敢与异性单独接触，见到陌生人就面红耳赤、张口结舌、紧张慌乱、胸闷气短及浑身发抖等。这些可能与他们之前的学习、生活经历有关，并容易泛化。比如，小时候被狗咬过，长大后就害怕狗，甚至害怕任何有毛的动物；也有一部分是个人性格的问题，如孤僻、敏感等。

对于恐惧心理，一味地逃避只能使恐惧加深加重，不利于身心健康的发展，应该学会分析产生恐惧的原因，勇敢地面对问题，或者主动地寻求专业的帮助，才能最终摆脱恐惧的心理阴影。

（四）嫉妒

嫉妒是指人们为竞争一定的权益，对相应的幸运者或潜在的幸运者怀有的一种冷漠、贬低、排斥、甚至敌视的心理状态。简单而言，就是一种因为他人在某些方面胜过自己而引起的不快甚至是痛苦的、消极的情绪体验，包含着憎恶与羡慕、愤怒与怨恨、猜嫌与失望、屈辱与虚荣以及伤心与悲痛的复杂情感。

嫉妒心人人都有，在大学生中也较为常见，因此如何恰当地处理嫉妒心就显得尤为重要，处理不好时会严重影响身心健康，破坏人际关系和良好的集体氛围。因此，必须学会与他人正确的比较方法，多发现自身的优势，将自己失衡的心理天平调整到平衡状态。

（五）自卑

自卑情绪来自消极贬抑性的自我评价。其主要表现在：自我评价低、超概括性自贬、敏感与掩饰等。

（六）冷漠

冷漠是指对他人冷淡漠然、对外界刺激缺乏相应的情感反应的消极的情绪体验。其具体表现为：对他人怀有戒备心理甚至敌对情绪，也不与他人交流思想感情，表现极为冷淡，凡事漠不关心。也可以说是一种对环境和现实进行逃避的减缩性心理反应，对生活中的悲欢离合无动于衷。

具体表现为：漠不关心、冷淡、退让。在大学生中常表现为"三无"：无欲望、无关心、无气力。

（七）愤怒

愤怒是大学生常见的一种消极情绪，它是当个体的需要不能被满足、愿望不能实现或为

达到目的而行动受阻时内心所产生的一种紧张而不愉快的激烈情绪。根据程度的不同可分为不满、气恼、愤怒、暴怒、狂怒等几种。

二、情绪问题的形成原因

情绪问题形成的原因是比较复杂的，而这一问题我们必须有深入的理解后，才能更好地去改善。通过总结发现，其形成的主要原因有以下几点。

（一）认知因素

认知在人的情绪体验中是个极重要的因素。相同的情境，如果个体对其作出不同的认知评价，就会产生不同的情绪体验。在日常的生活、学习和工作中，如果我们能对自己的认知作出合理评价，就会产生积极的情绪体验和行为反应，反之，则会产生消极的情绪体验和行为反应。

大学生作为一个特殊的社会群体，在学习期间也存在很多问题，如入学适应、学习问题、人际关系处理问题、情感问题等，在处理这些问题中如果出现认知偏差，这些不正确的认知可能引起心理紧张、压抑、焦虑、强迫、自卑等负面情绪反应。大学生伴随其自我意识发展而出现的认知冲突、不满情绪和回避行为，使其较易产生孤独感、抑郁、内疚等消极情绪体验。人际交往中的认知偏差同样会引起恐惧、焦虑、紧张和排斥心理。职业选择中所遇到的心理挫折和冲突更易导致抑郁、焦虑、大失所望。可见，认知因素对情绪困扰的形成起着直接作用。

（二）遗传因素

通过研究发现，遗传因素对情绪问题的形成有着重要影响，苏联生理学家巴甫洛夫根据兴奋和抑制过程的强度、灵活性和平衡性三种神经类型的基本特征，把人的气质分为四个基本类型：①不可遏制性。这种人兴奋和抑制过程很强，外向性格较为明显，好斗、脾气暴躁、精神负担重。②活泼型。这种类型的人神经活动的兴奋和抑制过程较为平衡，有很大的灵活性，具有很强的自我调节能力。③安静型。这种类型的人神经活动较为稳定，具有较强的忍耐力和宽容别人的能力，有很强的自我调节能力。④弱型。这种类型的人情绪压抑，情感脆弱，对于挫折的承受能力较弱，容易出现情绪问题。

（三）精神状态

精神状态也是情绪的重要影响因素之一，良好的精神状态可以促使人们产生积极的情绪状态和行为，表现为对生活、学习及未来充满信心。而当精神状态不佳时，人们则更容易产生消极的情绪状态和行为，通常表现为情绪低落、思维不清、身体疲惫、行为退缩及易怒等。而精神状态也会受到多种因素的影响，如睡眠不好、过于疲劳、学习与生活压力等。

（四）身体健康

我们都知道，人在生病时情绪状态是比较低落的，它会扰乱人的正常生活节奏，严重影响人的正常心理活动，从而可能引起负面情绪及多种不良的心理反应，因此，身体健康对情绪的发生发展也有较大的影响。特别是有身心疾病和生理缺陷的大学生，如果不能对此有正确认识，则会产生不同程度的情绪困扰。

（五）环境因素

环境对人的发展的影响是巨大的，也时时刻刻影响着我们的情绪，良好的生活、工作和学习环境使人心情愉悦、积极向上。

大学生现在面临着复杂的大环境，大学生情绪波动很大程度上都跟环境有一定的关系。主要包括：社会因素，如就业难的问题；学校因素，高校特殊的授课方式，新的生活和人际关系的适应；家庭因素，家庭经济困难学生，又缺乏必要的社会支持等。这些都可能使大学生产生情绪困扰。

三、情绪调控策略

我们常常会有情绪低落的时候，会觉得自己很可怜、很糟糕、很差劲，或者是很倒霉，好像整个人都陷在人生的谷底等，这时，有人能很快从低落情绪中走出来，使生活恢复正常，有些人却一直处于挣扎之中，甚至会因此失去工作、朋友，破坏一段好婚姻，甚至断送一生，或者一直活在后悔、抱怨、愤世嫉俗之中。人生中的不平之事有很多，但对待事情的心态是我们自己的，情绪是可以控制的。如果我们能有效地管理好自己的情绪，我们就会有一个幸福美好的人生。

然而，我们也需要根据自己的情绪状态选择适合的、有效的调控策略。例如，有学者研究表明，对于愤怒和羞愧，解决问题是最好的情绪调节方法；对于悲伤，寻求支持是最好的情绪调节策略；而对于创伤感，远离创伤源是最好的情绪调节方法；失恋后极度忧郁的产生，往往是人们在认识上出现了问题，即认为失恋的结果是由自己而不是由他人造成的，因此需要通过改变认知来解决问题。下面我们来介绍几种常用的情绪调控策略。

（一）理性情绪疗法

理性情绪疗法又称合理情绪疗法，是 20 世纪 50 年代由阿尔伯特·艾利斯（Albert Ellis）在美国创立的，它是认知疗法的一种，因其采用了行为治疗的一些方法，故又被称为认知行为疗法。艾利斯认为：人的情绪和行为障碍不是由某一激发事件（activating event）直接引起的，而是由经受这一事件的个体对它不正确的认知和评价所引起的信念（belief），最后导致在特定情景下的情绪和行为后果（consequence），其也称为 ABC 理论。

1. ABC 理论的几个重要概念

（1）诱发性事件（activating event）。
（2）个体在遇到诱发性事件后相应产生的信念（belief）。
（3）特定的情景下，个体的情绪及行为结果（consequence）。
（4）驳斥干预（disputing intervention）。
（5）效果（effect）。

2. 不合理信念及其特征

（1）何为不合理信念。
不良的情绪反应，常常并非来自事件本身，而是来自人们对事件的认识，尤其是不正确的、偏激的认识，人们称之为非理性信念。
（2）不合理信念的特征。
第一，绝对化的要求。关键词：必须、应该、一定、绝对……

第二，过分概括化的理念（以偏概全）。关键词：一无是处、一文不值、丢尽了人、天生如此、总是……

第三，糟糕透了的观点。关键词：彻底失败了、世界末日到了、全完了……

(3) 理性信念与非理性信念的对照。

非理性信念　　　　　理性信念

我无法接受被人轻视——我希望被别人喜欢

我必须要考个好成绩——我希望能考个好成绩

我应该比别人做得好——我力争比别人做得好

我的英语彻底失败了——我这次英语考试失利

失恋让我无法忍受——失恋让我感到痛苦

大家总是对我有成见——有几个人对我有成见

3. 理性情绪疗法的治疗步骤

(1) 诱发性事件（activating events）。

(2) 由诱发性事件引起的信念（beliefs）。

(3) 情绪和行为的后果（consequences）。

(4) 与不合理信念辩论、对抗（disputing irrational beliefs）。

(5) 辩论后产生的新的情绪或行为后果（new emotive and behavioral effects）。

以失恋为例。

事件 A：恋爱失败，他（她）拒绝了我，跟别人在一起了。

情绪 C：难过、沮丧、痛苦、憎恨

观念 B：①我对他（她）这样好，他不该伤害我，我真受不了。
　　　　②我被人抛弃了，是个失败者，今后再不会有幸福可言了。

针对观点①我对他（她）这样好，他不该伤害我，我真受不了。

纠正：

(1) 这种想法会引起更大的困扰，不能这样下去了；

(2) 这可能是我的主观认为，其实他（她）也未必是有意要伤害我；

(3) 我对他好，也希望他对我好，但不是他应该对我好；

(4) 我太情绪化了。

新的想法：

(1) 虽然我很痛苦，但我还是可以忍受的，就当做是一次磨炼吧；

(2) 也许我们本来就不合适，分手是必然的，即使勉强维持也不会有幸福；

(3) 痛苦只是暂时的，我会好起来的；

(4) 我应该振奋一些，开始自己新的生活和追求。

区别合理观念与不合理观念的五条标准（表 4-1）：

(1) 合理观念一般均为客观事实；不合理观念包含着更多的主观臆测。

(2) 合理观念使人不被伤害；不合理观念会使人产生情绪困扰。

(3) 合理观念使人更快地达到预测的目标；不合理观念使人为达不到不现实目标而困扰。

（4）合理观念使人不断调整自己，积极面对困难；不合理观念使人将责任推给他人，自己困惑。

（5）合理观念使人很快摆脱情绪困扰；不合理观念使人长期陷入情绪困境不可自拔。

表 4-1 积极的自我谈话

危险的自我谈话	积极的自我谈话	危险的自我谈话	积极的自我谈话
我必须……	我愿意	我应该……	我能够
这太不公平	事情本来就这样	我有必要……	我想要
这个问题有点麻烦	这是一种挑战	真是太可怕了	真的很遗憾
生活是乱七八糟的	生活就是我造就的	是的……但……	也许我能
我真没用	我是一个会出错的人	我不够好	我能和别人做得一样好
我不能对付	我自信我能把握	我一向都不走运	我能掌握自己的命运
我真愚蠢	谁这样说？证据在哪里？		

针对观点②我被人抛弃了，是个失败者，今后再不会有幸福可言了。

纠正：

（1）此想法会引起困扰，伤害自尊；

（2）恋爱是双方的选择，谁都有抉择的自由，谈不上谁抛弃了谁；

（3）一次恋爱的失利，并不能说明今后的一切；

（4）不少过来人也都经历过失恋，他们后来的生活也同样幸福美满。

新的想法：

（1）很多人都经历过失恋，别人都承受得了，我为什么不能？

（2）虽然我的恋爱失败了，可我在学业上、事业上……还是大有作为的。

（3）我虽然暂时失去了一个恋人，但我还有很多的朋友。

（4）也许这次失恋对于我是幸运的，我会更加成熟，并找到更美好的感情。

（二）做情绪的主人

每个人追逐梦想的道路都是曲折的，甚至是充满荆棘的，而这些时候往往是我们情绪容易失控的时候，当我们还在为此而气愤、失望的时候，很多机会从我们身边悄悄溜走，殊不知，情绪是可以调控的，我们自己才是情绪的主人。只有做自己情绪的主人，才会利于我们克服困难，勇往直前，才能把握好自己的心海罗盘，在人生之路上前进的时候，才可能将人生这幅长卷描绘得多姿多彩。我们时刻要保持平和的心态，喜不能得意忘形、怒不可暴跳如雷、哀不能悲痛欲绝、惧不能惊慌失措。

（三）合理发泄情绪

心理学的研究发现，负面情绪是会在体内积累能量的，这些需要及时处理，通过合适的途径和方式疏泄出来，否则，长期存在就会影响身心健康，或者表现出各种心因性疾病的躯体症状，或者以情结的形式埋藏在潜意识中，时不时地跑出来作怪，甚至形成各种情绪障碍或神经症。因此，学会及时地把负面能量合理发泄出来是非常重要的。所以，学会恰如其分地宣泄、表达情绪是十分重要的，下面介绍几种我们常见的情绪发泄方式。

1. 痛快地哭一次

哭是一种释放不良情绪的有效途径，平时我们很多人都喜欢压抑自己想哭的冲动，总是要求自己坚强。有研究者发现，人的眼泪中含有负面情绪产生的毒素，痛哭可以使这些毒素随着泪水排出体外，而避免其影响身体健康，许多人大哭一场之后，痛哭、悲伤等负面情绪会得到有效的释放和缓解。所以，无论男人还是女人，想哭的时候可以痛哭一场，不要强忍着压抑自己。

2. 大声喊出来

通过充分放开的、发自内心的喊叫，可以将内心的积郁发泄出来，它可以调节人们的心理状态，因此当我们受到不良情绪困扰时，可以痛痛快快地喊一次。

3. 敞开心扉，尽情倾诉

培根曾说过："把快乐告诉一个朋友，将得到两个快乐；把忧愁向一个朋友诉说，则只剩下半个忧愁。"当我们遇到不愉快的事情，情绪不好、心情低落、压力过大时，如果不及时处理，会不断增加自己的心理负担。找到合适的对象倾诉，是一种很好的宣泄、缓解不良情绪的途径。

如果有些事情不愿让身边的人知道，或者周围没有值得信赖可以听自己倾诉的对象时，我们也可以寻求心理咨询师的帮助，效果会更好。

4. 写出来

其实，通过日记或其他形式写出来也是一种倾诉，每天将自己的喜怒哀乐都记下来，各种烦恼也许会随着笔尖一起倾泻。尤其是不想和别人交流或者无人可以交流时，把情绪通过写的方式宣泄出来，还能有效地帮助自己整理混乱的思维，有效地分析自己面临的问题，事过境迁后，还可以拿出来看看自己当初的心路历程，通过这样的反思，帮助自己更快地成长、成熟。

5. 运动

运动是发泄不良情绪的一种非常好的途径和方法，在我们心情不畅时，打打球、跑跑步都是很好的调控方法，这些可以将体内积压的负面情绪转化成生理上的能量释放出来。

心理小贴士

运动与特定情绪

焦虑：羽毛球、乒乓球、排球、跳绳等
抑郁：足球、篮球、排球、健美操和集体舞等
恐惧：游泳、溜冰、拳击和体操中的跳马、单双杠等

（四）转移注意力

转移注意力就是将自己关注的重点从引起不良情绪的事情转移到其他事情上，使人尽快从痛苦中解脱出来，从而逐渐恢复正常的情绪状态。心理学研究表明，当一个人产生某种情绪时，头脑里就会出现一个较强的兴奋区。这时，如果另外建立一个或几个兴奋区就可以抵消或冲淡这个较强的兴奋区。

因此，当自己的情绪不好时，可以做一些自己感兴趣的事情或活动，来使自己从消极情绪中解脱。另外，还可以转移话题或回忆自己高兴、幸福的事，使消极的情绪转移到积极的情绪上去。

转移注意力还可以通过改变环境来达到目的。当自己的情绪不理想时，到室外走一走，到风景优美的环境中玩一玩，会使人精神振奋、忘却烦恼。转移注意力的方法看起来是一种消极的调节方法，但会收到良好的效果，它适合于比较容易排解的情绪。

（五）学会控制情绪

1. 自我暗示法

自我暗示是指通过言语暗示、想象某种事物存在等方式，对自身施加影响，达到放松紧张心理、缓解不良情绪的目的。

我们做一个小实验：想象一个情景，在这个情境中你心平气和，在心中默念"喜笑颜开""开怀大笑"，你会产生什么感觉呢？

通过上述实验，也许真的能让我们找到高兴的感觉。这个实验说明了语言能对人的情绪产生暗示作用。因此，我们可以利用语言的暗示作用来对不良情绪进行调控，见表4-2。

表4-2 积极的自我暗示和消极的自我暗示

消极自我暗示的语言	积极自我暗示的语言	消极自我暗示的语言	积极自我暗示的语言
"我长得太丑"	"我是一个聪明、自信的人"	"没有人喜欢我"	"我能实现自己的梦想"
"我的成绩永远都不如你"	"我是能力出众的"	"我不行"	"我一定会成功的"
"我无法做到"	"我是最厉害的"	"他们一定嫌弃我"	"今天我很高兴"
"我找不到工作"	"我的行动力是很强大的"		

2. 自我激励法

这是一种在日常生活中用哲理或思想来鼓励自己的方法，是一种精神动力。一个人在消极的情绪中，通过名言、警句进行自我激励，能够有效地控制情绪。林则徐为了调控自己的情绪，写了"制怒"的条幅，在屋中悬挂，以此告诫自己。

3. 心理换位法

简单地说，心理换位法就是要学会换位思考，去站在别人的角度思考问题。通过体会别人的心理与思考，增强相互理解和沟通，防止一些不良情绪的产生。心理换位法更重要的是可以消除自己不能调节的情绪。

4. 升华法

升华乃是精神分析术语，是一种心理防御机制，就是将消极的情绪与头脑中的积极因素联系起来，将强烈的情绪冲动所带来的能量，转化为建设有意义、有价值、积极事情的力量。这是对不良情绪的一种高水平的调适，通过其他事情的成功来改变自己的失败处境、改善自己的心境。

> 西伯拘而演《周易》；仲尼厄而作《春秋》；屈原放逐，乃赋《离骚》；左丘失明，厥有《国语》；孙子膑脚，《兵法》修列；不韦迁蜀，世传《吕览》；韩非囚秦，《说难》、《孤愤》；《诗》三百篇，大氐圣贤发愤之所为作也。
>
> ——司马迁《报任安书》

（六）音乐调节法

通过研究发现，不同的音乐可以对人的生理产生不同的反应，如心率和脉搏的速度、血压、皮肤电位反应、肌肉电位和运动反应、内分泌和体内生化物质（肾上腺素、去甲肾上腺素、内啡肽、免疫球蛋白）及脑电波等。

音乐的节奏可以明显地影响人的行为节奏和生理节奏，如呼吸速度、运动速度、心率。音乐是一种独特的交流形式，虽然一首歌的歌词可以传达一些具体的信息，但是对于音乐而言，最重要的交流意义是非语言的。不同的音乐可以引起各种非常不同的情绪反应。因此，可以通过听音乐来调节我们的情绪。

心理小贴士

不同音乐类型的功效

催眠：《平湖秋月》《二泉映月》

安神镇静：《塞上曲》《春江花月夜》《小桃红》

解忧除烦：《江南好》《喜洋洋》《春天来了》

消除疲劳：《假日的海滩》《矫健的步伐》《水上音乐》

振奋精神：《步步高》《狂歌》《金蛇狂舞》

促进消化：《花好月圆》《欢乐舞曲》

兴奋开郁：《喜相逢》、《喜洋洋》、《假日的海滩》

养心益智：《阳关三叠》《江南丝竹》《空山鸟语》

娱神益寿：《高山流水》《梅花三弄》《百鸟行》

另外，现代医学还将音乐称为人体的"特种维生素"，无论如何都不能缺乏。研究表明，不同的音乐旋律，可分别起到镇静、兴奋、止痛、降压等有利于保健和疾病康复的治疗作用。

心理美文

生活是美好的

契诃夫

生活是极不愉快的玩笑，不过要使它美好却也不是很难。为了做到这点，光是中头彩赢了20万卢布，得个"白鹰"勋章，娶个漂亮女人，以好人出名，还是不够的——这些福分都是无常的，而且也很容易习惯。为了不断地感到幸福，那就需要：

（一）善于满足现状；

（二）很高兴地感到："事情原本可能更糟呢。"这是不难的。

要是火柴在你的衣袋里燃起来了，那你应当高兴，而且感谢上苍：多亏你的衣袋不是火药库。

要是有穷亲戚上别墅来找你，那你不要脸色发白，而要喜洋洋地叫道："挺好，幸亏来的不是警察！"

要是你的手指头扎了一根刺,那你应当高兴:"挺好,多亏这根刺不是扎在眼睛里!"

如果你的妻子或者小姨练钢琴,那你不要发脾气,而要感激这份福气:你是在听音乐,而不是在听狼嗥或者猫的音乐会。

你该高兴,因为你不是拉长途马车的马,不是寇克(19世纪德国的细菌学家)的"小点",不是旋毛虫,不是猪,不是驴,不是茨冈人牵的熊,不是臭虫。……

你要高兴,因为眼下你没有坐在被告席上,也没有看债主在你面前,更没有跟主笔土尔巴谈稿费问题。

如果你不是住在十分边远的地方,那你一想到命运总算没有把你送到边远地方去,岂不觉着幸福?

要是你有一颗牙痛起来,那你就该高兴:幸亏不是满口的牙痛。

你该高兴,因为你居然可以不必读《公民报》,不必坐在垃圾车上,不必一下子跟三个人结婚……

要是你给送到警察局去了,那就该乐得跳起来,因为多亏没有把你送到地狱的大火里去。

要是你挨了一顿桦木棍子的打,那就该蹦蹦跳跳,叫道:"我多运气,人家总算没有拿带刺的棒子打我!"

要是你妻子对你变了心,那就该高兴,多亏她背叛的是你,不是国家。

依此类推……朋友,照着我的劝告去做吧,你的生活就会欢乐无穷了。

(摘自上海译文出版社1982年8月版《契诃夫选集·美人集》)

第五章 心理压力与挫折应对

压力是生活中普遍存在的，通常指的是心理压力。心理压力，即指由刺激引起的、伴有躯体机能及心理活动改变的一种身心紧张状态。一定程度的心理压力有助于提高个人生活的质量，以及学习、工作的效率，但过度的心理压力则会影响个体的身心健康。

第一节 压力认知

在日常的生活和工作以及学习中，存在着许多压力源，人总是承受着各种各样的压力，如工作压力、升学压力、学业压力等。长期处于压力状态将会影响人的心理和身体健康，需要适当平衡和调试心理。

一、常见心理压力来源

压力源是现实生活要求人们去适应的事件，按照对生物的影响，压力源可分为以下三种类型。

1. 生物性压力源

这是一组直接影响主体生存与种族延续的事件，包括躯体创伤或疾病、饥饿、性剥夺、睡眠剥夺、噪声、气温变化等。

2. 精神性压力源

这是一组直接影响主体正常精神需求的内在和外在事件，包括错误的认知结构、个体不良经验、道德冲突、不良个性心理特点（如易受暗示、多疑、嫉妒、自责、悔恨、怨恨）等。

3. 社会环境性压力源

社会环境性压力源是一组直接影响主体社会需求的事件，它可分为如下两类：① 纯社会性的社会环境性压力源，如重大社会变革、重要人际关系破裂（失恋、离婚）、家庭长期冲突、战争、被监禁等；② 由自身身体状况（如传染病等）造成的人际适应问题（如社会交往不良）等社会环境性压力源。

基于理论分析的需要将压力的来源进行分类，在真实情况下，压力来自各个方面，单一性的压力源则在现实生活中极少。多数压力源都涵盖着两种以上因素，特别是精神性压力源和社会性压力源，有时是浑然一体的状态。

案例

高三学生跳楼自杀 高考艺考双重压力酿成悲剧

对于黑龙江的一位妈妈来说，2011年2月28日深夜，已经变成了"永夜"，因为那个深夜，她的儿子纵身一跳，把自己17岁的生命永远地留在了黑暗里。

这个网名为祝小约的孩子是黑龙江省一所省重点中学高三的学生。去年年底开始，小约决定参加艺考，于是便开始了紧张的艺考培训和一轮轮的艺术考试。

小约的理想学校是中国传媒大学。艺考的过程虽然很紧张但还算顺利。2月25日，小约参加完中国传媒大学在北京举行的"三试"后回到黑龙江，但是仅三天之后便跳楼轻生了。

一切发生得太快了，"他根本没给我留一点儿时间，让我再做点儿努力"。儿子的突然离开，让小约妈妈忍受着"尖刀剜心"般的痛苦，同时在一个个无法入眠的黑夜中，另一种更加无边的痛苦也在纠缠着她：是不是我给他的压力太大了，才让他走上绝路？这些年我做错了什么？

案例分析

每个孩子生下来都是"0"，好的家庭教育是在"0"上不断增加"正数"，孩子长大以后会遇到无数的挫折和困难，这些都是一些"负数"，一个人身上的"正数"如果足够大，那么他就有足够的能力削减这些"负数"的影响，如果一个孩子身上没有积累足够的"正数"，那么这个孩子就会缺少抵抗挫折和困难的能力，就会出现问题。世上父母爱子深切，也没有哪个父母能为孩子抵挡住所有的挫折和困难，家长唯一能做的，是尽可能地贴近孩子的心灵，与他们树立良好的关系，在恰当的时候给他们足够的支持和尊重，在关键的时刻给他们及时的引导。

二、压力的作用

压力对个体产生的作用，可以分为积极作用和消极作用，通常面临的任务是尽量降低压力带来的消极影响。例如，某考生在面临高考时，面临升学时存在一定程度的压力乃至处于焦虑状态，由于压力驱使考生产生强大动力及其处于心理应激状态，大脑神经处于高度紧张和高速运转状态以应对考试，结果会取得成功并未产生失误；相反，如果此考生在备战高考的过程中，整日处于升学压力的煎熬中导致身心俱疲，并未将压力转化为行动的动力，甚至采取回避高考的方式如沉迷网络，最后以至于放弃考试，此为压力的消极作用。

一般情况下，个体可以适应一般单一性生活压力，但这种适应虽然要消耗个体的生理与心理能量，但这种消耗不会导致身心崩溃。但是，叠加性压力或破坏性压力，由于强度太大或持续时间太久，所以远远超过个体适应能力。个体遭遇这类压力后，健康状态会被严重破坏，从而产生某些疾病，此类疾病成为压力后的反应性疾病。

对压力引发疾病的机制的解释：体质、压力论认为，压力和个体的身体素质对疾病的发

生同时起作用。无论什么压力都会如赛利所言，引起一般性适应症候群。但是，有的人的呼吸系统比较脆弱，于是，在压力的作用下，前者就容易发生心血管疾病，后者就容易发生呼吸系统疾病。

三、压力反应及应对方式

面对工作和生活中的压力事件时，人与人之间的差异性会导致压力反应和应对方式也存在一定的差异。处于压力状态时会引起不同程度的生理和心理上的反应，为了缓解压力，需要采取正确的应对方式。

（一）压力反应

处于压力状态时引起的压力反应包括生理反应和心理反应，然而，长期处于压力状态则损害身体健康。

1. 压力的生理反应

个体遭受压力和挫折后，机体内部的自我调节机制将会最大限度地调动机体的潜在能量，以有效地应付外界环境的变化。受挫后交感神经系统处于兴奋状态，消耗的能量增多，由神经末梢释放生物信息转而刺激心肌致使收缩力增强、血液循环加快，产生以下反应：血压升高、呼吸加快、心跳加速。

体内潜能大量消耗的同时，机体内部那些与情绪反应无直接联系的器官或系统则得不到必要的能量而不能维持正常功能，如消化道蠕动减慢、胃肠液分泌减少等。如果长期处于压力和挫折情境而得不到消解，上述生理变化将会进一步增强，从而引起身心病变，出现皮肤和面色苍白、四肢发冷、心悸、气急、腹胀、尿少等一系列症状。

2. 压力的心理反应

压力情境中的心理反应包括情绪反应，以及较为复杂的防御性心理反应。

（1）愤怒和敌意。如果受挫者意识到压力和挫折情境来自人而不是自然因素，会产生愤怒和敌意的情绪体验。所谓"怒从心头起，恶向胆边生"，愤怒之后可能还会有进一步的极端行为反应。比如，2004年2月，云南大学马加爵残忍杀害同寝室的同学这一事件，就是马加爵在遭受同学的嘲讽之后产生的愤怒行为反应所导致。

（2）焦虑与担忧。通常情况下我们不知道压力和挫折的原因是什么，或者就是知道压力和挫折来源于什么，但是我们却无法解决，这时我们往往会产生焦虑与担忧的情绪反应。焦虑是压力和挫折后常见的一种心理反应。适度焦虑，如考试前适度紧张，对提高活动效率、发挥潜能有一定的积极作用；过度的焦虑是有害的，极度焦虑会发展成焦虑症乃致心理疾病。

（3）冷漠。当人遇到压力和挫折以后，表现出无动于衷、漠不关心的态度，好像没有什么情绪反应，这就是受挫后的冷漠反应。冷漠并非没有情绪反应，相反，它是一种压抑极深的痛苦情绪反应。当个人面对亲人、朋友带给自己的伤害，或者面对无法摆脱的压力和挫折情境时，通常会表现出冷漠的反应。

（4）压抑。当我们无法对压力和挫折情境表达我们的愤怒与不满的时候，需要暂时将消极情绪压抑起来。压抑并不意味着问题的解决，按照精神分析理论，被压抑的情绪进入潜意识，会通过其他途径变相表露出来。

（二）压力应对

压力应对是指个体认为自己与环境的交互作用可能为其带来负担，甚至超出自己拥有的资源时，为减少、最小化或容忍这种交互作用的内外需求而采取的认知和行为上的努力。积极有效的压力应对策略是指以积极的心态、有针对性的策略来应对压力，包括所有能够增强大学生自身力量的策略，如灌注希望、建立和谐关系、增强自信心、保持积极心态等。

1. 家庭、学校、社会帮助学生应对压力

（1）加强认知引导，增强学生的心理承受能力。认知决定了大学生是否能够面对压力情境，当大学生对情境的认知混淆不清时，就会出现错误的解释，当他们对情境的认知否认时，就会造成对情境的拒绝，使他们不敢面对现实的压力问题。因此，认知引导在压力管理中非常重要。

（2）协助学生发现其非理性的想法，这些想法通常冠以"必须、应该、一定"这样的字眼，就他们的不太满意之处给予关怀、支持和鼓励。

（3）引导学生认识到面临问题的不可避免性，从而使其坦然接受。另外，提出他们的困扰不是问题引起的，而是因为想法有误，帮助其找出"困扰的根源"，并协助提供理性想法。

（4）建立日常应对模式，不理性的认知、行为的改变，不是一下子可以做到的，需要建立逐步努力的程序，协助学生应用理性认知面对压力并有效管理。

（5）帮助大学生了解和掌握自己在压力情境下的应对方式，学习别人有效处理压力的策略。通过积极面对、有效处理压力，最大限度地将压力转化为动力，进而增强心理承受能力和抗挫能力。

2. 注重控制压力源，有效建构良好的制度环境

应对压力的管理策略首先要从源头抓起，要通过强化学校相关制度建设，从而更好地控制压力产生源。

（1）完善就业制度建设，加强对学生的就业指导，缓解学生的就业压力。目前就业压力是大学生当前最主要的压力，积极完善学校的就业体系，畅通就业渠道，注重职业生涯的规划和指导，帮助大学生认清就业形势，调整就业心态，努力缓解就业压力。

（2）优化课程设置，传授学习方法，改革考试制度。通过合理的课程设置，科学的学籍管理制度，组织学习方法、学习技巧的交流传授，改变简单地以考试分数论英雄的考试制度，改革对学生学习效能与综合素质的评级体系等，有助于减少学生的学习压力源。

（3）创建良好的班风学风，形成良好的人际环境。良好的班风学风有利于学生产生对班集体的荣誉感和归属感，使师生之间、同学之间互信增强，关系融洽，形成良好的人际关系，促进人际关系压力源和异性关系压力源的有效控制和缓解。

（4）要充分重视社会环境在大学生应对压力过程中的重要作用。一方面，要营造积极健康的社会文化氛围，通过各种渠道树立各行各业中不畏困难和压力、敢于应对挑战的榜样形象，鼓励大学生应对压力、敢于争先的精神；另一方面，要健全大学生就业和弱势群体正常学习生活的各种保障体系。政府、社会应为大学生努力拓宽就业空间，完善用人机制，缓解就业压力；为贫困学生提供助学贷款机制，帮助他们顺利完成学业。此外，要建立健全社会心理咨询机构和干预机制，及时为有压力过大等心理疾患的大学生提供心理辅导和治疗服务。

（三）个体应对压力的方法

长期处于压力状态会导致不同程度的身体疾病，所以要正确对待压力和采取有效的措施，如补偿、升华、运用压力等。

1. 补偿

实现目标的愿望受挫后，可以利用别的途径达到目标，或者确立新的目标。在实施过程中，发现目标不切实际、前进受阻，应及时调整目标，以便继续前进，获得新的胜利，即"失之东隅，收之桑榆"，这是一种心理防御机制。

2. 升华

人在落难受挫之后，奋发向上，将自己的感情和精力转移到其他活动中去。例如，大学生在感情上受挫后，将感情和精力转移到学习中去。这也是大学生在受挫之后一种很好的调节方法。

3. 学会运用压力

出现压力并不可怕，适当的压力可以让我们更加积极与进步，所以我们要学会运用压力。

4. 保持良好心境

我们要学会管理自己的情绪，当我们愤怒时，可以离开当时的环境和现场，转移注意力。当苦恼不堪或烦恼不安时，可以欣赏音乐，用优美的乐曲帮你排解烦恼和苦闷；当我们悲伤时，就干脆痛哭一场，让泪水尽情地流出来；当受了委屈，一时想不通时，千万不要一个人生闷气，最好找亲人或朋友倾诉苦衷；当妒火中烧时，要变换自己的角度，进行有意识的控制，增强个人修养；当思虑过度时，应立即去户外散步、消遣，呼吸大自然新鲜的空气，或者做自己喜欢的事情。

5. 转移注意力

当我们遭受挫折时，我们也会出现心理压力，一般人都会感觉度日如年，这时，要适当安排一些健康的娱乐活动，走出户外去。丰富多彩的闲暇活动可以使我们转移方向、拓宽思路，使内心产生一种向上的激情，从而增强自信心。

不要把痛苦闷在心里，应主动向朋友、同学或亲友倾诉，争取别人的原谅、同情与帮助。这样可以减轻挫折感，改变内心的压抑状态，以求身心轻松，从而让目光面向未来，增强克服挫折的信心。

 案例

某大学大三学生王某，坐在教室里看书时，总担心会有人坐在身后并干扰自己，有强烈的不安全感，以至于只能坐在角落或者靠墙而坐，否则无法安心看书；他对同寝室一位同学放收音机的行为非常反感，有时简直难以忍受，尤其是中午睡午觉时总担心会有收音机的声音干扰自己，从而睡不着觉，经常休息不好。但又不好意思跟其发生当面冲突，因为觉得为这样的小事发脾气，可能是自己的不对。他很长时间不能摆脱这种心理困境，很苦恼，严重影响了自己的日常生活和学习。即将毕业，他心中一片茫然，担心找不到理想的工作，有时也懒得去想这个问题，怕增添烦恼。学习一般，在班上成绩中游，当看到其他同学都在准备考研时，自己也想考，但是又不能集中精力学习。自卑，缺乏自信，生活态度比较消极，认为所有的一切都糟糕透了。家在农村，经济状况一般，认为自己有责任挑起家庭的重担，但又觉得力不从心。

案例分析

在该案例中，该生的心理困境实际上主要是由各种压力源造成的。首先，该生即将面临大学毕业，择业困难构成其压力源的核心。择业压力所导致的心理紧张和心理困境，其实质是由该生自身能力与理想目标之间的落差造成的，落差越大，心理压力也就越大。学习成绩一般，对自己缺乏信心，但家在农村，又觉得自己责任重大，必须找到一份好工作，因此心理压力是相当大的，而且是与日俱增的。其次，择业压力使该生在心理上产生不安全感。行为发生学认为，当人受到刺激时就会做出某种特定反应。该生面对压力，采取的是消极应对策略——回避。虽然不去想它，但是问题和压力却仍然存在，尽管只是一种茫然状态。再次，择业压力使该生的心理变得异常敏感和脆弱，这一点在他的日常学习和生活过程中直接体现出来。最后，择业压力和敏感的心态极易使该生面临人际冲突问题，这是该生采取回避和压抑等消极应对策略的必然结果。在与同学相处时，尽管该生自己也意识到只是一些很小的事情，但就是不能控制自己。当某件事情或某个人多次引起自己的反感和不快时，就很自然地把自我消极情绪固着在该事或该人，从而影响人际和谐与沟通。实际上，这是该生刻意回避主要现实压力，导致压力感（压力能量）转移的结果。

第二节 挫折认知

人生不如意事，十之八九。当处于逆境或面临挫折时，需要正确看待挫折。挫折虽然带来无尽烦恼，但是面临和战胜挫折可以迎来成功、获得成长。有的人被挫折打倒，从此一蹶不振；有的人历经挫折磨炼，积累了宝贵财富，从而走向成功。艰难破茧才能羽化成蝶。

一、挫折感产生的原因

引起大学生心理挫折的原因包括客观因素和主观因素。客观因素有：社会政治、经济、文化、法律、道德、风俗习惯；生活环境艰苦、学校管理水平和教育方式欠妥、教学设备条件差；同学关系紧张、考试成绩不佳、家庭和个人的异常事故等。主观因素有：个人生理和心理条件的限制，基础知识的薄弱，体力和智力上的不足，思想方法的片面和思维方式的局限性，以及个人的动机冲突等。

（一）客观因素

每个人在社会生活中，总是面临一些不可控的因素，如自然因素、社会因素等，这些都是引发挫折的客观因素。

1. 自然因素

自然因素指台风、地震、海啸、酷热、洪水等自然环境的巨大变化。对于大学生来说，突如其来的自然灾害都会给他们的生活带来巨大的影响，使其产生挫折感。例如，一名一年级的大学生准备利用暑假出国旅游，放松一下，欣赏一下南亚的风光，结果因一场早来的海啸而不能如愿。小张来自贫困山区，生活十分节俭，突然得知家里下大雨，自己家的房子被冲垮了，本来父母供自己上学就十分艰苦，这下更如雪上加霜，这给小张带来很大打击。

2. 社会因素

（1）社会大环境。大学生生活在社会之中，社会的政治、经济、道德文化与风俗习惯乃至社会重大变化都会给他们的生活带来很大影响，使其产生一些挫折感。文化心理学家霍兰威尔提出，在某些情况下，外来文化移入压力会对人们的心理健康具有非常有害的影响。我们国家历史悠久，传统文化源远流长，对人们的观念、思想影响至深。但现代社会的发展呼唤个人的主体意识，承认个人利益的合理性，鼓励积极竞争和个人发展，要求人们锐意进取、开拓创新，安贫乐道、知足常乐的观念正受到严重的挑战。如何处理个人与他人、社会，个体发展与社会发展，合作与竞争等的关系往往令成长中的大学生感到困惑。一方面，原有的价值观还在对其产生着影响；另一方面，他们又希望张扬自己的个性，施展自己的才华。这种冲突会增加大学生的挫折感。

（2）社会变化。当代大学生处在社会转型期，他们的需求、定位、评价都发生了很大的变化。随着大学教育由精英化到大众化的发展，大学生已不再是"天之骄子"，大学毕业面临着更为激烈的职业竞争，这也会在一定程度上增加他们的心理挫折感，尤其是部分冷门专业，如哲学、历史、考古、农学等专业的学生。一些地方院校的学生有强烈的自卑感，尤其是大学毕业后，他们必须和大多数同龄人一样为生存而拼搏时，这种社会定位的反差，很容易使其产生挫折感。

（3）学校环境。学校环境对大学生的心理挫折有直接影响。学校环境对大学生的心理影响主要有以下几个方面。

首先，期望值得不到满足。在大学校园里，有很多学生所上的学校或专业不是当初所报的，积极性不高，同时因各种因素又不得不学下去，因此就有一个观念认识调整的过程。还有一部分学生所学的专业是自己所报的，但又由于对其缺乏了解，所以也会产生一种落差感。

其次，高校校园环境设施的陈旧。大学生往往对大学校园与大学生活有着美好的憧憬，但现实中的大学校园环境及设施往往与大学生想象中的"天堂"有一定差距，许多高校校园设施落后，住宿条件、就餐环境等后勤保障跟不上学生的需求，使大学生的不满情绪增加。尤其是随着扩大招生以来学生人数的增加，许多高校对学生上课、自习教室的安排明显不足与不合理，无法满足大学生的主动学习需求，对大学生的学习带来了消极的影响。

最后，校园文化的偏差。作为大学生日常学习、生活的场所，校园里的一些行为和文化对大学生心理健康的影响直接而深远。近年来由于学业负担的沉重和就业观念的转变，校园文化出现气氛不浓、品位不高、频度不足等现象，许多学生社团组织名存实亡；校园人际关系也变得庸俗化，同学之间相互猜疑、妒忌，小团体主义、个人主义现象时有发生，人与人之间的金钱关系、利益关系也或多或少地存在，这些现象使不少学生心理难以平衡，产生心灵的孤独感、寂寞感与强烈的不适应感。

(4) 家庭教育。家庭是一个人成长发展的土壤。家庭的自然结构、人际关系、教育方式、抚养方式，以及家长的素质等对大学生的心理挫折都有直接或间接的影响。有关研究表明，大学生的不少心理问题是与家庭生活的不良背景、早期不良家庭生活经历联系在一起的。自小娇生惯养和过分受保护、被溺爱的孩子进入大学后，更容易产生心理挫折。家庭贫穷、双亲不和或单亲家庭的孩子，由于父母对他们过分管制或放任不管，他们上大学后，有些人表现得蛮横无理或做出一些违背社会规范的反常举动；有些人表现出内向、孤僻的性格，很少与人交往，不易表露感情，抑郁寡欢，也容易产生心理挫折。

家庭的社会经济状况对大学生的心理产生着潜在影响，贫困大学生面临着巨大的生活压力与经济压力，因为经济而影响其学业发展与个人发展会导致更多的心理冲突，从而产生挫折感。他们同时还面临着个人发展和就业压力等困惑，更容易产生挫折感。

（二）个人因素

1. 个体生理因素

生理因素是指个体的身材、容貌、健康状况、生理缺陷等先天素质所带来的限制。例如，很多青年人对自己的相貌、身高甚至肤色等不满意，觉得比其他人低一等；有的学生为因身高问题而难以成为优秀篮球运动员而苦恼；在人际交往等社会活动中有的学生可能由于其貌不扬而处于劣势，往往无法在社交场合中潇洒自如、谈笑风生、展示自己的才能，甚至正常交友也受到影响，使自己陷入孤寂境界等，都可能给大学生带来挫折感。

2. 心理因素

（1）对生活环境的适应。在校大学生平均年龄在 18～22 岁，他们在生理上多已发育成熟，但其心理发展远没有那么成熟，他们的独立精神、自主精神还没完全成熟，仍带有一定的幼稚性、依赖性和冲动性。而且许多学生第一次离开家到一个全新的环境，一时难以顺利地实现角色转换，如水土不服、饮食不习惯、集体生活不适应、难以承受理想中的大学环境和现实中的大学环境之间的反差等，致使有的学生因为生活中遇到的一点困难或不如意的事情，便产生挫折心理，出现孤独、苦闷、烦恼、忧愁等不良心理反应。同时，还有部分学生对大学的学习方式不习惯，缺乏独立自主的学习能力。而且，随着年级的升高逐渐感到学习持久紧张与竞争压力，使得很多大学生心理压力增大，容易产生茫然、空虚、压抑、紧张、无所适从感，导致心理挫折的产生。

（2）自我认知偏差。大学生所处的年龄阶段，在自我认知和评价方面往往会出现一些偏差。当取得一点成功时，自我评价偏高；而当遇到挫折与失败时，就会产生失败感或焦虑苦恼的情绪而低估自己甚至自我怀疑与否定。例如，一位大学生刚入学就提出了很高的要求：要过英语四级、六级，计算机四级考试。然而，新生在学习方法上、生活方面都有一个适应过程，需要调整一段时间。开始就主观盲目地给自己制定过高的目标，其结果当然是实现不了，这对这位一年级大学生来说无疑是一次不大不小的挫折。另外，还有少数学生的自我评价是消极被动的，一遇到困难、阻碍便觉得"一切都没有意思"，结果就会变得畏缩不前，错过成功进取的机会。

（3）人际交往不适。在大学校园里，大学生具有强烈的归属感，对友谊、对朋友有着热切的依恋和期望。但由于交往经验与技巧的不足，交往过程中沟通不够、关系失调、人际冲突等现象时有发生，从而导致心理挫折。例如，不少大学生都感到不知道如何与同学、老师交往，有的同学把一些人际交往的技巧视为狡猾的行为，对其不屑一顾。由于人际交往受挫，不少大学生便产生了"大学同学之间的交往怎么和高中不一样""在大学里没有知心朋友，感到孤独"的悲叹。此外，在大学生的人际交往中，那些具有封闭性和攻击性性格的学生，很容易与他人在心理上产生距离，虽然他们终日周旋于人们之间，却感到缺少知心朋友，在集体生活中往往不合群，受到周围人的排斥甚至孤立，在人际交往中存在着冷漠、猜忌甚至敌意，这给他们的生活带来挫败感。

3. 动机因素

动机冲突也是引起大学生挫折的重要原因。动机总是与人的需要紧密相关，当人们存在某种需要，而此需要与外部刺激（即诱因）相结合时，动机就产生了。在现实生活中，人的动机是多样的、复杂的。当两个以上的动机相互排斥，或者同时存在难以取舍时，就会形成动机冲突的心理现象。因此，这种现象也称为心理冲突。动机冲突常常会造成动机部分或全部不能得到满足，同时也使动机所指向的目标的实现受到阻碍，从而产生挫折感。丰富多彩的大学生活和社会转型期带来的大好机遇，在为大学生的全面发展提供了有利条件和广阔天地的同时，也给他们带来了选择的冲突，如在专业定向方面、社会交往方面、恋爱方面、择业方面的取舍问题。当若干个动机同时存在、难以取舍时，就会形成动机冲突。

一般而言，大学生的动机冲突主要有以下四种形式。

第一，双趋冲突（approach-approach conflict），又称正正冲突，指个体在有目的的活动中有两个并存的、具有同样吸引力的动机。而实际条件限制形成两者不可兼得、难以取舍的心态，即"鱼和熊掌不可能兼得"。双趋冲突是大学生中最常见的心理冲突。例如，大学生在先升学还是先就业的选择上，往往举棋不定，难以取舍，如图 5-1 所示。

第二，双避冲突（avoidance-avoidance conflict），又称负负冲突，指同时有两个可能对个体具有威胁性、不利的事件发生，两种都想躲避，但受条件限制，只能避开一种、接受一种，在作抉择时内心产生矛盾和痛苦，如前有狼后有虎的两难境地。例如，在大学中，有的同学既不想用功读书，觉得读书太苦，又怕考试不及格，于是出现"二者必居其一"的心理冲突，如图 5-2 所示。

图 5-1　趋势冲突　　　　　　　　图 5-2　双避式冲突

第三，趋避冲突（approach-avoidance conflict），又称正负冲突，指同一目标对于个体同时具有趋近和逃避的心态。这一目标可以满足人的某些需求，但同时又会构成某些威胁，既有吸引力又有排斥力，使人陷入进退两难的心理困境。例如，大学生既想涉足爱情，体尝爱情的美好，又怕耽误时间，影响学习，如图 5-3 所示。

第四，双趋避冲突（double approach-avoidance conflict），又称双重正负冲突，指同时有两个目标，存在着两种选择，但两个目标各有所长、各有所短，使人左顾右盼，难以抉择的心态。例如，择业时有两个单位可供选择，而每个单位又利弊相当，就有可能举棋不定而陷入这种冲突之中。又如，一个男生同时面临两个各有千秋的女孩，就有可能会陷入这种冲突，如图 5-4 所示。

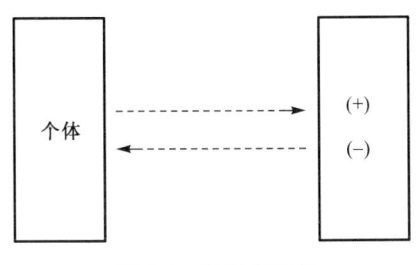 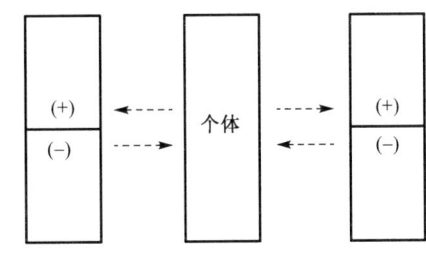

图 5-3　趋避式冲突　　　　　　　　图 5-4　双趋避冲突

动机冲突常使大学生感到左右为难，内心极易产生激烈的冲突和焦虑不安的情绪。有些大学生为此寝食不安、心情烦躁、学习效率下降。随着社会的发展，大学生选择的自由度将会越来越大，而由此带来的动机冲突也必然增加。

二、常见的挫折行为分析

大学生常见的挫折行为表现在以下三个方面。

（一）学习中的挫折行为分析

对于一个大学生来说，考上大学、获得继续学习的机会都是令人羡慕的。然而，学习是需要刻苦奋斗的，在大学四年的学习生活中，难免会遇到这样或那样的困难或挫折，这在不同程度上困扰着每一个大学生，主要包括以下三个方面。

1. 落后的学习观念带来的挫折感

长期的应试教育，使刚进大学校园的大学生放松了学习，以为进大学后可以"歇一歇""轻松一下""浪漫一回"。当前很多高校普遍实行学分制，教学信息量激增，学时相对不足，课业负担较重，其压力不亚于高中。而且大学生在高等教育过程中的主体地位较之中小学教育更为突出。但与之对应的是一些大学生往往未能实现学习观念、学习方法的更新，继续保持高中的那一套"跟着走""抱着走""围着考试指挥棒走"的学习习惯。这样，他们中的许多人由于学习的紧张、方法的不适应导致学习成绩欠佳，从而偏离了自己的高期望值而产生挫折感，这种状况，在大学低年级学生中较为明显。

2. 课程设置不合理给学生带来的挫折感

学生对开设的每一门新课总是抱有很大的希望。可是，当前很多大学课程设置与社会发展的需求滞后，内容脱离实际，缺乏科学性和实用性，不仅在知识方面对学生帮助不大，而且在观念上和方法上也缺乏可取之处。这会严重地挫伤学生的求知欲。

3. 考试也会给大学生带来一些挫折感

考试既是检验教学的手段，又是督促学生学习的措施。有些学生平时学习很努力，但是或因方法不对、基础不好，或因学习条件差异及身体的因素，学习成绩总是平平，因而心情很郁闷，甚至产生自卑感。

（二）生活中的挫折行为分析

大学生活是美好的，它是许多青年人理想的殿堂。然而，四年的大学生活也并不是一帆风顺、事事如意的，由于种种因素，难免会出现这样或那样的挫折。

1. 自尊心上的挫折

当今大学生群体普遍具有较强的个性,有很强的自尊心,对待社会有很强的参与意识。在上大学前对大学生活、个人的人生定位及现实社会都有着比较理想化的认识,然而一旦真正身处其中,就会发现并非自己所想象的那样,理想与现实间有着一定差距,从而产生了强烈的心理冲击,进而体验到一种挫折感。比如,有的学生由过去出类拔萃的学习尖子变成了极普通的一员,有的甚至成了新集体中的后进者,先前的优越感已不复存在,尤其是来自边远地区、农村的学生,自卑心理更强烈,于是便产生了苦闷、不安的情绪;有的同学在入校前看到更多学校美好的一面,而一进入校园却感受到宿舍空间狭小、饮食条件差、自习室拥挤等,使得情绪一落千丈。又比如,有的学生很早就根据自己的专业特点选定了择业方向,而在毕业找工作时却因种种因素而遭淘汰,甚至产生了绝望。

2. 失恋的挫折

大学生正值青春发育时期,情窦初开,对异性的好奇和追求是一种正常的心理现象。然而,出于种种原因,尤其是大学生自身人格的发展还不够成熟,大学生的恋爱往往经受不住来自学习压力、经济条件、职业发展等的挑战。一旦失恋,对当事者来说都是巨大的打击,易产生悲伤、绝望、羞愧等复杂心理,有的甚至做出报复、伤人或自伤的行为。失恋可能是大学生遇到的最为严重的挫折,调节由失恋带来的各种消极情绪过程也是很好的培养挫折承受力的过程。

3. 疾病上的挫折

大学生活充满了快乐,同时也压力重重。要高质量地完成繁重的学业,要求每个大学生必须有健康的身体作保证。由于过大的压力、过多的劳累及营养不良等因素,有的学生会患上疾病,如常见的心理疾病神经衰弱、忧郁症、焦虑症等,以及生理疾病肺结核、肝炎、胃病等。这些不仅直接影响大学生能否完成学业,而且还在精神上给其带来忧虑和恐惧。

(三)交往中的挫折行为分析

人际交往是每个人生活中的重要组成部分,也是个体获得愉悦情感体验的重要途径之一。良好的人际关系对于大学生的成长越来越具有重要意义。然而,由于大学生正处于向独立社会成员过渡的时期,生理和心理日渐成熟,自我意识迅速发展,产生成人感和独立意向,心理的闭锁性较强,不轻易与父母、老师进行心理交流,不愿事事依赖成人,希望远离他们关注的视线,以求个人独立自主,而且富于幻想,对新鲜事物、学校生活充满希望。但是,他们的知识水平、认识能力有限,社会阅历较少,面对新的学习生活环境的一系列变化,人际交往范围不断扩大,往往一筹莫展,处理问题时缺乏辩证思维能力,不能全面、客观地看待问题,对人对事的看法和想法容易情绪化、主观化,在与同学、朋友或老师等的交往中遇到矛盾和挫折时,往往不知如何化解,严重影响学习和生活,这种挫折可称为交往挫折。总之,大学生的人际关系受到社会的影响越来越大,尽管有许多不适应的地方,但这标志着大学生在人际关系方面正在开始走向成熟。

大学生的挫折行为除上述一些表现外,像国家的政治经济状况、社会的舆论和评论等都会引起大学生的挫折感。

三、挫折对个体的影响

人们的心理挫折不论是由什么原因引起的，都会对其生理、心理及行为产生一系列影响，其中对心理和行为的影响最为明显。挫折对个体心理的影响有两个方面：一是挫折对个体心理的负面影响；二是挫折对个体心理的正面影响。

（一）挫折对个体心理的负面影响

一般来说，挫折对个体心理的负面影响主要表现在以下四个方面。

1. 影响个体实现目标的积极性

由于挫折使个体的情绪处于不安、烦恼等消极状态之中，使个体过低估计自己的能力，过高估计各种困难，信心不足，从而降低个体的抱负水平，影响积极性，难以达到预期的目标。一个经常遭受失败的人是不可能提出很高的目标的，其抱负水平也会每况愈下，最后变得胸无大志，得过且过，无所作为。

2. 降低个体的创造性思维活动的水平

个体由于遭受挫折，产生情绪紧张、苦恼、失望等消极反应。如果是重大挫折，则会引起情绪状态的剧变，就会直接使神经系统特别是大脑功能处于紊乱、失调状态，当然无法进行创造性思维活动。因为只有当神经系统的功能正常并得到最佳发挥时，其创造性思维活动才能得以展开。现代生理心理学研究表明，在不良的情绪状态下，大脑会释放一种使人身心疲劳的有害物质，从而影响个体对问题的分析和解决；在不良的情绪状态下，会引起大脑神经元联系的精确度变化，引起主体心理状态的积极改变，从而影响思维的敏捷性。

3. 有损于身心健康

个体由于遭受挫折，不能实现目标，会产生紧张、焦虑、矛盾冲突等心理状态。当情况严重而得不到解决时，就会发展为应激状态。生理心理学研究表明，挫折所导致的应激状态对个体有威胁性的影响。1974年加拿大生理学家 C. 谢尔耶（C. Selye）的研究发现，应激状态的延续能击溃个体的生物化学保护机制，从而降低抵抗力，易为病菌侵袭。个体因挫折而产生的消极情绪发展到应激状态是激发精神病的发病机制。近年来，病理心理学家和精神病学家在采用"应激"学说探索精神病的发病机制时发现，导致精神病的应激源来自躯体和心理，其中由各种各样社会心理因素造成的精神刺激是更为主要的原因，在社会生活中，人们由于长期心境不良而出现神经衰弱或其他神经症的，屡见不鲜。

4. 减弱自我控制能力，发生行为偏差

由于挫折而处于应激状态时，感情易冲动，控制力差，往往不能约束自己的行动，以致言语偏激，甚至发生攻击行为，违反社会规范，严重的则会触犯刑法。

（二）挫折对个体心理的正面影响

挫折对个体心理的正面影响主要表现在以下三个方面。

1. 挫折能增强个体的承受力

一个人对挫折的承受力的大小，与其过去生活中的挫折经验有关。生活阅历丰富、饱经风霜的人比生活一帆风顺、涉世未深的人更能承受挫折。所以，个体经受挫折的锻炼多了，对挫折的承受力就会增强。

2. 挫折能提高个体的认识水平

有些人面对挫折与失败，往往会总结经验，吸取教训，改变策略，最终实现目标。所谓"吃一堑，长一智"，就是这个意思。

3. 挫折能增强个体情绪反应的作用

挫折对一部分人来说是一种内驱力，它能推动个体为实现目标而做出更大的努力、花费更多的精力。有人虽然屡遭挫折，但却百折不挠，愈战愈强。社会生活中有许多身处逆境但通过努力实现自己夙愿的佼佼者，他们的成功就是挫折这种内驱力驱动的结果。

第三节　心理挫折的应对

如何看待那些对自身产生负面影响较大的挫折？怎样采取相应的方法降低它们对我们的消极影响？面对打击、失败时能否坚持下来，仍然能够保持一种正常的心态面对今后的人生？如何应对挫折成为本节主要探讨的问题。

一、大学生的挫折反应

挫折反应即挫折感，是伴随着个体对挫折的认知而产生的，是对自己的需要不能得到满足而产生的情绪状态和行为反应。通常情况下，不同的人对同一挫折的感受不同，同一个人对不同的挫折反应也不同。主要包括以下三个方面。

（一）情绪性反应

一个人在受到挫折时伴随着强烈的紧张、愤怒、焦虑等情绪反应，可能表现为强烈的内心体验，也可能表现为特定的表情或行为反应。情绪性反应多为消极性反应，主要表现为焦虑、冷漠、退化、幻想、逃避、固执、攻击、自杀等。

（二）理智性反应

有些人受到挫折后，采取积极进取的态度，在理智的控制下做出反应。通常，人们在遭受挫折后都会出现紧张状态，都会在某种程度上做出某种情绪性反应，其中，有些人始终被情绪所控制不能摆脱，而有些人则能够及时调整，保持冷静，面对现实，审时度势，采取积极的态度和方式对待挫折。

（三）个性的变化

挫折对个性的影响，很大程度上取决于一个人对挫折的适应情况，一般是在个体连续经历挫折，对挫折的消极反应得不到及时纠正，或者遭受特别重大挫折的情况下产生的。由于导致挫折的情境和条件相对稳定并长期持续，由此产生的紧张状态和挫折反应就会反复出现，久而久之这些反应方式就会逐渐固定下来，使受挫者形成习惯和一些突出的个性特点。

二、挫折的心理防御机制

在挫折面前，大学生的心理平衡遭到破坏。大多数情况下，他们感到困扰、不适应，甚至痛苦，这些都对其行为产生较大的影响。这种反应有的不明显，有的以变相的行为表现出来，有的以积极的方式反映出来。这些反应经过强化和重复，逐渐成为对待心理挫折的一定的习惯表现方式。

心理防御机制是指个人在挫折与冲突的情境中，在其内部心理活动中具有的自觉不自觉地解脱烦恼、减轻内心不安，以恢复情绪平衡与稳定的一种适应性倾向。我们经常所说的"酸葡萄原理与甜柠檬原理"就是典型的心理防御机制。心理防御机制是人应对应激情境的自我保护，也为我们自身构筑起一道心理防护墙与缓冲带，心理防御机制既有积极的也有消极的，积极的心理防御机制在缓冲心理挫折时，表现出自信、进取的倾向，有助于战胜挫折；而消极的心理防御机制大多表现出退缩、冷漠、逃避的倾向，虽然能暂时缓解内心冲突，但从长远看，会阻碍个体面对现实。正确运用心理防御机制，能促进人生的健康发展。一般心理挫折的反应可以分为两大类：积极心理防御、消极心理防御。

（一）积极的心理防御机制

这种反应方式是正视挫折、承认挫折，正确分析挫折产生的主客观原因，总结经验教训，争取积极的行为方式，最后战胜挫折。主要表现为：坚持、认同、补偿、幽默、升华。

1. 坚持

指个体发现目标难以达到，要求自己做出加倍努力，并要求通过个体不断的努力，使目标最终实现。美国电影《阿甘正传》中的主人翁阿甘就是一个智商并不高的人，他面对挫折的方法就是忽视它并坚持不懈地努力，最后赢得了人们的尊重，赢得了自己的事业，也获得了自己的生活。正如有的学者所说：成功就在于最后的坚持之中。

2. 认同

指个体在现实生活中无法获得成功时，将自己比拟为某一成功者，借以在心理上减弱挫折产生的痛苦；或者迎合能满足自己需要的人，按照他们的希望去支配自己的思想、行动，来冲淡自己的挫折感，并以此求得内心的满足。当一个人在没有获得成功与满足而遭遇挫折时，将自己想象为某一成功者，效仿其优良品质和其获得成功的经验和方法，能够使其思想、信仰、目标和言行更适应环境和社会的要求，增强自信心，减少挫折感。例如，大学生常以一些历史名人、科学家、小说中所欣赏的人物、老师甚至同学作为自己效仿的对象，建立自己心中的榜样，并依照榜样进行积极的自我激励与自我暗示，用成功代偿挫折。

3. 补偿

即当个体行为受挫时，或者因个人某方面的缺陷而使目标无法实现时，往往以新的目标代替原有目标，以其他方面的成功来补偿因失败而丧失的自尊与自信。这就是人们常说的"失之东隅，收之桑榆"。例如，某大学生没有当上班干部，无机会表现自己的能力，于是便努力使自己的成绩名列前茅。又如，某大学生恋爱失败了，便积极参加文体活动，用成功来补偿失恋的痛苦。

应该注意的是，补偿的行为反应并非都是积极的。由于个体要实现的目标有高尚与平庸之分，受到挫折后对补偿的选择也有进取与沉沦之别，因而决定了补偿有积极与消极之分。如果补偿选择的新的目标和活动符合社会规范和人的发展需要，这时的补偿反应行为是积极的、有益的；如果补偿选择的新的目标和活动不符合社会规范或有害于身心，即使这种补偿的反应行为暂时使自己获得了心理平衡和心理满足，也无助于心理健康发展，有时还会使人自暴自弃，甚至堕落犯罪，危害他人与社会。

4. 幽默

当个体遭受挫折，处境困难或尴尬时，用幽默来化险为夷，对付困难的情境，或者间接地表达出自己的意图，就是幽默的作用。一般来说，人格较为成熟的人常常懂得在适当的场合，使用适当的幽默感，把原来困境的情况转变一下，大事化小，小事化了，渡过难关，较成功地去应对窘境。

5. 升华

即用一种比较崇高的具有创造性和建设性的目标代替，借以弥补因受挫而丧失的自尊与自信，减轻痛苦。升华是最积极的行为反应，从古至今演绎出绵绵佳话。例如，古之文王拘而演《周易》，仲尼厄而作《春秋》，屈原放逐乃赋《离骚》，左丘失明写《国语》；孙膑跛脚修《兵法》；司马迁受辱著《史记》。不仅如此，升华还是一种富有建设性的行为反应。它使人在遭受挫折后，将不为社会认可的动机和不良的情绪移到有益的活动中去，使其转化为有利于社会并为他人认可的行为。例如，一些貌不惊人的大学生最初在社交活动中受到制约，于是他们在学问、个体思想道德修养上下工夫，学习成绩出类拔萃，品德优秀，为同学所瞩目。

 案例分析

这是一名大二女生的网上咨询信件：考试刚刚结束，我的心情很沉重、很难过，不知为什么很想哭，似乎觉得一切都和想象中的相差甚远，我甚至都不知找什么样的借口来安慰自己。我只想要我想得到的，可为什么都觉得没有。我的感觉很不好，我准备了很久也自认为还可以，可不知为什么我做题的时候状态很不佳，我似乎开始对自己怀疑了，而且很怀疑。一生从未有过的感觉，似乎一点都不自信，从未有过的感觉！我感觉生活没有一丝的惊奇、没有一丝的期望。只感觉一切都像死灰一般，没有一丝的生机。追求确实是一个过程，必须要有回报，的确失败是成功之母，可成功也是成功之母。如果没有一丝的成功怎么再来期望成功呢？怎么再有奋斗的动力？我不知道成绩的结果，但感觉告诉我没有达到我的目标，每当我有一丝放松的时候，我都会受到惩罚。我不明白为什么。想想我的大学，恋爱失败、考试失利、评优受挫，我变得自卑、退缩、不敢相信自己了，我到底该怎么办？

这位有着辉煌中学时代的大学女生，被挫折深深地包围着。在面询中，她谈道自己的过去是踏着鲜花与掌声走过来的，从来没有遇到过挫折，因而当挫折到来时，便有些束手无策，当考试成绩揭晓后，结果也并不如想象的那么不理想。从信中可见，她的自我期望很高，有着强烈的成就动机，当她认真面对自己的现状时，她也积极主动地调整自己的目标，并将学业坚持下来，最后战胜了挫折，又恢复了以往的自信与笑容。

（二）消极的心理防御机制

消极的心理防御是指大学生遭受挫折后所表现出来的带有强烈情绪色彩的非理性行为。常见的情绪行为方式有以下几种。

1. 固执

当个体一而再、再而三地遭受到同样的挫折，就会慢慢失去信心，失去随机应变的能力，而形成刻板的反应方式，固执盲目地重复同样无效的行为。固执行为不同于意志力，在这种行为反应中，个体往往不能客观正确地分析失败的原因，反而采用刻板的方式盲目地重复着某种无效行为，这是一种极不明智的对抗形式。例如，某一大学生多次违反校规校纪，晚归受到批评，却固执地认为自己没错，屡教不改。在大学生中，固执行为往往容易发生在一些性格内向、倔强、看问题片面的大学生身上，以及以情感为纽带形成的消极的大学生非正式团体中。固执是非理智性的消极行为，它往往使人企图通过重复无效动作以对抗挫折压力，对大学生的成长极为不利。

2. 退化

退化，又称回归，是指当个体受到挫折时，往往表现出与自己的年龄、身份很不相称的幼稚行为，或者盲目地轻信他人、跟从他人等。表现这种行为方式的大学生往往对自己缺乏信心，看不到自己的力量，像孩子一样依赖他人，多指大人小孩状。例如，某一女生刚入校，参加学生会干部竞选失败了，感到很"委屈"，无法进行理智分析和对待，不吃饭，也不上课，天天蒙头大睡。

3. 逆反

用通俗的语言来说就是"你要我朝东我偏朝西"。一般来说，个人的行为方向与其动机方向应当是一致的。但是，当个体遭受挫折后，如果不仅是一意孤行，而且对正确的方面盲目地持反抗、抵制与排斥态度，这种行为便是逆反。例如，某大学生因为上课时受到教师的批评，便采取逃课或不理睬教师的教学等方式来表达自己的不满。持逆反心理的人为了排除内心的不满，往往会采取一些不符合社会规范、不被允许的措施，做出一些反社会性行为。

4. 反向

行为相反于动机而行，例如，自卑的同学往往表现得高傲自大；对异性充满向往，却装出不屑一顾的样子等。持反向心理的人，往往不敢正面表露自己的真实动机，于是便从相反的方向表现出来。虽然这种行为可以在一定程度上掩饰个体的真实动机，但是，掩饰包含着压抑，长期运用会从根本上扭曲自我意识，使动机与行为脱节，造成心理失常。

5. 压抑

压抑是指把不愉快的经历和体验压抑到无意识中，不去回忆，主动遗忘；适度的压抑有利于情绪的调整，但长期的压抑会导致更强的挫折与心理不适。

6. 冷漠

冷漠是指当个体遭受挫折后，所表现出来的对挫折情境漠不关心与无动于衷等的情绪反应。这是一种十分复杂的行为表现方式。

冷漠行为的发生同个体过去的经验密切相关。如果个体每次遇到挫折后采取攻击方式就能够克服困境，那么以后他就会继续采用攻击的方式；反之，若因采用攻击方式而招致更大的挫折，他就会采取相反的方式，即以逃避或以冷漠的态度来对待挫折。所以，冷漠一般是在行为主体反复遭受挫折后，对引起其挫折的对象无法攻击，又无"替罪羊"可以宣泄，也看不到改变境遇的希望等情况下发生的。

冷漠并非不包含愤怒的情绪成分，只是个体愤怒暂时压抑，以间接的方式表现出来。而且这种现象表面显得冷淡退让，内心深处则往往隐藏着很深的痛苦，是一种受压抑的情绪反应。心理学家吉姆布莱发现，冷漠反应多在以下情况出现：① 长期遭受挫折；② 情况表明已无希望；③ 情境中包含着心理上的恐惧与生理上的痛苦；④ 个体心理上产生了攻击与压抑之间的冲突。

7. 逃避

逃避是指个体不敢面对自己所预感的挫折情境，而逃避到比较安全的环境中去的行为。其主要类型有以下几种。

（1）逃向另一个"现实"中。这种情况在大学生中比较常见。某大学生过去在学习上一直很努力，但由于种种因素受到挫折后，他不仅不从主观上分析原因，反而一改过去刻苦学习的精神，变得漫不经心，得过且过，同时在娱乐、谈朋友上倾注其精力，试图以学习之外的活动避开因学习压力给自己带来的焦虑与不安。其实，从与自己成长和发展有最直接关系的学习环境逃避到其他活动中去，可能在某个时候有一定的缓解作用，但并不能真正消除内心紧张。因为紧张的心理以"潜意识"方式从当前现实转入"另一现实"之中，它在一定条件下和一定时期内，可能对大学生产生更大的不良影响。

（2）逃向幻想世界。大学生在受挫以后，往往沉溺于不合乎实际的幻想之中，以非现实的想象方式来应付挫折。为了暂时摆脱现实问题的困扰，展开了不受制约的想象，试图在幻想中求得平静和安宁。幻想在一定时期、一定程度上可使人暂时脱离现实，有缓解挫折感的作用。暂时的精神解脱，有助于对挫折的容忍并提高个人对将来的希望。但是幻想毕竟是幻想，在多数情况下无助于现实问题的解决。因此，大学生在幻想以后，应实事求是地面对现实，以便应对挫折。例如，某大学生平时学习不好，在考试失败后，幻想将来克服困难取得好分数和找到好工作的愉快情况，这种幻想可能使他鼓起勇气学好功课，有一定的积极意义。但如果不面对现实，一味耽于幻想，就会形成一种不能适应生活的不良习惯。

（3）逃向生理疾病。在日常生活中，人们对一个人的行为总是有一定要求的。一个健康的大学生，应该能很好地适应社会，并学习刻苦、待人热情、精力充沛、奋发向上。但如果对象是一个病人，社会对他的各种要求都可能暂时取消或减轻，对他的过失也不作严格的计较。例如，一个大学生面对一次重大的考试，本应与其他同学一起考，并取得和大家相近的好成绩。但是由于种种原因，他感到没有把握，可又不得不参加考试，因而内心极为焦虑。不过，如果他考前正好生病了，一切又另当别论，他不仅可以十分"安全"地躲过这一"劫"（一是考试没把握，二是考砸了将丢尽面子），而且还会得到老师、同学们的同情。因此，一些大学生在失败或可能失败之时，巴不得自己生病。现实生活中还真的有人病倒了。这一类病，心理学上称为机能性障碍。当事者的器官是正常的，也检查不出什么器质性的疾病，但它们的功能却出了问题。比如，眼睛是健康的，却看不到东西；四肢是正常的，却呈瘫痪状态。这些人不自觉地（也可以说是无意识地）将心理方面的困难，转换成身体方面的症状，借以逃脱他人及自己的责备，以维护自己的"尊严"。须特别注意的是，此类病人并非诈病，诈病或可用来骗人，却骗不了自己。

8. 攻击

攻击就是一个人受到挫折后产生的强烈的侵犯和对抗情绪反应。挫折与攻击之间没有必然的因果关系，攻击只是情绪反应中最常见的一种表现形式。攻击可分为直接攻击和转向攻击两种。

（1）直接攻击，就是一个人受到挫折后，把愤怒的情绪指向对其构成挫折的人或物，多以动作、表情、言语、文学等形式表现出来。一般来说，对自己的容貌、才能、权利及其他方面较为"自信者"，容易将愤怒的情绪向外发泄，采取直接攻击的行为。另外一些年幼无知、缺乏理智、一帆风顺的人，也容易采用愤怒的直接攻击方式。由于缺乏理智，往往不考虑后果，因而可能造成极为严重的后果。例如，1991年11月1日，卢刚，这位北京大学博士研究生，在美国爱荷华大学学习期间，由于未获得爱荷华大学 D.C.斯普顿特 1000 美元的论文奖，开枪打死与该论文奖评比有关的6人（内有该校的教授、系主任、学术秘书及一名中国留学生）后自杀。这一事件在美国学术界造成了极为恶劣的影响，不但使爱荷华大学遭受了十分惨重的损失，同时也使美国的天体力学研究迟滞了20年。此外，大学里发生的一些打架斗殴、损害公物现象，有些也与大学生受挫后的攻击行为有关。在高校发生的攻击行为，往往发生在那些缺乏生活经验、比较单纯、鲁莽、易冲动的学生身上。

（2）转向攻击，就是把由挫折引起的愤怒和不满情绪转向发泄到自我或与挫折源不相关的其他人或其他事情上。转向攻击行为造成的后果同样是严重的。某高校一名男大学生失恋后，不能攻击他曾恋爱的女友，就用菜刀剁下自己的两节手指。虽然似乎一时紧张的情绪得到了缓解，然而却留下了终身残疾，并直接影响了其正常学习。这是转向自己的攻击行为反应。又如，某大学生受到老师批评以后，就把愤怒的情绪转而发泄到其他同学或公物上，往往寻衅斗殴，或者踹门砸窗、破坏公物，这是转向"替罪羊"的攻击行为反应。转向攻击行为大多数发生在克制力比较弱、自信心比较差的大学生身上。转向攻击通常在下列三种情况下表现出来：

当个体察觉到引起挫折的真正对象不能直接攻击时，就把愤怒的情绪发泄到其他的人或物上去。这也就是我们通常所讲的迁怒。例如，一个人在单位受批评，回到家里骂老婆、打孩子、摔东西，以发泄自己的情绪。

挫折的来源不明，可能是日常生活中许多挫折积累综合作用的结果，也可能是自身疾病引起的。在这种情况下，找不出真正构成挫折的对象，于是就将这种闷闷不乐的情绪发泄到毫不相干的人或物上去。

当一个人意志薄弱、缺乏自信或悲观失望时，易把攻击的对象转向自己，如埋怨自己能力不强、机遇不好、命运不佳、生不逢时等。

三、心理挫折应对策略

挫折对我们的影响既有消极的一面，也有积极的一面。积极的方面我们就不说了。如何看待那些对自身产生负面影响较大的挫折？怎样采取相应的方法降低它们对我们的消极影响？挫折承受力就是衡量一个人面对打击、失败时能否坚持下来，仍然能够保持一种正常的心态面对今后的人生。提高个体的挫折承受力就成为本节主要探讨的问题。

（一）挫折承受力

挫折承受力是指个体适应挫折、抵抗和应付挫折的能力，是个体在遇到挫折情境时，经受打击和压力，摆脱和排除困境而使自己避免心理与行为失常的一种耐受能力。挫折承受力是维护个体心理健康的一道防线。因此，挫折承受力较低的人，几经挫折的打击之后，容易失去人格的统一性，甚至会出现人格扭曲，形成行为失常和心理疾病。可见，挫折承受力是个体适应环境必不可少的能力之一。

挫折承受力是后天学习得来的。因此，无论是家庭还是学校，都应该教育大学生学会承受日常生活中遇到的挫折，鼓励他们从挫折失败中获得经验教训，增强克服困难的信心，而且要通过提供适度的挫折情境，采取恰当的方法来锻炼大学生的挫折承受力。挫折承受力的大小反映了一个人的心理素质与心理健康水平，许多人的心理问题就是由遭受挫折而又不能很好地排解和调适造成的。增强挫折承受力，是获得对挫折的良好适应和保持心理健康的重要途径。

（二）影响挫折承受力的因素

心理学家的研究认为，一个人的挫折承受力有以下几种因素。

1. 生理因素

身体健康的人比体弱多病的人更容易承受挫折。同样是失去亲人，身体健康者更容易经受住悲哀、忧伤的痛苦，抵抗更强的压力；而体弱多病者多因悲哀、忧伤的影响出现连锁反应，带来更多挫折因素。

2. 心理因素

一是人格因素，性格开朗、个性完善、意志坚强的人比消沉抑郁、内向自闭的人更能应对挫折；二是自我认知，凡是建立积极的自我认知的大学生面临挫折时容易客观正确地看待挫折并合理运用心理防御机制，化解挫折并将挫折转化为动力；而自我认知不足的大学生遭遇挫折时容易走极端，陷入管状思维中；三是心理预期，个体对自我的心理预期越高，遭受挫折的心理承受力越弱。一个优秀的大学生很难接受自己平凡的现实，因而感到很受挫；反之，一个对大学生活没有很高预期的学生面临挫折心理相容度会更高一些。

3. 个人因素

一是个人目标理解。行为所指向的目标对个体越重要，受到挫折后的反映越强烈，如一个渴望出国深造的学生拒签后的心理承受力会更低；二是目标距离，目标距离越近，则对挫折的承受力越大，即当个体几乎达到目标时经历失败会不甘心从而继续努力尝试，如果一开始就失败，会早早放弃，心理承受力反而小。

例如，心理学家对老鼠的实验：在一条长通道的一端给老鼠喂食物，这种食物是老鼠所希望得到的目标。然后在通道的不同位置设立路障，构成对到达目标的挫折。结果发现，如果路障设得越接近目标物，大鼠在放弃尝试前走的次数越多。另一个以大学生为对象的实验研究，是让他们试走迷宫，在不同地点堵塞通路，也发现越是走到接近出口处的人，越不愿放弃目标，从而做出更多次数的尝试。

4. 社会因素

一是生活阅历。随着生活阅历的丰富，人们逐渐在挫折中成长，承受挫折的能力增强。二是社会支持。一个人拥有的社会资源越多、社会支持体系越完备，获得的心理援助越多，更容易走出挫折情境。

（三）提高挫折承受力

1. 正确认识挫折

事实上，挫折并不都是坏事，处理得好的话，它也可以成为自强不息、奋起拼搏、争取成功的动力和精神催化剂。生活中许多优秀人物就是在挫折磨炼中成熟、在困境中崛起的。相反，过于一帆风顺的生活反而会使人耽于安逸、丧失斗志，在挑战到来时措手不及。因此，可以说，挫折也是一种机会。只要能坦然面对挫折，树立战胜挫折的勇气和信心，就可以适应任何变化的环境。挫折虽然带来的是不愉快的情绪体验，但挫折对人的影响并不都是负面的。法国大文豪巴尔扎克根据自己丰富的人生体验，形象地把挫折比作一块石头。石头本身是中性的，无所谓好坏。但对于不同的人就会产生不同的影响。"对于强者它可以成为垫脚石，让人站得更高；对于弱者它可以成为绊脚石，使人一蹶不振。"经历挫折，可以使人从失败中吸取经验教训，磨炼意志，增加克服困难的勇气，提高解决问题、适应环境的能力。俗话说，"吃一堑长一智"、"失败是成功之母"，说的就是这个道理。相反，挫折承受能力差的人却可能因此产生心理上的痛苦，情绪不稳，行为失态，甚至导致生理心理疾病。可见，挫折犹如一把双刃剑，可以为我们所用，也可以伤害我们，关键要看我们怎么用它了。

奶酪的故事

2001年，一本由斯宾塞·约翰逊写的小书在全球销量超过两千万册，书名是"谁动了我的奶酪"，讲述了两个小人哼哼与唧唧、两只小老鼠嗅嗅与匆匆的故事，其核心观点是：变化总是在发生，既要预见变化又要追踪变化，并尽快适应变化并做积极的改变，尝试冒险并享受变化！记住：适应变化与享受变化！

不经历风雨不能见彩虹。

蝴蝶的故事

一天，一只茧上裂开了一个小口，有一个人正好看到这一幕，他一直在观察着，蝴蝶在艰难地将身体从那个小口中一点点地挣扎出来，几个小时过去了……

接下来，蝴蝶似乎没有任何进展了。

看样子它似乎已经竭尽全力，不能再前进一步了……

这个人实在看得心疼，决定帮助一下蝴蝶：他拿来一把剪刀，小心翼翼地将茧破开。蝴蝶很容易地挣脱出来。

但是它的身体很萎缩,身体很小,翅膀紧紧地贴着身体……

他接着观察,期待着在某一时刻,蝴蝶的翅膀会打开并伸展起来,足以支撑它的身体,成为一只健康美丽的蝴蝶……

然而,这一刻始终没有出现!

实际上,这只蝴蝶在余下的时间都极其可怜地带着萎缩的身子和瘪塌的翅膀在爬行,它永远也没能飞起来……

这个好心好意的人并不知道,蝴蝶从茧上的小口挣扎而出,这是上天的安排,要通过这一挤压过程将体液从身体挤压到翅膀,这样它才能在脱茧而出后展翅飞翔……

有时候,在我们的生命中需要奋斗乃至挣扎。

如果生命中没有障碍,我们就会很脆弱。我们不会像现在这样强健,我们将永远不能飞翔……

我们祈求力量,上帝给我们困难去克服,使我们变得强壮……

我们祈求智慧,上帝给出问题让我们去解决……

我们企求成功,上帝给我们大脑和强健的肌肉……

我们祈求勇气,上帝便设置障碍让我们去克服……

我们祈求爱,上帝指引我们去帮助需要关爱的人……

我们祈求荣耀,上帝给我们创造荣耀的机会……

"从上帝那里,我们没有得到任何我们祈求的东西;但我们得到了所有必须具备的东西。"

毫无畏惧地生活,直面所有障碍和困境,并充满信心地去克服。

 名人名言

尽可能少犯错误,这是人的准则,不犯错误,那是天使的梦想。

——雨果

我坚持奋斗55年,致力于科学的发展,用一个词可以道出我最艰辛的工作特点,那就是失败。

——美国的一位物理学家、数学家凯尔文

2. 改变不合理信念

心理学研究表明,引起强烈挫折感的与其说是挫折、冲突,不如说是受挫者对所受挫折的看法,以及所采取的态度。常见的不合理观念有以下几种。

(1)此事不该发生。有些人把生活中的不顺利,学习、交往中的挫折、失败看做是不应该发生的。他们认为,生活应该是愉快的、丰富的,人际关系应该是和谐的、互助的。一旦生活中出现诸如人与人之间的冲突、成绩滑坡、好友负心、评不上优秀等事件,就认为它们不应该发生,而变得烦躁易怒、束手无策、痛苦不堪、失去信心。

(2)以偏概全。有些人常常以片面的思维方式看待事物,简单地以个别事件来断言全部生活,一叶障目。例如,有人对自己不友好,就得出结论说自己人缘不好或缺乏交往能力;一次考试不尽如人意,就认为自己彻底失败,不是读书的材料;一次失恋就认为自己对异性没有吸引力等,从而导致自责自怨、自卑自弃的心理而焦虑、抑郁。以偏概全不仅表现在对自己的认识上,也表现在对他人、对社会的认识中。例如,因一事有错而对他人全盘否定;因社会有缺陷,存在阴暗面,就看不到光明,而彻底丧失信心。

(3)无限夸大后果。有些人遇到的是一些小挫折,却把后果想象得非常糟糕、可怕。夸大后果的结果是使人越想越消沉,情绪越来越恶劣,最后难以自拔。例如,一门功课考试不及格,就认为自己能力不行,学不下去,毕不了业,找不到工作,人生没有前途,生命没有价值。这实际上是一种自己吓唬自己、自己给自己施加压力的做法。

只有改变不良的认知方式、纠正错误的观念,才能实事求是地评价挫折带来的后果,从困难中看到希望。

阴影是条纸龙

人生中,经常有无数来自外部的打击,但这些打击究竟会对你产生怎样的影响,最终决定权在你手中。

祖父用纸给我做过一条长龙。长龙腹腔的空隙仅仅只能容纳几只蝗虫,投放进去,它们都在里面死了,无一幸免!祖父说:"蝗虫性子太躁,除了挣扎,它们没想过用嘴巴去咬破长龙,也不知道一直向前可以从另一端爬出来。因此,尽管它有铁钳般的嘴壳和锯齿一般的大腿,也无济于事。"当祖父把几只同样大小的青虫从龙头放进去,然后关上龙头,奇迹出现了:仅仅几分钟,小青虫们就一一地从龙尾爬了出来。

温馨提示

命运一直藏匿在我们的思想里。许多人走不出人生各个不同阶段或大或小的阴影,并非因为他们天生的个人条件比别人要差多远,而是因为他们没有想到要将阴影纸龙咬破,也没有耐心慢慢地找准一个方向,一步步地向前,直到眼前出现新的洞天。

只有改变不良的认知方式、纠正错误的观念,才能实事求是地评价挫折带来的后果,从困难中看到希望。

3. 确立合理的自我归因

在生活中,人们对行为的成功与失败进行归因是一件很平常的事,然而在这一过程中形成的归因倾向则对人的心理承受力有很大的影响。心理学家研究表明,在归因中,有些人倾向于情境归因,认为外部复杂且难以预料的力量是主宰行为的原因。例如,一个学生认为自己成绩不好主要是教师教学水平或者考卷难度太大方面的原因造成的。有些人倾向于本性归因,即认为自身的努力、能力是影响事情的发展与行为结果的主要原因。例如,一个学生认为自己成绩不好是由学习不够努力造成的。一般来说,进行本性归因的学生对自己的行为与学习有更多的自我责任定向与积极态度;但是从对失败的归因方面来看,由于他们倾向于把原因归于主观因素,就容易自我埋怨、自我责备。如果这种自责、悔恨过多,就会给他们带来挫折感和心理损伤。因此,大学生首先要学会多方面收集关于事件的信息,了解困难的原因所在;其次要学会合理地归因,避免归因的片面性,学会实事求是地承担责任,克服过分承担或完全推诿责任的倾向,避免过多自责带来的挫折感;最后要积极采取措施主动改变挫折情境因素,从而有效应对挫折。例如,在学习过程中发现最近学习效率不高,通过原因分析之后，在解决内在问题的同时，可以尝试改变学习地点、学习时间，或者改变学习科目的顺序、学习结构等，从而避免学习效率不高给自己带来的压力和困扰。

（四）优化自身人格品质

挫折承受力与人格特征有关。以下几种人格类型的人常常容易引起挫折感。

（1）性情急躁的人。他们情绪变化大，易动怒，火爆脾气一点就着，常常因为一点芝麻绿豆的事而引起挫折感。

（2）心胸狭窄的人。他们气量小、好猜疑，喜欢斤斤计较，容易体验消极的情感。

（3）意志薄弱的人。他们做事缺乏耐力和持久性，患得患失，害怕困难，只看眼前利益，经不起打击和挫折。

（4）自我偏颇的人。他们缺乏自知之明，或者自高自大、目空一切，或者自卑自贱、畏首畏尾。

为了提高挫折承受能力，每个人都应主动地培养自己良好的人格品质，改变那些不适应发展的不良的人格品质。重点应培养自信乐观、自强不息、宽容豁达、开拓创新等品质。自信才能乐观，乐观才能自信，两者相辅相成。当遇到挫折、困境时，如果相信自己一定能取胜，就会积极去改变现实，克服困难，战胜挫折，这是自信的作用。乐观者在面临挫折、困境时，不会被眼前的困难吓倒，而是能够透过表面的不利看到蕴藏在背后的希望，相信明天是美好的，从而信心十足地去战胜困难。

自强不息是良好的意志品质，是一切成功者的共同特征。生命不息，奋斗不止。通向成功的道路不是平坦的，挫折、逆境常常会出现，只有坚强不屈、顽强拼搏，才能到达光辉的顶点。而那些一遇挫折就偃旗息鼓者，只能半途而废，永远不可能成功。

宽容豁达和开拓创新的人胸怀宽广，对挫折不是被动地适应，一味忍耐，而是面向未来，积极进取，勇于创造新生活。

因此，提高承受挫折的能力应从培养良好的人格品质入手，从细微小事中严格要求自己，努力在实践中锻炼，使自己的心理得到充分、有效的发展，使心理健康达到高水平的状态。

（五）心理防御机制的正确运用

心理防御机制是挫折发生后人在内部心理活动中所具备的有意或无意地摆脱挫折造成的心理压力、减少精神痛苦、维护正常情绪、平衡心理的种种自我保护方式。心理防御机制的意义有积极和消极之分，其积极的意义在于能够使主体在遭受困难与挫折后减轻或免除精神压力，恢复心理平衡，甚至激发主体的主观能动性，激励主体以顽强的毅力克服困难，战胜挫折；其消极的意义在于使主体可能因压力的缓解而自足，或者出现退缩甚至恐惧而导致心理疾病。

受挫后的心理防御机制有很多，但有利于大学生成长的积极的心理防御机制表现为以下几个方面：升华、补偿等。升华的心理防御机制能够使大学生在遭遇挫折后，将内心痛苦化为一种动力，转而投入到有益的生活学习中，这无疑是人们在挫折后的最佳应用。补偿、文饰、幽默等心理防御机制能够使大学生获得平衡心理，保持自尊，减轻内心的痛苦和焦虑，因而也不失为受挫后较理想的心理防御方式。另外，合理的情绪宣泄也是缓解大学生受挫后心理紧张和焦虑，保持其身心健康的有效机制。总之，构建成熟的心理防御机制，不仅有助于大学生提高自身的心理健康水平，也有助于大学生自信心的培养与意志力的磨炼。

第六章 大学生的学习心理

大学是人一生中的关键阶段，也是学习的黄金时期。从生理层面来讲，这一时期的你，无论体力、精力、记忆力，还是接受新事物的能力及修正错误的能力，都处于巅峰状态；从认识能力来讲，经过了小学、中学的积累，你对内在世界和外在世界具备了一定的认识和判断能力；从求学生涯来讲，这是你第一次系统地接受高等教育，甚至也可能是最后一次接受系统教育的机会。总之，大学阶段，你有着最充分的时间和较强的修正能力，"学与不学""学得疯狂还是玩得疯狂""为什么上大学"……这是大学新生应该思考的新命题！

心理学家认为，怎样学习比学习什么更重要。学会学习不仅关系着大学生的未来和前途，也与大学生的心理健康密切相关。许多大学生在进入大学后，面对不同于中学的大学教育内容和教学方法，表现出困惑和不适应，甚至演变为焦虑、抑郁、偏执、厌学、自杀等心理问题。因此，充分了解和掌握大学生在学习过程中的心理特点及其活动规律，对于提高学习效率及学习能力具有重要作用，对于大学生健康心理的培养也是必不可少的。

第一节 学习概述

学习，可以说是众所周知的一个术语，也是人们毕生都在从事的一项活动。但要对学习进行准确的界定并非易事，这从各种学习理论的争论中即可见一斑。那么，究竟什么是学习？它对个体有什么作用呢？

一、学习的含义

在中国，"学习"这一词，是把"学"和"习"复合而组成的词。最先把这两个字联在一起讲的是孔子。孔子说："学而时习之，不亦说乎？"意思是，学了之后及时、经常地进行温习和实习，不是一件很愉快的事情吗？很明显，学习这一复合名词，就是出自孔子的这一名言。按照孔子和其他中国古代教育家的看法，"学"就是闻、见与模仿，是获得信息、技能，主要是指接受感官信息（图像信息、声音信息及触觉味觉信息等）与书本知识，有时还包括思想的含义。"学"是自学或有人教你学。"习"是巩固知识、技能的行为，一般有三种含义：温习、实习、练习。"学"偏重于思想意识的理论领域，"习"偏重于行动实习的实践方面。学习就是获得知识，形成技能，获得适应环境、改变环境的能力的过程，实质上就是"学""思""习""行"的总称。

许多心理学家、教育学家和哲学家从不同的观点角度提出了学习的定义。桑代克认为：

"人类的学习就是人类本性和行为的改变,本性的改变只有在行为的变化上表现出来。"加涅说:"学习是人类倾向或才能的一种变化,这种变化要持续一段时间,而且不能把这种变化简单地归之为成长过程";希尔加德说:"学习是指一个主体在某个现实情境中的重复经验引起的,对那个情景的行为或行为潜能变化。不过,这种行为的变化不能根据主体的先天反应倾向、成熟或暂时状态(如疲劳、醉酒、内趋力)来解释的。"联合国教育、科学及文化组织(以下简称联合国教科文组织)在《学习,财富蕴藏其中》(1987)中指出:学习是指个体终身发展终身教育的理念。"

通过对前人关于学习概念的论述分析,我们可以对学习的概念进行归纳和总结。第一,从学习的外延来看,分为四个层次。第一层次泛指包括动物和人类在内的学习活动;第二层次,是指人类的学习;第三层次,是指在校学生的学习;第四层次,是指学生在不同学段的学习。而我们通常所讲的学习,一般是指人类的学习或在校学生的学习。第二,从学习的内涵看,学习是主体与环境相互作用,经过内化而获得经验、并外化为行为表现的活动。学习活动应包括学习的主体、客体和学习活动的结果三个基本要素。

二、人为什么要学习

"人为什么要学习?"——我们不断追问自己,对于一名学生而言,我们更要弄清楚这一命题,因为这是我们学习的动力,换言之,只有明了了"为什么",才能懂得"学什么"和"怎么学"。

(一) 适应的需要

从生物学意义上讲,学习是个体适应环境、与环境保持动态平衡的重要手段。但由于物种进化水平不同,学习在其中的作用也不同。物种的生命形式越低级,生活方式越简单,其行为的先天成分就越多,自然成熟在发展中的作用越重要,而学习的作用相对越小。反之,物种的生命形式越高级,生活方式越复杂,其行为的后天成分就越多,自然成熟在发展中的作用就越小,而学习的作用就相对越大。学习在低等动物身上的作用是很微弱的。以原生动物为例,它们一出生就是一个成熟机体,一生中所必需的大部分动作已经出现了,但它们的学习能力是很低的,经验保持的时间也很短。学习的结果在它们生活中的作用是微不足道的。研究发现,草履虫经过练习,能够减少在毛细管中旋转所需的时间,这似乎表明草履虫具有学习的能力。但是,对草履虫趋光性条件反射的研究发现,在这些动物身上很难形成暂时神经联系(即学习的能力)。这主要是因为它们的学习效果非常短暂,难以确定其是否具有学习能力。

随着物种进化水平的提高,个体学习能力及学习在生活中的作用水平都不断提高,本能行为的作用相对减弱。人类处于物种进化的较高水平,人类的学习能力及学习在人类生活中的作用是其他动物所不能比拟的。学习可以促进个体生理结构的生长、成熟,还可以促进个体的心理发展,使人类个体从一个"生物实体"发展成为一个"能适应社会生活的社会成员"。随着人类社会的不断进步与发展,学习在其中的作用更为突出,学习的社会意义更为显著。

(二) 发展的需要

科学技术日新月异的变化,推动着生产力飞速发展,直接影响到人类个体的生活方式及其相互之间社会关系的发展与更新，终身学习已成为必然。终身学习的理念，自古有之，如我国传统观念中的"活到老，学到老"及日本的"修业一生"，均蕴涵着终身学习的理念，而这种理念真正受到国际社会的普遍关注则是在20世纪90年代。联合国教科文组织曾于1996年发表了《学习：内在的宝藏》（又译为《教育——财富蕴藏其中》）报告，强调终身学习对于人类个体及社会发展的重要作用。经济合作与发展组织也于同年发表了《全民终身学习》的报告书，强调终身学习应与生活及工作结合。国际劳工局于2000年发表了《21世纪的终身学习》报告书。欧洲联盟（以下简称欧盟）在2000年公布了《终身学习备忘录》，作为规划欧洲全民终身学习的初步蓝图。随后，欧盟又于2001年发布了《实现终身学习的欧洲》的报告，提出了实现欧洲全民终身学习的多项重要策略。显然，终身学习已成为各先进国家教育发展的指导原则及重要方针，并逐渐融为人类生活的一部分。

社会变迁的加剧、社会形态的演变及生活方式的转变，都使得人类正处一个巨变的时代，未来的社会必然是一个学习型社会。在这样的一个社会形态中，终身学习对于个人及社会发展的重要作用显而易见。对个人而言，缺乏终身学习的能力与习惯，无疑等于失去了自我发展、自我实现和适应、改造环境的动力；对组织和社会而言，倘若缺少了继续学习的文化及运作机制，就会失去创造与竞争的优势。终身学习是促进个人发展、组织变革与社会进步的必备动力。

（三）学习与人类生存同步、与社会发展同步

人类个体通过学习以适应社会的发展，同时，学习又推动着人类去改造和发展社会生活。学习不仅有助于个体的发展，而且也是人类进化的助推器。人类有史以来就离不开学习，而人类以后的发展、演化更需要学习。人类发展史从某种意义上讲也是人类学习史。学习与人类生存同步、与社会发展同步。学习是人类个体和人类社会发展的重要条件。

心理小贴士

我们为什么要学习

课堂上，老师问了这样一个问题：

"汽车进了加油站最想做什么？"

"当然是加油！"许多同学不假思索地回答道。但是很快，他们从老师的眼神中看到了不满，于是七嘴八舌地补充道：

"休息！"

"吃东西！"

"找人聊天！"

甚至还有同学说道："去上厕所！"

老师语重心长地说："其实，车开进了加油站，最想的是加满油后赶紧重新上路。因为车知道自己的目的地在前方，它会一直奔向旅程的终点。"

原本热闹的教室一下子安静了许多，同学们都开始了思考……

其实讲这个故事是为了让大家想一想：我们为什么要学习？学习的时候有没有目标？目标何在？

少年周恩来说:"为中华之崛起而读书。"我们不苛求每个人都有周恩来那样宏伟的抱负,但每个人都应该有自己的目标。

学习是为了将来的生存,家长这样叮嘱我们;学习是为了成为一名高素质的人才,老师这样告诫我们。可是我们往往不想这么多,今天的作业还没写完呢,上午的数学题还是没弄明白……一旦开始学习,似乎学习的目的就不那么重要了。相反,很多时候,学习是一件无可奈何的事情。怎样学习?学习方法的问题成为我们关注的重中之重。的确,学习方法也是一门学问,但是我们必须知道,明白为什么而学比怎样去学更重要。既然如此,我们就赶快找出自己的目标。

首先,找出自己的长处。天赋总是会给你出乎意料的收获,所以如果你认为自己擅长什么,一定记得保持住你的优势。长处给你的是无比重要的自信,无论将来有一天事情多么令人沮丧,你总有可以引以为豪的东西,它会给你惊喜。

其次,保持自己的兴趣。不要在看似繁重的学习任务面前放弃自己的兴趣,兴趣是可以培养出来的,不要吝惜时间的投入。长处给你自信,兴趣则不一定要有过人之处,关键在于兴趣能够使你感到愉快。我们不能避免有一天责任和义务使我们为难和烦恼,所以一定要给自己设计出一个心灵的休憩场所。

再次,正确地认识自己。世界上最了解我们的人,永远是我们自己。要多对自己作一些思考,学会自我管理。

最后,制订合乎自己情况的计划。计划一定要得当,不能太高也不能太低。目标定得太高,实现不了会打击自己;目标过低,对自己过于宽容,计划也就没有意义。

也许你会不屑地说:"这些道理谁不知道!"是的,这个世界上,人和人本是没有多大差别的,关键在于是否肯付出。你期望得到什么,无论是学习还是其他,都只能靠自己。别人的建议可以有很多,但是行动要靠你自己。

三、大学生学习的特点

学习是大学生的主要任务,大学生正处于智力发展的高峰期,记忆力、观察力、思考力、逻辑思维能力与创造性都有很大的发展。大学生学习既有一定的专业性、目的性和探索性,又有深刻的社会意义,表现出广泛的兴趣和各种各样的学习方法。

(一)大学生学习的一般特点

1. 大学生学习的特殊性

大学生学习的特殊性具体表现如下:其一,大学生的学习是一种特殊的认识活动,是掌握前人积累的文化、科学知识,即间接的知识,在学习中会有发现与创造,但其主要内容还是学习前人积累的知识与经验;二是大学生的学习是在教师的指导下,有目的、有计划、有组织地进行的,是以掌握系统的科学知识为前提的;三是学生的学习是在较短时间内接受前人的知识与经验,重要的是间接经验的学习与掌握,学生的实践活动是服从于学习目的的;四是学生的学习不但要掌握知识经验与技能,还要发展智能、培养品德及促进健康个性的发展,形成科学的世界观。

2. 自我选择性

中小学生的学习是在教师的指导下进行的，这种学习具有强制性。在大学生阶段，学习虽然也有一定的强制性，但是与中小学相比要少得多。首先，大多数大学生的所学专业是自我选择的，是他们所感兴趣的。其次，大学生除了要学习基础知识外，还要掌握各种专门知识，成为某学科的专门人才。这就要求大学生必须善于自觉地、主动地学习。同时，大学生根据自己的兴趣和爱好，选择某些选修课，独立地阅读各种书籍，制订学习计划，采用适合自己的有效的学习方法，也体现出较大的自主性。因此，大学教师应认识到大学生的这一学习特点，给学生以充分自主的机会和条件，成为大学生学习的合作者。有的学生虽已进入大学，但仍然采用中学的学习方法，任何知识都希望教师来"喂"，不善于自主学习，这显然不能适应大学学习，甚至影响学习效果。

3. 专业性

大学学习的专业性十分明显。大学生的学习实际上是专业学习，从入学开始就有了职业定向，再经过几年的学习，大学生逐步成为基础知识扎实、专业知识结构合理、能力强、创造性高、品行高尚的德智体全面发展的高级专门人才。大学生的知识结构、智能结构和各种素质结构，都深深地打上了专业的烙印。大学生要正确处理"博"与"专"的问题，做到"博"与"专"的统一。"博"指学习知识的广度，而"专"指学习知识的深度。"博"是学习成才的基本条件，而"专"是对人才的基本要求。

4. 多样性

大学生的学习形式是多种多样的，虽然课堂教学还是大学学习的主要途径，但大学生可以依靠多种渠道来获得知识。大学生与中学生相比，自习时间较多，而且大学的实践性教学活动占有很大的比重，这就要求大学生不仅要认真上课，而且要通过自学、研讨，聆听学术讲座、参加第二课堂等活动来获取知识，加强实验、实习、社会实践和科研等实践性环节，这些都是大学增长知识和才干的重要途径。

5. 探索性

和中学相比，大学的学习具有明显的探索和研究的性质。大学的教学内容更多是介绍各派理论观点和最新学术发展动向方面的知识。这就要求大学生的学习观念从正确再现教学内容向汇集百家之长，形成个人见解的方向转变。大学生从在教师指导下完成作业，到独立完成毕业论文（或毕业设计），都带有明显的探索性质。

（二）大学生学习心理的特点

1. 大学生学习动机的特点

学习动机就是激励学生进行学习活动的心理因素，它是直接推动学生进行学习的一种内部动力。学习动机可以是由学习活动本身引起的，称为内部动机，也可以是由外部刺激条件引起的外部动机。首先，在大学生的学习动机中，发展成才的需要是始终占据首要地位的，这是一种内部动机，它能对学习起到持续有力的推动作用。其次，受市场经济文化的影响，大学生的学习目的日趋现实，对个人利益的追求成了重要的外部动机。从性别差异来看，男生比女生更重视对个人和社会利益的追求，更注重成功，较少害怕失败；女生的成就动机明显低于男生。也有部分学生考入大学后，学习目标就算实现了，不再给自己设立新的学习目标，学习上只求及格，缺乏学习动机和学习兴趣。

2. 大学生学习行为的特点

整体来说，大学生能在思想上明确学习和掌握知识技能的重要性，却较少能在行动上"一贯努力""充分地、有计划地利用时间"，结果又会因自己没有充分利用时间而后悔、自责。在大学里，大部分学生能自觉学习，积极参加各种专业训练活动，努力提升自身素质。也有部分学生无心向学，经常无故旷课，即使到了课堂上也是看小说或聊天。他们把课外时间都用来娱乐，以及发展个人兴趣、爱好，或者是用来外出打工，结果因考试成绩不合格而不得不重修或留级。

3. 大学生学习方法的特点

大学的学习不仅是学知识、学专业，更重要的是学方法、学策略，发展和提升学习能力。对于多数大学生来说，都较好地掌握了科学的学习方法，如正确做课堂笔记、抽象与具体相结合地理解记忆等。但仍有部分学生在课前预习、上课听讲、课后整理笔记、根据遗忘规律及时复习、信息素养提高、合理知识建构、实践能力培养、参与社会活动等方面存在问题，有待提高。

小小开胃菜

大学生学习的三种心态

三等心态：为了学习而学习，像高中时期一样，每天做作业、做习题、泡图书馆

二等心态：为以后工作打基础，学做事、学技能、考证书、考等级、理人脉

一等心态：为自己的终身事业而学习，定人生目标，理清一条适合自己的道路，从进入大学第一天就开始努力，不懈追求，大学进而也成为一个形式，人生才是你的目的。

第二节　影响学习的非智力因素

心理学研究表明，影响大学生学业成绩的主要因素是学习中的非智力因素。学习中的非智力因素主要是指兴趣、态度、意志、情感、性格等。

一、态度与学习

态度是指一个人对人、事、物和某种活动所持有的一种接近或背离、拥护或反对的稳定的心理倾向性，包括认识、情感与意向三种成分。

所谓学习态度，一般是指学生对学习及其学习情境所表现出来的一种比较稳定的心理倾向，具体又可包括对待课程学习的态度、对待学习材料的态度，以及对待教师、学校的态度等。大学生的学习态度直接影响其学习行为、学习效果和耐受力。

1. 影响学习行为

学习态度对学习行为的调节，首先表现在对学习对象的选择。心理学家琼斯进行了如下实验研究：以两组美国南部的白人大学生为被试者，第一组平时所表现的态度是反对种族歧视，反对黑白人分校；第二组为种族歧视者，主张黑白人分校。实验过程是，让被试者朗读十一篇以反对黑白人分校为主题的文章。然后请被试者将所读过文章的内容尽量完整地写出来。结果发现，第一组学生，即学习材料与自己的态度一致者，成绩明显优于第二组。换言之，与既存态度相吻合的材料，容易被吸收、同化、记忆，而与个体的信念、价值观相违背的材料，则容易被阻止或歪曲。由此可见，态度具有某种过滤作用。

学习态度调节学习行为，还表现在学生对学习环境的反应上。当学生在学习态度与教学环境上保持一致时，就积极努力地学习。但学生如果出于某些原因对学习环境（如教师、学校等）产生不良态度时，则会回避学习环境，并产生不利于学习的不良行为，如逃学、反抗等。

2. 影响学习效果

学习态度对学习效果的影响作用，已被许多实验研究所证明。心理学家麦独孤和史密斯早在1919年就在一项实验中发现，积极的学习态度对学习速度有促进作用。1952年卡利在总结一项实验研究时指出，男女大学生对解决问题的不同态度，直接影响解决问题的效果。

我国心理学工作者近些年来曾对小学生的学习问题进行了实验研究。研究结果表明，学生的学习态度不仅直接影响其学习行为，而且还直接影响其学习成绩。那些喜欢学习，认为学习很有意义的小学生，上课注意听讲，按时完成作业，学习成绩优良。相反，那些对学习不感兴趣，认为学习无用的学生，课堂行为问题多，学习成绩也差。

由上述研究结果可见，学生学习态度的好坏与其学习效果密切相关。在学校情境里，如果其他条件基本相等，学习态度好的学生，其学习效果总是远胜于学习态度差的。

3. 影响耐受力

所谓耐受力，是指一个人受到某种挫折时，能摆脱其困扰而免于心理和行为失常的能力，也就是个体能经得起打击或经得起挫折的能力。有关研究和实践都证明，一个人对挫折的耐受力与其对引起挫折的事物的态度密切相关。而学生在学习中对所受挫折的耐受力，则与学生的学习态度密切相关。例如，一个认为学习很有意义、喜爱学习的学生，当他（她）在学习中遇到这样或那样的困难与阻力，即遇到挫折时，耐受力就高，表现出吃苦耐劳、百折不挠和勇往直前的精神；相反，一个认为读书无用、对学习本来不感兴趣的学生，学习中遇到困难或遭受失败时，耐受力就低，往往表现出灰心丧气，甚至一蹶不振。

二、情感与学习

孔子将学习分为三个不同层次来认识，知之者不如好之者，好之者不如乐之者。三个层次呈递进状态，乐学是最高层次的学习热情。现代的教育实践也表明，与学习相联系的情感活动主要有以下特点。

1. 情绪逐步向情操发展

人的情感并非与生俱有，而是随着年龄的增长、交往的扩大、经验的增加，在教育与社会的影响下逐渐发展起来的。情绪与情操这两种形式的情感又往往交织在一起，在同一个人的身上表现出来。

情绪是比较低级的情感形式。它一般与人的生理需要相联系，与社会需要也有联系。其主要表现形式有激情、心境和热情，统称为情绪状态。而情操则是习得的、比较高级、比较复杂的情感。它与人的社会需要相联系。其主要表现形式有理智感、道德感和审美感，统称为高级社会情感。在学习活动中，适当的激情、良好的心境、饱满的热情是学习的重要心理品质；而情操则是推动学习的强大动力，是一个人取得学业成就大小的先决条件。人是自己情感的主人，在学习过程中，学生既要通过学习活动形成和发展自己的情操，又要保持和激发积极的情绪状态，满腔热情地投入到学习中去。

2. 情感与认识相互促进、相互干扰

情感是在认识的基础上产生和发展起来的，它既可能推动和加深人们的认识，也可能妨碍对事物的进一步认识，甚至产生不正确的认识。

心理学的研究表明，情感的产生虽然与生理上的激活状态紧密联系，但它并非单纯地由生理激活状态所决定，而必须通过人的认识活动的"折射"才能产生。美国心理学家沙赫（S.Schachter）提出了"情绪三因素说"，认为情绪的产生归于三个因素的综合作用，即刺激因素、生理因素和认知因素，而认知因素在情绪的形成中起着重要的作用。事实证明：对客观事物没有一定的认识，就不可能产生什么情感。人的情感越丰富、越深刻，则认识也同样丰富与深刻。同时，人的情感又可以反作用于人的认识活动。心理学的有关研究表明，人们回忆那些愉快的经历较之回忆那些痛苦的经历要容易得多，也深刻得多。一般地说，一个在学业上取得较大成就的学生，是与他对学习活动的满腔热情分不开的。但是，情感与认识又是互相干扰的。对某一事物的认识不当，也会使人对该事物产生不适当的情感；对某一事物产生了不适当的情感，也会妨碍对该事物进行深入的认识，甚至产生不正确的认识。学生的学习热情是在学习过程中培养起来的，丰富的知识可以使之产生丰富的情感。我们要学会用理智支配情感，做情感的主人，以克服消极的情感，防止它们对学习活动产生阻抑作用。

3. 情感与需要相互制约

一方面，情感是在需要的基础上产生与发展起来的；另一方面，情感又可以调节一个人的需要。只有当客观事物与人的主观需要处在一定的关系之中时，才能使情感产生。一般而言，凡是与主观需要相符合，并能使之得到满足的事物，就会对之产生肯定、积极的情感，反之，就会产生否定、消极的情感。学生将学习活动、求知欲望当做自己的优势需要，就会产生热爱学习、立志成才的需要；反之，一个厌恶学习的学生将学习当做负担。在学习活动中，大学生必须明确学习目的，培养合理正当的需要，以利于形成自己的高尚情操；同时，又必须使自己的较为低级的情绪服从较为高级的情操，从而使自己的需要受到这种高尚情操的支配和调节。

三、意志与学习

对于意志在学习中的作用，古今中外的学者都有深刻认识。荀子提出"骐骥一跃，不能十步；驽马十驾，功在不舍；锲而舍之，朽木不折；锲而不舍，金石可镂"；苏轼也说"古之成大事者，不唯有超世之才，亦必有坚忍不拔之志"。陶行知先生将育才学校的创业宗旨总结为十句话:"一个大脑,二只壮手,三圈连环,四把钥匙,五路探讨,六组学习,七体创造,八位顾问,九九难关,十必克服。"有人对大学生的学习曾做了这样的描述,大学生差别最小的是智力,差别最大的是毅力,因此,意志在大学生的学习中起着重要作用。

1. 意志由简单意志发展到复杂意志,由软弱意志发展到坚强意志

人的意志不是与生俱来的,而是随着年龄的增长、体质的增强、知识的丰富、交往的扩大而逐步发展起来的。意志的发展逐步由简单到复杂、由软弱到坚强。简单与软弱性意志的体现是:其一,愿望不稳定,此所谓有志者,立长志,无志者,常立志;其二,容易冲动,不能克制自己;其三,易受暗示,容易模仿别人。学习是一项艰苦的脑力劳动。要使学习活动坚持下去并取得较好的效果,就必须有复杂而又坚强的意志参与。人是自己意志的创造者,大学生应有意识地培养和锻炼自己的意志。当然,意志的培养不是一蹴而就的,我们必须从最简单的事情入手,逐步学会不辞劳苦、持之以恒、勇于攀登,才能成为一个意志坚强的人。

2. 意志过程的三个阶段,即决心、信心、恒心密切联系、互相促进

决心是意志过程的第一阶段。这个阶段中往往有一系列复杂的心理活动:认清客观条件,积极进行思维。下定决心主要表现在两个方面:一是确定行动的目的;二是选择达到目的的行动方法和方式。信心是意志过程的第二阶段,包括树立确信感,建立坚定信念,形成远大理想。信心的树立主要取决于三个因素,即活动的结果、他人的态度和自我评价。恒心是意志过程的第三阶段,具有更为本质的意思。恒心的确立主要在于两点:一是要善于抵制不符合目的的主观因素的干扰;二是要善于持久地维持已经开始符合目的的行动。意志过程的三个阶段密切联系、缺一不可,形成一个整体,又互相交织、彼此促进。在学习活动中,学生第一要下定决心,明确学习目的;第二要树立信心,相信自己的力量;第三要持之以恒,百折不挠,才能取得学习的成功。

3. 意志和行动不可分割

人的意志总是在一定的行动中表现出来的,它的发生、发展和形成都离不开行动。人的行动按其目的性、意识性的程度,可分为无意行动和有意行动两种。同时,按是否有意志参与为标准,又可将有意行动分为一般行动和意志行动两种。所谓意志行动,就是有意志参与的一种有意行动。意志只是意志行动中的主观方面,它是在意志行动中体现出来的。没有意志,也就没有意志行动。意志行动必须包含意志因素,它是人的意志的一种外部表现。正因为如此,我们也可以把意志过程称为意行过程。在学习过程中,必须通过具体的学习、工作来培养自己的意志,必须通过攻克难关、迎战困难来锻炼自己的意志。总之,要利用一切机会和环境培养自己良好的意志品质。只有那些在学习上克服重重困难、勇于攀登高峰者才能称为意志坚强的人。

4. 意志的强度与克服困难的大小、多少呈正相关性

在一定条件下,一个人的意志越坚强,就越能克服更大更多的困难;一个人的意志越软弱,就只能克服较小较少的困难,甚至于什么困难也不能克服。当一个人确定前进的目标,并向这个目标奋进的过程中,总会遇到各种各样的困难。但众多的困难归结起来,不外乎两种:一是来自外部的困难,亦叫客观困难;二是来自内部的困难,亦叫主观困难。这些困难阻碍着我们的目标的实现,影响了活动的顺利进行。只有意志坚强的人,才能克服众多的、

难以想象的困难，去赢得成功。在学习活动中，我们要经常给自己设置一些难题，"跟自己过不去"，不断地克服困难、战胜困难，在困难中磨炼自己，使自己的意志日益坚强起来。

四、性格与学习

陶行知先生从教育实践中得出良好的性格特征主要有以下四个方面：一是努力奋斗，"奋斗是成功之父"；二是实事求是，"知之为知之，不知为不知"；三是独立意识，"独立的意志，独立的思想，独立的生计与耐劳的筋骨"；四是创造精神。一个具有优良性格特征的学生，可以保证其具有正确的学习动力机、稳定的学习情绪、持久的学习行动和顽强的学习意志，提高心智活动的水平，获得大学生学业的成功。

1. 性格的稳定性与可塑性相互制约

一般而言，性格既具有稳定性也具有可塑性，作用于性格的诸多因素是在不断发展变化的。在学习活动中，一方面，我们要看到性格的稳定性，看到它在学习中的作用，进一步认识到培养良好性格的重要性，以使它们在学习中发挥更大的积极作用；另一方面，又要看到性格的可变性，看到它是可以通过各种途径培养的，因此，应当重视大学生良好性格的塑造。

2. 性格的先天性与后天性相互结合

人的性格的形成，既以先天因素为基础，亦有后天因素起作用，是先天因素与后天因素的"合金"。性格是在一个人的先天因素的基础上，在后天诸多因素的共同作用下，通过主体的实践活动逐步形成的。一般认为，先天因素是性格形成的自然前提，而后天因素（主要是环境）则对性格的形成起决定作用，其中尤以社会环境的影响为大。许多研究表明，对性格形成起重要作用的最初是家庭，它在儿童的性格形成上有着深远的影响，尤其对性格的影响最为全面、深刻；学校教育对学龄儿童性格的形成具有重要意义，它可全面影响学生的意志特征和理智特征；宏观的社会背景也影响着儿童性格的形成，且在情绪特征中表现尤为突出。在学习活动中，我们既要看到先天因素对性格形成的影响，又要特别重视后天因素在性格形成中的作用，充分利用家庭、学校教育、宏观社会因素等方面的一切有利因素，培养自己的良好性格，以期使学习取得成功。

3. 性格与气质相辅相成

心理学的研究表明，性格与气质既有区别又有联系。一般说来，气质主要是先天的，有关研究认为，许多人很难找到自己原始气质特点的外在原因，大约有30%左右的被调查者叙述了自己的气质特点和亲生母亲是相同的或相似的；而性格则主要是后天的，更多是体现其社会性特征。首先，气质是性格的基础，每个人的性格必然会打上自己的烙印；其次，具有不同气质类型的人可以形成同样的性格特征，而具有同一气质类型的人又可以形成不同的性格特征；最后，气质影响着性格特征的形成和发展的速度。另外，性格可以掩盖甚至改变气质的某些特性，特别在经历了大的变革后更是如此；而性格对气质某些特性的改变则是由于神经活动类型的先天特性得到改变而实现。因此可以说，性格的发展和气质的变化始终是渗透在一起的。大学生学习中，各种气质类型的人都可以培养积极的性格特征。因此，大学生不必为自己的气质类型而烦恼，而应在各自气质的基础上，培养诚实、勤奋、独立、创新、勇敢、果断等良好的性格特征。

第三节 大学生学习心理问题及调适

大学生的学习是自由、繁重而紧张的，它需要个体生理和心理的相互支持与配合，才能够顺利完成，在现实的学习活动中，确实有一部分学生存在时间或长或短、程度或轻或重的学习困难，致使学习效率低、学习效果差，学习任务不能顺利完成。常见的学习心理问题有：学习动机障碍、学习疲劳、学习方法和学习习惯不良、过度考试焦虑等。

一、常见学习心理问题的表现

大学生中常见的学习心理问题主要表现为以下四种。

（一）学习动机障碍

学习动机对学习活动起着发动、推进、维持的作用，但是并不等于说学习动机的强度越大，学习效果就越好。学习动机对学习活动的影响效果存在一个最佳水平的控制问题。根据心理学研究的结果，动机对学习的作用，是以人的专注水平为中介的。动机之所以能促进学习，是由于它能唤起、集中并保持学生的注意，使他们能专注于学习。若动机缺乏，则学生不能专注于学习，学习行为也无法进行，更不能维持；若动机过强，不论是个体内部的抱负水平和期望过高，还是外部的奖惩诱因过强，都反而会使学生专注于自己的抱负和外部的奖惩，而不是专注于学习，从而实际阻碍了学习。

1. 学习动机缺乏

学习动机缺乏是指学习上没有明确的目标和方向，学习上无压力和动力，从而导致对学习无兴趣，即对学习"没劲头"。主要表现在以下几个方面。

（1）尽量逃避学习，不愿学习，上课无精打采。不愿看书，课后不复习，不做作业，对学习敷衍了事。

（2）注意力易分散，兴趣易转移，学习浅尝辄止，容易受各种内外因素的干扰，满足于一知半解。

（3）缺乏成就感，缺乏学习的自尊心和自信心，在获取知识上不求进取。

（4）缺乏正确的学习策略和方法。由于动机缺乏，根本不愿也不积极去学习，更不会寻找适合自己的学习策略和学习方法，因而常常难以适应新的学习情境。

2. 学习动机过强

学习动机过强的主要表现有：

（1）精神紧张。学习动机过强常伴随着严重的焦虑，使大脑一直处于高度紧张、兴奋状态，长时间的超负荷学习，巨大的精神压力，导致心理承受力下降，还分散精力，思维迟钝，记忆力减退，学习效率低，甚至还伴随头痛、头晕、失眠多梦、惊慌、胸闷、胃肠不适等症状。

（2）过于刻苦勤奋。学习动机过强者，往往是全身心地投入学习，不辞辛苦、废寝忘食。这些学生往往认为，学习才是至高无上的，把时间花在娱乐活动中就是一种浪费。

（3）对自我要求过严，易产生自责。动机过强者追求学习上的高目标，对自己的要求存在"只能成功，不能失败"的苛求。一旦失利，易自责并给自己施加更大的压力，久而久之，这样超强度的运转，必然造成恶性循环，影响学习效果。

（二）学习方法和习惯问题

与中学阶段的学习相比，大学学习的任务要求更高，内容更丰富，学习深度和难度加大，教师教学的个性化增强，这些方面的变化要求大学生不仅要刻苦学习，更要不断探索和总结适合于自己的学习策略和学习方法，逐步培养独立自主的学习能力。有些同学仍沿袭中学阶段的学习方式，虽然刻苦努力，但却事倍功半，正像有的同学所说："我天生不是学习的材料。"为此焦虑、自卑甚至自暴自弃。例如，一位大二的同学，他是全班公认的学习最刻苦的学生，每天总是第一个进教室，最后一个出教室，可是对于大学老师通常不按一本固定的教材内容顺序讲课的教学方式和老师的考试题目很灵活又需要综合学过的知识进行分析或论述问题的方式一直不适应，总是不得要领，因此考试成绩不理想。看着自己在班上越来越下滑的名次不由得心生焦虑，晚上也常常失眠和头痛。在中学时期他的学习成绩其实一直不错，进入大学后，他认为只要像以前一样，上课认真听讲、认真记笔记，考前死记硬背就能取得优异成绩，但结果却没能如他所愿。由此可见，大学生应高度自觉地意识到自身思维认识和整个学习活动的心理状态，学会不断地总结自己的学习经验和策略，学会学习，才能让自己达到健康高效的学习状态。

（三）学习疲劳

学习疲劳，是指学习时间过长、学习强度过大而造成学习效率逐渐降低并渴望停止学习活动的生理和心理现象。具体表现为：学习错误增多，学习效率下降，动机行为改变，生理失去平衡等。学习疲劳分生理疲劳和心理疲劳。生理疲劳的表现有：肌肉痉挛、麻木、眼球发疼、腰酸背痛、动作不准确、打瞌睡等；心理疲劳一般是由长时间从事心智活动大脑得不到休息引起的，表现为：感觉器官活动机能降低、注意力涣散、思维迟钝、忧郁、厌烦、易怒、学习效率下降等。学习疲劳中，心理疲劳是主要的。

学习疲劳是一种保护性抑制，经过适当的休息即可得到恢复，这是合乎生理、心理规律的，对大学生的发展不会造成什么不良影响，但如果长期处于疲劳状态，勉强让大脑继续保持兴奋，就会导致大脑兴奋和抑制过程的失调，严重的会引起神经衰弱。这时学生会对学习产生厌恶和烦躁情绪，学习效率大大降低。

（四）过度考试焦虑

考试焦虑是一种正常的心理反应。在一定的应试情况下，产生一定的心理压力，引起适度的焦虑。一般来说，考试过程中有适度的焦虑会对个体产生一定的激励作用，使其在考试中较好地发挥自己的水平，取得较好的成绩，随着考试的结束，焦虑也随之消除。但如果对考试毫无焦虑，甚至满不在乎，也是不能取得较好的成绩的，这也是不正常的。

适度的考试焦虑是正常的，但过度考试焦虑是不正常的，且一般考试过后，焦虑感仍然不能消除，其表现有：紧张、恐惧、心烦意乱、情绪失常、失眠、注意力不集中等。过度的考试焦虑对学习有极大的危害，甚至对人的身心健康造成不利影响。具体表现如下：

首先，过度的焦虑会影响考试中正常水平的发挥，因为注意力不能集中，不能专注于学习和考试过程，而是专注于各种担忧之中，记忆受影响，无法回忆起学过的内容，思维陷入混乱之中，甚至思维停滞，创造性思维更无从谈起。

其次，过度的考试焦虑易引发心理问题。像失眠、神经衰弱，特别是考试过后长久不能消除焦虑的就容易转为慢性焦虑，而慢性焦虑会影响到大学生的学习和生活，甚至转为焦虑症。

最后，过度考试焦虑会危害身体健康。过度考试焦虑会使消化系统功能紊乱，如有的学生在考试期间出现不明原因的腹泻，就是消化系统功能紊乱的临床表现，若这种状况持续，就容易发展成胃炎等胃肠疾病，过度考试焦虑还会影响心血管系统的功能，出现心律不齐、高血压、冠心病等。

测一测

你的考试焦虑指数有多高

请根据自己的实际情况回答以下问题，其中，与自己的情况"很符合"记3分，"较符合"记2分，"较不符合"记1分，"很不符合"记0分。

（1）在重要考试的前几天，我就坐立不安了。
（2）临近考试时，我就拉肚子。
（3）一想到考试即将来临，身体就会发僵。
（4）在考试前，我总感到苦恼。
（5）在考试前，我感到烦躁，脾气变坏。
（6）在紧张的复习期间，常会想到"这次考试要是得个坏分数怎么办"。
（7）越临近考试，我的注意力越难集中。
（8）一想到马上就要考试了，参加任何文娱活动都感到没劲。
（9）在考试前，我总预感到这次考试将要考坏。
（10）在考试前，我常做关于考试的梦。
（11）到了考试那天，我就不安起来。
（12）当听到考试的铃声响时，我的心马上紧张得跳起来。
（13）一到重要的考试，我的脑子就变得比平时迟钝。
（14）考试题目越多、越难，我越感到不安。
（15）在考试中，我的手会变得冰凉。
（16）在考试时，我感到十分紧张。
（17）一遇到很难的考试，我就担心自己会不及格。
（18）在紧张的考试中，我却会想些与考试无关的事情，注意力集中不起来。
（19）在考试时，我会紧张得连平时背得滚瓜烂熟的知识也忘得一干二净。
（20）在考试中，我会沉浸在空想之中，一时忘了自己在考试。
（21）考试过程中，我想上厕所的次数比平时多些。
（22）考试时，即使不热，我也会浑身出汗。
（23）考试时，我会紧张得手发僵或发抖，写字不流畅。
（24）考试时，我经常会看错题目。
（25）在进行重要的考试时，我的头就会痛起来。
（26）发现剩下的时间来不及做完全部考题时，我会急得手足无措、浑身大汗。

（27）我担心如果考了坏分数，家长或教师会严厉指责我的。
（28）在考试后，发现自己懂得的题没有答对时，就十分生自己的气。
（29）有几次在重要的考试之后，我腹泻了。
（30）我对考试十分厌烦。
（31）只要考试不记成绩，我就会喜欢考试。
（32）考试不应当像现在这样在紧张的状态下进行。

评分与解释

（1）各题得分相加为总分。

（2）若得分为 0~24 分（属"镇定"），说明你能以较轻松的态度对待考试。若分值很低，说明你对考试太不在乎。

（3）若得分为 25~49 分（属"轻度焦虑"），说明你面临考试时有轻度不安，但这是正常的。轻度焦虑会有助于考试成绩的提高。

（4）若得分为 50~74 分，（属"中度焦虑"），说明你面临考试时心情过于激动，焦虑感过高，难以考出实际水平，并会对身心健康有损害。

（5）若得分为 75~99 分，（属"重度焦虑"），提示你患有"考试焦虑症"，每逢考试来临便会不由自主地产生莫名其妙的恐惧感，容易发生"怯场"，会严重影响学习水平的正常发挥，对身心健康很不利。

二、大学生常见学习心理问题的原因分析

针对大学生中常见的学习心理问题，首先要查找清楚问题的成因，才能从根本上调适和消除问题。接下来，我们将分别针对不同问题进行一一分析。

（一）学习动机障碍的原因分析

1. 大学生学习动机缺乏的原因分析

造成大学生学习动机缺乏的原因归结起来有四大方面：

（1）社会层面。在市场经济发展过程中涌现出的"拜金主义""读书无用论""知识贬值"等现象，对大学生难免会产生负面影响，导致大学生的学习动机减弱或缺乏。

（2）学校层面。校园的环境、教学设施、师资水平、校风、校纪、学风等都会影响到学生的动机。例如，学校专业设置得不合理、教育教学方法陈旧、单调的校园文化活动等都会导致学生学习动机缺乏或减弱。

（3）家庭层面。学生家庭的经济条件、父母不恰当的期望、家庭教育方式等都会对学生的学习动机产生直接影响。

（4）个人层面。学习动机缺乏是多种因素造成的，但个人因素是导致学习动机缺乏的主要因素。例如，社会责任感不强，学习动机不明确，对所学专业缺少兴趣等。有一位大二的男生在日记中这样写道："我考上大学后好像没有什么明确的目标和定位，我是调剂志愿来到这个学校的，现在的专业我根本不感兴趣，没办法。平时我想听课就去听听课，不想听课就睡懒觉。睡觉是我最喜欢的事，因为睡觉的时候什么都可以想、什么都可以不想。"还有一位女同学在专科时学的是法律，专升本时选了较为热门的经济管理专业，后来经过严格的考试

终于考取了理想中的经济管理专业本科,但是她开学后第三个月就开始逃课、泡网吧,四个月后她走进了学校的心理咨询中心。请求老师帮她找学校找专业,因为这位女生以前是文科生,"高等数学""统计学"等专业基础课感觉有困难,同时发现自己的兴趣根本不在这个专业上,专升本时只是感觉经济管理专业很热就盲目地报了。

2. 学习动机过强的原因

(1)成就动机过强。有的同学对自己的能力缺乏正确的认识,自我估计过高,所确立的抱负和期望远远超过自己的实际水平,因而不但不能使自己专注于学习,还会由于心理压力太大,最后多半导致失败,而失败的体验又会挫伤自信心和自我效能感,最终使抱负和期望变得很低。因此,不符合实际的成就动机越强、心理压力越大,失败的可能性也越大。

(2)自尊心过强。过分看重成绩和荣誉。

(3)有一定的补偿心理。有的大学生除学习以外没有其他的爱好和特长,不能在校园里和同学中引人关注,因而希望通过学习上的出类拔萃来得到补偿。

(二)学习方法和习惯不良的原因分析

(1)学习没有计划性。学习计划是实现学习目标的重要保证。有些大学生对自己的学习毫无计划,整天忙于被动地应付作业和考试,缺乏主动地、自觉地学习,看什么、做什么、学什么都心中无数。他们总是在考虑"老师要我做什么"而不是"我要做什么"。

(2)学习环节上的不完整。有调查表明:学生在学习过程中进行预习、上课、复习、作业、小结这五环的仅占13%;不作小结的占13%;不进行预习和小结的占22%;不进行预习、复习、小结的占31%。在习题作业上,只求完成作业的占86%;而考虑一题多解、巧妙解法的只占14%。这说明大部分学生的学习方法仍然传统与被动,没有真正掌握主动学习的能力。而被同学们忽视的预习、复习、小结等环节正是检验大学生是否具有自学能力的重要特征。

(3)读书方法不求甚解。据调查,在读书方法上,只求了解全书概况,对部分内容作记号的同学占56%;细读分析段落,掌握层次段意的同学占11%;综合研读全文,弄清各段之间关系,掌握全书中心的学生占33%。许多大学生读书时不善于找出重点和难点,找不到学习的突破口,眉毛胡子一把抓,看后也不知所云。

(4)在学习过程中不会利用图书馆。据调查,对图书馆的利用情况熟悉并充分了解图书馆藏书和书刊的编排与类别,快速查索图书资料,习惯于去图书馆阅览、查阅和选借图书的同学仅占11%;而会查找但不熟练,不经常去图书馆的,或者查找很吃力,很少去图书馆的学生占82%;根本就没有想过要去图书馆的占7%。

(三)学习疲劳的原因分析

学习疲劳主要表现为身体疲劳和心理疲劳,学习疲劳的发生原因也可以从这样两个大的方面来分析。

1. 学习疲劳的心理原因

(1)大学生是通过激烈的竞争考试而被选拔入学的,高考的胜利,加之青年时期世界观并未完全定型,对事物往往具有过激的评价,或者"十全十美",或者"一无是处",因而不能正确对待现实和理想的差距,造成学习基础性动力的缺乏。

（2）相对简单的人际关系，在有利于大学生专注于学业的同时，也给心理的全面发展造成障碍。学生无法设想学业和现实社会的丰富关系，因而求知欲大大减弱。

（3）以实用主义的眼光看待学习，感觉所学课程没有或少有现实意义，但又缺乏理想中的选择，因而表现出急躁情绪，影响学习积极性的持久发挥。

（4）当今的大学生，独生子女占大多数，已有的生活经历并没有使其都形成独立自主的坚强人格，学习上也就表现出较大的依赖性。

（5）封闭式的办学方式，远远不适应大学生急剧形成中的人生观、世界观发展的需要。很多学生也看不到他们相互之间竞争的深层的社会意义，因而也就缺乏内在竞争动力，造成学习成绩好的学生比成绩差的学生心理负担更重的局面。

2. 学习疲劳的生理原因

身体疲劳和学生体质的强弱有关，与同一动作持续时间的长短有关，与这一动作是否有累积的经验基础有关。比如，不习惯做笔记的大学生在教师的要求下做了大段的笔记之后容易感到疲劳，会感到手指酸痛，有时眼睛也有不适的感觉；不端正的坐姿，既是学习积极性较差的标志，也是积极性不能很好发挥的原因；教室通风情况、照明情况、温度情况及座位的方向等，也是引起学生身体疲劳的重要因素；很多人长时间挤在狭小、封闭的空间，可使空气中的含氧量减少，有害菌数目增加；不同的座位和地磁走向构成不同的夹角，影响脑力的不同发挥；晚上缺乏较好的睡眠，对第二天一整天的学习都会产生影响；外界刺激的单调，如教师讲课时没有节奏感、语言平铺直叙，也易于引起学生的疲劳。

从总体上讲，大学生的学习疲劳是心理上和生理上的双重状态，是内因和外因双重作用的结果。外部环境条件通过内部深层的心理原因发挥作用，造成疲劳的不断发生。

（四）导致过度考试焦虑的原因分析

综合地讲，过度考试焦虑的产生既有外部原因，又有学生自身内部的原因。

（1）外部原因。过度考试焦虑产生的外部原因主要是来自学校、家庭和社会对大学生能力、素质的评价仍然以考试成绩为主要依据。如果成绩优异，就会受到较好的评价，从而增强自尊、自信，提高学习积极性；如果成绩较差，就会产生挫折感。

（2）学生自身的原因。包括以下几个方面：自己认知方式的偏差，有的学生要求过高并且绝对化，以偏概全，认为"一次考试失败，自己的前途也完了"。有的学生过分自尊，又缺乏自信，总担心考试失利影响自身的形象。有的同学性格内向、拘谨、过分敏感、脆弱，极易对刺激环境产生紧张反应，这种类型的人较易产生考试焦虑。有的学生考试准备不足，又缺乏一定的应试技能，自然就担心考不好。还有的学生由于以前考试失败的经历而产生畏惧心理和焦虑等。

三、学习心理问题调适

针对大学生常见学习心理问题的表现及成因，主要从以下几个方面帮助大学生进行有效调适。

（一）学习动机障碍的调适

1. 学习动机缺乏的调适

克服学习动机缺乏应从以下几个方面做起。

（1）培养专业兴趣，增强学习动机。兴趣是最好的老师，只有对所学专业的浓厚兴趣，才是推动学生学好专业知识的最强有力的因素。目前，由于社会因素、教师、家长的影响，大学生入校前选择专业时存在学习兴趣和所学专业不相符的现象，致使学生入校后产生学习动机缺乏障碍。大学生可根据所在学校转专业的政策调换专业。学校方面有必要对学生进行专业思想教育，有目的地培养学生的专业兴趣，让学生了解本专业的特点，了解本专业在社会发展中的作用等。同时，通过开展丰富多彩的活动吸引学生，激发学生学习本专业的兴趣，从而增强学生的专业兴趣，巩固专业思想、学习动机，学好专业课。

（2）增强成就动机。所谓成就动机是指个体对认为重要的或有价值的学习和工作，积极参与和完成，并能取得进步或者成功的一种内在的推动力量。成就动机是推动个人进步和成长的力量源泉。激发学生的成就动机，能增强学习的主动性和自觉性，在学习过程中体验到获得知识的乐趣，在战胜困难的过程中增强自信和勇气，在创造性的劳动中体验愉悦。大学阶段，也是为人一生的发展奠定基础的关键阶段，只有确立奋斗的目标，并采取切实的行动为之奋斗，才能不断激发和增强成就动机。

2. 学习动机过强的调适

克服学习动机过强，主要从以下三个方面调适：
（1）客观地认识自己，确立与自己的能力相适应的抱负和期望。
（2）制定切实可行的阶段性目标，脚踏实地地去履行。
（3）淡化名利得失，把关注点聚集在学习活动中，而不是关注成败后果，从而使学习效率提高，更能发挥水平，更有利于成功。

（二）学习方法和习惯的调适

培养良好的学习方法和习惯，主要从五个方面做起：
（1）要合理安排自学时间，充分利用课前、节假日和平时的零碎时间进行自学。
（2）要处理好博览与精读的关系。做到精读为主、博览为辅。教科书、有关参考书要精读，其他读物要博览，扩大视野，丰富知识。
（3）自学时要多思考。真正做到：边读、边想，力求理解，提出问题，引向深入，把书读"薄"，增进学识。
（4）要注意积累素材。通过多种渠道收集资料，然后把资料归类，以便使用。
（5）处理好自学与从师的关系。坚持自学与从师相结合。在自学过程中必然产生许多问题，有时靠个人的能力是不能解决的。若能善于从师，请教师长或同学则可以少走弯路。在自学的基础上能有几个良师益友互相交流学习心得、启迪思想，对开阔眼界、增长见识，是大有帮助的。

 小小开胃菜

著名教育家陶行知先生推荐的《十诀学习法》一序：由浅入深，循序渐进；二勤：精于勤，荒于嬉；三恒：持之以恒，锲而不舍；四博：从精出发，博览群书；五问：不耻下问；六记：多动笔墨，多作笔记；七习：温故而知新；八专：专心致志，专心博广；九思：多加思考，学校运用；十创：触类旁通，敢创新路。

(三) 学习疲劳的调适

（1）创设良好的学习情境。如果对学习兴趣浓厚，学习时心情愉快，则即使学习时间长也不易感到疲劳；反之，学习那些兴趣不大甚至厌烦的内容时，就会感到枯燥，很快进入疲劳状态。因此，培养自己的学习兴趣也是防治学习疲劳的方法之一。另外，良好的学习环境可使大学生在学习活动中身心舒畅，提高学习效果；而嘈杂、脏乱的学习环境，可能引起心烦意乱、焦躁不安。在过暗或过亮的地方学习，可能头晕目眩，出现视觉疲劳，影响学习效果。这些情况大学生在学习时都应注意和避免。

（2）顺应生物钟的节律。按照人体生物活动的规律，上午7~10点机体的生物机能处于上升的状态，10点左右精力最充沛，是学习与工作的最佳状态，此后逐渐下降，至下午5点后又再度上升，到晚上9点达到最佳状态。因此，学习时间的安排应顺应人体生物钟的节律变化，但这一变化规律会因地因人而有所不同，应研究自己身体机能工作的规律，以合理安排作息时间。

（3）善于科学用脑。大脑两半球具有不同的功能：左半球擅长抽象逻辑思维，主管计算、阅读、分析、书写等活动；右半球则擅长具体形象思维，主管想象、色觉、音乐、幻想等活动。如果一个人长时间从事一种活动，则容易引起疲劳。因此，应根据大脑两半球的不同分工科学用脑，比如，在从事计算、分析、哲学等活动时穿插进行音乐、绘画、幻想等艺术活动，这样可延缓疲劳的产生。例如，革命导师马克思在写《资本论》时就常把数学题当做一种消遣和休息。

（4）养成良好的生活习惯，注意劳逸结合。防止疲劳就要学会休息，休息有各种不同的形式。一是经过一天的学习之后，晚上要按时睡觉，并保证有8小时的睡眠，以便第二天有充沛的精力继续学习。巴甫洛夫称"睡眠为大脑的救星"。二是脑力劳动和体力劳动交替进行，可以改善血液循环，有利于消除脑的疲劳，调节脑的机能。例如，在经过一段长时间的学习后，适当进行打球、散步、做课间操等体育锻炼，即使时间不长，也能收到良好的效果。

养成良好的生活习惯，在大脑中建立起一个合理的"动力定势"，使脑神经的兴奋与抑制保持平衡。这时，大脑的兴奋和抑制就会有规律地进行，减少脑力和体力的消耗，从而有效地学习和工作。因此，大学生养成良好的生活和学习习惯，不仅是遵守学校规章制度的要求，而且是防止学习疲劳，有效地进行学习活动的需要。

(四) 考试心理障碍及调适

在大学里，考试仍然是大学生面临的重要刺激源之一。虽然不像高考影响那样重大，但是考试种类多，如期末专业课考试，各种竞赛活动，过级考试，英语四、六级考试，计算机等级考试，仍然给大学生们带来很大压力而使其产生过度焦虑。那么，如何防治过度考试焦虑呢？

（1）改变对考试的不合理认知。一个人对考试的认知正确与否影响其考试焦虑的程度，因此，要树立正确的考试观，减轻心理压力。例如，明确考试只是衡量学习好坏的手段之一，考试成绩不能全面反映一个人的学习能力和知识水平，更不能决定一个人的前途和命运，因此不必把考试成绩看得过重。

（2）认真复习，充分准备。考试要有适度紧张，早作准备，认真复习。在知识技能上真正灵活掌握，做好物质和身体方面的准备，确保身体、心理的良好状态，准备好学习用具，避免临时慌乱。在做好各项准备的基础上，增强对考试的自信心，相信自己以自己的知识水平能够自如地应对考试并取得令人满意的成绩。

（3）掌握必要的应试技能。考试主要考查学生对知识的掌握情况，考试成绩的好坏主要取决于学生的知识水平，如果知识准备不充分，只强调应试技能无疑是不会提高考试成绩的。在知识准备充分的基础上，学会一定的应试技能，则会消除考试焦虑，有利于提高学习成绩。

不同的科目考试应试技能有差别，现在介绍应试技能的一般方法：

第一，做好充分准备。不但要做好知识准备、学习用具的准备，还要对考试的题型、解题思路、答题要求和评分标准等进行全面了解，这样在考试中才能从容应对。

第二，保持平静的心态。最好提前入场，先适应考试环境，拿到试卷后，不要提笔作答，而应先将试卷整体浏览一遍，了解题量及各题的难度等情况，以便分清轻重，合理分配考试时间。在答题过程中，一是认真审题，正确审题是正确解答的前提；二是先易后难；三是对待难题，有四个"小贴士"：①时间延隔，即先放一放，隔一段时间再做，就可以"豁然开朗"；②积极的自我暗示，自己觉得难，别人可能也同样觉得难，无需过分担忧；③在紧张时做几次深呼吸，放松身心；④努力"追忆"，就是利用中介联想，寻找回忆线索，例如，在头脑中再现当时的情境、老师的特点等，都可成为回忆线索，帮助找到解题的方法和答案；⑤答完题后，只要有时间，一定要认真审查，查漏补缺。

第三，参加多科考试时，在一场考试结束后，不要再过分关心考试的科目，将已经考过的课程抛开，避免对下场考试的不良影响。集中精力准备下场考试，有利于减轻考试焦虑。

第四，寻求心理咨询的帮助。考试前如果觉得自己难以克服过度考试焦虑，应积极寻求心理咨询的帮助，接受自信训练、放松训练和消除焦虑的系统脱敏等心理治疗消除焦虑。

 学习小绝招

打造个性化学习方案

一、活动目的

（1）认知层面：认识到"形成适合个人的学习方法才是最好的方法"。

（2）行为层面：学会设计适合个人认知特质和学习现状的学习方案。

二、活动过程

（1）热身活动：①"模仿秀"。请3~5个同学出来先后模仿本班某一同学的表情、语言和动作（注意不要具有侮辱和攻击意味），让大家猜测被模仿者是谁。②"移花接木"。在电脑上呈现某同学的头像，然后把另一同学的嘴或眼睛、鼻子移接到他的脸上。③请几个同学简单分享上述活动的感受。④教师启迪。每个人都有自己独特的特点，以上模仿和拼接看起来很别扭，所以，如果我们在学习的时候也这样机械模仿或照搬别人的话，无疑也是"邯郸学步"，别扭至极。

（2）案例讨论。

小李是班上的"学霸"，入学以来每学期都是一等奖学金获得者。小张虽然学习很刻苦但学习成绩却一直平平。于是，她去请教小李，希望小李传授给她一些学习方面的经验，小李告诉她，自己习惯把老师讲授和教材上的内容进行整理加工，通过画图表、符号等形式归纳总结来帮助记忆,于是小张也模仿她的这种方法,但是却没什么效果。小张很苦恼,不知道问题出在了哪里?

讨论:小张的问题出在哪里?

教师点评:小李属视觉敏感的人,对符号和图表提供的信息,从认知方面讲比较敏感,记忆深刻。小张显然不属于这类人,她需要寻找一套适合自己的方法。

(3)了解你是哪一种认知特质和学习现状。

a. 你属于哪一种学习类型?

教师提供知觉倾向性调查问卷和思维类型测试问卷(附后),帮助学生了解自己属于哪种类型,然后向大家解释每一种类型的特点与对策。

b. 你在什么状态下,用什么样的方法学习效果最好?

c. 你在什么状态下,用什么样的方法学习效果最差?

d. 你一天睡几个小时才感觉体力和精力良好?

e. 你在一天中哪个时间段里学习效果最好?

f. 什么活动能帮你迅速消除疲劳?

g. 你能与老师的教学进度同步进行吗?

h. 你觉得一天需要多少时间学习功课?

i. 在学习上你感觉什么是最困难的?

(4)设计个性化学习方案。

基于上述问题尝试为自己设计个性化学习方案:

a. 作息方案。制作一个作息时间表,要求做到舒缓有致、张弛有度、精力充沛。

b. 学习方案。这个方案必须是适合你自己认知特点的方案。一般来说,须匹配以下原则:① 学习内容与你现在的接受能力和水平匹配;② 学习方式与你的认知特质匹配;③ 与各科的学习时间和间隔匹配;④ 与你的生物钟相匹配。

(5)今后在学习实践中,根据变化再对该方案进行调整和校正。

附:了解你是哪一种知觉倾向性和思维类型?

知觉倾向性调查问卷

这是一个简易的知觉倾向调查表。快速地从(V)、(A)、(K)中选出最适合你的答案。

1. 为了放松你喜欢:

(V)读书、看电视或录像;(A)与别人交谈或听点儿什么;(K)活动一下或运动

2. 告诉别人该怎么做时你喜欢:

(A)告诉他们怎么做;(V)画图进行说明;(K)用手势和行动

3. 你最容易被什么分神:

(K)人或东西在周围动;(V)事物看上去的样子;(A)噪声

4. 独处时你喜欢:

(K)活动一下或做点儿什么;(A)打电话给别人或听收音机;(V)看电视、录像或阅读

5. 你解决问题的最佳途径是:

(A)把可能的解决方法都讲一遍;(V)回想实际的经验;(K)勾勒出可能的解决方案

6．排队时你喜欢：

（K）晃动、总是坐立不安、动动手脚；（V）看过往的人或周围的景色；（A）自言自语或与别人交谈

7．关心别人时你会：

（V）选择寄一张卡片；（A）打电话；（K）拜访

8．你拼写一个较难的单词时喜欢：

（A）听起来觉得是对的；（K）写起来是对的；（V）写出来、看起来是对的

9．你喜欢你的事情：

（V）看起来是对的；（A）听起来是对的；（K）感觉是对的

10．在班上你喜欢：

（A）听讲和讨论；（K）做实验和搞活动；（V）图表、图画和录像

11．你更喜欢问：

（K）你知道了吗？（V）你领会了吗？（A）你听明白了吗？

12．学诗歌的时候你会：

（V）反复地读；（K）不停地走动把握诗歌的节奏；（A）大声地朗读

13．你判断别人的情绪时喜欢：

（V）看别人的脸；（A）听别人的声音；（K）注意别人的动作

14．你喜欢什么样的幽默：

（A）不停地说话的喜剧演员；（K）动作喜剧；（V）色彩丰富的喜剧和动画片

15．在派对上你喜欢花大量的时间：

（K）到处转悠或跳舞；（V）观察正在发生的事；（A）和别人交谈或听别人讲话

16．你喜欢怎样的解释方法：

（V）图表、图画、地图；（A）交谈、听课、讨论；（K）实践

17．向朋友讲述假日经历你会：

（A）打电话；（V）给他们看你的照片；（K）去看他们，与他们分享你的经历

18．你买衣服时：

（V）颜色和样式最重要；（K）质地最重要；（A）别人的意见最重要

19．什么情况下你才能听得最清楚：

（K）你边走边听（或别人边走边讲）；（A）闭上眼睛（或不看说话的人）；（V）能清楚地看见说话的人

20．你最容易记住别人：

（A）说过的话；（K）别人做过的事；（V）别人的长相

说明：A 代表听觉倾向，V 代表视觉倾向，K 代表动觉倾向。如果三种选项的数量基本一样（大约 6/7），那么你没有很强烈的倾向；如果某一项选了 10 个以上则表明有强烈的倾向。这将为你学习新知识和难点提供有益的帮助。这不是一个标准测验，而是对学生和老师有用的、一般性的指导。

思维类型调查问卷

这是一份简单的思维类型调查问卷。从（a）和（b）中快速地选出最适合你的答案或者经常发生在你身上的答案。

（1）（a）你喜欢制作清单、计划和时间表；（b）你喜欢随心所欲地做事

（2）（a）你喜欢与他人竞争；（b）你喜欢与他们组成团队进行合作

（3）（a）你喜欢工作的地方干净整洁；（b）你喜欢工作的地方舒适，但不一定整齐

（4）（a）你喜欢别人一步一步按顺序向你解释事情；（b）你喜欢别人首先告诉你大意，然后再讲细节

（5）（a）你对老师的个人生活不感兴趣；（b）你对老师的个人生活感兴趣

（6）（a）你通过把所有的知识块拼起来学习；（b）你通过顿悟的方式学习

（7）（a）你关心是否能按时完成一件事；（b）你并不关心最后期限，也不会因为没有完成而着急

（8）（a）你可以清楚地表达你的思想和感觉；（b）你有时在表达自己的感觉方面有困难

（9）（a）你喜欢记忆事实和细节；（b）你喜欢记忆大意，容易忘记细节

（10）（a）你买衣服时很仔细，一般事先已经决定好了；（b）你只要看见喜欢的就会买

（11）（a）你常常一次只做一件事，而且能做得很好；（b）你常常喜欢一下子做好几件事

（12）（a）你喜欢明确的规则；（b）你喜欢灵活的规则

（13）（a）你喜欢查字典找出确切的含义；（b）当别人要找出确切的意思时你会生气

（14）（a）你喜欢照着食谱做菜；（b）你喜欢按自己的想法做菜

（15）（a）你能坚持记清单、日记和收支；（b）你开始会做记录，但不久就忘记了

（16）（a）你敬佩有明确计划的人；（b）你敬佩有想象力和冲劲的人

（17）（a）你喜欢仔细、有逻辑地做决定；（b）你喜欢凭感觉临时做决定

（18）（a）你喜欢研究有确切答案、有事实根据的问题；（b）你喜欢研究与思想有关的课题

（19）（a）你喜欢老师一次在投影仪上只显示一个知识点；（b）你喜欢在投影仪上看到整个概貌

说明：（a）选项代表分析型的思维方式，（b）选项代表总体把握型思维方式。有分析思维倾向的人会选 15 个以上的（a），而有总体把握思维倾向的人会选 15 个以上的（b）。有些人不会有 15 个以上的（a）或（b），因为他们没有很强的思维倾向。这可以帮助人们认识自己思考的方法和过程。

（以上两个问卷选自：克里斯蒂·沃德等. 2003. 友善用脑加速学习新方法：成功教育完全手册[M]. 王斌等译. 天津：天津社会科学院出版社.）

第七章 恋爱与性心理

苏联教育家苏霍姆林斯基指出:"对男女青年谈谈什么是爱情,不仅是可以的,而且是必要的。"爱情是人类道德生活的一个重要领域,是人生经历的重要内容,它不仅关系到个人的幸福,而且体现着人类文明进步程度以及社会道德发展水平。

第一节 情感概述

莎士比亚说"爱情是感情的最高位阶",罗素说"爱情就是生活",柏拉图说"恋爱是严重的精神病",心理学家弗洛伊德说"再没有比爱情更容易让人受伤的了",小说家毛姆说"爱情不过是一种肮脏的诡计,它欺骗我们去完成传宗接代的任务"……不同的人对爱情有不同的定义和解读,那么究竟该怎么理解爱情呢?

一、情感分类

人的情感复杂多样,可以从不同的观察角度进行分类。例如,根据情感的正负变化方向的不同,情感可分为正向情感与负向情感;根据情感的强度和持续时间的不同,情感可分为心境、热情与激情;根据情感的主体类型的不同,情感可分为个人情感、集体情感和社会情感等。在此,我们主要讲述离我们最近的三种情感:亲情、爱情、友情。

(一)亲情

亲情在很多时候都被我们忽略了,它那么默默无闻地存在着,给予你最质朴的关爱、最不需回报的爱。只有当我们受伤了、难过了、受委屈了才会想到它。它是我们的避难所,在亲情面前,我们可以展现最真实、最脆弱的自己,不用任何的伪装,想哭就哭,想笑就笑。我们无所顾忌。

亲情就像一股温暖的清泉,缓缓的、孜孜不倦地滋润着我们的心田。哪怕你在任何时候放弃了它,无视它的存在,而当你需要它的时候,它就会及时准确地出现在你的身边,给你宽慰,给你肩膀,给你一个绝对安全的避风港。

(二)爱情

什么是爱情?自古以来,诗人赋予爱情最美好的语言,音乐家赋予爱情最动听的音符,而青少年则以最动人的心情等待爱情的降临。

爱情是神圣的。对于每一次爱情我都用心经营，精心对待。不要拿这次和上一次做任何的对比。因为人是不同的，性格是不同的，而他能给予你的爱也是不同的。如果你去比较了，那这份爱也就不单纯了。其实，爱情越单纯越幸福。有人说，一生只谈一次恋爱就足够了，谈多了人会麻木，分离次数多了对爱情也就有了恐惧。可是谁也不会知道第一次爱情是否就会开花结果，是否就能走进婚姻的殿堂，是否就会陪你走过漫长的人生路。合适不合适只有在一起了才知道，会不会是那个陪你一辈子的人也只有走了一程路才明白。对于成熟理智的人而言，每一次爱情都是认真的，都是冲着结婚过日子去的。只是中间有太多的变数是我们无法预料的。对于爱情就认真一些。爱情是不重复的，而日子也是不会回头的。经历了就是经历了，哪怕到最后真的成了陌生人，至少在偶尔之间也会想起曾经的爱恋，也会会心地一笑。

（三）友情

有一天，友情和爱情碰见。爱情问友情：世上有我了，为什么还要有你的存在？友情笑着说：爱情会让人们流泪，而友情的存在就是帮人们擦干眼泪！朋友就是：偶尔会为你担心、向你关心、替你操心、想你开心、逗你开心、请你放心。朋友之间，懂得关怀才是难得。伤心时不妨和我说；痛苦时别忘了跟我讲；有病时别忘了通知我；困难时记得要请教我；失望时要想起还有我；开心时更不要忘记我。朋友的定义，就在于此。我们是朋友，这就够了！

亲情是一种深度，友情是一种广度，而爱情则是一种纯度。亲情是一种没有条件、不求回报的阳光沐浴；友情是一种浩荡宏大、可以随时安然栖息的理解堤岸；而爱情则是一种神秘无边、可以使歌至忘情泪至潇洒的心灵照耀。"人生一世，亲情、友情、爱情三者缺一，已为遗憾；三者缺二，实为可怜；三者皆缺，活而如亡！"体验了亲情的深度，领略了友情的广度，拥有了爱情的纯度，这样的人生，才称得上是名副其实的人生。

二、爱情产生的原因

要理解爱情产生的原因，首先得知道什么是爱情和有关爱情的理论。所谓爱情，是指男女之间基于一定的客观物质基础和共同理想，在各自内心形成的最真挚的爱慕，并渴望与对方结为终身伴侣的最强烈、稳定、专一的感情。

（一）斯腾伯格的爱情三角理论

迄今为止，心理学家、行为科学家都没有能够客观地解释人类的爱情。他们从不同的角度对爱情进行了阐述，其中，影响最大的是斯腾伯格（Sternberg）的爱情三角理论（表 7-1）。

斯腾伯格认为，爱情包括亲密、激情、承诺三种成分。亲密是指与伴侣间心灵相近、互相契合、互相归属的感觉，属于爱情的情感成分；激情是指强烈地渴望与伴侣结合，促使关系产生浪漫和外在吸引力的动机，也就是与性相关的动机驱力，属于爱情的动机成分；而承诺则包括短期和长期两个部分，短期的部分是指个体决定去爱一个人，长期的部分是指对两人之间亲密关系所作的持久性承诺，属于爱情的认知成分。上述三个成分组成一个三角形，随着认识的时间增加及相处方式的改变，三种成分将有所改变，爱情的三角形会因其中所组成元素的增减，其形状与大小也会跟着改变。三角形的面积代表爱情的质与量，面积越大，爱情就越丰富，三种成分结合在一起才是圆满完美的爱。斯腾伯格进一步提出：在三种成分下有八种不同的爱情关系组合，分别为：

非爱。这三种成分都没有。

喜欢。由于长期相处,异性间产生了相知感,彼此了解对方的经历、兴趣、爱好,有一种朋友般的默契感,这种关系只能称作亲密,缺乏激情与承诺。

迷恋。某一特定时空不期而遇,由于强烈的性吸引,既无了解也无承诺,身体上的亲密之后,形同陌路。

承诺之爱:双方既无生理的吸引,又缺乏相互了解,仅由于某种承诺结合在一起。

浪漫之爱:性的激情与深刻了解,但不能做出承诺。

伴侣之爱:既亲密又有承诺。

闪电之爱:无深刻的了解,但由于强烈的性吸引而闪电般地结为夫妻。

圆满之爱:相知的亲密、生理的吸引及对婚姻的追求与承诺。

表 7-1 斯腾伯格爱情三角形理论:爱的组合

爱的种类	亲密	激情	决定或承诺	表现
非爱	-	-	-	
喜欢:喜欢式爱情	+	-	-	友谊
迷恋:迷惑的爱情	-	+	-	初恋
承诺之爱:空白式爱情	-	-	+	为结婚而恋爱
浪漫之爱:浪漫式爱情	+	+	-	情人的游戏
伴侣之爱:伴侣式爱情	+	-	+	实用爱情
闪电之爱:愚蠢式爱情	-	+	+	一见钟情
圆满之爱:完美式爱情	+	+	+	幸运的家伙

真爱是以"许诺"为两性关系持续与否的核心。"亲密"与"激情"则是"许诺"的延续。关怀、照顾、责任及了解皆是有爱的表现。

(二)爱情产生的原因

促使爱情产生的原因主要有三个方面:生理方面的原因、心理方面的原因和环境方面的原因。它们从不同层面对大学生爱情的产生起着巨大的推动作用。

1. 生理方面的原因

大学生正处于青年期,个体在此期间由于内分泌腺分泌的有关激素,促使男女第二性征的出现,完成性成熟,并具备了生殖能力。生理发育的完善,带来了大学生心理上的变化,开始产生性意识,萌发出探求异性的强烈意识,向往爱情,并试图尽快实践爱情理想。

2. 心理方面的原因

(1)亲密关系的需要。亲密关系对每个人来说都是必不可少的,即使是羁留荒岛的鲁滨孙也要培养出一个忠实仆人"星期五"来满足他的人际交往的需要。完全没有与自己关系亲密的人交流来往,所带来的孤独是一般人很难忍受的。进入大学校园,对大多数人来说意味着脱离以前的群体进入新环境,青年必须重新建立各种关系。烦恼、寂寞、通过交流完善自我……多重目的使青年对亲密关系的需求空前强烈。异性亲密关系发展到顶点就是爱情。除了父母,青年恐怕不会承认有比恋人更亲密的人,而且恋人间的亲密在某些方面是父母子女之间关系比不上的。不过由亲密关系的需要导致爱情可能会出现一种危险,把亲密关系需求与爱情混为一谈。青年（尤其是刚进校门的大学生）对亲密关系的需求很强烈。当其缺乏亲密关系时，某个异性与他交往便满足了他的愿望，这时的青年不一定分得清友谊一类的亲密关系与爱情的区别。

（2）心理空虚。在中学时代，为考大学而努力，一考入大学，就没有了中学时学习的压力与动力，如果再没有及时树立新的奋斗目标，心中就会产生失落感，在这种状态下，大学生常常感到空虚。而这个时期又是大学生第一次远离父母进入人生的"第二次断乳期"，在生活、学习、人际交往上出现了诸多不适应，他们害怕孤独，渴望温暖。在这种情况下，男女大学生很容易结成暂时的"依赖"关系。

（3）从众心理。在大学，同学们年龄相仿，在一块学习、生活、娱乐的机会增多，交际面扩大，心灵碰撞的机会也就增多。有的同学看到别人恋爱，时常有恋人相约，自己也就心理不平衡，羡慕不已。在与他人的接触之中，碰见理想中的人更好，如若不是理想中的人，能过得去就凑合着谈，实在不行的，就谈着玩儿，以满足自己的心理需要。

（4）互助心理。一部分同学把爱情看成前进的动力，遇到谈得来的异性同学就发展成恋人，双方互相促进、互相激励、共同进步。

（三）环境方面的原因

进入大学后，与中学相比，环境发生了很大的变化，父母也不再严厉地禁锢他们的思想和行为，大学也不像中学那样，对学生情感进行禁止，而是采取一种虽不提倡但也不禁止的态度。加上社会文明的不断进步，某些传统的伦理道德观已受到强烈的冲击，青年学生处在新思想新观念的前沿，把爱情看做是他们正当的权利和要求，因而对爱情大胆地追求。此外，电影、电视、网络等传播媒介中有关爱情的内容对大学生的情感变化起了推波助澜的作用。

 知识链接

意大利帕维亚大学研究显示，刚刚坠入爱河中的男女的大脑会发出指令，使人体分泌出一种化学物质，研究人员称这种物质为"爱情荷尔蒙"。这种化学物质令恋爱中的人相互吸引，但是它在人体内仅仅能够存在大约一年的时间。

荷尔蒙的成分

（1）苯基乙胺（phenyl ethylamine）：一见钟情或日久生情，那种"来电"的感觉就是此激素的杰作。神经系统调节其分泌水平，它其实是一种兴奋剂，让人感到极度兴奋、有精力、有信心和勇气，make you like loving。使人颜面发红、瞳孔放大。安非他明（amphetamine）：摇头丸的主要成分，结构与荷尔蒙类似。

（2）多巴胺（dopamine）：能使人产生很欢欣的感觉，它刺激后叶催产素（oxytocin）的分泌，拥抱时那种安全感和满足感与其密不可分。

（3）去甲肾上腺素（noripinephrine）：血管收缩和神经传导，会引起血压、心跳、血糖升高。当你体内充满这些物质时，也正是你意乱情迷之时。

（4）内啡呔（endorphin）：轰轰烈烈之后，那种安逸、温暖、亲密、平静的感觉。Make you like being in love。（其作用接近吗啡）。有些人就是没有办法得到充足的内啡呔使自己安静下来。

（5）后叶加压素（vasopressin）就是控制忠诚的关键。把感情变成永恒。

（6）爱情激素，受机体自我调节能力的调节，这种调节总是试图将机体调整回正常状态，这些物质的体内浓度会逐渐降低。一般高峰持续半年至四年。

（7）爱情瘾君子追求爱情带来的迷醉和疯狂，但是，就像人对兴奋剂会产生抗药性一样，当机体习惯于高水平的激素浓度时，便无法感受激情的冲击。

当然，人类的感情并不仅仅是后叶加压素和脑垂体后叶荷尔蒙作用的结果，也比田鼠或山鼠复杂。人类的感情各式各样，"友谊的爱"是平静、安全、舒适和感情的糅合，科学家说，这种爱比较像田鼠在后叶加压素和脑垂体后叶荷尔蒙的作用下对配偶的感情；而"浪漫的爱"与"友谊的爱"则完全不同，是这种令人着迷的疯狂的激情使人们感觉"正幸福地沉浸在爱河中"。

伦敦大学的科学家们在安德利亚·巴特斯的带领下，最近正在研究恋爱中的大学生的脑状态。他们挑选了17名正在恋爱的年轻人，将他们与核磁共振成像机器相连。核磁共振成像机器显示，当这些年轻人遵嘱在脑中描绘自己的爱人的形象时，他们脑细胞的愉悦区血流明显加速，这一区域在人们着迷于某种兴趣或交合时也会活跃起来。

让研究者们感到吃惊的是，在愉悦区神经活跃的同时，却有两个部分的脑神经被压抑着——扁桃腺和右前额叶的脑皮层。扁桃腺与消极的情绪如害怕和生气相关，右前额叶的脑皮层在人们感到沮丧时特别活跃。看来，相爱的人的积极的情绪一定超过了消极情绪。这可以作为"为什么恋爱中的人是盲目的，对方的缺点都变成了优点"的解释吗？巴特斯谨慎地说："也许吧，但我们还没证实这一点。"

当"浪漫的爱"逐渐淡去，多亏后叶加压素和脑垂体后叶荷尔蒙不断在情人们的脑袋里转来转去，浪漫的爱情最终才转变成基于责任的感情，这也是有的夫妻能够共同生活多年的原因。

此外，浪漫的爱情会激活大脑中某些与"上瘾"相关的区域的现象，引起了托斯卡纳比萨大学玛拉兹蒂的兴趣。这是否与强迫性妄想失调OCD有关联？玛拉兹蒂感到有点迷惑。曾经坠入爱河的人都明白爱的感觉有多强烈：你的脑袋里除了情人，就再也装不下任何东西了。患有OCD的人脑部血液里的复合胺常处于低水平。那么沉溺于爱河的人呢？他们脑部血液里的复合胺也处于低水平吗？答案是肯定的。

玛拉兹蒂和她的同事做了一个试验，他们对20名热恋中的学生和20名患有OCD的人进行了测试，结果发现两个小组的人脑细胞血液中复合胺的含量都低于一般水平。

当爱情逐渐转为平淡，当初那种一日不见如隔三秋的快乐感觉慢慢消失后，事情会变得怎样呢？玛拉兹蒂又对数对已经谈了12~18个月恋爱的情人进行测试，结果发现他们的复合胺已经恢复到了正常水平。当然，这并不意味着他们的关系就此走到了尽头，但这却为恋人之间关系的变化提供了一种生物学上的解释。很多例子表明，浪漫的爱情最终都会转变成基于责任的感情，这还得多亏后叶加压素和脑垂体后叶荷尔蒙不断在情人们的脑袋里转来转去。这也是有的夫妻能够共同生活多年的原因。但是，因为这一连接和浪漫爱情的生化过程是不一样的，有些人的"婚姻荷尔蒙"并不能压制他对另一种东西的渴望，人类学家艾伦·弗舍尔说："问题是，它们不是永远都连接得那么好。"

> **婚姻存在的理由**
>
> 我们大部分的婚姻风俗都是为了调解爱与欲之间的紧张关系。佩珀说,"许多人渴望浪漫激情,但大部分人又需要忠诚、友好的爱"。科学家费希尔推测人类激情和感情的发生发展有各种不同的原因。激情可以让人们在芸芸众生中辨认出哪些是可交配对象,并让"一对情侣继续交往直到性行为自然而然地发生";而感情"可以让情侣在很长时间内忍受对方的缺点并和他(她)生儿育女"。而研究也证明,爱和欲对于人类来说是明显不同的:人类的性行为更多是在睾丸激素(男女都有)等荷尔蒙的刺激下发生的,可是睾丸激素并不能使人产生爱情。社会学家说,我们大部分的婚姻风俗都是为了调解爱与欲之间的紧张关系。佩珀说,"许多人渴望浪漫激情,但大部分的人又需要忠诚、友好的爱"。所以,除了简单地分析与爱、忠诚有关的生物化学,科学家们能在感情方面做更多事。科学家英瑟尔目前正致力于研究如何治疗"感情紊乱",如孤独症、跟踪他人、强烈的嫉妒感等病态性行为。所以如果某天市场上有"忠诚丸""专一水"出售,大家大可不必感到吃惊。而始创这项研究的盖兹教授比谁都渴望这些成果的出现,他说:"我已经花了纳税人100万美元想弄明白为什么人类都不愿意和自己的兄弟姐妹结婚,如果什么也没搞明白就进了坟墓,我会很不甘心。"

三、大学生恋爱的特点

当代大学生是青年群体中文化层次最高的一部分,较之其他同龄人及历史上的大学生,他们的恋爱具有自己明显的特点。

(一)恋爱行为公开化

当前高校虽不主张谈恋爱,但随着人们观念的变化,大学生谈恋爱已不再顾忌他人的评价,逐渐从"地下"转为公开。

(二)恋爱的目的多样化

调查显示,单纯因感情问题而恋爱的只占49.4%,其他非感情因素如"孤独""空虚""寻求刺激""体现自我"等恋爱动机驱动,使当前大学生的情感体验复杂化、恋爱心理多样化。

(三)恋爱年纪低龄化

受社会上的早恋现象及校园内高年级同学恋爱行为的影响,大学生刚进入大学就谈恋爱的比例逐渐上升,在谈恋爱的学生中,一年级学生占20%左右。

(四)婚恋观念开放化

这表现在,40%左右的同学对婚前性行为持理解和宽容的态度,认为"只要真心相爱,无须指责",传统的贞操观在大学生的思想观念中逐渐淡化。

(五)恋爱关系脆弱化

在校大学生谈恋爱一般不考虑经济、地位、职业、家庭等社会性问题,浪漫色彩浓厚,自主性强,约束性差,情感性强,理智性弱。往往不能理性地对待恋爱中的挫折,表现为恋爱率高、巩固率低,能发展为缔结婚姻关系的寥寥无几。

第二节 大学生情感心理问题

一、恋爱中的常见问题

爱情从人类诞生以来就伴随着每一个人，它有时带给人们幸福，有时也带给人们失意和惆怅。爱情是恋爱和婚姻的基础，关系到人们的生活、学习和工作。对于大学生而言，其正处于爱情的萌发阶段，伴随着爱情的出现，越来越多的恋爱问题困扰着大学生，影响着他们的学习和生活。

（一）恋爱动机中的常见问题

受近年来社会思潮及其他因素的影响，大学生的恋爱动机已经开始趋向多元化，大学生恋爱动机中存在的问题主要有以下几种。

（1）单纯追求浪漫。这类学生情感比较丰富，浪漫的爱情对他们有着强烈的吸引力，对爱情浪漫色彩的追逐和窥探心理日趋强烈。他们并非不尊重爱情，而是觉得出没于花前月下的刺激比爱情的责任和义务更富有色彩和韵味。与这种色彩和韵味相比较，人物自身的品质被淡化了。他们请示和接受爱情时，对爱情的缠绵悱恻有较深的体验并乐在其中，时时沉浸在两人的世界里，忘却了集体，甚至忘却了学业。

（2）填补空虚。这类学生在精神上不太充实，同性朋友较少，时常感到孤独、烦闷，为了弥补精神上的空虚，急欲与异性朋友交往，"恋爱"成为一种近景性的精神需求。尤其是周末，当寝室的室友成双成对地走出校园，自己一人在寝室时，有一些同学会有一种空虚得想谈恋爱的感觉。女生的这种心理体验尤为明显。据报道，有一所大学的一个班的全部女生在大二时就都有了"相恋对象"，用她们自己的话说，"我其实不是真的在谈恋爱，只是生活太乏味了，又没有知己，想找个伴畅快畅快"。

（3）功利实惠。有的同学谈恋爱是基于现实，为了世俗的功利实惠。他们的恋爱更多地加入了为未来生活着想的动机。恋爱对象的家庭条件包括社会地位、财产、声望名誉、居住地、职业等的高低好坏，以及对方的学历、外表、社会期望等成为能否恋爱的前提条件。这是一种很现实的爱情，爱情的发生理性大于感性，能否长久取决一方所拥有的条件能在多大程度上、多长时间里满足对方的需要。

（4）时尚攀比。在一些高校，恋爱成为一种时尚。当周边的许多同学有了异性朋友时，一些男同学为了不使自己显得无能，一些女同学为了证明自己的魅力，也学别人的样子匆匆地谈起了"恋爱"。由于目的性不强，缺乏认真的态度，常常是跟着感觉走，把谈恋爱看成是一种精神上的补偿，常以"因为没想那么多"为借口而各奔东西。这种恋爱带有很大的随意性。

（5）游戏玩乐。有的同学对恋爱抱着一种玩世不恭的态度，以游戏的心态对待爱情，视爱情为一场游戏，以赢得最多、损失最少为目的，在恋爱中寻求一种两性情感生活上的即时满足和人生体验，着重于恋爱过程，行为比较轻率。他们只求个人需要的满足，不愿付出真情。这类恋爱进程快、过程短，恋爱关系稳定程度低，更换恋人快。

（6）为了情欲。恋爱的主要推动力之一是情欲，但是有的人是用理性主导情欲，有的人则相反，让理性成为情欲的奴隶。也有的人开始时并非为了情欲，但在恋爱过程中由于对自己的约束不严，过早步入性爱"雷区"，导致满足性欲成了其恋爱的主要动机。这种占有式的爱情，一方面会让被爱一方深深地感到自己在对方心中的重要性，但另一方面，时间一久，也会让对方感到备受束缚，缺乏个人空间。

（二）爱情观念中存在的问题

（1）把爱情看得至高无上。有的同学把裴多菲的一首诗变成了桌面文学中的"生命诚可贵，爱情价更高；为了爱情故，什么都可抛。"将恋爱置于其他所有重要的人生任务之上，甚至因为恋爱而荒废了学业。

（2）把爱情想象得完美无缺。将恋爱的对方想象得极其完美，认为爱情只有甜蜜，没有冲突，把爱情想象成一场粉红的浪漫。这种"真空爱情"或者叫"玻璃爱情"夸大了爱情的完美性而忽视了其现实性，往往是十分脆弱的。

（3）视爱情如投资，认为付出总有回报。有些同学认为爱情是靠努力可以争取到的，坚信只要付出总会有回报。这类同学耐心地守望着爱情，甚至会死皮赖脸、"百折不挠"，大有"不达目的誓不罢休"的劲头。但爱情是人的终身大事，成熟理智的青年既不会这样做，也不会被这种行为打动。

（4）认为由于相爱而发生性关系是道德的。这种观念很具有欺骗性，它忽略了很多不可忽略的前提，忽视了很多不容忽视的后果。对于大学生而言，无论何种情况下发生性关系，都往往会带来意想不到的后果。

（三）恋爱行为中的常见问题

大学生恋爱行为中的常见问题有单恋、多角恋、失恋、婚前性行为等，这些内容将在下面讲到。

二、恋爱中的常见心理效应

吊桥效应、俄狄浦斯情结、首因效应……不要以为这些心理学名词离你很遥远，其实它们都是最普遍的恋爱心理现象。下面我们就为你解析12大恋爱心理效应，掌握了它们，让你玩转爱情！

（一）吊桥效应——心动不一定是真爱！

当一个人提心吊胆地走过吊桥的一瞬间，抬头发现了一个异性，这是最容易产生感情的情形，因为吊桥上提心吊胆引起的心跳加速，会被人误以为是看见了命中注定的另一半而产生的反应。

（二）契可尼效应——为什么初恋最难忘？

西方心理学家契可尼做了许多有趣的实验，发现一般人对已完成了的、已有结果的事情极易忘怀，而对中断了的、未完成的、未达目标的事情却总是记忆犹新。这种现象被称为"契可尼效应"。

（三）俄狄浦斯情结——为什么会爱上大龄的他/她？

恋母和弑父都是俄狄浦斯情结，俄狄浦斯不认识自己的父母，在一场比赛中失手杀死了父亲，又娶了自己的母亲，后来知道真相了，承受不了心中的痛苦，就自杀了。心理学用俄狄浦斯情结来比喻有恋母情结的人，有跟父亲作对以竞争母亲的倾向，同时又因为道德伦理的压力而有自我毁灭以解除痛苦的倾向。

（四）黑暗效应——光线昏暗的地方更易产生恋情？

在光线比较暗的场所，约会双方彼此看不清对方表情，就很容易减少戒备感而产生安全感。在这种情况下，彼此产生亲近的可能性就会远远高于光线比较亮的场所。心理学家将这种现象称为"黑暗效应"。

（五）首因效应——初次见面为什么重要？

指人与人第一次交往中给人留下的印象在对方的头脑中形成并占据着主导地位的效应。

（六）古烈治效应——男人为什么喜新厌旧？

古烈治效应说明了男女思维的差异，男女都有自己思考问题的角度。后来它就成了男人见异思迁、喜新厌旧（或淡旧）的著名心理学效应了。心理学家把雄性的见异思迁倾向称为"古烈治效应"。这一效应在任何哺乳动物身上都被实验证明了，人为高等动物，不可避免地残留着这一效应的痕迹。男性在心理上有喜新厌旧的倾向也不是什么人格缺陷，而是有着深刻的生理的、心理的基础。但人有良知、有道德，靠这些东西才使人最终脱离了动物界。

（七）多看效应——如何擦出爱的火花？

对越熟悉的东西越喜欢的现象，心理学上称为"多看效应"。20世纪60年代，心理学家查荣茨做过这样一个实验：他向参加实验的人出示一些人的照片，让他们观看。有些照片出现了二十几次，有的出现了十几次，而有的则只出现了一两次。之后，请看照片的人评价他们对照片的喜爱程度。结果发现，参加实验的人看到某张照片的次数越多，就越喜欢这张照片。他们更喜欢那些看过二十几次的熟悉照片，而不是只看过几次的新鲜照片。也就是说，看的次数增加了喜欢的程度。

（八）互补定律——为什么性格互补的人更易产生恋情？

人与人在具体内容上能够互相满足，会产生强烈的人际相互吸引，这就是互补定律。研究表明，任何一个团体，如果全都是性格相近的人，那么很容易造成内部的不和谐，容易发生争执。这是因为性格相近的人需求类似，同时对一种事物产生需求的时候，大家就会产生利益冲突。

（九）罗密欧与朱丽叶效应——为什么受阻挠的爱情更坚不可摧？

在莎士比亚的经典名剧《罗密欧与朱丽叶》中罗密欧与朱丽叶相爱，但由于双方世仇，他们的爱情遭到了极力阻碍。但压迫并没有使他们分手，反而使他们爱得更深，直到殉情。这样的现象我们叫它"罗密欧与朱丽叶效应"。所谓"罗密欧与朱丽叶效应"，就是当出现干扰恋爱双方爱情关系的外在力量时，恋爱双方的情感反而会加强，恋爱关系也因此更加牢固。

（十）投射效应——为什么会网恋？

所谓投射效应，是指以己度人，认为自己具有某种特性，他人也一定会有与自己相同的特性,把自己的感情、意志、特性投射到他人身上并强加于人的一种认知障碍,即在人际认知过程中,人们常常假设他人与自己具有相同的属性、爱好或倾向等,常常认为别人理所当然地知道自己心中的想法。

(十一)自我选择效应——为什么恋爱中的抉择那么难?

什么样的选择决定什么样的生活,今天的生活是由3年前的选择决定的,而今天的抉择将决定3年后的生活。这就是自我选择效应。一旦个人选择了某一人生道路,就存在向这条路走下去的惯性并且不断自我强化。选择效应对人生的影响是巨大的。

(十二)拍球效应——吵架时为什么会越吵越凶?

拍球效应:拍球时,用的力越大,球就跳得越高。拍球效应的寓意就是:承受的压力越大,人的潜能发挥的程度越高;反之,人的压力较小,潜能发挥的程度就较小。

三、恋爱中的心理挫折与情感危机

大学生在享受爱情的同时,也极有可能遭受到恋爱挫折的打击。大学生由于生理心理特点的特殊性,他们在遇到恋爱挫折时,有的悲伤痛苦,有的愤怒绝望,有的沉溺于往事,难以自拔,有的迁怒于人,更有的产生报复的行为,大学生常见的恋爱挫折有哪些?又该如何应对呢?

(一)错把友谊当爱情

从两者的本质上看,友谊是人们在生活、学习、工作中,基于共同的情趣、志向及其他一些相互吸引的因素而产生的一种美好而又亲密的情谊,是人与人之间在相互尊重、互相信赖的基础上建立的一种美好情谊。而恋爱阶段的爱情则是一对男女基于一定的客观物质基础和共同的生活理想,在各自内心形成的对对方的最真挚的仰慕,并强烈渴望对方成为自己终身伴侣的稳定的、专一的感情,是生理、心理成熟达到一定程度的人基于朦胧的或觉醒的性需要对异性产生具有动机、情绪和认知成分的高级情感。

友谊与爱情的区别是:

(1)前提和支柱不同。友谊的前提和支柱是"理解",爱情的前提和支柱则是"感情"。理解是理性的,感情有时是不讲理性的。

(2)要求不同。友谊要求的是人格、地位等的"平等",希望互相信赖、互相尊重。爱情却要求双方的"一体化",即双方都强烈地希望融为一体。

(3)规则不同。友谊是开放的,朋友不厌其多,随时可以接纳新友;爱情则是封闭的,恋人要求对方的唯一,不容许第三者来"参与"。

(4)信心不同。友情让我们充满信心,朋友之间很少猜疑,友情的基础是信赖,没有信赖就谈不上友谊;恋爱时期的爱情则纠缠着不安、不自信,希望独占,害怕失去,充满猜疑。

(5)感受与期望不同。友情充满"满足感",友谊的存在让我们的心灵感到充实,无论为朋友做事还是朋友为我们做事都让我们高兴和满足;爱情则充满"欠缺感",爱得越深、越强烈,就越感到心灵的欠缺,越感到恋人对自己生命的重要,越对恋人充满渴望。

(二)单恋

单恋也叫单相思,是指一方对另一方的一厢情愿的倾慕、思念和热情,而对方却没有相应的反应。单恋有三种情况,第一种是曾经热恋的情侣一朝情变,一方感情不再,而另一方仍难舍旧情,希望对方能回心转意,于是编织着破镜重圆的美梦;第二种是得不到回报的单相思,一方向另一方表达了爱慕之情,却没有被对方接受,但却摆脱不了这种感情的枷锁,期望有朝一日"精诚所至,金石为开";第三种是暗恋,对方毫无所觉,而这方又羞于表达,于是茶饭不思、夜不能寐。单恋形成的原因很复杂,主要与单恋者的幻想特质、信念误差和认知偏差等有关。

单恋者固然能体验到一种深刻的快乐,但更多体验到情感的压抑,因为他们无法正常地向自己所钟爱的异性倾诉柔情,更得不到对方的积极反馈,所以常常痛苦得难以言表。对单相思的解决办法有以下几种。

(1)树立正确的爱情观。与自己喜欢的人两情相悦才有可能幸福,而没有回应的感情是不可能结出甜美的果实的。对于爱情而言,重要的是双方之间能否产生"心灵的撞击"。树立了正确的爱情观,才能指引自己的行动,去追求自己的所爱。

(2)主动了解对方的态度。钟情的一方可以主动采取行动了解对方的一些重要情况以及对方对你的态度。比如,对方有没有意中人?如果还没有,那么她(他)的择偶条件和标准是什么?你现有的条件能否引起她(他)的爱慕?她(他)对待你仅止于一般的礼貌和热情,还是有什么异乎寻常的地方?弄清楚这些情况再根据可能性大小来做决定。

(3)勇敢地向对方示爱。如果她(他)还没有意中人,而你现有的条件又基本能符合她(他)的要求,你在她(他)心中又确实占有一定的位置,这时与其让这种相思之苦放在心中煎熬,还不如下定决心通过适当的方法向对方表白自己的心迹。在求爱之前,你必须要有清醒的认识,即求爱的结果可能是对方接受你,也可能是拒绝你,你承受得了被拒绝吗?

(4)自我解脱,急流勇退。一旦真的被拒绝,虽然痛苦,但也值得庆幸。"长痛不如短痛",与其忍受单恋遥遥无期的长痛,不如"慧剑斩情丝"。如果对方已有意中人,或者你现有的条件根本引不起她(他)的爱慕,那你就要有自知之明,急流勇退,尽可能把她(他)忘掉。爱情是双方感情的付出,知道对方不可能爱你,还继续单恋的话,只会伤己而无任何益处。

(5)把爱埋在心底。爱别人的感觉虽然是美好的,但如果没有结果,明智的方法是把这份美好的感情封存在心底。爱对方就应该为对方着想,不要让自己打扰对方的平静,也不要让对方与你一起陷入烦恼之中,在心里永远为对方默默地祝福,这才是爱的最高境界。相反,不顾及对方的感受,想方设法地去表达你的爱,其结果只会使双方更加痛苦。

(6)及时释放郁积的能量。对有关自己所喜爱的人的各方面信息以及自己的想法、感受,你可以经常与好友交流,或许能从他们那里得到启发和点拨,不至于长时间闷在心里,产生一些不正确或畸形的念头。如果找不到可信任的伙伴倾诉,你还可以求助于心理辅导老师,相信他们一定可以帮助你走出苦恋的困境。

(7)情感升华。既然单恋使你痛苦难受,又明知毫无结果,此时最好把精力转移到学习和工作中去,在紧张、繁忙的工作和学习中忘却痛苦,说不定还会有意外的收获。

(8)不要盲目地急于再次恋爱。为了摆脱单恋之苦,匆忙开展另外一段"恋情"似乎可以在短时间内使心灵得到抚慰,但是盲目和一个自己不爱的异性"相恋"所带来的结果往往是另一种痛苦的衍生,疾病乱投医只会适得其反。另外,这种做法实际上也是骗己骗人,是不道德的。

大学生单相思心理测验表

你是否"单相思"呢？请你自己测一下。请对下列各题作出"是"或"不确定"或"否"的选择。选"是"划"√"，选"否"划"×"，选"不确定"划"O"。

(1) 我十分崇拜某些偶像明星。
(2) 最近我感到十分空虚。
(3) 我常心烦意乱，什么事也做不下去。
(4) 我常常在梦里与某个人谈情说爱。
(5) 我是那么的喜欢他（她），可对方却没什么反应。
(6) 最近我在工作（学习）时总是不能集中注意力。
(7) 平时我喜欢的活动，现在兴趣也减少了。
(8) 我常看描写情感方面的小说或电视连续剧。
(9) 我常记日记来倾诉心事。
(10) 我总是盼望他（她）能出现在我的面前。
(11) 我希望他（她）能向我表白爱情。
(12) 他（她）好像总是故意躲着我。
(13) 我相信"心有灵犀一点通"。
(14) 我最近饮食状况不太好。
(15) 我最喜欢打听有关他（她）的一切信息。
(16) 他（她）好像挺喜欢我。
(17) 听说他（她）已经有恋人了。
(18) 爱一个人不需说出口。
(19) 我的桌上一直放着他（她）的照片。
(20) 我常换新衣服和新发型，想引起他（她）的注意。
(21) 昨天他（她）从我身边走过，态度不怎么热情。
(22) 他（她）一跟我说话，我就有点紧张。
(23) 他（她）好像只把我当成普通朋友看待。
(24) 我看见他（她）和别的异性在一起有说有笑，心里就不是滋味。
(25) 多么希望他（她）能来约我出去玩。

【评分规则】选择"是"记2分，选择"不确定"记1分，选择"否"记0分。各题得分相加，统计总分。

【分数解释】

1~16分：说明你已经喜欢上对方了，找个方法试探一下对方是否也喜欢你。

17~33分：说明你已经爱上对方了，但对方好像没有给你同等的感情回报，使得你近日比较痛苦，也影响你的生活和学习。

34~50分：说明你已经深深爱上了对方，但对方好像只把你当成一般朋友。你不妨鼓起勇气去问问他（她），并做好准备承担被拒绝的痛苦。

(三) 三角（多角）恋

一个人同时被两个或两个以上的异性所追求，或者同时追求两个或两个以上的异性，并建立了爱情关系，就是多角恋。多角恋是爱情纠纷的主要原因之一，是比单恋更为复杂、更为严重的异常现象。由于性爱具有排他性、冲动性，所以任何一种多角恋都潜伏着极大的危险，一旦情绪失控，就会给对方和社会带来严重后果。

多角恋产生的原因主要有以下几个方面：

（1）恋爱动机不良。有的人一开始和异性交往就动机不纯，朝三暮四，见异思迁。为了满足不同的欲求，便在不同角色中周旋以寻求快乐，有的甚至发展到玩弄异性的程度。

（2）择偶标准不明确。由于个性不成熟，生活经验不足，恋爱前没有一个较为明确的标准，无法断定哪一位更适合自己，只好多方应付，分头追逐。

（3）盲目崇拜。明知对方已有对象，但由于固执任性、嫉妒好强、盲目崇拜，而导致多角恋。

（4）虚荣心强。以为追求者越多，身份就越高，若退出竞争，就是承认自己比别人差，这是导致自私自利、对自己和他人感情不负责任的多角恋的主要原因。

多角恋是不道德的、危险的、不负责任的，也是不可能成功和幸福的，要认识到它潜在的危险性和非理性，及时清醒，悬崖勒马。

教育学家陶行知曾诙谐地说："爱情之酒甘而苦，两人喝是甘露，三人喝是酸醋，随便喝要中毒。"若是陷入了三角（多角）恋的纠葛中，应该怎样挣脱它的心理羁绊呢？

（1）树立正确的婚恋观和道德观。忠贞专一，相互坦诚，自尊自爱。内化为一种良知，知道自己可以干什么、不可以干什么，并且对自己的行为负责；同时，知道什么是正当的、什么是可耻的、什么是众人唾弃的。若能经历这个认知和内化的过程，就能在理智和情感上摒弃多角恋。

（2）鱼与熊掌，不可兼得。鱼与熊掌只可选其一，这是无法回避的也是最终的结果。选择爱人时，要求对方十全十美，绝对满足自己的需要，这是一种理想主义的爱情观。

（3）比较权衡，果断抉择。作为恋爱的对象来考虑，选择其中一位并建立恋爱关系，在关系存续期间，与其他异性的关系就不能超出友谊界限。如果身处三角关系中，那你首要做的事就是比较、权衡，然后果断抉择。当你选定一位时，要将全部的爱心献给她（他），对另一位要忍痛割爱，明确中断恋爱关系，切不可藕断丝连。在必要的交往中，言谈举止要有分寸，不能显得过分亲切。选择是痛苦的，但不经历痛苦就没有幸福，越是迟疑，越难以自拔，也就越痛苦。

（4）理智自控，和平解决。彼此之间不要发生正面冲突，与主角理论并且心平气和地和平解决才是正道。

（5）当进则进，当退则退。作为配角要自尊自爱，如果一个人既爱着你又爱别人，说明她（他）对你的爱并不专一、纯真，既然如此，何不趁早离开？天涯何处无芳草！如果她（他）爱你很深，只是个性脆弱，以至于被第三者缠住，则应该积极争取。如果你是个条件差的副角，能力、学识、人品远不及你的对手，你判定对手会给主角带来更大的幸福，这时就要有牺牲精神，尽管这种牺牲是痛苦的。要学会正确的自我评价、自我解脱，一旦发现自己处于劣势，应赶快悬崖勒马，退出漩涡，这不是无能，而是明智，这样可以从痛苦中及早挣脱出来而重新追求更现实的幸福。

（6）晓之以理，动之以情。作为配角，回忆过去爱的经历，谈论过去美好的时光，唤起主角的悔悟之心。客观地、全面地分析目前状况的根源、矛盾的焦点及其危害性，使之认识到问题的严重性。对主角要一如既往，甚至加倍地亲热和友好，使她（他）认识到你的可爱可敬。如果仁至义尽了，但仍然回天乏术，此时离去，心理就坦然得多了。

（四）失恋

失恋是恋爱的对方提出终止恋爱关系。无论对任何人而言，失恋都是一种痛苦的情感体验，会不同程度地造成心理创伤，导致出现烦躁、抑郁、焦虑、悲观、愤怒甚至绝望的消极情绪。

失恋后常见的消极心理反应有以下几种：

（1）酸葡萄心理。吃不到葡萄就说葡萄是酸的，恋爱不成，就说对方不适合自己、不配自己，以取得心理平衡。

（2）退化行为。失恋后，产生与年龄身份极不相符的幼稚行为，在对方面前哭哭啼啼，苦苦哀求重归于好。

（3）冷漠。失恋后把痛苦埋在心底，长期心情抑郁，变得孤僻、冷漠，甚至积郁成疾。也有人为寻求精神寄托，以酒消愁，在酒精与尼古丁中麻醉自己。

（4）悲观绝望。失恋后，万念俱灰，自以为"看破红尘"，离校出走，甚至走上轻声之路。因失恋而漠视生命，是对生命和爱情的亵渎，是让人瞧不起的懦弱行为。

（5）攻击报复。失恋后，违反做人的道德，无视法律的尊严，揭露对方的隐私，侮辱对方的人格和名誉，无端造谣中伤。有的人甚至失去理智，伤害甚至杀害对方，或者转向攻击无辜的人，来发泄自己的怨怒。

失恋后的积极心理反应有以下几种：

（1）失恋不失德。爱情的初衷是为了幸福，虽然你心里可能很痛苦，但你既然喜欢或者爱对方，就应该真诚地祝福她（他）在将来能得到真爱、美满幸福。即便不能在一起，也应该感谢对方，给自己留下美好的回忆。

（2）失恋不失智。失恋是痛苦的，但不必过于悲伤。因为如果双方或一方感觉不适合而硬要在一起，将来一定更痛苦。所以，有爱时，无须太忘得意满，失恋时也不用一蹶不振、郁郁寡欢。海誓山盟有缘，负心忘情有因。

（3）失恋不失志。失恋不等与失去一切，如果因为失恋而萎靡不振，导致事业心丧失，或者丢掉向上的信心的话，那么事业也会抛弃你，你会因为失恋而失去更多的东西。

（4）失恋不失去自我。爱情没有了，你还有自己。这话也许自恋了一点。但试问自己都不爱自己的人，又怎可指望他人来爱呢？不管是基于什么原因而导致分手，首先要做到的是保证自己还爱自己。该按时吃的三餐一定要去吃，该睡觉的时候就乖乖去睡觉，睡不着听音乐，总比没出息地暗暗垂泪来得好。只有让自己变得更好，你才能收获新的爱情。所以，请千万记住，失恋后要更爱惜自己。

失恋心理自我调节的方法：

（1）价值补偿法。此法旨在稳定人的情绪、平衡人的心理、增强信心和勇气，而且对事业的成功还能起到激励作用。失恋学生要努力克服爱情至上的观念，明确爱情固然重要，但毕竟不是生活的全部，生活中还有比爱情更重要的东西，那就是对理想、事业和工作的追求。

要自觉摆脱失恋的阴影，把精力投入到学习、工作之中，把失恋升华为一种奋发向上的动力。

（2）多维思考法。心理学认为，当受到外界刺激、情绪不能自主时，排遣这种不良情绪的关键是冷静和理智。失恋后，不妨静下心来回忆一下整个恋爱过程，冷静、客观地分析一下失恋的原因，认真地总结经验教训，例如：你们的恋爱是否存在盲目性？对方感情的变化有无道理？这样的爱值不值得留恋？

（3）活动转移法。因失恋而悲痛欲绝的大学生，可以通过参加有意义的活动，如文体活动、学习班、继续深造等，将自己的注意力转移到其他事上去，使消极的情绪得到控制。置身于欢乐的环境中，用新的乐趣来冲淡心中的郁闷，可使自己忘掉痛苦和烦恼。心理学认为，当保持记忆的条件暂时不存在，或者被另一种现象干扰时，就会造成人们对某种事物的遗忘。这样，伤感者不仅精神上得到了补偿，而且可以打开生活的视野，产生新的理想和追求。

（4）自我安慰法。此法是指当人产生悲观失望情绪时，通过"自我"调节，使心理上得到某些满足，以促进心理平衡。恋爱同其他事情一样，既有成功，也有失败，那么，我们为什么只苛求成功而不正视失败呢？况且，第一次闯入你心中的异性并不就是唯一可爱的，第一次作出的择偶选择也未必都是最佳选择，除了对方之外，难道就没有别的人可选择了吗？正所谓：天涯何处无芳草，莫愁前路无知己。

（5）积极认知法。任何事物都有其正反两面，失恋虽说是一次失败的恋爱，但同样有其独特的积极意义，比如，失恋能避免以后的婚姻失败，失恋能增长阅历和耐挫能力，失恋能澄清自我的爱情观，失恋能让人学会珍惜、尊重和宽容等。多从积极的角度认识失恋问题能有效降低痛苦感，将失恋的负面影响降低。

知识链接

失恋自救术

压力疏解有六个要点，通过这六种方法可以适当地疏解压力。我们不妨将之模拟，失恋急救箱里也应备妥几样物品，兹举以下二类供参考。

一、六贴维生素，每日定时吞服。

（一）维生素A——行动（act）

失恋最怕瘫痪不起，任何自我照顾的行动都是良药：去打球，去狂舞，去山上、海边大叫，去遛狗，去公园晒太阳，去看电影。很多人借由仪式来完成心里的哀悼，如烧毁昔日信函，此类告别行动颇有疗伤的效果。

（二）维生素B——转念（believe）

失恋最怕钻牛角尖，特别是算旧账、悔不当初，其实于事无补。想想情圣们的金玉良言："得之我幸，不得我命"、"曾经爱过，又何必拥有""爱情若握在手里，就扼杀了这只爱情鸟""往者已矣，来者可追"……把美好的回忆收藏，用祝福为这段因缘画上句点。

（三）维生素C——倾吐沟通（communicate）

失恋最怕自我退缩、封闭，将自己禁锢在悲伤孤单的城堡。找人说、自己写、网上和网友诉诉心声，情绪要有出口，不然会决堤。然而，因为怕说了更伤心或"心丑不可外扬"、怕别人笑话而干脆封口是不明智的,殊不知,说出来就是一种治疗,能说代表心理上已经可以坦然面对。

(四)维生素D——转移(distract)

失恋最怕陷在泥淖中无法自拔,抽离心情的方法很多,离开伤心地去旅行、听段音乐、看看书、祈祷,或者把爱转移,去帮助那些需要爱的流浪狗、去关怀身边的老人、小孩……年轻人最常用上网、电视、聊天来转移。

(五)维生素E——撷取意义(extract)

失恋最怕僵化思考、完全失去反省或在痛苦中找寻意义的能力,反省不是数落谁的错,而是能在失去后客观评估双方的成长、学习,以及可以作为下一段感情的借鉴。

(六)维生素F——体适能(fitness)

失恋最怕"虐待自己的身体",狂吃狂饮,甚至借酒药消愁。每天要想办法锻炼自己,如有氧舞蹈、游泳、慢跑,强化心肺功能;做瑜伽、普拉提提升自己的柔软度;举重、仰卧起坐、伏地挺身维持肌肉耐力,运动让身体释放恩多芬,加速身心复原。

二、四贴 over 止痛药膏,痛时使用

失恋的痛无所不在,触景伤情,夜深时昔日光景历历如绘,真是苦不堪言,有时成了身心症,胸闷心口痛、失眠、厌食、注意力不集中等,生活大受影响,需要拿出些方法为自己减痛,简而言之,就是要接受恋人关系的终止,承认那已是过去式,over 了。然而生命可以继续它的自由丰富之旅。

(一)以 open(开放)代替 obsessed(沉溺)

沉溺自苦,无法自拔,往往因为只看过去,永远都在悔不当初,只胶着在失去,难免终日丧志。试想一个开车的人不往前看,只执意用后视镜是多么危险的行为!身后美景已是过眼烟云,前窗开放的是未来的新可能。

开放心胸才能止痛。开放三贴:

(1)找回爱自己的力量:每天列出三处欣赏自己的地方,如仍维持生活的常规、理性的沟通能力、可以微笑、愿意自省等。

(2)保持与外界联结:跟别人分享经验,听演讲、读书,了解别人的复原历程,参加社团等休闲活动,都可以找到不同的应对方式。

(3)对美的事物开放,洗涤心灵:大自然、音乐、诗词,都是疗伤良药。以先人为师,"挥一挥衣袖,不带走一片云彩",爱的路上,潇洒走一回。

(二)以 victory(得胜)代替 victim(受害)

失恋者常以受害者自居,有时以受苦做自我惩罚,有时以苦肉计惩罚对方,或者企图挽回,其实失恋并非真正的问题,我们如何面对和回应失恋的局面才是考验,有些人成了受害上瘾,自艾自怜,开口闭口都是别人负他,搞悲情无济于事,只会削弱自己的力量。这样的心态对自己伤害更大,不得不警惕。

跨出受害者角色,要靠重建认知三贴:

(1)失恋并非失败。恋爱在于两情相悦,回顾恋爱中的点滴,彼此都是成人,各自有该负的责任,变调是双方互动的结果,双方都有责任学习和平分手,甚至快乐分手,过程虽痛,仍可双赢。

(2)失恋调适,要建立"正向分离"的观念。也就是说,分手除了充满焦虑、痛苦、

害怕、悔恨、不舍，它也可以是坦然、有准备、感恩和彼此祝福的。勉强没幸福。

（3）看到更独立的自己。分手虽痛苦，却是一个可以自主、再学习的过程，列出复原计划和时间表，期待通过且跨越此座栅栏，战胜失恋的打击，自己在情绪及生活的独立上，会更精进。

三、以 express（表达）代替 explode（爆发）

失恋者要保持冷静和理性的沟通、自我表达，否则，一旦落入非理性思考和冲动，或者失去自我控制，心存挑衅，用攻击暴力采取报复行动，很容易铸成大错，会追悔莫及。表达有各种形式，当今国际知名的创伤心理治疗专家、国际心理治疗联盟理事长瑞士的 Schnyder 医师提供了一个良方，就是每天给自己 20 分钟书写负面情绪，如愤怒、悲伤、自责、孤单等，毫不保留地写下，然后找一个盒子放置，这在心理上有其意义，因为受创如失恋时，很容易情绪泛滥，所以用这种方法等同于在时间（20 分钟）和空间（盒子）上都设限，完成后就把它当成今日功课已毕，试着放下。

预防不当的情绪爆发，可借助表达三贴：

（1）要道歉，昨日之非不要回避，坦然致歉，也原谅自己的无心。

（2）要道谢，对方的好、付出，甜蜜的回忆，感情的记忆，将之仔细存妥收藏，感恩其作为青春岁月的注记。

（3）要道别，有些分手一方避不见面或避重就轻，无法善别将留下疑云重重，好好道别则帮助双方负责地为关系画上句点。

四、以 respect/reevaluate/recover（尊重/反省/复原）代替 repress/regress/resent（压抑/退化/怨恨）

恋情不成情义在，失恋的警讯让自己有机会重新评估自己的核心价值，尊重彼此的过去，尊重自己当初的选择，反省亲密关系中未修毕的功课，虚心受教，如此复原指日可待。反之，有些较不成熟的年轻人，亲密关系中过度依赖，失去自我，恋人离去后仿佛也失去自己的完整性，退化到失功能的状态，或者无法化解内心的怨恨，压抑郁积，让生活出现危机。

走出危机，有复原三贴：

（1）幽默以对。研究显示，逆境中仍展现韧性的往往是具备幽默感的人，无论用自嘲还是自我调侃，都是一种轻松的态度，代表打破沉闷的能量。寻求其他人生乐趣，如同学聚会、运动、社团、旅行。

（2）正常作息可以增加抗压能力。找出生活的秩序，失恋常会瓦解我们生活的动力、考验我们的应变能力，生活优先级要重新列出，尝试拓展生活圈，给自己复原订出目标和计划，逐步向前。

（3）尊重生命的不完美。勇于自我修正，以正向思考、心存感激、超越往昔的自己，迈向更平衡成熟的两性关系和更健康的人生哲学。

如果每日都服用以上综合维生素，代表你看重自己，也有能力照顾自己，复原指日可待，伤痛膏药针对"lover"的结束之痛提出疗方，要随身携带使用。

最终，失恋会是让你更成熟、更独立的一段插曲，你终会回到生命的基调中，继续完成属于自己的乐章。

（资料来源：http://www.zhxww.net/zhnews401/zh11/zh019/20060606140805-2.htm）

四、情感心理问题调适方法

针对大学生谈恋爱所带来的种种问题,教育者的明智做法是正面教育和引导,采取可行的教育策略帮助大学生确立积极的恋爱观,尽可能克服消极因素所造成的负面影响,使大学生正确认识和把握恋爱与学业、事业、婚姻以至整个人生的关系。

(一)树立健康的恋爱观

首先,提倡志同道合的爱情。志同道合是爱情长久的基础。爱情不是一时的冲动,不是至死不渝的海誓山盟,更不是"你侬我侬、忒煞情多",爱情应该是建立在共同基础上的心灵相撞,思想沟通。众所周知,马克思和燕妮的崇高爱情之所以能经得住艰难困苦的考验,就是因为他们的爱情是建立在志同道合的基础上的。因此,大学生作为社会的栋梁,志同道合、事业理想、思想品德和生活情趣等大体一致才是恋爱选择的重要条件。理想、道德、义务、学业和恋爱的有机结合才是大学生应该把握的。

其次,摆正爱情与学业的关系。大学生的首要任务是完成学业、学习知识。因此,正在恋爱中的大学生摆正爱情与学业的关系则显得至关重要。真正的爱情值得我们为之付出,但爱情并不是生命中的唯一,我们的生活还有很多其他的重要事情,作为大学生,学习当然应该放在首要位置,不能把宝贵的大学生活全部用来体验爱情的快乐,否则,当你踏入社会后,感受到的则是痛苦。学业的荒废将导致事业的枯萎,没有事业支持的爱情缺乏坚实的根基,迟早会凋零。只有将爱情和学业相结合,才会有未来的事业成功、爱情长久。

最后,懂得爱情的责任和奉献。大学生应该懂得,爱不仅是得到,进入爱情的世界就要明白爱同样是一种责任和奉献。在社会生活中,人的责任主要体现在两个方面:一是个人对社会应尽的责任;二是个人对家庭、亲人、朋友和爱人的责任。第二方面的责任主要是依靠个人的道德修养和自觉感来维持的,因为它属于私人生活的性质,是社会干预最为微弱的领域。也正因为如此,它能准确地反映一个人的人格。大学生一旦进入爱情的世界,要想获得崇高的爱情,就应当具有强烈的责任感和奉献精神。

(二)培养健康的恋爱行为

(1)恋爱言谈要文雅,讲究语言美。交谈中要诚恳、坦率、自然,不要为了显示自己而装腔作势、矫揉造作;不能出言不逊、污言秽语、举止粗鲁。

(2)恋爱行为要大方。一般来说,男女双方初次恋爱,在开始时感到羞涩与紧张,随着交往的增加会逐渐自然与大方,这个时期要注意行为举止的检点。有的人感情冲动,过早地做出亲昵的动作,致使对方反感,影响感情的正常发展。

(3)亲昵动作要高雅,避免粗俗化。高雅的亲昵动作发挥爱情的愉悦感和心理效应,而粗俗的亲昵动作往往引起情感分离的消极心理效果,有损于爱情的纯洁和尊严,有损于大学生的形象,同时对旁人也是一种不良的心理刺激。

(4)恋爱过程中要平等相待,相敬如宾。不要拿自身的优点去比较对方的不足,以此炫耀抬高自己,戏弄、贬低对方。也不宜想方设法考验对方或摆架子,这些都可能损失对方的自尊心,影响双方的感情。

(5)善于控制感情,理智行事。恋爱中引起的性冲动,一方面要克制和调节,另一方面要注意转移和升华。参加各种文娱活动，与恋人多谈谈学习和工作，把恋爱行为限制在社会规范内，不致越轨，要使爱情沿着健康的道路发展。

（三）培养爱的能力

爱是一种能力，也是一种艺术。弗洛姆在《爱的艺术》中指出：爱是一种主动的能力，因而它像其他艺术一样，是可以而且应该学习的。

（1）鉴别爱的能力。有鉴别爱的能力的人，是个自信也尊重别人的人。有鉴别爱的能力的人，会自然地与别人交往，主动扩展交往的范围，珍惜友谊，会尽多体验他人的感受。首先，好感不是爱情。好感是一种直觉性的感情，它不一定会发展成爱情。其次，感情冲动不是爱情。感情冲动往往是暂时的、脆弱的，它是两性吸引的结果。爱情则是一种炽热而深沉、强烈而持久的感情。最后，友谊不是爱情。

（2）迎接爱的能力。一个人心中有了爱，经过客观理智分析之后，要敢于表达、善于表达，这是一种能力。一个人面对别人的爱，能及时准确地对爱作出判断，并作出接受、拒绝或者再观察的选择，也是一种爱的能力。大学生要具有迎接爱的能力，就应懂得爱是什么，有健康的恋爱观价值，知道自己喜欢什么、需要什么、适合什么，就应主动关心他人、关爱他人。当别人向你表达爱时，能及时准确地对爱的信息做出判断，坦然做出选择。能承受求爱拒绝或拒绝求爱所引起的心理困惑。

（3）拒绝爱的能力。这是对自己不愿或不值得接受的爱拒绝的能力。拒绝爱要注意：首先，在不希望爱情到来时，要果断、勇敢地说"不"。因为爱情来不得半点勉强和将就。其次，要掌握恰当的拒绝方式。选择恰当的时机，选择半公开的场合，用委婉的语气坚决表达出来。

（4）解决爱的冲突的能力。相爱的人之间发生冲突是很自然的事情，冲突一方面可能来自日常生活中的不一致或不协调，另一方面可能来自性格的差异。爱需要包容、理解、体谅，会用建议性的方式去解决。沟通是非常有效的方式，恋人间需要有效的沟通，表达清楚自己的思想、感受。伤害性的争吵或者冷战都不利于问题的解决。

（5）保持爱情长久的能力。保持爱情长久的能力，其实需要把对方的快乐当成自己的快乐。要保持爱情的常新，需要智慧、耐力、持之以恒及付出心血，同时又要保持自己的个性，有自己的追求和发展。学习新东西，善于交流，欣赏对方，是爱的源泉。

第三节　性心理概述

与欧美国家相比，中国人接受性生理教育的时间较晚，性健康教育和相关的知识能力远远落后，要科学地认识性，首先要克服对性的避讳心理。

一、性认知

心理箴言

但愿性科学成为你生存意识的一部分，生命的尊严便会多一份自信。

——阮芳赋

什么是性，一谈到性，一些大学生会表现得十分敏感或害羞。总觉得性是肮脏的，是一种单纯的生理需要，是男女之间生理上的性行为或性冲动。其实，这种认识十分狭隘，性既是一种正常的、人类需要用以繁衍的生理现象、一种体现社会文明程度的社会现象，同时也是一种满足我们心理需求的心理现象。性是一门内涵丰富的科学。

（一）性的本质

古人云："食色，性也。"人的性欲并不神秘，它来源于人体性激素的作用，是如同人的饥饿与口渴一样的生理现象。作为生物属性的性，是指男女在生理构造上的差异和人生来具有的性的欲望和本能，它是人类生存和繁衍后代的必要基础条件。著名的性学家金赛曾经指出："人的性行为既是一种生物现象，又是一种社会现象，它作为一种能量必然要释放出来。而如何释放则主要取决于社会文化和社会影响。"

人类的性不仅仅是生物属性的性，而且还具有社会属性，受到人类发展的生物规律的支配，受到人类社会文化发展条件和各种社会规范的制约，只有把性行为控制在社会允许的范围内，人类自身才能够获得健康生存与发展，才能获得安定与文明。

（二）性意识发展阶段

第一阶段：异性疏远期。在天真烂漫的孩提时代，性别在孩子们的头脑中仅是一个"符号"而已。青春期开始，一系列生理变化使少男少女对两性的差别特别敏感，羞涩与反感交织在一起，彼此开始疏远起来，对异性采取冷漠的态度。在学习和活动中，男女生很少说话，互不理睬，界限分明，视男女间的交谈、亲近为不光彩的事。集体活动中，男女生不愿接触，即使是童年时代亲密无间的异性朋友，此时也会不自然地躲避。这种对异性的疏远，实际上是少男少女性意识懵懂而产生的一种心理骚动，是对异性好奇心的表现，表面上的疏远掩盖了他们内心的不安。

第二阶段：异性接近期。随着性生理的日趋成熟，少男少女开始情窦初开，对异性的疏远发展到对异性的好奇，产生了相互接近的渴望。少男少女常常以欣赏的眼光和友好的态度对待异性的言谈和行为，开始注意异性对自己的态度，愿意在异性面前表现自己，渴望博得异性的好感。此时，对异性的亲近感多属于朦胧的自然表露，对两性关系还处于一种似懂非懂、稀里糊涂的状态。十五六岁的少男少女往往会对年龄较大的异性产生崇拜和向往，被称为"牛犊期"，被崇拜的对象通常是二三十岁的异性，其一举一动都对少男少女产生强烈的吸引力，这种偶像心理对青少年以后的择偶标准起着潜移默化的作用。直至十七八岁以后，少男少女爱恋的对象才逐渐过渡到年龄相近的异性。这一时期的主要心理特征是男女之间相互关注和相互吸引。他们喜欢观察和接触异性，对异性的关注与友好特别敏感，总认为有异性的目光在注视自己。在各种场合，有意无意地在异性面前展示自己的特长和优点，或者故意打打闹闹，以博得异性的注意和好感。此时的男女往往分不清楚是性别的吸引还是对对方的好感，分不清好感、友情与爱情的区别，一方面渴望接近异性，另一方面又感到不安和困惑。

第三阶段：两性恋爱期。此时的青年男女开始以自己的标准即兴趣、爱好、审美观来选择自己理想的恋爱对象，对特定的异性表现出特别的关心，对其他异性的关心明显减少，对心仪的异性充满了浪漫的爱情向往。大学生的恋爱一般分为初恋期和热恋期。当大学生第一次对异性产生爱慕之情，并得到如愿的回报时，会产生一种从未有过的新奇感，会激动不已，觉得世上的一切都是那么美好。初恋是强烈的，是青春的燃放，它又是纯洁的，倾注着全部的真情和幻想。热恋是爱情走向成熟的标志，经过初恋的相互了解，双方的思想感情趋于一致，心理上高度相容，能够在相互接触中比较确切地表达自己的情感，并得到周围人的赞许和认可。

（三）大学生性心理的特征

（1）性心理的本能性和朦胧性。相当一部分大学生，尤其是低年级大学生的性心理，尚缺乏深刻的社会内容，主要还是生理发育成熟带来的本能作用，好像情不自禁地对异性产生兴趣、好感和爱慕。加上不少学生不了解性的基本知识，对性有较浓厚的神秘感，使得这种盟动又罩上了一种朦胧的色彩。大学生由于性生理和性心理日趋成熟，希望与异性交往，他们喜欢探索异性的心理秘密。正是在此基础上，在朦胧纷乱的心理变化中，大学生的性意识逐渐强烈和成熟。

（2）性意识的强烈性与表现上的文饰性。大学生对性的关心程度明显强于中学生。他们十分重视自己在异性心目中的形象，十分看重来自异性的评价，并常按照异性的要求和希望来进行自我评价和塑造自己的形象。从大学生宿舍中每晚的"卧谈会"中我们不难看出大学生对性的关心程度之高，表现出明显的对性的强烈渴求性。同时，我们可以看到尽管大学生心理上对性问题和异性都很关注、很敏感，但在行为上却表现得拘谨、羞涩和冷漠，具有明显的文饰性。

（3）性心理的压抑性和动荡性。青春期是人一生中性欲最旺盛的时期。但不少大学生心理不够成熟，尚未形成稳固的道德感和恋爱观，自控和自制的能力有限，他们的性心理极易受外界各种因素的影响而显得动荡不安，表现出明显的动荡性。而且大学生并不具有通常意义上的满足性冲动的伴侣，容易导致过分的焦虑和压抑，少数人还可能以扭曲的、不良的，甚至是变态的方式表现出来。

（4）性心理的性别差异性。大学生的性心理存在着明显的性别差异性。在对于异性感情的流露上，男生显得较为外显和热烈，女生往往表现得含蓄而温存；在内心体验上，男生更多的是新奇、神秘和喜悦，女生则常是羞涩、敏感和不知所措；在表达方式上，男生比较主动和直接，女生更喜欢采取暗示的方式；男生的性冲动易被性视觉刺激唤起，而女生则易在听觉、触觉刺激下引起性兴奋。不过，这种差异近年来有缩小的趋势。例如，在表达方式上，女生变得较为主动的情况也越来越常见。

（四）大学生性心理的矛盾冲突

（1）生理成熟与心理不成熟的矛盾。大学生的性生理整个身体的发育已基本成熟，但性心理的发展滞后。由于受传统伦理观念的影响，性的问题一直被蒙上神秘的面纱，大学生一直难以获得系统、完整、科学的性生理、性心理、性道德等方面的知识。科学的性知识的缺乏，使得健全的性心理在大学生身上尚未完全确立。大学生走向独立的、全面的、成熟的时间相对推迟了。对性的好奇和无知导致性困惑及性过错行为等都与这种矛盾有关。

（2）性意识的强烈性与社会规范的矛盾。大学生随着性机能的成熟，在青春期就出现的性欲望和性冲动此时会表现得更加强烈，这是身体发育中正常的生理和心理现象。但人不仅是生物的人，更是社会的人；性也不仅具有自然属性，更具有社会属性。社会道德和法律的要求、学校纪律的约束，使得大学生无法以社会认可的合法婚姻形式获得性满足。性的生物性需求与性的社会性要求的矛盾使不少学生感到不安和压抑。由于个体的性欲望有其隐曲性的特点，大学生的这种性压抑往往以多种形式宣泄出来。例如，谈论有关性的话题，"桌面文学""厕所文学"中表现出性的内容，有时以非理智、非文明的方式宣泄，都可能与性压抑有关。

（3）传统性观念与开放性观念的矛盾。在中国传统的性观念中，孔孟的"男女授受不亲"、老庄的"存天理，灭人欲"，对性强调"非礼勿视、勿听、勿言、勿动"，把性看做是"万恶之源"。改革开放以来，西方所谓的"性解放""性自由"等思想大量涌入，传统的性观念与开放的性观念之间产生了巨大的反差和矛盾冲突，使大学生性心理的发展处于多种矛盾的相互作用之中，一些大学生无法处理好这些矛盾，从而使性心理的健康发展出现了偏差。有的大学生对性冲动持否定、抵制的态度，采取压抑的方式，性压抑的结果不仅有碍性心理的健康发展，严重的会导致性变态或性过错。与此相反，有的大学生对性持放纵态度，性意识受到错误强化，沉湎于谈情说爱之中，甚至发生性过失、性犯罪。

（五）健康的性心理的特征

（1）能够正确认识自我，愉快地接纳自己的性别。一个性心理健康的人，能够正视自己性生理的发育和性心理的变化，会自觉地把自己融于社会这个大背景下来认识自我，能客观地评价自己和他人，并乐于承担相应的性别角色。

（2）具有正常的性欲望。性欲是能够获得性爱和性生活的前提条件。一个人如果没有性欲望，就不会有性爱和和谐的性生活，性心理健康就无从谈起。正常的性欲望的标志是性欲望的指向对象是成熟的异性，而不是同性或以物品作为替代物。

（3）性心理特点和性行为符合相应的性心理发展年龄特征。在生命发展的不同年龄阶段，人的心理发展表现出不同的特征，性心理的发展也同样呈现出阶段性的特点。

（4）具有较强的性适应能力。性适应是指个体在生长和发育过程中，性活动和所处的社会环境、文化形态之间形成的一种和谐关系，也就是性生理、性心理、性社会三要素的一种协调状态。性适应能力就是个体的性活动与外界形成和谐关系的能力。性适应能力的获得是一个漫长的、复杂的过程，它是伴随着个体的性生理的成熟而逐渐建立的。它表现为个体性的自我同一性的建立，能够正确地释放、控制、调节性冲动，使之符合社会规范的要求等。

（5）能和异性保持和谐的人际关系。随着性生理和性心理的发展与成熟，希望与异性交往，并能保持良好的关系，是人体自然而正常的性要求。性心理健康的个体，能够在日常学习生活中，与异性进行自然的、符合社会规范的交往，在彼此的交往过程中，保持独立而完整的人格，有自知之明，不卑不亢，做到相互尊重、相互信任、自然有礼。

（6）对于性没有因恐惧和无知所产生的不良态度。

（7）有正当、健康的符合社会伦理道德规范的性行为方式。

 知识链接

错误的性认识

对性知识缺少认识的大学生们，往往会导致性心理不健康。以下是一些常出现的错误的性认识：

（1）真正的男人应该男子气十足，不应该在两性关系中主动表达情感，这样让人感觉娘娘腔。
（2）性能力强的男人才算是一个真正的男人。
（3）与女性发生性行为次数越多的男人，越值得骄傲。
（4）一个男人应该有能力满足女人的性欲，而且能在最短的时间内让女人甘愿与他发生性关系。
（5）自慰有害身体健康。
（6）真正的做爱，需要高潮。
（7）男人阴茎越大越好。
（8）真正的男人没有性功能障碍。
（9）对别人产生性幻想，表明我已经不满意我现在的男（女）朋友了。
（10）晚上梦见异性或产生性幻想，说明我思想肮脏。

二、性观念与性行为选择

性观念与性行为选择是两个相互联系的问题，有什么样的性观念，就会有相应的性行为，在面对性的问题时，就会表现出相应的思想和行为。因此，指导大学生树立正确的性观念与形成正确的性行为是大学生性健康教育的重要内容。

（一）性观念

一般而言，性观念是指个体或群体对性的总的认识和看法，包括对性生理、性行为、性道德和性文化等的看法和评价。人类的生命和繁衍和性有着密切的关系，正因如此，性和人类生命、生活紧密相伴，对性的认识也变得较为复杂，不同的社会背景对此观念也有较大差异，演变至今，主要有以下几种观点。

1. 性本能论

在早期原始社会，性行为完全受自然本能的支配，尽管在客观上起着繁衍后代的作用，但在主观意识里，性只是双方获得生理的满足。整个社会对此也是一种开放的状态，没有任何社会道德、法律的约束和禁忌。即使在现在，许多人仍然肯定性本能的正当性，认为性是人类最基本的生理需要之一。

2. 性生育论

到了原始社会后期，人类对自身和环境、社会已经有了一定的认识，已经发现了性与生育的联系，因此开始对性行为提出了一些限制性的条件，如反对乱伦、主张族外婚反对族内婚等，使人类性现象的选择范围开始缩小，增添了性选择的精神心理因素。

在私有制出现和男权社会里，人们不仅把性行为和繁衍后代、生儿育女联系起来，还开始和私有财产联系起来，为了确保自己的财产为自己的子女所继承，家庭家族的模式开始出现，大多数人开始认同较为严格的一夫一妻制或一夫多妻制，将性行为对象固定在婚姻内的特定对象，婚外性行为受到谴责和排斥。

3. 性情爱论

随着社会生产力的不断发展，人类集聚了大量的物质财富，进入资本主义社会后，享乐主义冲破了封建的禁欲主义，性行为和性关系的精神心理因素被凸显出来，开始强调性与情的一致性，也有主张性、爱和婚姻三者统一的。

4. 性娱乐论

在原始社会就出现了性娱乐论，在部落战争中，妇女会被当做战利品，成为性娱乐的工具。第二次世界大战后，性娱乐文化在欧美等西方法国开始发展和蔓延，60～70年代，以美国、法国等国家为代表的性解放运动兴起，性娱乐开始影响越来越多的地区和人群，同性恋在这一时期也引起了人们的关注。

5. 性自我实现论

自我实现是由美国社会心理学家马斯洛最早提出，他领导了著名的第三思潮运动。他的需要层次理论和自我实现理论是人本主义心理学最重要的理论之一。

马斯洛坚信人有能力造出一个对整个人类及每个人来说是更好的世界，坚信人有能力实现自己的潜能和价值，即达到自我实现。这一理论在20世纪中期形成后，成为了一种思想和生活运动。性自我实现论被认为是整个人的自我实现理论的重要组成部分。它承载了人的性本能以及生育的必要性，同时也认可情爱的高尚性以及性娱乐的正当性，但是他要求把性提高到人的自我实现的高度，实现人的自由、全面的发展，不断提高性生活质量及其他生活质量。

另外，我们应清晰地认识到中西方性观念在很多方面存在着区别，如在性的表达方式上，西方崇尚直率、暴漏，在西方的诗歌、绘画、雕塑等很多文艺作品中，很多以性及性爱为题材；我们在性的表达方面则较为含蓄、多数持回避态度等。

（二）性行为选择

我国大学生在生理上正处于青春晚期（18～25岁），生殖系统发育日趋完善，性意识逐渐成熟，从生理上讲有了排遣性需求的欲望，而其排遣渠道形形色色，其性行为呈多样化趋势，大学生性行为选择的主要类型有以下几种。

（1）自身性性行为，就是不需要其他对象，只要通过自娱活动就可以达到满足性欲望目的的行为。它包括性幻想、性梦、手淫等方面，是大学生较为普遍的一种性行为。

（2）与异性的性行为。大学生除了有自身性性行为以外，还有与异性的性行为。对他人实施的性行为又分为边缘性性行为（如搂抱、亲吻、相互抚摸和游戏性性行为等）和实质性性行为，即性交行为。

（3）异常性行为。恋物癖、窥阴癖等异常性行为在大学校园内时有出现。

三、性的困扰与心理调适

由于受中国传统性文化的影响，无论是家庭教育还是学校教育，性教育的内容都是缺失的，所以学生在面对性的问题时，会产生各种各样的困惑，有了困惑还不知道该如何寻找答案，由此产生很多心理问题。

（一）性认知方面的困扰与调适

在性认知方面，大学生中存在的困扰可分为三种情况。第一，性无知；第二，性罪恶、性污秽观念；第三，性压抑。

由于受到我国几千年封建社会性愚昧和"谈性色变"的保守观念的影响，又未受到系统、正规的性科学教育，不少大学生对性持有不正确的认识，把性看成是下流的、肮脏的、难以启齿的、污秽的、亵渎的、低级的、见不得人的东西，这种性认知往往导致性情感、性态度的过敏、禁忌、矛盾、冲突，进而影响大学生的自我评价，表现为焦虑、厌恶、内心不安、恐惧、自责等。少部分性认知困扰严重的同学，出现失眠、注意力不集中、情绪抑郁、不愿与异性交往现象。这样一种性认知、性情感、性态度的偏差，既是一种不健康的性心理的表现，也是引起一系列性心理障碍的重要因素。

也有极少数大学生过于强调性的生物性，信奉西方的"性自由"，把性解放视为终极的人性，从而在行为上随便、放纵，甚至不择手段获取性的满足，这同样是一种性认知困扰。

性是人的一种本能，是人性的表现。大学生应该学习掌握性知识，应该具有与年龄和文化程度相吻合的性知识水平和性行为方式；另外也要认识性的社会属性。人是社会性动物，人的性观念、性行为应该符合社会道德和社会规范。性是自然属性和社会属性的统一体，性禁忌和性放纵都是有害于身心健康、有悖于人性的。

（二）性体征的困扰与调适

"我是一名女生，很长时间以来无言的痛苦、现实生活中的无情打击，使我几乎失去了生活下去的勇气，整日暗自落泪，凄苦不堪。情况是这样的，先天性发育不良，使我缺少女性所特有的曲线美，胸部扁平，乳房一点也没有发育，乳头又小，宛如一粒绿豆子。医生，您理解一个女孩子羡慕别的女孩子那健美的英姿的心情吗？我叹气，我苦恼，我落泪，我也咒骂过上天的不公平，为什么老天就不造就我健全的躯体！我怕夏天，恐惧夏天，因为夏天会使我的生理缺陷暴露无遗……"

信中的这位女生为什么会如此痛苦呢？其实，在性心理学中，这种现象是一种性体征困惑。

几乎所有的大学生都关注与自己性别相关的形体特征。男同学希望自己高大魁梧、英俊潇洒，女同学希望自己身材窈窕、漂亮动人。如果男生觉得自己矮小、瘦弱、相貌丑陋，就会感到自卑；女生如果认为自己长相平凡、太胖等，就会感到苦恼。有的男女大学生对自己的生殖器发育状况、乳房大小十分关注和担忧。此外，很多大学生也为自己的心理和行为是否与性别角色相吻合而忧虑。有的男同学自认为被他人认为缺乏男子汉气质，说话、处事、行为比较女性化，内心因而产生不安和焦虑。有的男同学为了证明自己的男性气质，故作深沉，或者表现出大胆、粗鲁的行为，甚至打架、冒险，产生"过度补偿"效应；有的女同学则觉得自己不够温柔、细致，徘徊于"贤妻良母"和"女强人"之间难以抉择，引起心理困扰。

还有一部分同学担心自己的性功能是否正常，个别同学对自己的性功能疑神疑鬼，极个别同学由于对自己性功能的忧虑和怀疑，产生性心理严重不适应。

以上这些对性或性别角色的焦虑常常影响大学生的日常生活和精神状态。大学生可以通过自身的学习以及性教育、性咨询机构的帮助来消除、适应和改善。大学生关注自身是积极的，但是应该有健康而现实的审美标准和观念。"身体发肤、受之父母""天生我材必有用"，接受自己，扬长避短，力求发展。如果对身上的性生理或性心理有疑惑，应及时寻求咨询和帮助。

（三）性生理的困扰

1. 遗精恐惧

遗精是指男性在无性交状态下的精液自行泄出的现象，遗精标志着男子生殖功能的成熟。正常成年男性约90%以上发生过遗精。遗精很少发生在12岁以下的男孩，到14岁男孩遗精发生率约30%，16岁约为60%，18岁约为85%，遗精发生的频率多数为每周1次或数周1次。男子发育进入青春期后，睾丸不断产生精子，精囊腺和前列腺也不断地产生分泌物，随着精子和分泌物的不断产生，体内贮存到一定量时，就要排出来。另外，内裤过紧、被褥压迫摩擦以及患有包茎、包皮过长、尿道炎和前列腺炎等疾病均可造成局部刺激而导致遗精。与女性过于密切接触、看了描写性的小说或电影、使思想过于集中在性的问题上也会导致遗精。

需要指出的是，男子在受到有关性的刺激，无论是意识、视听还是局部接触等，有时会由尿道口流出少许清亮的分泌物，它是由尿道球腺、尿道膀胱所分泌出的一种液体，由于阴经海绵体充血，阴经勃起压迫尿道旁腺而分泌出的没有精子的分泌物，这种现象称为"流白"，不是遗精，是一种正常的生理反应。另外，在用力排便时，有的男性可以见到尿道口流出几滴乳白色的清亮黏液，这也是尿道球腺和前列腺的分泌液，不是异常现象。

有一部分大学生对此有着不正确的认识，从而深受其困扰。他们认为遗精是思想肮脏、行为堕落的表现，认为"一滴精，十滴血""遗精会大伤元气"，实际上精液是由精子和黏液组成的，一次排放的精液中，有99%是水分，其余是蛋白质、糖等，其营养物质对人体微乎其微。男性在进入青春期后，睾丸源源不断地制造出精子，精满则溢。伴随着做梦而释放的，称之为"梦遗"，间隔时间有时长有时短。如果遗精过于频繁，如一夜数次或一有性冲动甚至无性冲动就会精液外流，则应该去医院检查。

男大学生要正确认识遗精现象，对精子及其相关的生理现象形成客观科学的认知。青年大学生对性知识的不正确理解会给自己带来心理负担，使自己长期处于焦虑紧张状态，极易导致神经衰弱，出现头痛、失眠、耳鸣等症状。这其实是心理暗示引起的，并不是遗精损失了精液所致。

心理案例三则

一位男大学生因别人有遗精，自己没有而忧心忡忡，经了解，他平时手淫，自然就不会遗精，他听后如释重负。

另一位男大学生说自己在与女友拥抱时会有滑精现象，吃了许多药都无济于事，为此总是萎靡不振、郁郁寡欢，经仔细询问，才发现他所谓的滑精是一种性冲动时产生的前列腺分泌物。

"高中的时候我发现自己会有遗精，我很害怕。我又不敢和同学们说。我怕他们会笑我。马上要高考我也没和家里人说，我很害怕。高考完后我成绩不理想，考上了一所三本学校。我都不想去报到了。学费贵且我发现自己20岁左右了竟然还会遗精。在我内心中遗精是一件很丢脸的事情。我也没有交女朋友。我也害怕交女朋友。最后在家人、亲戚的苦口劝说下才到外地上了学。上学后我发现我还会遗精。我怀疑自己是生病了。但我和谁都没有讲我内心的这个困惑。我一直想毕业后挣钱了去找医生看看到底是怎么一回事。

在这个信念下，我很努力学习，想弥补高中时的不认真学习，也想着毕业后找个好工作。但是遗精还是会有发生。因为我觉得自己身上有异味，我害怕和其他人接近。我很矛盾。我很想和其他人交流但是又害怕。和最要好的同学又发生了不愉快。终于我支撑不住了。我回家去当地医院看了泌尿科，看了几次后，一个刚从国外回来的主任医生说我没问题，很正常。结婚后就会没事的。我很纳闷，怎么会没有问题呢？为这件事，我都想到了退学。后来我休学了两年，但最终还是退学了。休学的两年中我一直把自己关在屋子里，不想和其他人说话，也害怕见到其他人。"

心理小贴士

如何正确对待遗精的恐惧？

首先，要正确地认识遗精现象，顺其自然；其次，日常生活中，要注意经常清洗内裤、生殖器，注意个人卫生；再次，避免穿太紧的内裤、盖太重的被子，以减少性刺激；最后，遗精的次数没有周期性的规律，有时一两个月一次，有时一周两次，均属正常现象。

2. 月经不适

月经是一种正常的生理现象，是女性走向成熟的标志。月经期是女性生理的低潮期，身体的耐受性、灵活性会不同程度地下降，会不同程度地出现头痛、胸部肿胀、下腹疼痛、下肢酸软、容易疲劳等生理变化，同时很容易产生消极的情绪体验和不良的行为反应，如抑郁、焦虑、烦躁，容易和外界发生冲突。而有些女大学生不了解自己生理和心理的变化，一味地责怪自己或迁怒于他人，从而给自己的生活与学习造成了一定的影响。而有些女大学生的经期不良反应，则与自我暗示有关，如对经期产生一种强烈的排斥心理，认为是一件"非常倒霉"的事情，这些消极的暗示会加重自身情绪的低落和躯体的不适感，从而形成恶性循环。心理因素会影响月经的规律性，可能会导致闭经、经期前紧张综合征和痛经。

 **心理小贴士**

如何对待女生经期的烦恼？

第一，要了解自己的经期规律和特征，对自己的生理和情绪反应有心理上的准备，从而适当地控制自己的情绪。

第二，月经期可以有意识地回避一些矛盾，以减少刺激，避免做出感情上的重大决策。

第三，不要进行消极的心理暗示。

第四，养成良好的饮食习惯，经常运动，保持身体健康。

第五，不要过度劳累，学会放松，缓解因学习和生活带来的压力。

（四）性冲动的困扰与调适

性冲动是男女都有的正常的生理和心理反应，它是在性激素的作用和外界环境的刺激下产生的，既不是不纯洁、不道德的，也不是无法控制、无法解除的。

1. 性幻想

性幻想是指人在清醒状态下以虚构的与性有关的遐想来满足自己对性的心理欲求。性幻想一般分为三种情况，第一种是不伴有性行为的性幻想，这种发生频率最高，又称"白日梦"；第二种是伴随自慰的性幻想；第三种是伴随性生活的性幻想。大学生的性幻想，主要是指第一种，从性别上看，男生的性幻想比例大于女生，但女生性幻想的内容更加丰富多彩；从年龄和年级来看，其性幻想的发生率随着年龄的增加和年级的升高而增加。

性幻想是人类性心理中最普遍的一种现象，是个体性能量较为活跃的不可避免的结果，它在一定程度上可以缓解人们的性需求，是一种较为普遍的心理现象，大学生没有必要将这种正常的性心理现象视为堕落的、无耻的，没有必要强制性地将这种现象压制下去，从而产生焦虑、抑郁，甚至强迫观念。但是，如果青年大学生过分沉溺于性幻想，往往会使注意力、思想无法集中，对学习和工作的妨碍很大，也不利于身心健康发展。

 心理案例

我是一名正读大一的女生，由于我的性格活泼开朗，什么烦恼、不愉快的事在我面前都似过眼云烟，所以学校的男女同学都叫我'快乐天使'，他们也特别喜欢与我交朋友。可是一个月前发生的一件事却突然把我推入痛苦迷惘的泥潭。那天，学校组织我们到虎丘春游，高我一年级的阿枫临上车前找到我，约我与他同行，并得意洋洋地举着手中的相机告诉我，他愿为我留下美好的倩影。

阿枫年长我两岁，长得伟岸洒脱，平时对我挺关照的，加之我们又住在同一幢楼房，因此我对他比别的同学多了点亲近感。在一处景点拍照时，我为了摆一个姿势站立不稳险些跌倒，阿枫一个箭步抢过来扶住了我，惊魂未定，他的手臂正巧放在我丰满的胸部上，顿时一种触电般的感觉传遍全身，我好想让这种感觉成为永恒，可转瞬间我又惊慌失措地推开阿枫的手。

　　当晚我躺在床上，满脑子都是阿枫的影子，白天那种触电般的感觉总像毛毛虫一样刺激着我。自此以后，我天天盼望与阿枫在一起，可我又特别怕见到他，我怕他会看出我的心思，怕他笑话我不知羞耻。有时还会不自觉地想起一些男女之间的事情，为此经常上课、学习的时候走神。为了把阿枫从我的脑海里赶走，我强迫自己读书，往往眼睛看着书本却不知道看的什么内容。可偏偏也怪了，对于一些描写爱情的小说、诗歌及恋爱指南书籍我又特别感兴趣。在这种矛盾心理的折磨下，我的工作和学习生活都乱了。

　　我知道，现在正是求学时期，有这种邪念是走向堕落的开始。可是我不知道该怎么摆脱这种淫邪的思想……

　　其实，该生的这种心理是正常的，这是青春期的少男少女们性爱萌动的必然反应，根本不必为此烦恼不安，更不必产生什么过错感、羞耻感或者堕落感。然而，如果他们像该生一样，一直禁锢在性欲是堕落、有罪或淫秽这样的观念上，或者她们有关"正派"女孩子的观点根深蒂固，那么，她们的性冲动便会过度压抑，带来不良的心理影响。

2. 性梦

　　性梦是指在睡梦中与异性发生拥抱、亲吻、抚摸、性交等性行为，达到性满足的现象。性梦的发生率男性多于女性。在性梦中，男性和女性都有可能达到性高潮。男性的性梦常伴有射精，即梦遗，女性的性梦中伴随阴道分泌物增多等性兴奋现象。女性的性梦与男性相比又有较大的差异，未婚女性很难有清晰的性梦。

　　性梦是青春期性成熟后出现的正常的心理、生理现象，几乎所有的人都做过与性有关的梦。这种性梦的自然宣泄，类似于一个安全阀的作用，能够缓解累积的性冲动，使个体的性能量得以释放，有利于个体性器官功能的完善与成熟。因此，性梦是一种常态的现象，大学生不必为此而感到焦虑、自责。性梦一般多则每周一次，少则每半月或每月一次。当然性梦过于频繁的话，则需要寻找原因与对策了。

知识链接

性梦的内容

　　梦境中性内容的形成可能有多种，如看到裸体的异性，与异性接吻、拥抱，被异性爱抚，爱抚异性，性交等。

　　性梦中的性对象是不可选择的。性梦者情欲对象可能是与其一往情深但未成眷属的人，也可能是同班同学、邻居、亲友，还可能是只见过一面而没有任何交往的人，甚至是从不相识的陌生人。所以，不必为梦中出现的那个他（她）而过分忧虑。

梦中异性的形象有时是清晰的,有时是模糊的。有时,梦境中会有与同性有性接触的情节,而做这种梦的人,并没有可观察的同性恋倾向。有时,梦境中会有性侵犯(如强奸)的情节,而做这种梦的人也并没有性侵犯的倾向。因此,不必为自己的性梦中出现的异常行为过分担心。

心理案例

某男,21岁,大学三年级学生。平时性格比较内向,不善于与人交往,从没有和哪一个女孩子特别亲近过。然而他不久前做了一个梦,梦中居然和别人发生了性关系。

梦醒后他愧疚不已,感到犯了乱伦的罪过,无颜面对他人。后来又做了一个梦,梦中和班中的女团支书发生了关系。潜意识中似乎在证明什么,他不相信自己道德如此败坏,竟这样下流无耻,担心团支书因此受到伤害,以至于不敢面对她,只要她在教室,他就看不下去书,如果单独与她不期而遇,一天便会心神不宁,强烈的罪恶感使他不能安心学习。他担心自己要变成性犯罪分子,有时还怀疑自己是不是得了精神病,为什么会如此不正常。心理的负荷使他不敢入睡,生怕"旧梦重温",讲又讲不出口,想也想不开,忘更是忘不掉,万般苦闷中他走向咨询室。

3. 自慰

自慰又称手淫,对手淫的理解,有狭义和广义两个方面,狭义的手淫的含义就是用手来抚摸刺激外生殖器,使心理上得到满足,达到自慰的一种现象。从广义角度讲,任何方式的自我与相互间的抚摸刺激生殖器及其他敏感部位以求性快感和性满足的行为都可以视为手淫。

自慰本身是无害的,它是人类正常的生理行为。马斯特斯夫妇的实验研究证实,自慰与性交所引起的生理反应并无区别,说明自慰并不会导致早泄、阳痿、神经衰弱等病症。真正造成危害的是对自慰的错误认识。对于自慰行为大学生应该有正确的认识。

第一,青春期随着性生理发育成熟,出现性冲动和性要求,而性道德和性文化对婚前性行为是不允许的,所以自慰作为一种最为简单、最方便、最安全的宣泄方式成了很多青年男女的自然选择,所以,要彻底戒除自慰是不现实的。

第二,顺其自然。自慰是否适当并不取决于自慰的次数,而主要是看个人身心的承受能力。如果身体疲倦、精神不振,身体的自动保护机制就会起作用,使阴茎不再勃起或勃起不坚,提醒你需要休息了。许多青年男女之所以有强烈的戒除自慰的要求,其根源还是在于认为自慰是罪恶的、有害的,因而感到恐惧、内疚、不安;其实,只要对自慰有正确的认识,并能以坦然的态度接受,顺其自然即可,不必强迫自己戒除。

第三,不可沉湎其中。把自慰作为满足自己性欲的主要性行为,减弱追求异性的冲动,从而减少了个人与社会交往的机会;在日后伴侣的性关系中把注意力过分集中在自我的满足上,忽视伴侣的快乐与满足,这显然是有害无益的。

第四,要适当地加以克制。自慰必然导致精力的消耗,过多的自慰自然会分散自己对学习、工作、交往的注意力,不利于个人的全面发展。

第五,减少自慰要讲究方法,要尽量消除容易造成自慰的条件和环境:①应该避免一个人独处，多找朋友，多参加户外活动，因为越是在隐蔽的地方、越是无聊的时候，就越容易情不自禁地自慰。②尽量远离黄色材料。③养成有规律的生活习惯。④多培养兴趣爱好，多参加集体活动，多交往，生活充实了，对性的关注就会减少。

心理案例

17岁的小梅，一次偶然的机会，用手触摸了自己的私处，突然觉得有一种非常舒服的快意，从此便染上了自慰的习惯。开始只是心里痒痒的，偶尔为之，但随着年龄的增长，近一段时间自慰越来越频繁，以致发展到上课时忽然就想做，晚上要做好几次才能睡着觉。

每次做过之后，她都有很强的罪恶感、肮脏感，心想以后再也不能这样了，但却以失败而告终。更让她感到疑惑的是，她的月经周期很不规律，有时提前，有时拖后，经血量或多或少。她认为这都是自慰带来的后果，但就是无法控制自己，因此陷入了极度烦恼之中。

适当自慰虽然无害，但已成为许多少女心中的烦恼，往往给她们带来沉重的压力。因此，青春少女要妥善安排好自己的生活。但若自慰过度或以自慰为嗜好则就是另外一种情况了。无论从心理上还是生理上都会产生一些不良影响。

自慰过度与否的判断标准：一般来说，自慰后通常没有不舒适感，反而感觉轻松、愉快，则是正常的、适度的；如果自慰后经常感到疲乏、劳累，生殖器部位或身体其他方面不舒服，则可能是手淫不当或者过度的表现。

心理小助手

如何解除手淫的困惑？

（1）树立对手淫的科学认识，消除心理障碍。偶尔有手淫行为是青年大学生在青春发育期的一种正常性冲动的表现，并不影响健康，没有必要因手淫而造成羞愧、悔恨、自责、罪恶的心理。一旦形成手淫习惯也不可怕，正如著名医学家吴阶平所说："对于手淫……不以好奇而开始，不以发生而懊恼，已成习惯要有克服的决心，克服以后就不要担心，这样便不会有任何不良后果。"

（2）树立理想与志向，增强时效感。大学时光有限，它是人生学习、发展的黄金时期，大学生应加倍珍惜，把主要精力集中在学习上，专心致志、发奋图强。积极向上的心理状态，对大学生的性欲疏导起积极的作用。

（3）积极地参加正当的文娱、体育活动、扩大业余兴趣爱好，充实课外生活，从而淡化和转移性欲。

（4）建立有益身心健康的生活，养成有规律的生活习惯。按时睡觉、起床，不睡懒觉，不赖床，睡前避免过度兴奋，不看色情书刊、图画。不要睡太柔软的床铺，不要盖太厚、太重的被子。睡眠以右侧卧为佳，不要俯卧。

（5）自我教育、自我暗示法：进行意志和毅力的锻炼，当性冲动出现时可以进行自我调节、自我控制。尽量控制手淫的欲念，先从减少次数开始，减少到手淫只是极为偶然的现象，直至戒除。

（6）分神法。出现手淫念头时去做最有吸引力、兴致最浓的事情。"使用此法真管用，每当想手淫时，他们有的下棋、听音乐、做俯卧撑、看书……这样可以转移大脑性冲动的兴奋点，制约性冲动。"河北医科大学第二医院小儿内科王新良如是说。

（7）抑制法。利用大脑皮层的机能特性："优势法则"。有意识地增强学习兴奋灶，抑制手淫冲动的杂念，大脑皮层中形成学习优势兴奋灶，从而使其他部位处于抑制状态，学习越专注，处于优势兴奋灶区域越具有良好的应激机能，并能进一步提高学习效率，有利于克服手淫习惯。

（8）注意一些日常生活习惯：①经常清洗外阴，消除积垢对生殖器的刺激。②不要憋尿，避免膀胱过度充盈引起刺激。③内裤不要过于紧小，防止摩擦外生殖器而引起刺激。④膳食上多吃新鲜蔬菜和豆类食品，少吃刺激性食物。

4. 婚前性行为

热恋中的大学生会普遍产生拥抱、接吻等边缘性行为，但是也有一部分人随着感情的深入，情不自禁地发生了婚前性行为。大学生婚前性行为的特点是双方自愿，不存在暴力；没有法律保障，不存在夫妻之间应有的责任和义务。

大学生发生婚前性行为的原因有社会因素、大学生自身因素、学校因素三个方面。随着市场经济和西方文化的传入，性开放的思想对大学生产生了一定的影响，社会上的试婚现象。包二奶现象，影视剧中关于男女接吻、拥抱的镜头，小说杂志中关于性行为的过度描述，刺激着大学生的生理冲动，同时社会对大学生同居的问题态度并不坚定，这些都推动了大学生婚前性行为的发生。大学生自身方面，对性的好奇和探究心理；自制力不强，不能克制自己的性冲动或不忍拒绝对方的要求；崇尚性自由、追求享乐；作为稳固和升级爱情的手段，急于促成、占有或显示对爱情的忠诚；满足个人私欲和虚荣心；逃避社会压力；避免孤独；用性报答对方；用性报复社会等心理是大学生婚前性行为产生的原因。从学校方面看，缺乏对婚前性行为和同居现象的有效管理也间接刺激了婚前性行为和同居现象的发生。

婚前性行为的危害有很多：

（1）给女方心理带来极大压力。婚前性行为的发生，有时是女方主动提出的，而更多的是男方要求女方迎合或抵御不了，但事前事后心理状态大不相同，它给女方造成的心理压力如恐惧、自卑、冲突等接踵而来。调查发现，有27.3%的人性交后怕怀孕，21.3%的很懊悔，21%的惧怕败坏名誉。在接受人流手术时，怕手术痛苦者48.4%，不敢告诉家长者17.3%，不在乎者13%，手术后怕产生后遗症的62.3%，怕失恋后不易再找对象的20.7%，无所谓者17%。

（2）给女方身体健康造成严重影响。在不想生育的前提下受孕，其补救措施就是人工流产。对婚前性行为者来讲，人流的不良后果有三：一是不能正常地恢复身体的健康状况。有的女青年为了不让别人知道，做完手术后不休息，立刻去上班、学习，严重影响了健康状况的恢复，甚至导致大出血；二是容易损伤生殖器官，出现意外事故。有的青年不敢去医院人流，找那些江湖医生，在极不科学的条件下施术，使生殖器受到很大损伤，有的甚至送了命，也有的遭到品质恶劣的江湖医生的凌辱，身心均受摧残；三是引起许多并发症。医学研究和临床资料表明，人流对女性可造成：月经量少、闭经、性冷淡、不孕，再次妊娠易导致流产、子宫内膜异位症、生殖器官炎症、前置胎盘、胎盘粘连植入、子宫穿孔、产后大出血，甚至引起宫颈癌等。

（3）使恋爱关系出现不利于女方的发展趋势。在未发生婚前性行为时，恋爱双方是相互平等、自由选择的关系，但发生之后情况则有所不同。一是双方吸引力比过去逐渐减弱，原以为两性关系很神秘，现在变得"不过如此"，过去的光彩、魅力显得不夺目，不充满力度了。二是女方再选择机会减少，原来男方十分迁就女方，自女方委身于他之后，便以为"她再也离不开我了""非我莫属了"，故对女方开始态度随便、任意支配，反之，女方则因把贞节已交给他了，"已经是他的人了"，可又担心男方改变初衷，唯恐被抛弃，于是对男方一再迁就、容忍，即使发现他有较大缺点，可事已至此，只得将就成婚，贻误了终身大事。调查表明，性交后女方想报复男方的占10.7%，既悔恨又摆脱不掉男方的占21.3%，其缘概出于此。三是使男方对女方的猜疑开始萌生。恩格斯曾讲："性爱是排他的。"女性如此，男性也不例外，男子总希望女友只信任自己，对自己开放，一旦与之发生关系，便又开始猜疑女方，"她对别人是否也这样？"若女方过去已谈过几个对象，这种疑心就会加重，或导致中止恋爱关系，或婚后生活不和谐。

（4）使新婚蒙上阴云。新婚是人生最快乐的事件之一，但婚前有过性行为或新娘子已有孕在身，这样的新婚就会失去应有的欢乐，蒙上一层阴云。就新婚夫妇而言，双方已没有新鲜感，只不过走走形式；周围人也会有议论、看不起，以为"有伤风化"。虽然传统观念中有些东西比较苛刻，但要一下子扭转"国情"，对传统文化进行扬弃并非轻而易举。

（5）给婚后生活造成诸多不愉快。婚前性行为往往是在提心吊胆、唯恐别人发现的"犯罪感"心理状态下进行的，缺乏良好的性生活环境，双方不仅难以从中体验到性快感，反而留下了痛苦的性经验，容易造成夫妻某一方的性功能障碍，如性冷淡、阳萎等，导致夫妻性生活不易和谐。婚前性行为没有法律保证，女方因被抛弃而受哑巴吃黄连之苦，就会对男方怀恨在心。婚后将此苦诉诸丈夫，丈夫愤愤不平，就会找"负心汉"讨公平，造成纠纷、违法事故，甚至引火烧身，导致家庭不幸。

（6）永远失去了新婚之夜的甜蜜。新婚之夜是迷人的。男女双方接受了亲友美好的祝福，其一切性行为不但合乎两个人感情发展的需要，遵循个人自然欲望，更被社会认可，并受到了法律的保护。在那个时候把你和他的灵和肉结合在一起，这是新鲜的、神秘的、永远也值得回忆的。神圣的新婚之夜也会极大地召唤男女双方的使命感和责任感，让他们明白自己在以后生活中的责任和义务，为将来建立一个稳定和谐的家庭打下基础，这才是神圣"新婚之夜"最重要的使命。可是，对于发生婚前性行为的双方来说，"新婚之夜"已经永远丧失了。"生活在一起"对他们来说已经没有任何新鲜感和神秘感了。婚姻对他们来说已经程式化，甚至成了可有可无的鸡肋。

如何避免发生婚前性行为？青年大学生在热恋过程中，双方都处于激情状态，甚至会情欲迸发，很难控制自己。有意识地做好一些注意事项，可以尽量避免产生不良后果。

（1）约会的时间，最好不要选择晚上。因为借助夜幕的"掩护"，恋人间容易产生性冲动，稍一疏忽，就可能逾越界限，做出令双方都后悔的事情。

（2）约会时，衣着最好不要过于透明、暴露。作为女大学生，要清楚地知道，在什么情况下拒绝对方的性要求更容易。

（3）约会的地点最好选人较多、热闹的地方。在这些地方既可以共度一段美好的时光，又可以通过环境的帮助，实行自我约束。僻静处、私人卧房、旅馆的客房都是比较危险的地方。

（4）当发现对方产生了性冲动而非常不安时，可以适当地提醒对方需要理智，或者谈些别的话题，以转移对方的注意力。最好不要采取简单、粗暴的拒绝方式，以免伤害对方的自尊和双方的感情。

 知识链接

学会科学避孕

青年大学生在发生性行为时，容易过度激情，而没有相应的避孕措施，从而酿成苦果。用科学的方法来避孕，是每个成年人的生活必需常识。

（1）使用避孕套。这是年轻人中最普遍使用的方法，既可以较好地避孕，也可以保护女性的生理安全，避免性传播疾病。

（2）安全期避孕。适于月经周期规则的女性。女性大约在下次月经前的14～16天排卵，在此日期前后的2～4天内不安全，其他日期则相对安全。

（3）使用避孕药。应用最好的短效避孕药（72小时内服用有效），避孕效果可达99%，长效避孕药每月使用1次，有的可1～3个月服用1次。

5. 性骚扰和性侵害

一般认为，只要是一方通过言语的或形体的有关性内容的侵犯或暗示，从而给另一方造成心理上的反感、压抑和恐慌的，都可构成性骚扰。性侵害，主要是指在性方面造成的对受害人的伤害。性骚扰和性侵害是危害大学生身心健康的主要问题之一。由于两性的社会地位和角色不同，相对而言，性骚扰和性侵害的对象常以女性为多。因此，女大学生了解一些性侵害和性骚扰的基本情况、掌握一些基本对付方法，是很有必要的。

 心理案例

深秋的一天下午，山西大学研究生韩某在从宿舍往教室走的途中，突然被一个陌生人拦住："我是学生科的老师，你的学费为什么还没有交，走，跟我到学生科去一趟。"韩某反驳道："我的学费早已经交了！"陌生人又说："那怎么在电脑里查不到呢？"于是，自感"受冤"的韩某便跟随自称为"教师"的人去为自己"讨个说法"。遂走出校门、上了公交车，"老师"又询问了韩某的家庭情况、学费情况，并说明"电脑在财经大学"。经过很长的一段路后，韩某随"老师"来到财经大学办公室的地下室。地下室里漆黑一片，这时韩某才感到事情不妙，刚喊救命就被"老师"掐住了脖子。结果，一个拼命往里拖、一个死命往外挣，还不到一分钟韩某便失去了任何抵抗能力……半个月以后，在这个胆大妄为的"老师"又到山西大学门口往女生宿舍打骚扰电话时，被布控的办案人员当场抓获。经审讯，冒充"老师"的犯罪分子终于交代了侵害韩某的详细经过。

韩某竟会如此轻易地被侵害，不仅同学和家长都感到惊讶，公安人员也表示不解："一个研究生，读了那么多书，怎么连最起码的防范意识都没有？"比如说，陌生人自称"老师"时，为什么不想到查查他的证件？高校那么多学生，怎么他要直接找学生要学费呢？自己学校里并没有"学生科"这一机构（通常中专学校才有），读了4年本科又读了研究生的人怎会不知道呢？山西大学的"学生科"怎么会设在相距很远的财经大学校内呢？学生科办公用的电脑又怎么可能安装在不通电源的地下室呢？……可以设想，如果当时韩某能够想到上述其中一个问题的话，这起性侵害是有可能完全避免的。

性骚扰、性侵害的主要形式：

（1）暴力型性侵害。暴力型性侵害，是指犯罪分子使用暴力和野蛮的手段，如携带凶器威胁、劫持女同学，或者以暴力威胁加之言语恐吓，从而对女同学实施强奸、轮奸或调戏、猥亵等。暴力型性侵害的特点如下：

其一，手段残暴。当性犯罪者进行性侵害时，必然遭到被害者的本能抵抗，所以很多性犯罪者往往要施行暴力且手段野蛮和凶残，以此来达到自己的犯罪目的。

其二，行为无耻。为达到侵害女大学生的目的，犯罪者往往会厚颜无耻地不择手段，比野兽还疯狂地任意摧残凌辱受害者。

其三，群体性。犯罪分子常采用群体性纠缠方式对女学生进行性侵害。这是因为，人多势众，容易制服被害人的反抗而达到目的；还会使原来单个不敢作案的罪犯变得胆大妄为，这种形式危害极大。

本市某高校，一男生与女友在校园外池塘边比较僻静处约会、聊天。一群民工途经此处，顿生歹意，民工将男生殴打致伤，女生被其中5名民工轮奸。

其四，容易诱发其他犯罪。性犯罪的同时又常会诱发其他犯罪，如财色兼收、杀人灭口、争风吃醋、聚众斗殴等恶性事件。

（2）胁迫型性侵害。胁迫型性侵害，是指利用自己的权势、地位、职务之便，对有求于自己的受害人加以利诱或威胁，从而强迫受害人与其发生非暴力型的性行为。其特点：

其一，利用职务之便或乘人之危而迫使受害者就范。

心理案例

某公司总经理，利用高校一些女生求职心切的心理，以招聘总经理秘书为诱饵，以见习试工为手段，先后多次对4名前来求职的女大学生进行性骚扰。

某大学电子系一女学生，因计算机专业课基础差、学习跟不上，晚上常到男性任课教师家中补课。该任课教师心怀不轨，利用补课之机对该女生多次猥亵，之后发展到奸污，从而使该女生身心受到极大伤害。

其二，设置圈套，引诱受害人上钩。

心理案例

1997年年底,内蒙古开鲁县清河乡农民修某进入沈阳。只有小学文化的他自称是外星人,有700多年的道行。他鼓吹"地球末日就要到了,只有跟我练功才是人间唯一正道"。他利用家教、练气功等手段,以"与日月结缘,换'天缘血'"之说和假"超渡"之名,一年内连续骗奸了8名女大学生,并骗取人民币3万多元。修某的骗术粗鄙、荒诞无稽、幼稚可笑,但却能将一群清纯美丽的女大学生骗倒,虽然难以置信,但却又不得不信。

其三,利用过错或隐私要挟受害人。

 心理案例

某高校一女生,由于交友心切,不慎与毕业班的一名男生谈上恋爱并发生了性关系。后因发现男生性情暴躁、心胸狭窄,遂提出分手。男生死活也不愿意,并以曾发生过性关系、拍下裸照相威胁,扬言"如果断绝关系,便公开此事"。后来,该女生一直是在悔恨和担惊受怕的心态中度过了她的大学生活。

(3)社交型性侵害。是指在自己的生活圈子里发生的性侵害,与受害人约会的大多是熟人、同学、同乡,甚至是男朋友。社交型性侵害又被称作"熟人强奸""社交性强奸""沉默强奸""酒后强奸"等。受害人身心受到伤害以后,往往出于各种考虑而不敢加以揭发。

 心理案例

某大学外语系二年级的一位女生,在周三举办的联系会上与本校中文系四年级一男生相识。经过交谈,双方感到情投意合,遂约好周六晚与其他同学一起到外面去跳舞。届时,他们如期赴会,一起跳舞、打牌、喝酒,一直闹到深夜,喝得酩酊大醉。男生心怀鬼胎主动送女生回校,女生则迷迷糊糊跟着他走,一直跟到一家饭店的客房。这时,她才意识到不安全,要离开,但男生却已锁上了门,随后把她按倒在床上……

(4)诱惑型性侵害。是指利用受害人追求享乐、贪图钱财的心理,诱惑受害人而使其受到的性侵害。

 心理案例

一位来自边远山区的女生,十分羡慕城市女生的时尚打扮。暑假在与同学结伴郊游时,偶遇一位富商派头十足的台湾人。两人各怀心事、各有所求,遂一拍即合。此后,两人频频约会,逛商店、上酒楼、进舞厅,台湾人不断买高档衣物和贵重首饰送给她。之后不久的一个晚上,台湾人将她灌醉后遂带到预订的房间将其强暴。

（5）滋扰型性侵害。滋扰型性侵害的主要形式：一是利用靠近女生的机会，有意识地接触女生的胸部，摸捏其躯体和大腿等处，在公共汽车、商店等公共场所有意识地挤碰女生等；二是暴露生殖器等变态式性滋扰；三是向女生寻衅滋事、无理纠缠，用污言秽语进行挑逗，或者做出下流举动对女生进行调戏、侮辱，甚至可能发展成为集体轮奸。

在日常生活中，女大学生们要注意学会保护自己，避免遭遇性骚扰：

（1）在日常生活中，应避免穿袒胸露背或超短裙之类的服饰到人群拥挤或僻静的地方。

（2）外出时，尤其在陌生的环境，要注意那些不怀好意的尾随者，必要时采取躲避措施。

（3）避免和男性单独出入暧昧场所，如酒吧包厢、KTV 包厢、电影院等地。

（4）晚上太晚回家应打的，而不要单独经过小巷或者无人街道，最好不要单独让男性送回家，就算被送回家，也请在楼下就道别，不要引狼入室。

（5）如果需要和男性共赴晚餐或者其他活动，应挑选对面而坐的单独座位，避免双人座位，而将自己困在里面。

女大学生在遭遇性侵害时该如何处理？

（1）遇到性侵害时，首先要保持清醒的头脑，保持镇静，临危不惧。大义凛然、临危不惧的态度对罪犯起到震慑作用，使犯罪分子在心理上感到胆怯，进而战而用之。

（2）遇到性侵害时要有坚持反抗到底的信心，软磨硬泡，拖延时间，顽强抵抗。根据周围的环境选择摆脱、反抗、求救的方法。

（3）寻求适当机会和方式逃脱，例如，可先假装同意，使犯罪分子放松警惕，然后趁他脱衣，使尽全力将其推倒，及时逃跑，并在逃跑时继续呼救。或者出其不意，猛击其要害，使其丧失侵害能力，趁机逃脱。

（4）采取积极的防卫措施，利用身边的器物或日常生活用具防卫。当发生性侵害时，要想一想自己身上有无可以用作防卫的工具，如水果刀、指甲钳、发夹等，观察周围环境有无可以利用的器物，如棍棒、酒瓶、砖、刀械等，当受到侵害时，用其击犯罪分子的要害部位，如头、眼睛、关节等部位，使其丧失实施侵害行为的能力，趁机逃跑。

（5）遭遇陌生人侵害时，要努力记住犯罪分子的体貌特征，保护好现场及证物，及时报案。

（6）遭遇性侵害后，努力不要对自身产生负面评价，积极寻求心理咨询师的帮助，早日走出可能存在的心理阴影。

（五）障碍性心理

1. 同性恋

同性恋是指对同性产生性爱的思想和情感，并以同性为满足性欲的对象的性心理障碍。它不是性变态，而是性指向障碍，归于性心理障碍一类。

同性恋有男同性恋和女同性恋。男同性恋中被动型的一方往往是真正的同性恋者，另一方可能是同性恋者，也可能是出于暂时的感情联系或性欲较强的健康人。女同性恋中主动的一方往往是真正的同性恋者，另一方可能是同性恋者，也可能是正常人。一般来说，女性同性恋者比男性同性恋者持续的时间更久，甚至可持续到中年以后。

2. 恋物癖

恋物癖是通过与异性穿戴或佩饰的服饰或与异性非性感部位相接触，并以此作为偏爱方式或唯一方式而引起性兴奋达到性满足的性心理障碍。

恋物癖者几乎都是男性。他们通过抚弄、嗅、咬某些异性物品而获得性满足。这些物品大多直接接触异性体表或明显与性有关，如胸罩、短裤、内衣、头巾、丝袜、发卡等。有时也可把正常的性行为置于次要地位或不顾，而把异性身上非性感部位如脚、头发等作为性活动对象以引起性兴奋和达到性满足。

恋物癖者大多数性功能低下，对性生活胆怯。他们为了获得异性物品，不惜采取偷盗手段，以致触犯刑律，遭到逮捕和惩罚，但过后又会重犯。恋物癖者在玩弄异性物品时常常自慰。

3. 窥阴癖

窥阴癖是一种反复多次偷看别人的性活动或异性裸露的身体，并以此作为偏爱方式而引起性兴奋和达到性满足的性心理障碍。

窥阴癖者均为男性，一般比较胆小，性生活能力不足，也不采用暴力来满足自己的性欲要求。除了偏爱有关性的电影镜头或裸体女性形象外，常不择手段去看女性洗浴或排便，多伴有手淫。虽经严厉惩戒，但恶习难改。

4. 裸露癖

裸露癖是以显示自己的生殖器而求得性欲满足为特征的性心理障碍。裸露癖大多数是男性。他们常常出没于昏暗的街道拐角、厕所附近、公园僻静处或田间小径上，每遇到女性则迅速显露其生殖器，或进行手淫，从对方的惊叫、逃跑或厌恶反应中得到性满足，通常并无进一步的侵犯行为。但对社会风尚造成危害，常常受到严厉惩罚。裸露癖者事后并不自责，只有极少数人会感到后悔。

5. 易性癖

易性癖是一种性别认同障碍，很罕见。这种人强烈认同自己为异性，以致企图借医学手段帮助自己改变性别。男性要求切除阴茎，做人工阴道，女性要求切除乳房，做一个类似阴茎的附属器官，或者采用性激素来改变自己的性征、体态。尽管他们相信自己解剖上的性别是错的，但它们并非同性恋，实践上都是异性恋者。易性癖者往往伴有强烈的抑郁和焦虑情绪，也可有自杀企图。有的易性癖者能结婚，但离婚率高。

心理小测试

大学生"一见钟情"心理测评量表

你容易产生"一见钟情"心理吗？请对以下题目作出"是"或"不确定"或"否"的选择。选"是"划"√"，选"否"划"×"，选"不确定"划"O"。

（1）非常喜欢解字迹。

（2）考试前，会一心一意去复习。

（3）我觉得有飞碟存在。

（4）我特别喜欢看言情小说。
（5）我做事有点冲动。
（6）我特别欣赏我的父亲（或认识的某一个人）。
（7）每逢假日，我总是出去旅游或参加团体活动。
（8）朋友的聚会基本都去参加。
（9）我很喜欢写信。
（10）我对未来充满幻想。
（11）我比较好静，就算是节假日，也喜欢待在家中。
（12）如果有约会，我会选择浪漫温馨的地方。
（13）我很崇拜某些偶像明星。
（14）看书时，我喜欢从内容概要开始看。
（15）我不太喜欢与人打交道。
（16）我相信真正的爱情应该是平平淡淡、从从容容的。
（17）我认为人无完人，每个人都是各有所长和所短的。
（18）见到英俊的男生（或漂亮的女生），我会心跳不止，为之陶醉。
（19）我非常渴望有一个人能来关心和体贴我。
（20）我挺在乎别人对我的看法的。
（21）对于我喜欢的人，我会无怨无悔地奉献一切。
（22）每次考试前，我都会猜题碰运气。
（23）如果约会，我喜欢去引人注目的场所。
（24）我相信"灰姑娘"的故事。
（25）对于现在的处境，我非常不满意。
（26）我喜欢买奖券，万一中了大奖就太好了。
（27）我认为人与人之间不必相处得太亲热。
（28）我最近看了3部以上的电视连续剧。
（29）我喜欢能拆能装的玩具。
（30）看到悲伤的场面，我会心酸。

【评分规则】除了2、11、14、15、16、20、23、27、29（共9题）选择"是"记0分、"不确定"记1分、"否"记2分外，其余的21道题，选择"是"记2分、"不确定"记1分、"否"记0分。各题得分相加，统计总分。

【分数解释】

1~20分：你喜欢有条有理的生活，一见钟情的程度不大。即使看中了某一个人，由于会受到别人看法和意见的左右，几乎没有勇气去约他（她）。

21~40分：一见钟情的程度一般。

41~60分：你很容易一见钟情。你的"情人眼里"总有"西施"出现。为了感情，你常会奋不顾身。

第八章 大学生审美心理的塑造

当代大学生处在生理机能接近成熟的阶段，自我意识逐渐确立和增强，大学生对美的追求热烈而迫切，呈现出鲜明的个性特点。但由于受到社会阅历的限制，加之世界观、人生观和审美观尚在形成之中，许多大学生爱美却不懂得如何审美，甚至以丑为美。为此，对大学生进行审美心理教育是十分必要的。

第一节 审美与人生发展

高尔基说："照天性来说，人都是艺术家，他无论在什么地方，总是希望把美带到他的生活中去。"爱美，是人之常情。凡是热爱生活的人，总要表现出对美的渴望与追求。那么什么是美呢？

一、美的含义

美，你我都不陌生，生活中处处有美，对于美，我们每一个人都有这样或那样的认识，也许我们的答案都只是解释了美的一个方面，或是美的现象，或是美的存在形式。究竟什么是美？

（一）美的本质

美是什么？这个问题的答案就像是一千个读者有一千个哈姆雷特一样，每个人的回答都不一样。一块精巧的蛋糕是美，一幅迷人的图片是美，一首好听的歌是美，一句亲切的问候是美……

毕达格拉斯学派：美是客观事物逻辑与数学的表现形式。揭示了美的客观性。

亚里士多德派：美是自然而然令我们愉悦。揭示了美的效果。

柏拉图和黑格尔把美看成是"理式""理念"。揭示了美的主观认识性。

康德、费肖尔、桑塔耶纳：美只存在于观赏者的心里。强调审美主体能动的作用。

狄德罗：美在关系。揭示了审美过程必须建立审美关系的事实。

里普斯、伏龙里的移情说，揭示了美的主客观统一。

古鲁斯：内模仿。揭示了审美必须有主观能动参与。

布罗：距离产生美感。揭示了审美环境的重要。

海德格尔、萨特的存在主义美学，揭示了美的客观存在性。

车尔尼雪夫斯基：美是生活。揭示了生活是美的源泉（最初来源）。

马克思：美是人类实践的感性活动所创造和形成起来的"人类社会或社会化了的人类"。揭示了社会美的本质。

蒋孔阳：美是人的本质力量的感性显现。揭示了美感的本质。

李泽厚：美是历史的积淀。揭示了美的形成过程。

虽然这些对美的本质的结论都是有欠缺或者说不全面的，不能被所有的学派所承认，但是它们都揭示了美的本质在各个方面的特性，只是它们的领域和角度不同。把这些依据总结一下，找到它们共同指向和聚集的交点就容易得出美的本质了：美必须是客观存在于客观事物中的；美能够被我们感知；美必须与我们的生活紧密相连；美只有在建立了审美关系，被主体能动地接受后才能实现价值；美能让我们感到愉快，这种愉快是人的本质力量的感性显现所带来的。这种美感对所有的人来说都是不一样的（也处在一个多向变化状态）；美和人的本质力量相对应，是处在发展变化的、多元的、多维、多种组合和表现形式的状态中的；美不一定被所有的人在所有的时间、所有的地点感觉到、认可、欣赏。

（二）关于主客观美论的评价

有人认为美是客观的，有人认为美是主观的，该怎么评价客观美论与主观美论呢？我们又应该怎样看待美呢？

（1）客观美论及其局限。客观美论认为美是不依赖于人的客观现象。客观论坚持大自然和人类社会的美在自然和社会本身，这是符合人们审美活动的实际的。但解释不了客观对象何以成为美的问题。例如，红色是美的，那么红色的血手印也美吗？

（2）主观美论及局限。主观美论认为美是人的主观感觉。美不在物而在心、在精神。他们认为对象本身并无所谓美与不美的问题。例如，红色，有人认为红色很美，有人认为红色俗不可耐，到底红色美与不美，不在于红色本身，而在于看红色的人的心，即他的审美观。但这种观点解释不了一般正常人认为许多事物美否的原因。由此可知，主观美论和客观美论都没有揭示出美的本质。

（3）主客观关系美论。主客观关系美论从主体客体的关系上来解释美。认为美既不在物，也不在心，而在心和物之间，即主客观的统一，这是马克思主义哲学的基本观点。正如苏轼所说的："若言琴上有琴声，放在匣中何不鸣？若言声在指头上，何不于君指上听？"

美是事物促进和谐发展的客观属性与功能激发出来的主观感受，是这种客观实际与主观感受的具体统一。事物具有促进和谐发展的属性与功能是自然美，加工事物使它形成促进和谐发展的属性与功能是创造美，促进和谐发展的思想与情感是心灵美，创造和谐发展的行为与实践是行为美，追求和谐发展的精神是内在美，有利于和谐发展的仪表是外在美。要努力开发自然美、积极创造美、弘扬心灵美、实践行为美、培养内在美、修饰外在美。人的审美追求，在于提高人的精神境界、促进与实现人的发展，在于促进和谐发展、创建和谐世界，在于使世界因为有我而变得更加美好。

（三）美的特征

美的本质与美的特性是相联系的，美的本质表现在美的特性之中。

（1）客观性。美的客观性是指美的存在具有不以人的意志为转移的特点，美是真实存在的、不可否认的。一切美的事物都具有客观物性因素,这些物性因素在引起人的审美愉悦方面起着至关重要的作用。它决定了人们之所以选择这个事物,而不是那个事物作为美的对象。《淮南子》里有这样一段话说的就是美的客观性:"琬琰之玉,在洿泥之中,虽廉者弗释;弊箄甑瓺,在袥茵之上,虽贪者不搏。美之所在,虽污辱,世不能贱;恶之所在,虽高隆,世不能贵。"

(2)时代性。美是一种历史现象,具有时代性。不同的时代具有不同的审美标准和内容。

(3)民族性。美是在民族的社会生活中创造、形成和发展的,因而带有民族性。

(4)社会性。美是客观性和社会性的统一。著名美学家李泽厚认为:"美是社会的,又是客观的,它们是统一的存在。否认其中任何一方面,都是错误的。"所谓客观性,不是指物的自然性或者典型性,而是指物的社会性。所谓社会性,不是主观的社会意识或社会情趣等,而是客观存在的社会的属性。由于社会生活本身就是客观的,所以作为社会生活属性的美,既是社会的,也是客观的。美离不开人,离不开人类的社会生活。他给美下了一个定义:"美就是包含着社会发展本质、规律和理想而具有可感形态的现实生活现象,简言之,美是蕴藏着真正社会深度和人生真理的生活形象(包括社会形态和自然形象)。美是真理的形象。"同时,他又特别说明:"我们所说的生活的本质、规律和理想,都只是生活本身,是不能脱离生活而独立存在的。"

(5)多样性。美的多样性是指不同的事物具有不同的美,同一事物在不同时期具有不同的美,这是由世界的多样性和事物的发展性决定的。宋代山水画大师郭熙在《林泉高致》中指出"春山艳冶而如笑,夏山苍翠而如滴,秋山明净而如妆,冬山惨淡而如睡"。这就是山水美的多样性。

(四)美的形态

美的本质还要通过一定的形态表现出来。美的基本形态有三种,即自然美、社会美和艺术美。科技美也是一种重要的美的形态。

(1)自然美。泰山日出、庐山瀑布、黄山奇峰、桂林山水、朝晖晨曦、月朗星稀、碧云如水、细雨绵绵、蝶飞南国、雁落平沙、池生春草、曲径风荷……这些自然景观,都富有诗情画意,引起人们无限的审美遐想。

(2)社会美。社会美主要有三个来源: 第一,一切物质产品的美;第二,人们自由制造性的劳动形象美;第三,人们为争取人的解放而进行斗争的美。在社会美中,人的美是中心。物质产品的美,说到底也是人的作品。人的美是社会美的特点的集中体现。人的美包括外在美与内在美两个部分,内在美重于外在美。

(3)艺术美。艺术是美的集中体现,艺术的世界是美的世界。但艺术并不都是美的。只有那些反映真、符合善、表现美的艺术,才成其为美的艺术。而且艺术不局限于反映生活的美,还揭示生活中的丑恶现象。

(4)科技美。科技美是指人类在探索自然奥妙和进行发明创造的过程中,把主观目的追求和客观规律有机统一起来所创造的美。科技美包括科技活动中的实验美、科学语言表达的形式美、科技创造成果的理论美和科技产品的工艺外形美。科技美作为社会实践的产物,直接反映了真、善、美的统一。从最终意义上说,它应属于社会美的范畴。

二、审美与审美心理

生活中,我们无时无刻不在进行着审美活动,我们的爱恨情仇很多都是我们的审美活动引起的情绪行为结果。人为什么要审美？审美究竟是怎么一回事？我们在审美过程中的心理活动是怎么产生的呢？

（一）审美

审美主要是指美感的产生和体验，是人们对一切事物的美丑做出的一个评判过程。审美是人类掌握世界的一种特殊形式，指人与世界（社会和自然）形成一种无功利的、形象的和情感的关系状态。审美是在理智与情感、主观与客观的具体统一上追求真理、追求发展。背离真理与发展的审美，是不会得到社会长久普遍赞美的。

1. 人为什么需要审美？

人之所以需要审美，是因为世界上存在着许多的东西，需要我们去取舍，找到适合我们需要的那部分，即美的事物。有句话说得好，"黑夜给了我黑色的眼睛，我却用它来寻找光明"，套用一下，"上帝为我们开启了心灵的窗户，我们用它来寻找美"。人的智慧从客观上决定了我们对美好事物的追求。动物只是本能地适应这个世界，人则可以通过自己的智慧发现世界上存在的许多美的东西，丰富自己的物质生活和精神家园，以达到愉悦自己的目的。

人之所以审美，除了愉悦自己的目的之外，在很大程度上也是为了完善自己。通过一代代人对周遭世界的评判，不断进化，形成更为完善的对事物的看法，剔除人性中一些丑陋的东西，发扬真、善、美。在当今社会中，通过对美好事物的欣赏，尤其是对人性中存在的友情、亲情、爱情的审美，不断为生活在钢筋水泥的城市森林中的人们提供心灵的慰藉，满足他们因为物质丰富而带来的心灵空虚。

将人生的痛苦当做一种审美现象进行观照，同时也就意味着是一种从艺术的视野而不是从道德评价的视野来观察和感悟生命的审美的人生态度。如果我们能够化悲痛为力量，换一个角度来审视人生的挫折和痛苦，将这些人生历练作为一种难得的财富加以咀嚼和收藏，则能够从人生的风浪中变得成熟，或许这样的人生才算真正有意义，能够真正做到这些的人才算真正地活过。我想审美的最高境界或许就在这里吧！

2. 审美的实质

审美，是一种体验，体现为人的主动、自觉的能动意识。在体验的过程中，主客体融为一体，人的外在现实主体化，人的内在精神客体化。在人类的多种体验当中，审美体验最能够充分展示人自身自由自觉的意识，以及对于理想境界的追寻，因而可以称之为最高的体验。人在这种体验中获得的不仅是生命的高扬、生活的充实，而且还有对于自身价值的肯定，以及对于客体世界的认知和把握。因此，我们不仅应把审美体验视作人的一种基本的生命活动，而且还应该将其视作一种意识活动。

审美体验是一种形象的直觉。所谓直觉，是指直接的感受，不是间接的、抽象的和概念的思维。所谓形象，是指审美对象在审美主体大脑中所呈现出来的形象，它既是审美对象本身的形状和现象，也要受到审美主体的性格和情趣的影响而发生变化。这就譬如同样是一朵花，在植物学家的眼中，看到的是它属于那个花科；在动物学家眼中，看到的是它花蕊中的寄生虫；在哲学家的眼中，看到的是它带给人们愉悦的社会功能；而在环保主义者的眼中，却只会出现没有了花朵的光秃秃的植株。这种因所从事职业的不同而产生的直觉的不同，是审美体验受审美主体的性格和情趣影响而发生变化的最佳证据。所以说，审美体验的直觉不是一种盲从，而是一种扎根于审美主体的自身文化、学识、教养的高级"直觉"。

审美者与审美对象之间要保持一定的心理距离才能产生美感体验。所谓心理距离，是指审美者撇开功利的、实用的、生物性的概念，用一种超脱的、纯精神的心理状态来关照对象，不要去注意和思考与审美对象的美学价值无关的事情，如对象的科学性质或经济价值等，也不要抱有功利的和实用的打算，以及把主客体之间的种种其他现实的关系在心理上拉开距离。要防止或削弱这些方面的活动进入审美意识。朱光潜先生曾举了一个雾海行船的例子来说明心理距离。在朦胧的雾气中，听着邻船的警钟、水手们手忙脚乱的走动及船上乘客的喧嚷，人们时时在为自己的安全担忧和恐惧，这种情况下是无法产生和谐的美妙的审美体验的。但是，站在海岸上的人，观看雾景所产生的心情则和那些身处雾中的船工、游客的心情截然不同。在前一种体验中，海雾是实用世界中的一个片断，它和人的知觉、情感、希望及一切实际生活需要瓜葛在一起，用它实在的威胁性紧紧地压迫着人们，也就是说，关系太密切，距离太接近，所以没有办法泰然处之地去欣赏。而一种体验，则是使海雾与实际生活之间保持了一种"距离"，以审美的心境对它进行欣赏。

审美体验是一种心理过程，即移情。"感时花溅泪，恨别鸟惊心"表达的就是这种心理过程。审美体验总是从内部引起的，先在身体上面发生一定的反应，这种从内部产生的感觉会引发一种情感，适合这种情感的形式便会产生相应的美感。移情就是设身处地地体会审美对象的心情，将审美主体自己的情感投射到有生气的结构中，从而把自身置换到对象中进行体验。在审美或欣赏时，人们把自己的主观感情转移或外射到审美对象身上，然后再对之进行欣赏和体验。比如，诗人把自己的不畏强暴的风格和情感投射到菊花身上，然后再讴歌菊花的不畏严寒和美丽，这就是中国诗坛上对菊花的"千古高风说道今"的心理机制。再比如，相传孔子当年周游列国，却到处受到冷遇，他在返回鲁国的途中，经过一段幽蔽的山谷，看到那里浓郁芬芳的兰花开得特别茂盛，不仅感慨万千，认为兰花应当为皇帝诸侯开放。单独在山谷里，只与杂草生长在一起，实在可惜！于是他架起琴鼓，弹起《猗兰操》。显然，孔子因为得不到重用而倍感伤心，于是移情于山谷的兰花，为之弹琴歌唱。凄凉和孤苦的意境，就是孔子情感的移情外射。当审美者把自己的情趣外射到欣赏对象又把对象的形象情趣吸收到自身时，就出现了审美中的"物我同一"的境界。此时，主客体之间的心理距离已被取消，缩短或消除了审美关系的心理距离。

审美的生理基础和过程对于审美对象的内模仿。例如，审美者以自己的身体内肌肉的紧张收缩来模拟审美对象的动作或姿态——奔跑、飞翔或拔地而起。模仿常常是一种比较轻微的对局部细节的模仿，因而主要是一种象征性的模仿。一般说来，审美体验的第一步是通过感觉器官取得对作品的艺术感知，再经过神经传导系统，在大脑形成相应的兴奋中心。第二步是要使静止的形象运动起来，这便需要内模仿和艺术想象。这一方面是对作品的再感知，是情绪的再体验，另一方面也是理性的再渗透，是抽象向形象的逐渐过渡。

审美体验是审美主体的全部心理因素和功能的投入，实际上就是艺术家创作活动中的生命意识与心理流变的发展和延宕。

（二）审美心理

审美心理是指人们美感的产生和体验中的知、情、意的活动过程，具有一定的个性倾向规律，以及一定程度的环境影响因素。

美的欣赏和判断过程，是审美主体对审美对象的一种特殊的反映。它是在感知、情感、想象、理解等心理因素相互协调、相互推动下产生的一种复杂心理活动。大学生审美心理要素的构成主要由以下几个方面：

（1）审美感知。人们的审美活动离不开具体的对象，在审美感受过程中，是美的形象作用于人的感觉和知觉，在大脑中形成一个美的主观印象。如果没有审美感知对审美对象的生动形象的直观，人与现实的审美关系就成了无源之水，无本之木，就不可能有审美想象、情感和理解的实现与和谐活动，也就无法真正实现具体的审美体验。

大学生审美感知的特征表现为：一是敏锐性。在日常生活中，大学生凭着迅捷的感知，不仅能更快、更多地了解周围事物，而且可以使自己的感知及时准确、精细、高效。二是广泛性。大学生普遍不满足从课堂上获得的知识，他们迫切需要学到更多的本领，因而对各种社会和文化活动，都表现出极大的兴趣，渴望通过参加这些活动，广泛地感知美、体验美。三是深刻性。随着年龄的增长和身体的成熟，大学生对审美对象的观察仔细程度有了很大的提高，他们对自然景物观感精细，对音乐内涵感受细腻，一些被成年人视为平淡无奇、难以动情的事物，在大学生感受中则显得妙趣横生、美感强烈。

（2）审美情感。情感是审美心理中最活跃的因素，它不仅是审美感知和审美想象的动力，而且在审美活动中具有加强审美体验的作用。在美的创造和欣赏活动中，没有情感也就不会有美的欣赏，没有情感就没有美的创造。

大学生审美情感特点表现在：一是情感丰富。一般来说，随着生活领域的扩大和业余生活的丰富多彩，加上知识水平、品德修养和思维能力的提高，大学生的审美情感较以往更加丰富。二是感情强烈。在校大学生一般是二十岁左右的青年人，对外界事物的反应敏捷，表现在审美情感方面，同样一个审美对象，在一般人看来十分平常，而在大学生心目中却是另有一番情形，或使他们十分激动，或使他们十分悲观，与一般人的情感形成鲜明的对比。三是社会化水平较高。大学生活期间，一些消极的审美情感，有时会在少数学生身上有所表现，但真正体现大学生审美情感本质和主流的，是他们审美情感的社会化水平逐步提高，并趋于成熟和稳定。

（3）审美想象。大学阶段是人一生中极富想象力的时期，想象在大学生身上都有十分丰富的表现。就想象的高级形式而言，大学生不仅创造性想象丰富，而且其创造性想象也具有很高的水平。他们既可以根据他人提供的形象化的描述在自己的意识中建立新的形象，形成许多见所未见、闻所未闻的形象，也可以无须假借他人的描述，把自己记忆中储存的表象作新的综合，创造出新颖、独特的形象。

大学生的想象所形成的新形象，不仅能够反映主体的需要和愿望，抒发主体的情感，而且也能够概括事物间的某些关系和联系，进而加深主体对审美对象的理解和认识。丰富的想象力，使大学生审美视野得到了扩展，审美意蕴得到深刻的发掘，审美经验得到进一步的丰富。

（4）审美理解。审美理解是以对审美对象的必要的知识准备为前提的。例如，西方的许多绘画取材于《圣经》中的故事，没有读过《圣经》，就不可能真正地欣赏。在中国艺术中，松鹤象征长寿，荷花象征高洁，梅花象征孤傲，菊花象征清高等。如果不了解它们特定的内涵，也不能欣赏。同样，中国社会有几千年的历史，产生出无数的杰出人物，他们的言行常常打动着人们的心灵，而当大学生们进一步理解了他们行为的真实动机后，就能更深刻地感觉到他们从外而内的美，心中就会自然而然地萌生敬意。因此，在审美活动中只有感知、想象、情感的因素，而无理解的渗透，美感的心理活动过程就是不健全的，要想获得真正的审美享受，也是不可能的。

三、审美对大学生人生发展的意义

审美素质是大学生综合素质的重要组成部分，也是影响大学生科学、文化等其他素质提高的重要因素。审美教育是素质教育的重要组成部分，它在发展人的个性、完善人格中具有极其重要的作用，可以使人们完善品格，净化灵魂。在高等教育追求素质培养的今天，加强大学生审美素质的培养显得尤为重要。

（一）审美教育能激发大学生的创新意识与创新能力

智力因素中最活跃、最积极的因素是创造能力，审美教育对于培养当代大学生的创造力有着举足轻重的作用。审美活动能够激发大学生丰富的想象力和非凡的创造力，使他们产生自由创造的审美需求，审美意识的形成过程和创造美的过程能培养人的形象思维能力，促进创造力的发展。当代大学生是祖国未来的建设者和创造者，他们学到的一切知识和技能都将为社会所用，这其中就包括了创造美的能力。培养大学生的审美素质正是激发和提高大学生创新能力的重要途径，想象力是创新的直接动力之一，想象力和创造力的培养吻合审美教育的特殊功能。大学生经常接触美的事物，接受美的熏陶，其联想和想象能力得到强化，就会使其审美心理更加细腻、敏锐。而敏锐的感觉和丰富的想象正是人类创造能力的灵魂，审美活动的创造性就是要把个体主观性的创造活动变为客观的现实，要真实地创造出审美对象，在审美的创造过程中受到美的熏陶，达到自身能力与心理发展水平的同步提高。因此，审美素质的培养对于强化当代大学生的创新意识与能力，具有重要的推进作用。

（二）审美教育能帮助大学生形成审美的人生态度，增强心理调节能力

大学生审美感知敏锐，他们对时代的任何细微的变化都有灵敏的心理感应。健康心理的一个突出特征就是懂得适应，即适应周围的生活环境和自己的社会角色，以及协调各种人际关系等，这种"适应"依靠自身的心理调节。当前，大学生群体在一定程度上存在自我心理调节能力较差的现象，表现如人际关系敏感、自卑、焦虑、偏执等心理疾病。通过恰当的审美教育，有效地实施一系列的审美活动，使他们对自然、社会、生活充满爱，在爱的氛围和爱的体验中，帮助大学生树立正确的人生观、世界观，自觉树立崇高而雅致的审美观，抵制追求感官刺激和世俗功利的不良审美倾向，使大学生在审美实践过程中能坚持科学的审美标准，正确鉴别善恶美丑，对生活和未来坚定信心，形成审美的人生态度，以真为美、以善为美和以纯朴为美，以达到美化社会、美化生活、美化心灵的目的，这样能大大增强大学生的心理调节能力，有利于促进其心理健康水平的提高。事实证明，通过审美活动形成审美心胸，能够以旷达超脱的良好心态去面对现实人生，适时地调节不良的情绪状态，及时有效地克服心理障碍，保持心理健康。

（三）审美教育能增强大学生的道德修养，培养高尚的道德情操

审美教育不同于别的教育，就在于它是一种自由的形态，通过"寓教于乐"，使人的心灵得以净化。这是因为美与人的心灵是相通的，德国著名美学家康德曾说："美是情感知识与道德的桥梁。"审美教育就是运用人类社会创造的一切美，对人进行美化自身的教育，使人具

有一颗丰富而充实的灵魂，并渗透到整个内心世界与生活中去，形成一种自觉的理性力量。一个合格的未来的建设者，不仅要有健康的体魄、聪慧的头脑，还要有丰富的情感和高尚的道德情操。实施审美教育的关键，就是要将道德、知识等教育转化为人的一种精神素质，使人成为真、善、美的统一，让美德成为一种世人所尊崇的行为规范，在社会生活中产生积极的影响。大学生在审美情境的自由感受中通过个体的情感活动实现道德自由，而当人的道德认识与审美情感形成一致的崇高理想信念时，那么人的美德便建立起来了。我们可以通过自然的、社会的和艺术的审美形象进行审美教育活动，陶冶大学生的情操、净化他们的心灵，从而使他们具有审美的人生态度，能以开阔而豁达的心胸看待一切，增强他们的道德修养，培养他们高尚的道德情操。

第二节　大学生的审美心理

大学生作为特殊的青年群体，他们的审美心理是这个社会审美心理的折射，他们的审美心理特征和存在的问题在某一方面也反映了时代的某些特征和问题。因此，探讨大学生审美心理，是引导大学生树立健康审美观的前提，也是纠正社会错误审美观的要求。

一、大学生审美心理特征

作为审美主体的大学生，从年龄来说，是生理机能基本成熟的青年期；从知识来说，逐步进入知识的较高层次；从智力的发展来说，思维能力增强。以上几个方面的发展完善，使得他们的道德观念日渐明确，志趣性格逐步形成，自我意识日益强烈，有了理想和意志，审美观由不稳定日趋稳定，因而在审美心理方面表现出如下特征。

（一）崇拜心理

青年人比任何年龄的人都容易为他们所崇拜的人物所领导，大学生也不例外。崇拜心理影响着大学生，为追随所崇拜的偶像，而竭力在各方面模仿，包括崇拜对象的言行举止、思想品德、甚至衣着打扮，行他们之所行，爱他们之所爱。

（二）从众心理

这是个体跟从群体的行动而行动的一种心理现象，即平时常见的"随大流"、人云亦云。从众心理在大学生中较为常见，比较多的反映在穿着打扮方面。

（三）好奇心理

大凡人都有一些好奇心，儿童有好奇心理，老人也有好奇心理，作为青年人的大学生也有好奇心，并显得与儿童、老人的好奇心有所不同。这主要表现在大学生对没有接触过的客观事物不但有兴趣，而且想方设法去体检，甚至不考虑所仿效的东西是否合乎周围环境，是否适合自己的特点。

（四）创新心理

人类社会的历史，就是不断求新创造的历史。审美也是如此，人类的审美活动，不论是客体方面还是主体方面，总是处在不断发展、不断创新的过程之中。大学生思想最活跃，改变现实的愿望最迫切，对新的东西接受速度十分迅速。在改革开放不断深入的年代，不论是艺术领域，还是社会生活领域，美的形态、美的观念发生着日新月异的变化，给大学生的审美体验提供了更加广阔的天地。

（五）求异心理

从根本上讲，求异也是一种求新。与求新一样，求异者大都独立意识较强，他们不愿意随波逐流，而常常是别出心裁，与众不同，有时甚至会使人感到有些怪诞。求异心理导致的后果，一是为大家所接受，容易产生新的时尚，一旦流行开来便又转为一种从众现象；二是由于不为他人所理解和接受，便失去生命力。

（六）逆反心理

这是与从众心理相反，在一些大学生中常见的一种心理现象。在逆反心理的驱使下，一些大学生对来自领导、家长、老师或权威的意见、导向，不仅熟视无睹，不闻不问，而且还会反其道而行之。从主观上来说，具有逆反心理的大学生大多数独立意识较强或具有孤傲不羁的性格。

二、审美心理存在的问题

很多大学生不知道什么是审美，为什么要审美，更不用说提高自己的审美能力了。面对周围缤纷多彩的世界，很多大学生同学不知那些是美的东西，即使知道某些事物是美的，却不知道为什么美，不能对美丑做出正确的评判，更不用说用审美去完善自己了。

有些大学生对日常生活中的审美存在着淡化和庸俗化的态度，以纯粹的感官快感取代美感。目前，很多同学在看待事物时，对其评价和认识仅仅停留在表面的层次上，并不能从审美知识的角度去对这个事物进行一个评判，往往以一种简单纯粹的快感取代美感，从而忽略了事物美的本质。

还有一些大学生对审美标准把握不准，不能深层次地把握审美的问题。在审美的过程中，只注重表层，忽略本质的东西。审美标准不是个人的尺度，它具有一定的社会性，其正确与否，归根到底要看它是否能够根据审美对象的实际，揭示审美对象的客观属性和审美价值，很大一部分同学在审美过程中，对判断对象的美丑和价值高低的尺度把握不准，自觉不自觉地运用自己的主观感觉去评价一个事物的美丑，这样往往把握不住美的本质的东西，收获的只是表层。

审美心理存在的问题是指人在审美活动过程中，其心理活动或个性特征所出现的背离社会普遍的审美标准的异常现象。大学生作为最具生机与活力的一个社会群体，追求自然美、社会美、艺术美、形象美、技术美是其主流。但在实际生活中，一些大学生在审美活动中也表现出了一些不应有的心理偏差。

（一）以丑陋为美

有些大学生缺乏对美的准确理解与把握，常常会混淆美与丑的界限，甚至美丑颠倒，对于一些丑陋的东西，不以为丑，反以为美。例如，有的大学生沾染上不良江湖习气，讲究哥们义气，拉帮结伙，有的甚至发展成犯罪团伙：他们经常在一起吃喝玩乐，抽烟、酗酒、赌博、打架斗殴，有的严重触犯刑律，还不以为耻，反以为荣，认为自己有英雄气概。又如，有的同学以说脏话、骂人为美，以乘车乱挤、买饭插队为美，以在公共场合吆五喝六、赤膊招摇为美等，都是以丑为美的具体表现。

（二）以怪异为美

有的大学生过分追求新、奇、怪，过于喜欢标新立异，一味追逐所谓新潮、另类，结果造成形象怪异、行为乖张，明显与社会格格不入。例如，有的大学生发型怪异，像美国的嬉皮士；有的大学生服饰怪异，谋求科幻影片中外星人的风格；有的大学生行为怪异，效仿老顽童的举止做派；而不修边幅、龌龊肮脏者更是大有人在。这些都严重地破坏了人的仪表美、风度美，不但不能给人以美的感受，反而只能带给人以轻薄、失礼和缺乏教养的感觉，与美的标准、美的观念是背道而驰的。

（三）以享乐为美

有的大学生认为花钱大手大脚，手面阔绰，好吃好喝就是有风度。他们丝毫不去理会父母劳作赚钱之艰辛，把父母花钱供自己吃喝玩乐看做是天经地义、理所当然的事情。他们在生活上相互攀比，追求高消费，追求超前消费，非高档名牌服装不上身，非高档名牌皮鞋不上脚，非高档名牌烟酒不入口，流连于游戏厅，沉湎于网上聊天，陶醉于"不求天长地久，但求今日拥有"的谈情说爱，寻求情感上的慰藉，甚至享受性消费等。丝毫不觉铺张浪费、骄奢安逸，反而认为是潇洒有派、风度翩翩。

（四）以不求上进为美

网上流传大学生中的这样一段话"兄弟，别上课了，上了又不一定听，听了又不一定会，会了又不一定考，考了又不一定对，对了又不一定能及格，及格了又不一定能给毕业证，给毕业证又不一定能找到工作，有工作了又不一定能有钱，有钱了又不一定能娶到老婆，有老婆了又不一定能生孩子，有孩子又不一定是你的！！！别上了！"。有的大学生毫无青年人的朝气，缺乏积极进取精神，处世消极，故意做出一副看破红尘的样子。他们思想上消极落后，情绪上萎靡不振，言论上冷言冷语，行动上懒懒散散，学业上甘于落后。不但自己不上进，还对表现进步的同学冷嘲热讽，横加阻挠，设置障碍。他们不愿接受老师的教导，不愿接受学校规章制度的约束，不愿参加集体的活动，上课不听讲，课后抄作业，满足于60分万岁，考试凭运气等。他们以庸俗为不凡，似乎别人都是凡夫俗子，只有自己的人生态度才是超凡脱俗的，只有自己的生活境界才是美的。

上述表现虽然不是大学生中的主流，但此种现象也绝不在少数。它严重地影响了大学生的形象，破坏了大学生的整体形象美，因此必须加以克服。

三、审美心理问题的成因

为什么当今的大学生会有这样的审美心理问题？从美学和心理学的角度来说，大学生审美心理问题的产生既有社会原因，也有大学生自身的原因。

（一）社会文化因素的影响

社会的改革开放与现代化进程的加速，政治、经济、文化三方面的发展变化分解着原有的价值体系，社会上的多元价值观和多元文化，给当代大学生审美观的形成提供了更多的选择性空间，使得他们选择多元化，但也带来了多种文化与价值观的碰撞、冲突与选择的困惑。

一些格调不高、内容庸俗的生活、消费、文化、娱乐等作品暗流涌动,给大学生的审美观带来了极大的负面影响。在一些肤浅的大众文化影响下,大学生放弃理想和道德追求,丧失现实的责任感,只求当下,不想未来,对美的追求也只是停留在感官阶段上。在社会发展过程中,西方文化在不断涌入的过程中难免夹杂着一些低俗、非主流的东西,如拜金主义、极端个人主义、享乐主义等。当大学生沉溺于这些文化制造出来的虚幻情景或者虚拟情景时,就容易为其所宣扬的享乐主义、个人主义所影响。大学生正处于成长阶段,知识与心理不成熟,辨别能力较差。那些新奇的事物直冲大学生的感官世界,使得缺乏对社会生活深层把握的大学生难以区分和做透彻的理解,往往来不及做详尽而深刻的判断而盲目地全盘接受,以至于麻木了审美的认知机能,使审美趣味粗俗化,从而迷失了美的方向。如何针对文化中的某些因素对大学生审美观念的实际影响,创造出有利于大学生审美观形成和发展的文化与时尚氛围,将负面的影响降到最低,就是亟待解决的问题。

(二)教育因素的影响

由于我国现行教育体制存在弊端,中小学普遍追求升学率,重视应试教育而忽视素质教育,导致有的地方学校美育没有取得应有的地位,美育教学难以列入教学计划,有的学校即使开了美育课,也只是简单地教唱几首歌,开展一些文艺活动而已,再加上许多学生把考不考作为学不学的依据,而且在考试的重负之下,他们根本无心接受艺术教育及其课外活动,这就造成了许多学生审美理论知识的先天不足。到了大学之后,虽然不存在升学问题,但由于还没有实行统一的教学大纲和教学计划,许多学校及任课教师都是根据自身条件来开设美育课程,加之该类课程不是必修课,因此,直接影响学生的学习重视程度和系统理论知识的掌握。再者,日益升温的考级、考证、考研浪潮,使许多大学生根本无暇去加强审美理论知识的学习,这些因素综合作用的结果造成了许多大学生审美理论知识的贫乏。由于缺乏审美理论知识的指导,一些大学生在色彩缤纷的审美对象面前,迷失了审美方向,导致审美心理问题的产生。

(三)自身因素的影响

处在青年期的大学生正经历着个体自我意识分化—矛盾—统一—再分化—再矛盾—再统一的发展过程。尽管他们十分注重对外部世界的关注,有强烈的认知美的愿望和对自己内心世界的探究,但由于他们存在着思想和心理发展的局限,以及认知美的能力欠缺,使得他们对外部世界和对自我的认识带有不完整性和片面性的特点,容易产生审美认知偏差,进而对美产生模糊的、片面的或错误的认识。再者,青春期又被称为"情感风暴期",处在这一时期的大学生容易动感情,情感强烈,情绪来得快,变得也快,一旦外界形成某些刺激,如感到理论与实际相脱节,或追求实现个人价值及社会价值的行为受挫时,一些大学生就很容易在情感上产生倾斜,出现逆反心理,从而破坏了他们心中原有的、正确的审美标准。此外,个别大学生由于人格不健全,也会直接导致审美活动的障碍,产生不良的审美趣味,甚至出现无视美,歪曲美,以丑为美的现象,从而产生审美心理问题。

第三节 健康审美心理的塑造

当代大学生是最爱美的一代人,他们对美的追求,热烈而迫切,呈现出鲜明的群体个性特点。但是，许多大学生在审美实践中出现的各种各样的心理问题对其健康成长是十分有害的，为此，在对大学生审美心理进行深入的分析和探索，把握大学生审美心理特点与审美心理问题及其原因的基础上，塑造大学生健康的审美心理是一项具有重要意义的任务。

一、审美遵循的原则

在审美过程中，我们之所以会出现这样那样的问题，是因为我们忘记了一些基本的审美原则，所以把握不住美丑的界限，甚至以丑为美，只要我们在生活中坚持一些最基本的审美原则，我们的审美活动就会少出错误，少闹笑话。

（一）以真为美的原则

以真为美的具体内涵是重科学、尚真诚。宇宙万物，真的未必都美，但凡美必真。这是一条美的原理。任何虚假的东西都与美无缘。虚伪的爱情，犹如阳光下的肥皂泡，虽绚丽多彩，可惜转瞬即逝；"口蜜腹剑"的人，虽貌似真诚，不过纸终归包不住火。

科学是探索天地间一切事物自身发展变化规律的学问，最注重实事求是，率性而行。天上飞鸟，"栖之深林，游之坛陆，浮之江湖，食之鳅鲦，随行列而止，逶迤而处"，按照自身固有的生存规律，即鸟的真性情活动，自由自在，这就是飞鸟的美；社会形态，基于生产力与生产关系的对立统一规律，由低级走向高级、由资本主义走向共产主义，越演越文明、越变越完好，这就是社会形态的美。人生亦然，真诚做人，在人生旅途的大风大浪里，坚持实事求是，不虚伪、不造作，真喜、真想、真爱、真恨，表里如一，形神一致，努力按照世界万物和社会人生的发展演变规律和物我的真性情去缔造幸福的社会，这就是人生的美。

王贝整容死：混乱的审美观，迷失的自我

【新闻事件】

2005年届超女王贝在武汉做整形手术时出现意外，导致死亡。据悉，11月15日上午，王贝母女走进了整形医院，接受面部磨骨手术（颧骨、下颌角）。两个手术先后进行，王贝先做。手术进行中，却出现了意外事故。在为王贝进行下颌角手术时，手术部位大出血，血液通过王贝喉部进入气管，造成窒息，经转院抢救无效后于11月15日下午死亡。据悉，事故发生后，整形医院并未通知同样接受磨骨手术的王贝母亲，而是照常对她实施手术。事后24小时，王贝母亲才通过有关部门了解到真相。

【评论】

谈到"超级女声"没有人会忘记2005年的"超女"们，如果你说你没什么印象，如果我告诉你"就是李宇春那届"，你还会说没印象么？我想一般都没有人会继续给我一脸茫然吧……因为我至今还记得初中升高中那年暑假的盛况，每个周末晚上都不肯离开电视机，只是为了等待我们喜欢的那位姑娘一晚上的精彩表现，只是为了确定自己关注的人会不会继续出现在下一周的银屏上，而顶着一头刺猬短发跨进高中校门至今还是我记忆中和青春岁月最匹配的张狂，仅仅是因为我喜爱周笔畅——2005年"超女"比赛的全国亚军，而李宇春更是一路从2005年红到了现在，虽然一直备受争议但却无可厚非她是成功的，甚至登上了《时代》的封面。周笔畅也已经举行了个人的巡回演唱会，而季军张靓颖更是凭借其扎实的唱功和独特的声音备受人们宠爱,应该还有很多人记得那年那群女孩的笑容和泪水,还记得那年我们的青春和她们一起振奋、一起激扬、一起感动过吧……

而现在,当我们再次将双眼放在"2005年超女"的时候,确实因为王贝的死,离奇的"整容死",甚至连死因都成了悬疑,不得不感慨,"十年河东十年河西",我却为这社会才几年的时光能让人的审美观混乱成这样而愤慨!2005年《超级女声》烽火烧遍了中华大地,海选盛况空城,上至八十岁下至八岁,只要是女性都可以参与,而事实也确实如此,海选的舞台上,不论老少、不论高矮、不论胖瘦、不论美丑,甚至不论你是唱功了得还是根本不会唱歌,当时还在感慨原来选秀的门槛可以低得如此平民如此大众,只是现在想来,只能佩服龙丹妮想传递的精神——自信,对于审美每个人都有每个人的标准,而只要你够自信我就给你足够的舞台让你展示你自己,所以才会出现2005年"超女"的辉煌,因为她们都很平凡,因为她们都很自信,因为她们都为展示最真实最优秀的自己而最真切地在付出努力和汗水,即使她们很多并不漂亮,即使她们很多都非科班出身,甚至之前根本没接触过声乐,但是在舞台上的时候她们都很耀眼,仅仅因为她们那份自信。我至今还铭记着,不会跳舞大大咧咧的笔笔笨拙地在舞台上吃力地跟着同伴们的步调和动作的样子,还有她跳错后的调皮的鬼脸,只是现在,王贝却因为整容一个人先走上了去往天堂的路,为什么呢?在大众都在谴责那位没有行医资格的主刀医生的失误的行为的时候,到底有多少人想到这个事件最根本的畸形部位呢?

什么时候开始整容成了一件时尚而风行的事情?明星在整容,平民也在整容,也有平民因为整容成了明星,但更有明星因为整容而承担着各种压力和身体的疼痛,甚至遭受死亡的折磨。人造美女、人造帅哥层出不穷,我不得不质疑是不是韩国娱乐圈的崛起而让国民如此迷失?!中华浩瀚五千年的文化积淀都在教导我们孝道,"身体发肤受之父母",还记得哪吒"割肉还母削骨换父"么?古人连剪断丝缕头发都是触犯了父母,都是大不孝的罪行,现在说这些也许觉得我很迂腐很保守,但是我要强调的并非是"孝道",而是想提醒一下我们浩瀚五千年古文明的继承者们,我们的生命是父母给予的,我们的身体,不论美丑,不论好坏都是父母爱的结晶,都是他们的恩赐,我们要做的是好好珍惜而不是擅自改动。更何况,每个人都有自己的审美观,对于美丑都有自己的评价标准,"萝卜青菜各有所爱",也许你不能做他的青菜但是你可以做别人的萝卜,这就好比每个人都有自己的口味,咸淡辣甜都有自己的偏好。

调侃地说一句,我又不是人民币可以让每个人都喜欢我,就算我是人民币,也未必每个人都喜欢,有些人就比较喜欢美元英镑之类的。所以做人不要总是为别人的意愿而活,只要坚持最真实的自己就好,就算是开在悬崖上的野花也可以孤芳自赏,重要的是自己的心态和观念,不要人云亦云趋之若鹜,人活于世总是跟随者别人而迷失自己才是最没有价值的,所以一切自然就好,真实就好。

(摘自:http://blog.sina.com.cn/s/blog_659314c20100muwv.html)

美女的烦恼

《美女的烦恼》是一部韩国的爱情喜剧片。它讲述的是一个又胖又丑但却拥有音乐天赋的汉娜默默喜欢着音乐制作人在赫,甚至为了他甘心成为亚美的替身。在得知在赫并不是真正喜欢她，而只是把她当做一个有利用价值的商品后，汉娜毅然决定通过减肥来改变自己的命运。减肥后的汉娜成了一个美女，她得到了她想要的一切：爱情，事业，美丽。但与此同时，汉娜为了隐瞒自己整过容的事实，她放弃了朋友，放弃了自己唯一的亲人，甚至自己。她在追求中迷失了自己。汉娜整容的原因只有一个：得到在赫的爱情，而不是仅仅把她当做一个有利用价值的商品。每一个人都有追求幸福的权利，更有恋爱的权利。但是肥胖却剥夺了汉娜的这个权利。虽然汉娜人很好，但还是遭到了亚美的捉弄、同事的嘲笑、朋友好意地奉劝。面对残酷的现实，汉娜做出的唯一能改变自己命运的努力就是整容。这是何等的悲哀！

虽然《美女的烦恼》是韩国的影片，但它却反映出当代女子审美观出现的问题。我们中国就有一个和汉娜一样的人，她就是中国第一人造美女郝璐璐。

文明古国之一的中国，自古以来就是尚美的国度。悠久的历史蕴藏了中国人对女性美的诸多独到见解也研究。例如，在母系氏族社会时期，粗壮结实的女人就是美；在两汉时期，秀外慧中的女性被人们认可；唐代的女子则以胖为美。但无论怎样改变，传统美学对女性美的要求是：情与理的统一，美与善的统一。对传统女性美的评判标准，凝集着诗、画、乐、书等艺术美的精华。孟子还将人体美置于伦理道德的体系内加以考察和论述，以"仁"为基础，以"礼"为准绳，重视美与善的统一，强调文化修养和道德品质，"文质彬彬，然后君子"。甚至是妓女，也必须是"技"居于"色"之上。例如，明代秦淮八艳之一的马湘兰，其"资首如常人，而神情开涤，濯濯如春柳早鹦，吐词流盼，巧伺人意，见之着无不自失也"。可见，中国对女性美的传统评价标准有三点：第一是德；第二是艺；第三才是相貌。

然而，时至今日，中国传统的女性美已荡然无存。人们不再以西施、杨贵妃这样的传统美女为美，而是以麦当娜这样的美女为美。现代人对于美女的评价标准首先是相貌和身材：苗条的身材、丰满的胸部、双眼皮、高鼻子。然而这些标准与中国历史上的标准是背道而驰的。张之杰先生在《单眼皮、双眼皮——由仕女图所引发的考察和思考》一文中，专门对历代仕女图中的美女的眼皮进行了研究后发现，从东晋顾恺之的《女史箴图》直到明末清初，画中的所有织女都是单眼皮，双眼皮的一个都没看到。可见，中国文人形成了单眼皮的审美观。另一位学者肃春雷先生则指出"仕女图中的女子，鼻子似有若无，似乎还以小为美。自宋代以来，束胸开始流行，直到1927年，广东才禁止妇女束胸。可见，"双眼皮、高鼻子、丰满的胸部"这些都不是中国传统美女的特征，而是西方美女的审美标准。

（二）以善为美的原则

以善为美的具体内涵是重教化、尚伦理。无美不善与凡美必真相对应，这又是一条美的原理。人世间，一切恶的东西都无资格跨进美的圣殿，而且还在美的排斥之列。诚然，花花世界，无奇不有，貌美心善的人有之，貌美心恶的人亦有之。然而，披着羊皮的狼与毒蛇化成的美女，只能骗得世人怜爱于一时，岂能迷惑世人于长久。

孔子论美，不但常常与善相联，而且有时还把善与美合而为一。例如，他主张"君子成人之美，不成人之恶"，赞扬"里仁为美"，提出为政的前提是："尊五美，屏四恶"等，或美恶对举或仁美并论，都是把美当做善的同义语而使用。在孔子看来，只有寓善于美、美善统一，才会给人类社会带来和谐的人际关系。创建和谐的人际关系，是东方美的哲学的核心，以善为美的目的在于通过寓教于乐的方式，教化人们在美的享受中，愉快地接受善的熏陶，尚伦理，讲礼仪，善化社会、美化人生、移风易俗。

心灵美，才是真的美

据说，古时有个店主，他有两个老婆。一个美若天仙，但心地丑陋，而另一个却外表丑陋，但心地善良。镇子里的人听说店主夫人很美，都去他开的店吃东西。因此，他家生意很好。但慢慢的，人人都知道他心地丑陋，去他店的人越来越少了。店主便让他二夫人去招待客人，当然，她的丑一开始吓走了很多人。但慢慢的，人们了解她后，便认为她不丑了，来他店的人是越来越多了。

从前，古印度拘留国有个叫摩诃密的大财主。尽管富可敌国，却依旧贪得无厌，唯利是图。他有七个女儿，个个花容月貌，美艳无比。摩诃密视她们如掌上明珠，不惜用金银璎珞，奇珍异宝遍身装饰她们。因此，看上去更加光彩照人，灿若仙女。大凡来了宾客，摩诃密总要把浓妆艳抹的女儿们一个个叫出来，展示一番，听着客人们的啧啧赞叹，摩诃密心花怒放。不料有一天，某来客同摩诃密打了这样一个赌："你将女儿披上盛装，去各地街上行走。假如大家都说美丽，我就给你500两黄金；假如有人批评说不美，你就输给我500两黄金，怎么样？"500两黄金？这可是一笔大数目啊！摩诃密心一动。再说，自己女儿的美貌是大家公认的，打这样的赌，十拿九稳赢定了。于是欣然同意："行，一言为定。"

摩诃密专门请了人打扮女儿，然后让她们在仆人的引导下，上街"游行"，招摇过市。90天中，巡游了全国各地，吸引了无数男女，果然人人夸奖摩诃密的女儿美貌绝伦，举世无双。眼看500两黄金就要到手了，摩诃密非常高兴。但他还不满足，又带了七个女儿来到相邻的舍卫国，拜见释迦牟尼佛祖。他心里盘算：如果能得到佛祖的一句好话，不就可以抬高身价，更加光彩了吗？摩诃密叫七个珠光宝气，搔首弄姿的女儿，一字儿排列在佛祖面前，然后得意洋洋地对佛祖说："佛陀，您游化各国，可曾见过这样美丽的女郎吗？"

摩诃密以为佛祖一定会仔细地观赏，惊奇地赞叹，哪知佛祖竟露出不屑的神情，呵斥道："这七个女人，没有一点可以说得上是美的。"摩诃密顿时收敛起笑容，愀然不乐地问："我们拘留国中的人，上至国王，下至平民，个个都说我女儿美如天仙，可是到了舍卫国来，为什么你倒说我女儿丑陋呢？"

佛祖回答说："世间的人，都是以面容作为评美的标准的，而我认为，身能不贪钱财，口能不说恶言，意能不起邪念，这样才是美！"佛祖论"美"的一番话，说得摩诃密哑口无言，他只得别过身，领着女儿们灰溜溜地离开了舍卫国。

漂亮的外貌，令人赏心悦目，无可否认也是一种讨人喜欢的美。但是，人的美，与风景美、建筑美、工艺美、动物美等又有所不同，它比后者具有更丰富更深刻的内涵。

"物"的美，来源于视觉的直接观照，而人的美，除了眼睛看到的外表美以外，还在彼此的交往中感受到其内在的品行美，人格美，灵魂美。外表美能令你心醉一时，而灵魂美却能令你感动一世。莱蒙托夫在其名著《当代英雄》中说："有些人的外表乍一看并不使人感到愉快，但等你的眼睛从他们不端正的五官上窥见一颗饱经沧桑的崇高心灵时，你就会喜欢他们了。"反之，当你一旦发觉美人儿的言论举止，俗不可耐，甚至其花容月貌下竟包藏着一副蛇蝎心肠时，你还会觉得她们可爱动人吗？

佛教禅宗的了不起，就在于它不以外貌的美丑、地位的高低、钱财的多寡来衡量与评判一个人。它主张以善为美。即使外貌丑如《巴黎圣母院》中的撞钟人加西莫多，也不必自卑自贱。只要你具有"善心善行"，照样可以升入天堂。单凭这一点，就令无数善男信女拜倒在"佛菩萨"的泥塑木雕下了。你也许去过罗汉堂吧？那500尊姿态各异的罗汉中，慈眉善目者固然很多，面容古怪，甚至狰狞恐怖者却也不少。然而他们同样个个修成了"正果"，倘若以某些现代人的眼光来重塑罗汉的话，恐怕不是奶油小生，便是时装模特儿了。

总之，天生丽质是幸运的，但这种幸运毕竟只会降临到无法预料的少数人身上，因而人们能够做到的，便是全力以赴地塑造自己的内在美、人格美，它同样会使你光彩夺目。让我们记住文豪契诃夫的名言吧："美不应当只美在天然上，还应该美在灵魂上。"

（三）以纯朴为美的原则

以纯朴为美的具体内涵是重本色、尚自然。"人之初"和"物之初"，未经人为的原始状态，就是人的本色、物的本色，质纯形朴，淡雅高洁。庄子赞美这样的本色，"朴素而天下莫能与之争美"，"而众美从之"。庄子以为能体现纯朴的人，应尊为大千世界的"真人"。纯朴是中华民族的一项重要传统美德。

就生活实践而论，"家贫多扫地"，同样给人以环境美的享受；"贫女勤梳头"，同样给人以形象美的好感。当年毛泽东在延安曾留下这样一幅照片：以简陋的空间为背景，他身着粗布便服，双膝补了两块大小对称、干净整齐的补丁，正在打着手势作讲话状。如此简陋的背景和朴素的穿着，却丝毫没有损害人物的完美品格，相反，更加烘托出一位革命领袖在艰苦的战争岁月与人民同甘苦、共命运，严肃庄重、质朴无华的高尚风范。这就是一代伟大"真人"的纯朴形象。"真人"天然去雕饰、爱淡妆、重神韵、呈风骨，与自然合一。

我们崇尚"真人"，以纯朴为美，但并不赞成完全顺应自然的无为之美。人类社会的美是有为的，美是一种发现，又是一种创造，呈现出千姿百态的多样特性。菩萨低眉是美，金刚怒目也是美，富丽堂皇是美，小巧玲珑也是美，雍容华贵是美，端庄俊秀也是美。燕瘦环肥，各有千秋。在人类现实生活中，以纯朴为美既不排斥对自然美、社会美的适当加工和对艺术美的独立创造，也不排斥美的多样特性。我们倡导的纯朴美乃是一种最高层次的美的理想、美的追求和美的境界。

以真为美、以善为美和以纯朴为美，三者完全协调一致，相得益彰。一切科学真理从来就是朴素无华，一切社会道德也从来就是朴素无华。熔真、善、纯朴于一炉，化真、善、纯朴于一体，晶莹圣洁，熠熠生辉，此乃人间的至美。这些就是我们所倡导的以真为美、以善为美和以纯朴为美的审美原则。

二、审美心理问题的矫正

根据大学生审美心理问题形成的原因，对大学生的审美心理问题进行矫正，大学生欠缺审美的基本常识，把握不住审美的标准或原则，缺乏审美的能力，所以要从以下几个方面对审美心理问题进行矫正。

(一) 注重理论知识学习

审美以知识为功底，愚昧无知是与美无缘的。大学生不能仅仅满足于对专业知识的掌握，还应有广博的知识面，特别要注意学习和掌握与美学有关的理论知识，只有如此才能不断增强自己对美的感受能力和对美的本质的理解力，使自己掌握审美的钥匙，消除审美认知偏差，克服审美心理问题。审美理论主要包括三个方面的内容，即美学基础理论、艺术理论及其他审美常识。美学基础理论是对人类审美现象的整体分析，展示了美的世界的全部内容。它使人懂得美的原则和各类审美范畴，懂得美的存在形态及人类审美活动的过程，懂得人类为什么需要美和审美活动；艺术理论与艺术史是对艺术的介绍和分析。艺术欣赏需要一定理论指导和知识积累，各类艺术的特征，作者，作品的背景、时代、风格及象征意义等，都对欣赏起着积极的向导作用；其他审美常识是指人们的衣食住行中所涉及的审美常识，比如，人们生活中服饰的变化、色彩的流行、饮食的讲究、室内装饰的格调等，都遵循着一种看不见的流行趋势，其实这就是审美标准。大学生掌握这些审美常识对其审美活动是很有帮助的。

(二) 培养高尚审美情趣

审美趣味是以个人爱好的方式表现出来的审美倾向，是一种赋予个人色彩的喜好和偏爱，审美趣味表现着一个人的情致、格调，它有高下之别、文野之分。高尚的审美情趣实际上是一种美学追求，它能使人摒弃庸俗的低级趣味，有助于弥补审美人格缺陷。大学生提高审美情趣，首先，要加强自己的道德修养，树立正确的审美观。美总是和道德的善相联系，善是美的灵魂。其次，要注意提高自己的鉴赏能力，学会自己去分析和思考，以辨别真伪，分清良莠。最后，要注意欣赏对象的形式和内容的完美统一，不能只单纯地追求欣赏对象的新和奇，更不能只寻求感官的刺激。唯其如此，才会使自己的审美情趣逐步由俗变雅。

(三) 积极投身审美实践

大学生要提高审美能力，除注意学习审美理论知识外，很重要的是要注意参加审美实践，在实践中自觉训练自己的感受器官，使自己善于发现美和感受美。欣赏自然美的眼睛和欣赏音乐美的耳朵，只能在审美修养的实践中得到训练。刘勰说："操千曲而后晓声，观千剑而后识器。"参与审美实践，有助于审美经验的积累，有益于消除审美认知偏差和审美心理问题。因此，大学生要积极投身审美实践，使自己的事业、思想修养和生活习惯、个性形象都符合美的规律，成为一个创造美的人。为此，一方面要学习美化生活与环境，如衣履的整洁、和谐协调，待人有礼貌、有修养，美化教室、宿舍等；另一方面要进行文艺创作训练，如唱歌跳舞、谱曲奏乐、绘画书法、写诗作文等。

(四) 努力净化校园环境

校园是大学生生活、学习的主要场所，是建立良好审美观的直接外部环境，校园环境的内涵极其丰富，一般可分为自然环境和文化环境两个部分。自然环境主要包括校园风光、校舍布局及教学和生活设施等。可以说，优美、整洁、富有教育寓意的校园，不仅给学生提供了一个良好、幽雅的学习环境，还能使大学生在学习之余充分享受美的熏陶，得到潜移默化的教育。文化氛围主要包括校风、教风、学风、集体舆论等。大学的文化氛围和风气直接影响大学生的文化生活和审美品位。因此，高校要遵循环境育人的原则，以促进大学生的全面发展为中心，狠抓校风和学风建设，大力培育催人奋进的校园精神，创造一个健康向上、充满勃勃生机的校园文化环境，使大学生能随时随地地感受到生活学习中的美，远离庸俗、腐朽、消极的东西。要采取措施激励文娱活动上档次、出精品，使校园的文艺舞台上涌现出一批主题鲜明、形式多样、品位高雅的艺术佳作，推动整个校园文化的积极开展。

三、健康审美心理的塑造

健康的审美心理有利于大学生的健康成长，健康审美心理的塑造不是一朝一夕的功夫，是一个长期的、慢性的培养和形成过程，要塑造健康的审美心理，应从以下几个方面做出努力。

（一）培养大学生正确的审美观

审美观是人们辨别美丑的基本观点，是人的世界观、人生观的组成部分，它指导着大学生的审美实践、创造实践，制约、规范着大学生的审美方向。审美观作为一种意识形态，是由社会经济基础决定的，并随着社会的进步和科学的发展而不断发展的。

培养正确的审美观，首先要帮助大学生树立正确的世界观，坚持用马克思主义的立场、观点、方法，分析看待一切美学现象，切实解决人生观的问题；其次要帮助大学生自觉树立崇高、雅致、严肃的审美理想，抵制追求感官刺激和世俗功利的审美观；最后要使大学生在审美实践过程中，坚持科学的审美标准，正确鉴别美丑、善恶。

（二）提高大学生的审美能力

培养和树立大学生正确的审美观固然重要，但如果缺乏应有的审美能力，大学生就会面对纷繁复杂的审美对象茫然不知所措，也不可能对审美对象进行正确的鉴别和判断。再则，提高审美能力与培养树立正确的审美观是紧密相连的，因为大学生正确的审美观，只有在充分地提高审美和创造美的能力的基础上才能实现。因此，审美能力的培养无疑是大学生审美心理教育的最重要的任务。

提高大学生的审美能力，一是要使他们具备足够的生活积累；二是要培养他们的形象思维能力；三是要提高他们的文化知识水平和艺术素养。只要具备了上述三个条件，再通过反复地审美实践，就一定能把大学生培养成感情丰富、理性健全、思维敏捷的审美"行家里手"。

（三）促进大学生的全面发展

"美的性质，从根本上来说，也就是人类在美的净化中实现自我发展需要的一个重要方面。"美育就是用审美去造就丰富的人，确切地说就是使人通过审美的洗礼培育丰富完整的心灵。高等学校担负着培养社会主义现代化事业建设者与接班人的光荣使命，美育与德育、智育、体育一样，都是高等教育的重要内容，共同担负着将大学生培养成品德高尚、知识渊博、体魄健壮、人格完美的高素质创新人才的任务。美育与德育、智育、体育的关系，是一种相互依存、相互补充、相互渗透、相互影响的关系。因此，大学生审美心理教育作为美育的一项重要内容，无疑是高校实施全面教育的一个组成部分，也是促进大学生素质全面发展的一个重要方面。

（四）指导大学生创造美的实践

指导大学生创造美的实践就是要在大学生提高自身审美能力的基础上，将这种内在的能力外化到客观世界中，进行创造美的实践，达到美化社会、改造社会的目的。

在校园生活中，存在着许多表现美、创造美的机会和条件。例如，学习中的作业、课程设计和毕业设计，同学们的相互关心、相互帮助，美化校园环境的劳动，教室与宿舍的布置，参加书法、绘画创作和文艺演出，参加义务献血、抢险救灾和暑期社会实践活动等。这些创造美的活动不仅能培养大学生的情操与美感，而且能提高他们表现美和创造美的能力，为他们日后走向社会奠定坚实的基础。

关心支持大学生创造美的实践活动，是学校的重要职责。各级领导、各个部门及全体教职员工，都应该站在育人的高度，结合各自实际做好具体的指导工作，并从物质条件方面给予更多的帮助。

第九章
生活生涯与职业生涯

选择职业是人生大事,因为职业决定了一个人的未来。铁匠锤打铁砧,铁砧也锤打铁匠;海蛤的壳在棕黑深邃的海洋里变成,人的心灵也受到生命历程的染色,只是所受的影响奥妙复杂,不易为人觉察而已。所以说,选择职业,就是选择将来的自己。你今天站在哪里并不重要,但是你下一步迈向哪里却很重要!凡事预则立,不预则废。人生成功的秘密在于机会来临时,你已经准备好了!

第一节 生涯规划概述

毛毛虫都喜欢吃苹果,有四只要好的毛毛虫,都长大了,各自去森林里找苹果吃。

第一只毛毛虫跋山涉水,终于来到一棵苹果树下。它根本就不知道这是一棵苹果树,也不知树上长满了红红的可口的苹果?当它看到其他的毛毛虫往上爬时,稀里糊涂地就跟着往上爬。没有目的,不知终点,更不知自己到底想要哪一种苹果,也没想过怎么样去摘取苹果。

第二只毛毛虫也爬到了苹果树下。它知道这是一棵苹果树,也确定它的"虫"生目标就是找到一个大苹果。问题是它并不知道大苹果会长在什么地方?但它猜想:大苹果应该长在大枝叶上吧!于是它就慢慢地往上爬,遇到分支的时候,就选择较粗的树枝继续爬。于是它就按这个标准一直往上爬,最后终于找到了一个大苹果,这只毛毛虫刚想高兴地扑上去大吃一顿时,但是放眼一看,它发现这个大苹果是全树上最小的一个,上面还有许多更大的苹果。更令它泄气的是,要是它上一次选择另外一个分枝,它就能得到一个大得多的苹果。

第三只毛毛虫也到了一棵苹果树下。这只毛毛虫知道自己想要的就是大苹果,并且研制了一副望远镜。还没有开始爬时就先利用望远镜搜寻了一番,找到了一个很大的苹果。同时,它发现当从下往上找路时,会遇到很多分支,有各种不同的爬法;但若从上往下找路时,却只有一种爬法。它很细心地从苹果的位置,由上往下反推至目前所处的位置,记下这条确定的路径。于是,它开始往上爬了,当遇到分支时,它一点也不慌张,因为它知道该往那条路走,而不必跟着一大堆虫去挤破头。但是到了最后因为毛毛虫的爬行相当缓慢,当它抵达时,苹果不是被别的虫捷足先登,就是已熟透而烂掉了。

第四只毛毛虫可不是一只普通的虫,做事有自己的规划。它知道自己要什么苹果,也知道苹果将怎么长大。因此,当它带着望远镜观察苹果时,它的目标并不是一个大苹果而是一朵含苞待放的苹果花。它计算着自己的行程,估计当它到达的时候,这朵花正好长成一个成熟的大苹果，它就能得到自己满意的苹果。结果它如愿以偿，得到了一个又大又甜的苹果，从此过着幸福快乐的日子。

第一只毛毛虫是只毫无目标，一生盲目，没有自己人生规划的糊涂虫，不知道自己想要什么。遗憾的是，我们大部分的人都是像第一只毛毛虫那样活着。

第二只毛毛虫虽然知道自己想要什么，但是它不知道该怎么去得到苹果，在习惯中的正确标准指导下，它做出了一些看似正确却使它渐渐远离苹果的选择。而曾几何时，正确的选择离它又是那么接近。

第三只毛毛虫有非常清晰的人生规划，也总是能做出正确的选择，但是，它的目标过于远大，而自己的行动过于缓慢，成功对它来说，已经是明日黄花。机会、成功不等人。同样，我们的人生也极其有限，我们必须把握，那么单凭我们个人的力量，也许一生勤奋，也未必能找到自己的苹果。如果制订一个适合自己的计划，并且充分借助外界的力量，也许第三只毛毛虫的命运会好很多。

第四只毛毛虫，它不仅知道自己想要什么，也知道如何去得到自己的苹果，以及得到苹果应该需要什么条件，然后制订清晰实际的计划，在望远镜的指引下，它一步步地实现自己的理想。

其实我们的人生就是毛毛虫，而苹果就是我们的人生目标——职业成功。爬树的过程就是我们职业生涯的道路。毕业后，我们都得爬上人生这棵苹果树去寻找未来，完全没有规划的职业生涯注定是要失败的。

现代社会，规划决定命运。有什么样的规划就有什么样的人生。我们的时间非常有限，越早规划你的人生，你就能越早成功。要想得到自己喜欢的苹果，想改变自己的人生，就要先从改变自己开始，做好自己的职业生涯规划，做第四只毛毛虫。

一、生涯与人生发展

"生涯"一词出于两千多年前庄子所说的"吾生也有涯，而知也无涯"。这里，"生"为生命，"涯"为边际、极限。庄子所说的意思是"我的生命是有限的，但需要我学习、探索的却是无岸的"，中国古人的诗词中也有"生涯"这个词，例如，南宋诗人陆游在《秋思》中写道："身似庞翁不出家，一窗自了淡生涯。"生涯是我们每个人有限的全部人生旅程，意味着人生的两个端点，即生和死之间所有的生活内涵。《辞海》对"生涯"一词的定义是：指从事某种活动或职业的生活。

（一）生涯

目前，大多数西方学者所接受的生涯的定义是舒伯的论点：生涯是生活里各种事态的演进方向和历程，它统合了人一生中的各种职业和生活角色，由此表现出个人独特的自我发展形态。生涯也是人生从青春期到退休之后，一连串有酬或无酬职位的综合。除了职业之外，还包括任何与工作有关的角色，如学生、退休者，甚至包含家庭和公民的角色，它由三个层面构成：长度是指个人生命的时程，广度是指扮演角色的多少，深度是指角色投入程度。

既然生涯是个人一生中各种角色的统合，因此在生涯发展过程中，必定会在不断的角色扮演中寻找自我，发掘人生意义与方向。了解生涯的特性，有助于认识生涯的本质，以便更合理地规划人生，从而在面对不同情境时都能坦然以对。

（二）职业生涯

美国的舒伯认为，职业生涯是一个人终生经历的所有职位的整体历程，是生活中多种事件的演进方向和历程，是个人独特的自我发展组型。中国台湾学者林幸台认为，职业生涯包括个人一生中所从事的工作，以及所担任的职务、角色，同时也涉及其他非工作或非职业的活动和那个人生活中衣食住行、娱乐等方面的活动与体验。韦伯斯特（Webster，1986）则将职业生涯的概念进一步扩大，他指出，职业生涯是个人一生职业、社会与人际关系的总称。这样看来，职业生涯也即生涯，至少它是生涯的核心部分。实际上，很多现代职业生涯理论的研究也是将职业生涯扩展到生涯的概念来进行的，很多的论著中关于职业生涯和生涯的概念也是经常互换、通用的。

（三）职业生涯规划

职业生涯规划，是指个人发展与组织发展相结合，对决定一个人职业生涯的主客观因素进行分析、总结和测定，确定一个人的事业奋斗目标，并选择实现这一事业目标的职业，编制相应的工作、教育和培训的行动计划，对每一步骤的时间、顺序和方向做出合理的安排。

二、生活与职业的协调

职业，是指个人在社会中所从事的作为主要生活来源的工作（《现代汉语词典》），是参与社会分工，利用专门的知识和技能，创造物质财富、精神财富，获得合理报酬，满足物质生活、精神生活的工作。在《国家职业大典》里，劳动与社会保障部明确规定：职业是由以下五个因素构成的：作为职业的符号特征的职业名称；工作的对象、内容、劳动方式和场所；承担该职业工作所需要的资格和能力；通过该职业工作取得的各种报酬；在工作中建立的与其他部门或社会成员的人际关系。

心理学家雪恩（Edgar H. Schein）认为，人的生命历程主要有三种旋律交互影响（图9-1）：工作、职业和事业；情感、婚姻和家庭；个人身心发展与自我的成长。其中，职业是人的生活的重要组成部分，它不仅影响个人的整个事业发展，而且会影响到个人的家庭幸福，以及主、客观的社会认可度。

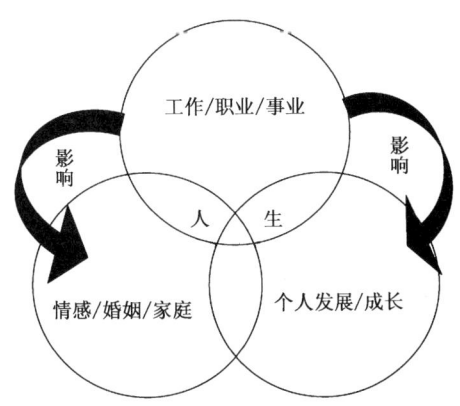

图 9-1　雪恩的人生三旋律——事业、情感、成长

一份工作，尤其是长期从事的职业可以满足人的三方面需求（表9-1）：在经济方面，它能够满足人们的物质需求，能够使人对未来发展产生安全感，能够提供可用于投资的流动资

产,提供购买休闲、自由时间、物品和服务的资本,它还是人们成功的证明;在社会需求方面,它给人们提供了会面的场合,使人们建立一定的人际关系和潜在的友谊,它赋予工作者与其家庭以一定的社会地位,使人们获得受尊重的感觉,它还赋予人们责任感和被需要的感受;在心理方面,它有助于人们的自我肯定和角色认定,增强人们的秩序感、可信赖感、自我效能感和投入感,它还为人们进行自我评价提供了途径。

表9-1 职业对人生的影响

经济方面	社会需求方面	心理方面
物质需求的满足	与人们会面的场所	自我肯定、角色认定
对未来发展的安全感	潜在的友谊(同事、客户等)	可信赖
投资	人群关系	胜任感
购买休闲的自由时间	社会地位、受人尊敬	自我效能感
购买服务	被人需要	投入感
		个人评价

人生的意义莫过于健康、情感、财富和自我成长,占据人生很长时间和精力的职业对人生的这四个方面都有着不可忽略的影响。工作环境、工作内容和工作回馈,都与个人的身心健康、成长成功息息相关。对职业的审视与选择、对职业的规划与谋略,是人生的重要功课,个人的成就与价值实现亦始于此。可以说,职业问题并不仅仅是工作问题,更关系到整个人生的发展和成败。

三、职业生涯规划的意义

大学是人一生中最为关键的阶段。从入学的第一天起,应当对大学四年有一个正确的认识和规划。为了在学习中享受到最大的快乐,为了在毕业时找到自己最喜爱的工作,每一个刚进入大学校园的人都应当掌握职业生涯规划。职业生涯规划对于大学生而言,则是至关重要的。

针对日趋严峻的大学生就业形势和大学生中普遍存在的问题,对大学生开展行之有效的职业生涯规划,具有较强的现实意义,不但可以提升大学生就业率,从长远来看对大学生个人的发展也起到很大的作用。据一项对北京人文经济类综合性重点大学大学生的调查显示,大部分学生对自己将来的职业没有规划:对自己将来如何一步步晋升、发展没有设计的占67.2%;有设计的占32.8%,而其中有明确设计的仅占4.9%。在大学期间,大学生对自己的发展规划不明确,不能运用职业设计理论,规划未来的工作与人生发展方向,这种情况严重影响了学生对就业的提前准备和准确定位,甚至影响对工作的适应性。大学生进行有效的职业生涯规划势在必行。

(一)大学生开展职业生涯规划是适应就业形势的需要

随着我国高等教育进入"大众化"阶段,失业或一时找不到工作的大学毕业生越来越多,而高等教育的基本目的之一是让学生在现实社会中获得就业能力、掌握谋生手段、奠定未来发展的基础。这就要求学校对学生的升学就业、职业规划和人生发展给予全面的教育和正确的指导,使学生及早树立职业生涯规划的意识,减少就业、创业活动中的盲目性,克服在择业过程中的错误认识,使学生理性地规划人生,尽早适应社会职业岗位的要求,从而提高大学生就业、创业的成功率。可以使大学生在社会中尽量发挥自己的才能，提升自己的价值，使得社会分工实现最大限度的资源优化配置，有效提高整个国家社会的就业状况。

（二）大学生开展职业生涯规划是帮助大学生明确大学阶段发展方向的需要

在大学学习过程中，有很多大学生呈现出集体"学习无意识"和"考研无意识"。对部分已经实现了上大学目标的学生来说，他们对自己的下一个目标、对大学阶段的发展方向感到很迷茫，因而，有的人上网聊天、打游戏或谈情说爱，糊里糊涂地度过大学四年的美好时光；有的人则把前途压在考研上，四年学习时光都花费在考研复习上，忽视了自己的职业能力培养，使得他们有了研究生学历仍然就业困难。因此，有必要在大学生特别是在大一新生中开展"职业生涯规划"指导，使大学生明白在大学的每个阶段、每个年级应该学习什么、怎样努力，从而端正学习态度，激发学习动力，明确自己的发展方向和目标。

（三）大学生开展职业生涯规划是适应社会职业发展的需要

随着我国市场经济发展的进一步深入，经济产业化使得职业的分工更加细致，产业内容不断更新，同一职业随着社会的发展和科学技术的进步而具有了不同的内涵，其对人才的要求也益加专业，对从业人员的素质要求越来越高。大学生要想在今后的社会中有一席之地，必须提前做好自己的职业生涯规划，适时调整自己与外界环境的关系，不断地提高自己的职业素质，以适应社会职业发展的需要。

（四）大学生开展职业生涯规划有利于充分认识自己，积极发挥自身的优势

一个有效的职业规划设计必须是在充分且正确认识自身条件与相关环境的基础上进行的。相关研究表明：一个人所从事的工作与其职业兴趣相吻合，能发挥其全部才能的80%~90%，并能长时间地保持高效率的工作；反之，就只能发挥全部才能的20%~30%，还容易感到厌倦和疲劳。大学生在进行职业生涯规划时，可以通过专业的职业测评来确定自己的核心价值观念、个性特点天赋能力、缺陷、性格、气质、兴趣等影响职业选择和职业发展的重要内在因素，充分了解自己，明确自己的优势和劣势，剖析自己的个性特征，弄清自己想干什么、能干什么、应该干什么、适合干什么。从而慎重考虑所选的职业是否与自己的性格、职业兴趣相符合，最大限度地发挥自己的潜能。

（五）大学生开展职业生涯规划有利于建立科学的择业观，减少择业的时间

面对日益增大的就业压力，大学生在毕业时容易走向两个极端：一种是盲目自信，只考虑自身的需要，对求职单位和职业有盲目要求；另一种是纯粹的现实主义心态，缺乏主动择业的观念，认为"只要社会需要的就是我们要选择和考虑的"。这些与科学的择业观显然是背道而驰的。科学的择业观倡导的是建立在知己知彼基础上的"人职匹配"，而系统的职业生涯规划有利于建立这种观念。盲目就业和择业的直接后果是人职不匹配，接踵而至的就是草率跳槽。经过系统职业生涯规划的大学生一般都有明确的职业定向，对第一次择业往往都很慎重。在真正双选的基础上找到一个相对适合自己的职业，从而减少了择业时间，避免了盲目地跳槽和不断地求职。

生涯规划在人的一生当中是极为迫切而需要的，大家都知道如果要迈向成功之路，就要对于生命的每一个阶段仔细计划，使得生命的每一个环节都能环环相扣；让生涯的每一阶段

都能作为下一阶段继续成长的基础,而生涯的每一阶段也都能取得上一阶段的经验,而不致每次都得重新开始。浪费精力使自己感到缺乏成就与价值而否定自我。

体验感悟:生涯幻游

请老师随着轻柔的音乐,缓慢和轻松地阅读引导词(在标注有"省略号"的地方要有停顿),同学们不要说话,随着老师的描述进行幻想,并且在心里记下自己的幻游经历。

[引导词] 好,现在请你尽可能放松,在你的位子躺下或调整你觉得最舒服的姿势……现在,闭上眼睛并完全松弛自己……舒缓你的呼吸,……好,保持这样平稳的呼吸。看看身体还有那些地方还紧张……有的话,请放松、放松、放松……放松身体每一部分肌肉。想象现在你已经乘坐上时空穿梭机,来到未来五年后的世界……在五年后的某一日……

新的一天,而你刚醒来,几点了?……你在哪儿?……你听到什么?……闻到什么?……你还感觉到什么?……有人与你一起吗?……谁?现在,你已起床了。起床后的第一件事做什么?

洗漱完,你考虑要穿什么衣服上班,想象你正站在镜子前面装扮自己!现在,你正在穿衣服,请注意,你穿的是什么?……你的情绪如何?你意识到什么?……当你想到今天的工作时你的感觉怎样?是平静、激动、厌倦还是害怕?……

你现在正在吃早饭,有人和你一起吃吗?还是你一个人吃?……

现在,你出门去上班了。回头看时,你刚才离开的地方像什么?……你上路了,坐什么交通工具?……有人和你在一起吗?……谁呢?……当你走时,注意周遭的一切,……后来你到目的地了……你在何方?……这地方像什么?……在这儿,又意识到什么?……

在这儿,你要做什么?……旁边有人吗?……有的话,与你是什么关系?……你要在这儿逗留多久?……

今天你还想去别的地方吗?……在这一天中,还想做的是什么?……

现在,你回家了,今天是什么日子?……到家时,有人欢迎你吗?……回家的感觉又是如何?……既然到家了,想做的是什么?……你与别人分享你做的事吗?……

你已准备去睡了……回想这一天,你感觉如何?……你希望明天也是如此吗?……你对这种生活的感觉究竟是如何?……

过一会儿,我将要求你回到现在,回到学校及教室来,我从10开始到数,当我数到0的时候,就可以睁开眼睛了。好,10—9—8—7—6—5—4—3—2—1—0。好了,你回来了,请睁开眼睛,看看周遭的一切,欢迎你旅游归来。

好的,幻游结束。开始考虑下列的事情,并用书上写出下面的问题。

1. 五年后与今天有何不同?

人:_____

事:_____

生活内容:_____

2. 五年后与今天有何关系？
延续了今天的_____
改变了今天的_____
最深的感受是_____

第二节　职业生涯规划的盲动与迷思

当前的中国，高校毕业生求职、就业难，已成为一个全社会的问题，有人把这归咎于我国高校招生规模连年扩大，有人把这归咎于世界金融危机的冲击，也有人把这归咎于大学教育与社会实际需要脱节，等等。其实，这些众说纷纭的借口都不能掩盖当代大学生毕业求职时择业心理不符合当代市场经济的实际这一现实问题，即当代大学生择业心理误区是其核心所在。

一、择业的心理误区

大学生择业的过程，是一个复杂的心理过程。他们刚刚走出大学校园，没有经过社会磨炼，在走进就业市场，参与双向选择的过程中，存在一些择业的心理误区，主要有以下几个方面。

（一）高人一等的择业心理

由于几十年来中国社会大众对大学生传统天之骄子的认知和每个大学生十年苦读的付出经历，许多大学毕业生毕业离校开始找工作初期都自视甚高，觉得自己学富五车，认为自己能够指点江山，成功卓越，所以不愿意从事职位低的工作，不愿意到小城市和艰苦的行业和地方去，大有自己是人上人，高人一等的感觉。找工作一味地按照自己的意愿，一厢情愿地去求职应聘高薪高酬的职位，结果在择业过程中对就业形势和用人单位的需求了解不够完全，求职定位目标不切合实际，在实际求职过程中屡屡碰壁，几次下来丧失自信心后就心灰意冷、怨天尤人，更有甚者会愤世嫉俗，抑或自暴自弃。社会心理学认为，期望值越高，心理上的压力越大。高期望值加剧了大学生的心理矛盾冲突。这种理想中的自我身价与现实的自我的被抛弃形成极端的对抗，进而使人产生恐惧和彷徨的双重心理矛盾和冲突。

（二）急于求成的择业心理

十几年的寒窗苦读，无数学子怀揣着一朝"分娩"的大学毕业文凭和书生的满腔热忱，走出象牙塔，渴望报效社会，并幻想在求职成才的道路上也一帆风顺、一举成名、一蹴而就。然而，择业中的一次次碰壁和受挫后，更加剧了求职的急切心情，心急的结果就是欲速则不达，许多大学毕业生不惜抛弃自己的专业和兴趣，被生活所迫，为工作而工作，致使学无所用，随便找一个工作来凑合。

（三）从众扎堆的虚荣择业心理

由于我国大学生从众心理严重，爱慕虚荣，赶潮流，毕业找工作都喜欢往大城市、挣钱多、待遇好的单位挤，当这些大学生离开自己的专业优势去求职应聘时，一则求职的成功率低,容易沦为长期"漂族";二则许多人舍弃了自己的专业和特长,即使在好的城市、好的单位留下,由于长期在抵触情绪中从事不理想的工作,其结果就可能平庸一生,这既浪费了教育资源,也摧毁了青年学子的心气,是对人心志的最大亵渎。

(四)依赖攀比的择业心理

"在家靠父母,出门靠朋友"是中国几千年的青年人的社交惯性,而今天,许多长不大的大学生们却是终身都得靠父母了,在毕业求职时,拼老爸的"等靠要"思想极为严重。他们要么仰仗父母的权势给自己安排工作,要么就在家等着父母到人才市场上帮自己找岗位。更有甚者,看到与自己成绩、能力差不多的同学找到令人羡慕的工作、获得可观的收入时,觉得自己找不到理想职业,很没面子,由此迁怒于父母,这种依赖攀比心态成为他们找不到工作的堂皇借口。

(五)一劳永逸求安稳的择业心理

中国人"男怕入错行"的终身择业理念,深深地影响着当代大学生的择业观及其求职择业心理。有些大学生在择业过程中不仅好高骛远,而且害怕竞争,渴望找到一劳永逸的"铁饭碗"的岗位。大机关、大城市的公务员、国家事业单位就是他们求职、择业的制高点,这种"从一而终"、一劳永逸的择业目标与现实岗位稀缺的结果,就导致千军万马考公务员又成为新生代"官场科举"的现实。而一些欠发达地区、内陆地区的中小城市或广大农村,尽管在那里大学生更受重视,更有用武之地,但由于暂时条件较差、环境相对艰苦,也少有人问津。

二、影响大学生择业的心理因素的分析

大学生的择业心理并不是面临就业时才产生的,而是在童年时期就开始有了职业选择的萌芽,随着年龄、经历、社会变化等诸多因素的影响逐渐形成的。

(一)追求自我价值的完全实现

在择业、就业过程中,目前许多大学毕业生更看重自己所学的专业能否学有所用,希望把所学的课本知识最大限度地应用到工作中去,并将"学有所用"作为其职业生涯追求的最终目标。例如,有些大学生表示很愿意在实力雄厚的企业工作一段时间,等到条件成熟后希望拥有自己的事业。甚至也有个别大学生毕业后就马上着手自主创业,开始在创业的艰辛中体验丰富的人生。

(二)社会经济的影响

社会经济在不断发展,产业结构也在不断加快调整的步伐,直接导致了就业结构也随之发生变化。但是同时也可以看到,产业结构的调整体制还不够成熟,个别行业经常性亏损、生产能力过剩、技术含量有待提高等问题出现。这些统统使得大学生就业难度加大,加之有些企业不断改革、国家机关和企事业单位压缩编制,下岗工人不断增多,当代大学生的就业形势也就更加严峻,就业压力愈加增大。

(三)大学扩招后的冲击

近些年来,随着一些高校办学规模的持续扩大,对大学生进行了大规模的扩招,但学校

在大学生毕业后没有对其就业状况进行跟踪调查，也没有对当前社会所需的人才认真调查研究，导致了所开设的专业和课程不能够与社会的需求相接轨，这也致使大学生的专业学习缺乏预见性、科学性和实用性，造成大学生毕业后不能适应企事业单位的专业需求。人才市场出现"冷暖两重天"，热门专业的大学毕业生"供不应求"，而有些冷僻专业的大学毕业生却被打入冷宫坐"冷板凳"；有些行业的一个岗位有几十个人甚至几百个人争，门庭若市；有些行业的岗位则无人问津，门可罗雀。再加上高学历的人群如研究生、博士生的人数不断增多，职业学院的技能型人才也对就业市场有所冲击……这些现实存在的不断加剧的问题和冲突给刚刚毕业的大学生造成很大的就业压力。

（四）用人单位要求的苛刻

自20世纪90年代以来，企业、人才开始实行"双向选择"的模式。经过数年来的不断发展，大量的毕业生开始不断涌向就业市场。有几十个人甚至更多人争一个职位的现象产生，而且有些用人单位只重视或只把寻觅人才的目光集中在"211""985"这样的重点高校的毕业生身上，导致其他院校的毕业生受到冷遇。例如，有些用人单位在人才招聘会上挂牌标明只用重点大学毕业生、"211工程学校毕业生"等，普通高校的优秀毕业生连推荐表都难投出；有些用人单位受到社会偏见，有外表、性别歧视，如对男的要求1.7米以上，对女的要求1.6米以上，某些岗位只招男、不招女，等等。这些用人单位既招有能力的人，又注重外表和形象，用人单位的偏见加大了当代大学生的就业压力，从而导致大学生在择业过程中出现了种种心理误区。

（五）择业市场五花八门的压力

从每年的春节过后甚至前一年冬天，各个人才市场开始"硝烟弥漫""战火纷飞"，各行各业的用人单位纷纷进入抢夺人才的"战争"，这些用人单位通过招聘会、海报、广告、网站等形式来"招兵买马"。各式各样的招聘会一场接一场，招聘条件既苛刻又诱人，社会上的一些不法分子也"挂羊头卖狗肉"，利用毕业生求职心切和虚荣等心理引诱求职者上当，甚至采取骗色行为，大学生求职被骗的事例常有报道。所以，当代大学生面临着择业的同时也可能受到社会一些不法分子行骗的困扰，尤其是女生在就业的过程中更易遭受到这种压力，这给择业带来很大的阻力及困扰。

三、择业心理问题矫正

大学生在择业过程中出现的上述心理问题如果不及时加以矫正，不仅会影响到大学生的就业，而且也会影响到大学生的身心健康，甚至会影响到大学生一生的发展。对大学生择业心理问题的矫正，应从以下几个方面入手。

（一）把握"物竞天择，适者生存"这个时代的主旋律

当代大学生要想顺利求职，就必须准确地认识自己所处的时代：这是一个全球一村的市场经济时代，这一经济的法则是"物竞天择，适者生存"。有人把其比喻为"狼与羊"并存的竞争时代。在这个时代里，作为羊，要想生存下来而不被狼吃掉，就得全力以赴地快跑；作为狼，要想生存下来，也必须快跑，去追到羊，否则就会被饿死。所以，无论是羊还是狼，要想生存，就都必须尽力快跑，这是时代的主旋律。处于择业阶段的大学生要时刻牢记这一

时代特征，时刻准备着去全力以赴地参与竞争。不仅要有多次择业的心理准备，而且要时时树立被淘汰的危机意识。不断学习，提高择业的资本。

（二）认识自我，准确定位，增加成功的概率

台湾首富王永庆说："成功者起自自我分析。"大生求职择业前要正确地估价自己的优势和劣势，即我是谁，是男性还是女性，有啥特长，我学的专业有哪些机会，明确自己在择业中可接受的范围，制定自的人生目标，将近期的求职目标与远期的人生追求有机地统一起来，少走冤枉路，让第一次择业成为自己职业生涯的起点。在择业过程中有必要对自己的长短优劣做一番分析，使自己的长处得以充分展现，并根据自己的长处和优势选择职业。最好的方式是借助职业咨询师的指导来定位自己，减少职业误区，增加人生成功的概率。

（三）以平常心态看待大学及大学文凭

大学只是现代中国青年人生成长的一个必然阶段，尤其是高等教育大众化的今天，大学及大学毕业证已经不再有任何天之骄子的光环。所以每一个当代大学生要清醒地懂得：在不相信文凭和眼泪的市场经济时代，公平竞争、自由平等和劳动光荣才是人间大道。大学也只是人生成长的必经阶段，而大学文凭只是这个阶段里留下的一个符号而已，只有准确地认识大学及大学毕业证的价值，大学生们才能放下架子，清醒地去求职择业。

（四）把求职当做是人生的常态

大学生要正确地认识择业，要懂得选择是人生的常态。求职、择业在21世纪也是每个人的生活常态，大学生也不例外。大学生毕业求职只是人生的众多选择中的一次选择而已，不要让大学毕业的初期求职和择业吓着自己，累着自己。同时，大学生们要牢记，选择没对错，一旦选择了就不要后悔，人生成败关键看怎样把握，怎样借力，怎样总结经验教训来营养自己，"君子善假于物也"。还要知道人生必然要有挫折，择业也一样。成功的人生就是在接受、反思、超越中来度过的。

（五）"我自信，我成功"是择业成功的座右铭

自信是人生成功的起点。在择业问题上，许多大学生在择业初期产生自卑心理是正常的，但不能长期自卑，正如心理学家阿得勒所说："自卑不可怕，可怕的是陷入自卑情结。"大学生对自己的要求职位拿不定主意，过分退缩，即使是自己能胜任的工作，往往也不敢说"行"，总是说"试试看"，显得很没自信等。由于缺乏自信心，许多机会就从身边溜走了。

要学会自卑感的调适——懂得自信是人生成功的第一秘诀，更是大学生求职创业的起点，"我自信，我成功"是无数先人成就事业的座右铭。要学会相信自己，抓住机会。记住：任何企业和组织都不需要自卑的员工。中国第一打工女皇帝吴士宏女士当年去IBM应聘保洁员时就是靠"我能行"的自信获得机会的，在她参与第二轮面试，考官问她会不会打字时，她尽管不会打字（20世纪80年代中国只有四通打字机，许多人还没有见过电脑），但她却坚定地说"我会"。考官说："下次面试考你打字。"她回家后马上去旧货市场买了一个四通打字机练习一周，结果最后面试考官把这事给忘了，她顺利地进入IBM公司，成为一名保洁员，经过奋斗拼搏，她先后成为IBM的华南总经理—微软中国总裁—TCL信息总裁。试想如果她当时说"我不会打字"，那结果就可想而知了。

在这个世界上每个成功的人都是自信心极强的人。大学生在初期择业时要懂得:是由一开始就因"我不行"而被招聘方拒绝好呢？还是由"我能行"而抓住再次复试的机会好呢？当然是后一种更有机会。这也是中国第一打工女皇帝吴士宏成功的经验财富。因为最坏的结果无非是被拒绝罢了。

（六）放下包袱，选择无悔

中国有句俗语叫"男怕入错行，女怕嫁错郎"。不少同学毕业求职初期怕自己入错行，往往会感到无所适从、不知所措、迷茫恐惧。尤其是面对用人单位严格的录用程序——笔试、口试、面试、心理测试，更是经常感到胆战心惊，患得患失，结果自己的真实水平无法发挥，导致择业时心理极端焦虑的现象。

对此要正确认识市场竞争的现实性和残酷性，放下包袱，排除焦虑，乐观面对每次求职选择。因为市场经济就是选择经济，生活在市场经济中的每个人，求职、择业是要伴随一生的常项工作。同时，要知道有竞争必定会有成功和失败，大学毕业生求职过程就是风险的选择和承担责任的过程。要学着做到选择无悔。因为每个人在选择的时候，当时都有最优化的方案被选中的结果，因而即便后来失败了，也是多项中最轻的。如此认识择业，求职时患得患失的焦虑心理才能得到缓解和克服。

（七）承认现实，适度调适嫉妒心理

在求职过程中有些大学生对他人的成就、特长或优越的地位持既羡慕又敌视的情绪。这种心理的主要特征是把别人的优越之处视为对自己的威胁而感到愤恨不平，于是借机贬低、诽谤对方来达到自我的心理补偿。这实际上是一种变态的自我折磨。强烈而持久的嫉妒心，往往是在对方本不知情的状态下的自我情绪体验，因而是一种自虐性的害己行为。

对自己的不足和弱项，要敢于承认和接受，并设法弥补。做人诚实、坦荡，是立身之本，诚实的人一生光明磊落，如果别人在某些方面确有优势，而自己明显不足，就要坦然对待，审时度势，下定决心提升自己去超越对方，或转移竞争方向，在其他方面努力作出成绩。大学生应有这样的胸怀，欢迎别人超过自己，更要有勇气超过别人。

（八）千里之行，始于足下

当代大学生没有经过艰苦的生活磨炼，普遍缺乏劳动的历练。在求职过程中，大城市的大学生不肯吃苦、不愿出远门，只愿在家跟前的"一亩三分地"就业；或者只去起点高、薪水高、职位高的岗位求职。同时希望所选择的工作要名声好一点，牌子响一点，效益高一点，工作轻一点，离家近一点，管理松一点。这是典型的贪图享受、怕吃苦的表现。

要让大学生克服怕苦心理，首先要从思想上认识到能吃苦是一个人最基本的能力，不吃得苦中苦，就不能成为事业的成功者。古今中外每个事业有成者都是在底层的艰苦的环境中锻炼成功的。例如，华人首富李嘉诚最初是钟表铺店员小伙计，台湾首富王永庆是卖大米的，松下幸之助是从做电源插座的小作坊起家而建立松下集团的。正可谓千里之行，始于足下。大学生求职时做好吃苦耐劳的思想准备，并敢于、乐于从艰苦的基层做起，不仅求职容易成功，而且对自己成就成功的人生也是大有益处的。

总之，要树立正确的择业观和人生观，只有主动走出求职心理误区，排除心理障碍，才能以最佳的心理状态去迎接就业这一人生的重大选择。学会冷静地认识自我，认清形势，调

整择业心态,以一个平凡而不平庸的社会公民的视角来规划自己的人生,用平常心态看高考、大学和求职,把自我人生的规划与社会发展需要结合起来,才能走出自己无悔的人生之路,才能把自己的命运真正地掌握在自己手中。

第三节 有效规划职业生涯

一把坚实的大锁挂在铁门上,一根铁杆费了九牛二虎之力,还是无法将它撬开。钥匙来了,它瘦小的身子钻进锁孔,只轻轻一转,那大锁就"啪"的一声打开了。铁杆奇怪地问:"为什么我费了那么大力气也打不开,而你却轻而易举地就把它打开了呢?"钥匙说:"因为我最了解它的心。"作为大学生要想做有效的职业规划,首先需要对自己有个客观的认知。

一、人贵有自知之明

"知己知彼,百战不殆"引用到职业生涯规划同样可以作为两个重要因素,即知己和知彼(图9-2)。

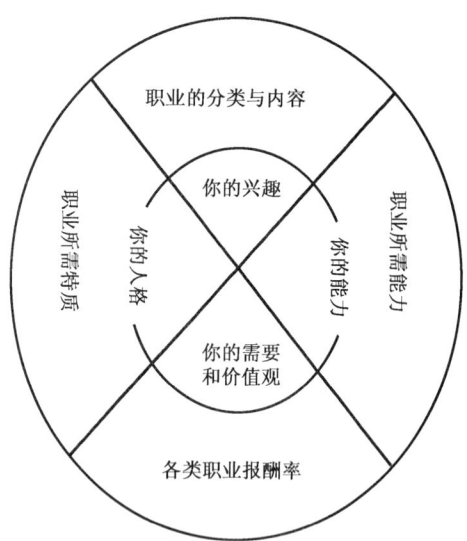

图9-2 职业生涯规划的因素

知己是了解自己这个人,向内看,看自己的兴趣、能力、价值观、个性,以及家庭、学校、社会对个人产生的影响等。知彼是探索外在的世界,包括职业的特性、所需的能力、就业渠道、工作内容、工作发展前景、职业的薪资待遇等。

对于知己,在这里提出"5W"法:

Who:我是谁?正确认识自我。

Want:大胆设想,我想干什么?

What:我有什么?进行自我剖析,包括个人能力、性格、思想等。

Allow:回归现实,以我的能力可以做什么?环境允许我做什么?

Way:作出合理的职业规划,合理规划我的职业生涯。

对于知彼,《追求卓越》的作者汤姆·彼得斯提出了"走动式管理"(management by walking around, MBWA)这一概念,它的核心思想就是要多亲自走动并从第一线获取信息。通过观察、询问、现场采访,获取宝贵的第一手资料。

获取宝贵资料的有效渠道一般有以下几种:

(1) 当地政府教育主管部门所属高校毕业生就业指导中心;
(2) 学校学生就业办公室或就业指导中心;
(3) 专业性报纸如《人才市场报》《就业指导报》等;
(4) 广播、电视、报纸的"求职""就业"专栏或专版,以及有关企事业单位的招聘广告;
(5) 社会考察及毕业实习;
(6) 亲朋好友及学校校友;
(7) 有关老师及其关系网络;
(8) 用人单位举行的说明会等。

二、学会人职匹配

人职匹配理论即关于人的个性特征与职业性质一致的理论。其基本思想是,个体差异是普遍存在的,每一个个体都有自己的个性特征,而每一种职业由于其工作性质、环境、条件、方式的不同,对工作者的能力、知识、技能、性格、气质、心理素质等有不同的要求。进行职业决策(如选拔、安置、职业指导)时,就要根据一个人的个性特征来选择与之相对应的职业种类,即进行人职匹配。如果匹配得好,则个人的特征与职业环境协调一致,工作效率和职业成功的可能性就大为提高。反之则工作效率和职业成功的可能性就很低。因此,对于个体来说,进行恰当的人职匹配具有非常重要的意义。而进行人职匹配的前提之一是必须对人的个体的特性和各职业特点有充分的了解和掌握。

(一) 大学生职业生涯规划的基本步骤

大学生职业生涯规划的基本步骤包括自我评估、外部环境分析、目标确定、策略实施、反馈修正等。

1. 自我评估

对于大学生来说,主要是了解兴趣、学识、技能、情商等与大学生本人相关的所有因素。自我评估的结果可以通过自我剖析、职业测试及角色建议等方法获得。

2. 外部环境分析

对大学生而言,外部环境主要是市场与用人单位等因素,尤其是近年来经济高速发展,科技日新月异,市场竞争加剧,用人单位的要求越来越高,这些因素对个人的发展产生了很大的影响。因此,在制订个人的职业生涯规划时,大学生要分析环境条件的特点、环境的发展变化情况、自己与环境的关系、自己在这个环境的地位、环境对自己提出的要求,以及环境对自己的有利条件和不利条件等。

3. 目标确定

这是职业生涯规划的核心内容。在自我评估、外部环境分析的基础上,选择自己的职业方向,确立职业生涯发展目标。

4. 策略实施

行动计划由长期和短期两部分组成，长期计划的实现有众多不确定因素，因此在校大学生要根据自身实际情况和社会发展趋势，不断地设定新的操作的短期目标。

5. 反馈修正

为使职业生涯规划执行之有效，需要结合实际情况不断地对职业生涯规划的内容进行评估与修正。对大学生来说，反馈修正的主要内容包括：职业方向的重新选择；各阶段目标的修正；实施措施与计划的变更；等等。

（二）大学生职业生涯规划的主要内容

大学生的职业生涯规划应该根据职业生涯规划文案的八项内容要求，按标题、目标确定、个人分析结果、社会环境分析结果、组织分析结果、目标分解与目标组合、实施方案、评估修正的大致顺序，依次写下职业生涯的具体内容。

（三）大学生职业生涯规划的实施策略

学生在学校期间，在每一学年中，大学生的学习重点与心理特征都有所不同。根据这一自然的年限划分，大学生可以按学年为阶段设置阶段目标，进行自己的职业生涯规划，并按照每个阶段的不同目标和自身成长特点，制订一些有针对性的实施方案。

1. 大学一年级：探索期

1）阶段目标
职业生涯认知和规划。

2）实施方案
要转变由高中生到大学生的角色，重新确定自己的学习目标和要求；要开始接触职业和职业生涯的概念，特别要重点了解自己未来所希望从事的职业或与自己所学专业对口的职业，进行初步的职业生涯设计；熟悉环境，建立新的人际关系，提高交际沟通能力，在职业探知方面可以向高年级学生尤其是毕业生询问就业情况；积极参加各种各样的社团活动，增加交流技巧；在学习方面，要巩固扎实的专业基础知识，加强英语、计算机能力的学习，掌握现代职业者所应具备的最基本技能；如果有必要，为可能的转系、获得双学位、留学计划做好资料收集及课程准备，多利用学生手册，为将来的就业选择打下良好的基础。

2. 大学二年级：定向期

1）阶段目标
初步确定毕业方向以及相应能力与素质的培养。

2）实施方案
认识自己的需要和兴趣，确定自己的价值观、动机和抱负。

考虑未来的毕业方向（深造或就业），了解相关的应有活动，并以提高自身的基本素质为主，通过参加学生会或社团等组织，培养和锻炼自己的领导组织能力、团队协作精神，同时检验自己的知识技能；可以开始尝试兼职、社会实践活动，并要具有坚持性，最好能在课余时间长时间从事与自己未来职业或本专业有关的工作，提高自己的责任感、主动性和受挫能力，并从不断的总结分析中得到职业的经验；增强英语口语和计算机应用能力，通过英语和计算机的相关证书考试，并开始有选择地辅修其他专业的知识充实自己。

3. 大学三年级：准备期

1）阶段目标

掌握求职技能，为择业做好准备。

2）实施方案

加强专业知识学习的同时，考取与目标职业有关的职业资格证书或通过相应的职业技能鉴定。因为临近毕业，所以目标应锁定在提高求职技能、搜集公司信息上。参加和专业相关的暑假工作，和同学交流求职工作心得体会，学习写简历、求职信等求职技巧，了解搜集就业信息的渠道，如果有机会要积极尝试。加入校友网络，向已经毕业的校友了解往年的求职情况，也可以多多注意留学考试资讯，向相关教育厅部门索取简章参考。

4. 大学四年级：冲刺期

1）阶段目标

成功就业。

2）实施方案

这个阶段大学生的毕业方向已经确定，大部分学生的目标应该锁定在工作申请及就业成功上。这时，可先对前三年的准备做一个总结：首先，检验自己已确立的职业目标是否明确，前两年的准备是否已充分；然后，开始毕业后工作的申请，积极参加招聘活动，在实践中检验自己的积累和准备；最后，预习或模拟面试。积极利用学校提供的条件，了解就业指导中心提供的用人公司资料信息、强化求职技巧、进行模拟面试等训练，尽可能地在作出较为充分准备的情况下进行演练。在撰写毕业论文时，可大胆提出自己的见解，锻炼自己的独立解决问题的能力和创造性。另外，要重视实习机会，通过实习从宏观上了解单位的工作方式、运转模式、工作流程，从微观上明确个人在岗位上的职责要求及规范，为正式走上工作岗位奠定良好基础。

三、择业的技巧与方法

毕业生求职择业，应按照一定的程序进行。一般说来，在求职择业过程中要抓住：了解毕业生就业政策及程序，收集和处理就业信息，准备自荐资料，做好心理准备，及时应聘、面试、签约和走向社会等几个环节。具体说来，毕业生应掌握以下求职择业技巧和方法。

（一）树立自主择业观念的技巧

大学生就业过程是否顺利，关键看他们的价值观、职业观是否与市场需要相适应，是否能结合自身的情况，找到自己与社会的结合点。大学生应清醒地认识到自己是就业的主体，加强自主意识、竞争精神的培养，把握就业市场供求关系的变化和用人标准，在求职择业时把择业期望和目标与社会需求结合起来，从而顺利就业。

（二）整理求职材料的技巧

一份好的求职材料，可以赢得宝贵的面试机会。求职信、简历等求职材料应反映出个人的思想品德、学业水平、兴趣特长、健康状况等方面的情况，学生可以综合分析自己的个人资料认识自我，给自己择业进行定位。求职材料既要简洁明了、富有条理性、符合规范，又能充分展示个人的能力及特长；既要有适当的包装，又不能弄虚作假。

（三）职业决策的技巧

大学生要善于利用学校、人才市场、新闻媒体和社会关系等多种渠道，获取尽可能多的就业信息，要结合自己的实际，从专业、兴趣爱好、性格特征等方面有针对性地加以筛选处理，去粗取精，去伪存真，确定应聘目标，迅速与用人单位取得联系，为自己择业服务。

（四）获得面试机会的技巧

确定应聘目标后，便要以口头自荐、电话自荐、书面自荐、网络自荐、广告自荐或他人推荐等方式与用人单位取得初步联系，给对方一个很深的印象，以获得面试的机会。初步联系的方式及技巧将对能否得到面试机会有着直接的影响。

（五）面试的技巧

应聘过程中，面试无疑是最具有决定性意义的一环，事关成败。毕业生应了解面试的作用、基本形式、程序、内容、类型等基本知识，结合自己的情况进行有效的面试准备，熟悉面试前、面试过程中、面试后的注意事项和技巧，充分地展示自己、抓住机遇。

（六）签订就业协议的技巧

毕业生应明晰就业协议与劳动合同的关系、就业协议的内容、签订的原则、自己的权利和义务、违约的责任及协议的解除方法，慎重签约，学会在求职择业过程中保护自己。

四、面试礼仪

求职过程中的面试是用人单位招聘时必不可少的一个重要环节，许多面试是"三分钟定乾坤"。初次见面，主考官往往以自己的经验和阅历，凭着求职者的外在形象来判断其身份、学识、个性、素质等，并形成一种特殊的心理定势，也即社会心理学中所说的"首因效应"。哈佛大学有关专家研究表明，与陌生人交往一般在7~30秒就会将外表不合格的人淘汰掉。南京西蔓工作室资深形象设计师吕晓兰认为，毕业生进行个人形象设计完全有必要，因为与人交往第一印象由55%穿着、化妆，38%行为举止，7%谈话内容构成。可见，礼仪在应聘中的重要程度。

如何在求职面试中给对方留下优雅、自信、得体的印象，为自己面试加分呢？大学生平时应重视礼仪的学习和养成，在求职及社会交往中恰当地运用。

（一）求职面试的基本礼仪

1. 时间观念

守时是职业道德的一个基本要求，提前15分钟到达面试地点效果最佳，可熟悉环境、稳定心神。但早到后不宜提早进入办公室，最好不要提前10分钟以上出现在面谈地点，否则聘用者很可能因为手头的事情没处理完而觉得很不方便。外企的老板往往是说几点就是几点，一般不会提前。当然，如果事先通知了许多人来面试，早到者可提早面试或等候。

2. 面试中的文明礼貌

在开始面试之前肯定有一段等候的时间，切忌在等待面试时到处走动，更不能擅自在考场外面向里观望，应试者之间的交谈也应尽可能地降低音量，不要大声喧哗，以免影响他人应试或思考。在手机普及的今天，很多人喜欢随手拿着手机，甚至不分场合地摆弄手机，在此提醒同学们，面试时应将手机调整为静音或关机并放入包内，不要把手机拿在手中。

（二）服饰仪表的礼仪

1. 服饰大方整齐

男女皆以时尚大方的套服为宜。面试时，合乎自身形象的着装会给人以干净利落、有专业精神的印象，男生应显得干练大方，女生应显得庄重俏丽。

1）男生面试时的服饰礼仪

西装：男生可在平时准备一至两套得体的西装，颜色应当以主流颜色为主，如灰色或深蓝色；档次应符合学生身份，不要盲目攀比，乱花钱买高级名牌西服，因为用人单位看到求职者的衣着太过讲究，不符合学生身份，对求职者的第一印象会打折扣。

衬衫：以白色或浅色为主，这样较好配领带和西裤。平时也应注意选购一些合身的衬衫，面试前熨烫平整。崭新的衬衣穿上去会显得不自然、太抢眼，以至于削弱了主试人对求职者其他方面的注意。需要提醒一点，面试时你所穿的西服、衬衫、裤子、皮鞋、袜子都不宜给人以崭新发亮的感觉，原因是主试人会认为你的服饰都是匆匆凑齐的，那么你的其他材料是不是也加入了过多人工雕琢的痕迹呢？而且从没穿过的东西从头到脚包裹在身上，可能会让你觉得别扭，从而分散你的精力，影响面试表现。

皮鞋：不要以为越贵越好，而要以舒适大方为度。皮鞋以黑色为宜，且面试前要擦干净。

领带：男生参加面试如果穿西服的话，一般应该打领带，领带要干净平整，平时可准备好与西服颜色相协调的领带。

袜子：袜子的颜色也有讲究，穿西服、皮鞋时的袜子以深色为宜，如灰、蓝、黑色等，这样在任何场合都不失礼。

2）女生面试时的服饰礼仪

套装：女生应准备一至两套较正规的套服，以备去不同单位面试之需。套服的选择原则是必须与准上班族的身份相符，颜色鲜艳的服饰会使人显得活泼、有朝气，素色稳重的套装会使人显得大方干练。

皮鞋：鞋跟不宜过高、过于前卫，夏日不要穿露出脚趾的凉鞋，更不宜将脚趾甲涂抹成红色或其他颜色，丝袜以肉色为雅。

皮包：女生的皮包是要能背的，与装面试材料的公文包有所区别，可以只拿公文包而不背皮包，但不能把公文包里的文件全部塞在皮包里而不带公文包。

其他：女生可以适当化淡妆，包括口红，但不能浓妆艳抹，不要佩戴标新立异的装饰物；面试前一天修剪指甲，忌涂指甲油。

3）服饰仪表方面需要注意的事项

男女生最好不要在面试时穿T恤、牛仔裤、运动鞋，避免给人一副随随便便的样子。女生一定不要在服饰上给人错误的信号，例如，过于花枝招展、性感暴露的打扮会让人有别的想法，惹来许多不必要的麻烦甚至性骚扰，对求职本身毫无益处。

2. 头发干净自然

男生女生都应在面试前一天洗干净头发，避免头屑留在头发或衣服上，保持仪容整洁是取得用人单位良好第一印象的前提。

此外，男生尽量避免在面试前一天理发，以免看上去不够自然，最好在三天前理发；要将胡须剃干净，鼻毛、指甲在面试前一天剪整齐。

（三）面试时的行为礼仪

1. 微笑礼仪

微笑是无声的语言，是人与人之间沟通的一种好方法。面试中，保持微笑，有表现心境良好、充满自信、真诚友善、乐业敬业等作用。真正的微笑应发自内心，渗透着自己的情感，表里如一、毫无做作或矫饰的微笑被视作"参与社交的通行证"，会让主试人对你友善，而友善则是面试成功的最好条件之一。

2. 握手礼仪

握手是在相见、离别或致谢时相互表示情谊、致意的一种礼节，双方往往是先打招呼，后握手致意。

握手的顺序：主人、长辈、上司、女士主动伸出手，客人、晚辈、下属、男士再相迎握手。

握手的方法：一定要用右手握手。要紧握双方的手，时间一般以 1~3 秒为宜。过紧地握手，或只用手指部分接触对方的手都是不礼貌的。与年轻女性握手，一般男士不要先伸手。男士与女士握手时，宜轻轻握住女士手指部位。握手时双目应注视对方，微笑致意或问好，多人同时握手时应顺序进行，切忌交叉握手、戴手套握手。

3. 站与坐的礼仪

"站有站相，坐有坐相"是对一个人行为举止最基本的要求。

站姿：在面试中，正确的站姿是站得端正、稳重、自然、亲切。做到上身正直，头正目平，面带微笑，微收下颌，肩平挺胸，直腰收腹，两臂自然下垂，两腿相靠直立，两脚靠拢，脚尖呈"V"字形。女生两脚可并拢。

坐姿：入座时要轻而缓，走到座位面前转身，轻稳地坐下，不应发出嘈杂的声音。女生如果是穿的裙子，应用手把裙子由后向前拢一下。坐下后，上身保持挺直，头部端正，目光平视前方或交谈的主试人。坐稳后，身子一般只占座位的 2/3。两手掌心向下，叠放在两腿之上，两腿自然弯曲，小腿与地面基本垂直，两脚平落地面，两膝间的距离，男生以松开一至两拳为宜，女生两膝两脚并拢为好。

（四）面试过程的礼仪

面试过程中要注意以下细节：

1. 进入"考场"前后的细节

进入面试场合时不要紧张。如果门关着，应先敲门，得到允许后再进去。开关门动作要轻，以从容、自然为好。见面时要向招聘者主动打招呼问好致意，称呼应当得体。在主试人没有请你坐下时，切勿急于落座。主试人请你坐下时，应道声"谢谢"。坐下后保持良好的体态，切忌大大咧咧，左顾右盼，满不在乎，以免引起反感。离去时应询问："还有什么要问的吗？"得到允许后应微笑起立，道谢并说"再见"。如果在你进入面试房间之前，有接待人员接待你，在离去时也一并向他或她致谢告辞。

2. 视线处理

说话时不要低头，要看着对方的眼睛或眉间，适当的时候转移注视对方的视线，不要回避视线，也不要一味直勾勾地盯着对方的眼睛；作出具体答复前，可以把视线投在对方背景上如墙上两三秒钟做思考，时间不宜过长，开口回答问题时，应该把视线收回来。如果主试人有两位以上时，回答谁的问题，你的目光就应注视谁，并应适时地环顾其他主试人以表示你对他们的尊重。谈话时，眼睛要适时地注意对方，不要东张西望，显得漫不经心，也不要眼皮低望，显得缺乏自信。

3. 如何回答问题

对主试人的问题要逐一回答。对方给你介绍情况时，要认真聆听。回答主试者的问题，口齿要清晰，声音要适度，内容要简练、完整，尽量不要用简称、方言、土语和口头语，以免对方听不懂。激动地与主试人争辩某个问题是不明智的举动，冷静地保持不卑不亢的风度是有益的。如果有的主试人故意提一些无理的问题试探你的反应，当不能回答某一问题时，应如实告诉主试人，含糊其辞和胡编乱造会导致面试失败。

4. 面试中应避免的动作

在整个面试过程中，应该努力避免一些令人难堪的小动作，如挖耳朵、擦鼻子、打喷嚏等。扮鬼脸也是一种不雅的小动作。有些人总爱在脸上表露出对别人说话的反应，或惊喜，或遗憾，或愤怒、担忧，表达这些情绪时，总是歪嘴、眨眼、皱眉、瞪眼、耸鼻子。这种鬼脸在平时人与人的交往中或许有好的效果，但在面试时却有害无益，应加以克服。克服这类毛病并不难，保持轻松自在的坐姿，如有公文包，可用手握着包或手握手。另外，不要嚼口香糖，更不能抽烟。

总之，面试过程就像一部情景剧，剧中主角是用人单位和求职者，角色虽只有两个，但剧情是千变万化的，作为大学生求职者，一定要学习、掌控和运用好礼仪，走出成功的关键一步。

第十章 人格完善与心理健康

施耐庵在《水浒传》中描述了一百单八将，每个人物形象都栩栩如生，各具风采，让人过目不忘。而这些人物之间最大的差异就在于他们拥有不同的人格特征，"千姿百态"的人格差异，使这些书中的人物形象在我们的头脑中变得活灵活现，有血有肉。

及时雨宋江为人仗义、善于用人；智多星吴用足智多谋、神机妙算；豹子头林冲武艺高强、勇而有谋；行者武松崇尚忠义、有仇必复；一丈青扈三娘性格刚烈、敢爱敢恨；等等。正如金圣叹所说的"人有其性情，人有其气质，人有其形状，人有其声口"。大千世界，芸芸众生。在我们身边的人也是如此，有的活泼开朗，有的沉默寡言；有的自私自利，有的大公无私；许多人的一生，并不缺才华、能力和机遇，却总与晋升、成就、财富擦肩而过；同样的环境和社会条件下，成败却有天壤之别，究竟是什么决定了我们的命运，有人说是勤奋，有人说是运气，也有人说性格决定命运。本章将一一为其解答。

第一节 人格的概述

在我们未接触到心理学里面的"人格"一词前，你头脑中"人格"的概念是什么？如果让你描述日常生活中的人格是什么样子的，你将如何描述？思考一下《红楼梦》中林黛玉的人格特征，其人格特征对其命运有影响么？

一、什么是人格

"人格"一词不是心理学的专有名词，在我们日常生活中的使用也十分广泛。社会学、法律、文学和宗教等不同的领域都在使用人格一词，在不同的领域、不同的句子和文章中，被赋予的含义也相去甚远。千百年来，哲学家、社会学家、科学家们为寻求人格含义付出了他们的努力，心理学对人格的界定也源于生活，指向个体的心理品质。

（一）人格一词的起源

从辞源上看，在我国古代汉语中没有人格一词，但是有人性、人品、品格、品德等。比如，《三字经》中的"人之初，性本善。性相近，习相远"。这里的"性"指的是本性、品性，虽然这个词与人格有一定的联系，但两者所包含的意义并不等同。

人格一词是从"personality"翻译而来的。"personality"源于拉丁文"persona"——面具（mask），原意指希腊戏剧中演员戴的面具，面具要随角色的不同而改变。

第十章 人格完善与心理健康

为何要用"面具"描述人格，背后有着怎样的故事？

古希腊有一个非常著名的演员，面部有缺陷，为了掩盖这样一个缺陷就使用了面具。后来，许多演员就沿用了这样一个做法，将面具用于舞台上，但这个面具并不是用来修饰一个人的面部缺陷的，是用来代表一个人所扮演的不同角色的，比如，魔鬼很狰狞、可怕，天使很善良、纯情。一看到面具就知道这个人所扮演的人物角色是什么，慢慢地这个形式被固定下来后，人们就开始把这样一种舞台现象迁移到人生当中来了，也就是说在人生这个大舞台上，每个人都扮演着自己不同的角色。

现实中每个人都根据不同的社会要求去扮演不同的角色，学生现在的主导角色是学生，但又不仅仅是学生，还是女儿、儿子、姐姐、朋友等。每一个人要扮演不同的社会角色，每个角色都有不同的要求。例如，女儿可以在妈妈面前撒娇，而如果是学生在课堂上跟老师、跟同学撒娇，这种行为则是不恰当的，和角色要求不吻合。

因此，心理学沿用面具的含义，转意为人格。面具就是人格的外在表现，面具后面还有一个实实在在的真我，即真实的人格，它可能和外在的面具截然不同，包含了两层含义：

一是个人在生活舞台上表现的各种言行，是人遵从社会文化习俗的要求而作出的反应。人格具有的"外壳"，就像舞台上根据角色要求所戴的面具，表现出一个人外在的人格品质。

二是蕴藏于内的真实自我，是人格的内在特征。这种"蕴含于中，形诸于外"，就说明了人格的表里统一性。

知识窗

京剧脸谱（面具）能反映人物性格吗？

关于京剧脸谱有这样一段经典唱词："蓝脸的窦尔敦，盗御马；红脸的关公战长沙；黄脸的典韦；白脸的曹操；黑脸的张飞，叫喳喳……"这段唱词很形象地描绘了他们的人物特征，在这里蓝脸谱代表了刚直勇猛、桀骜不驯；红脸谱代表了忠勇正直；黄脸谱代表了凶狠勇猛；白脸谱代表了奸佞；黑脸谱代表了刚正不阿；另外，丑角儿脸谱代表了幽默风趣的性格。中国京剧中生旦净末丑等角色的划分与古希腊的喜剧脸谱异曲同工，都展示了不同的人物性格（图10-1）。

图10-1 京剧的不同脸谱代表了不同的人物性格

心理学沿用了这样一个含义，并将其转意为人格，在人生的舞台上，每个人都扮演着不同的角色，展现着自己不同的特性。

（二）人格定义

人格的概念较为复杂，不同的理论流派和观点对人格都有不同的解释，因此，人格至今没有公认的概念。美国人格心理学家奥尔波特在《人格：一种心理学的解释》一书中就从文献中查到近50条人格定义。在这里我们主要介绍心理学中常见的六种定义。

1. 罗列式定义

在这一定义下，人格被认为是各种人格元素的集合，普林斯据此将人格定义为："个体一切生物的先天倾向、冲动、趋向、欲求和本能，以及由经验而获得的倾向和趋向的总和。"

2. 整合式定义

整合式定义强调人格是各方面属性所组成的整体。例如，麦考迪的定义是："人格是多种模式（兴趣）的一个整合，这种整合使有机体的行为具有一种特殊的个体倾向。"

3. 层次性定义

这里将人格分为若干层次或等级，越是上层的结构整合的作用越强。威廉·詹姆斯（William James）认为，自我是内在的人格，第一层次是物质的自我，包括身体、财产、家庭、喜欢的朋友；第二层次是社会的自我，是社会角色所表现出的特征；第三层次是精神的自我，对人具有协调统一的功能；第四层次是纯粹的自我，即自我的认识者，这是自我的最高成分。

4. 适应性定义

适应性定义强调人格适应环境的功能，认为人格是"人对环境进行独特的适应中所具有的那些习惯系统的综合"。

5. 区别性定义

区别性定义强调人格即个体的独特性。例如，沃尔特·米歇尔给人格下的定义是："人格是个人心里特征的统一，这些特征决定人的外显行为和内隐行为，并使它们与别人的行为有稳定的差异。"

6. 本质性定义

本质性定义认为个体不是与别人不同，而是具有自己的代表性特征。菲瑞斯的人格定义是："一个人区别于另一个人并保持恒定的具有特征性的思想、情感和行为的模式。"

在我国，影响比较大的是陈仲庚先生在《人格心理学》中提出的人格概念，他认为："人格是个体内在的表现在行为上的倾向性，表现一个人在不断变化中的全体和综合，是具有动力一致性和连续性的持久的自我，是人生社会化过程中形成的给予人特色的身心组织。"

人格定义的多样性是心理学家从不同的视角、用不同的方法对其进行研究的结果，也说明了人格内涵的复杂性和多样性，这些不同的定义有助于我们更好地理解复杂的人格。

二、人格的特征

任何人和事物都有其自身的特征，人格的特征主要表现在以下几个方面。

（一）独特性

人格的独特性是指人与人之间的心理和行为是不相同的，"世界上没有两片一模一样的叶子"，这是人格最重要的特征。

在日常生活中我们经常可以观察到不同个性的大学生个体，他们各自在能力、气质、性格和价值观等方面都不尽相同。例如，有的人观察问题细致，有的人思维表达力强，有的人富于想象力，有的人善于操作，等等。

人格的独特性除受遗传等先天因素影响外，还与后天的环境、教育有着密切联系，这些因素共同造就了各自独特的心理特点。

（二）稳定性

"江山易改，禀性难移"，人格的稳定性是指一个人在其心理和行为活动中表现出来的一贯的比较稳定的特点。孔子说："三十而立，四十而不惑，五十而知天命。"从人的社会化过程来讲，"三十而立"就意味着人的社会化过程已基本完成，人格特征进入相对稳定的阶段。

人格的稳定性主要表现在两个方面：一是跨时间的持续性；二是跨情境的一致性，即在不同的时间、不同的情境下人格表现出一致性。例如，一位性格内向的学生，它不仅在陌生人面前缄默不语，在老师面前少言寡语，在参与学生活动时也沉默寡言。此外，还有人格表现的自我同一性。它表现为时间维度上的一致性特征，这种人格的持续性体现了今天的我是昨天的我的延续，明天的我是今天的我的延续。

（三）整体性

人格的整体性是指包含在人格中的各种心理特征彼此交织，相互影响，构成了一个有机的整体，是其具有倾向性的心理特征的总和。

它虽然不能直接观察到，但却表现在行为中，让人的各种行为所表现出来的特征是一个整体，体现他独特的精神风貌。当一个人能有清晰的自我意识，人格结构各方面彼此和谐一致时，便能够使自己的行为与社会步调保持一致，此人便呈现出健康的人格特征，反之，如果一个人内心冲突激烈，其行为就会严重失调，就可能会引发各种心理冲突。

（四）社会性

人格的社会性是指社会化把人这样的动物变成社会的成员，人格是社会的人所特有的。

人格的发展有其生物学基础，生物因素为人格的发展提供了物质前提，构成了人格形成的基础。但人格后天的发展是在一定的社会环境、社会制度、文化氛围、社会地位、民族、家庭等一系列的社会条件下完成的，人格倾向性的发展受社会的制约。因此，一个人的人格必然反映出他生活在其中的社会文化特点，以及他受到的教育的影响等。人格既是社会化的对象，又是社会化的结果。如果婴儿的社会接触被剥夺，就不可能形成真正的人。

因此，人格是生物性与社会性的统一体，生物因素是人格发展的物质前提和基础，社会生活是人格发展的决定性条件。

 小故事

1920 年，在印度加尔各答东北的一个名叫米德纳波尔的小城，人们常见到有一种"神秘的生物"出没于附近森林，往往是一到晚上，就有两个用四肢走路的"像人的怪物"尾随在三只大狼后面。后来人们打死了大狼，在狼窝里终于发现这两个"怪物"，原来是两个裸体的女孩。其中大的年七八岁，小的约两岁。人们把这两个小女孩送到米德纳波尔的孤儿院去抚养，还给她们取了名字，大的叫卡玛拉，小的叫阿玛拉。到了第二年阿玛拉死了,而卡玛拉一直活到 1929 年。这就是曾经轰动一时的"狼孩"一事。

狼孩刚被发现时,生活习性与狼一样:用四肢行走;白天睡觉,晚上出来活动,怕火、光和水;只知道饿了找吃的,吃饱了就睡;不吃素食而要吃肉(不用手拿,放在地上用牙齿撕开吃);不会讲话,每到午夜后像狼似的引颈长嚎。卡玛拉经过 7 年的教育,才掌握 45 个词,勉强地学几句话,开始朝人的生活习性迈进。她死时估计已有 16 岁左右,但其智力只相当于三、四岁的孩子。

至 20 世纪 50 年代末,科学上已知有 30 个小孩是在野地里长大的,其中 20 个为猛兽所抚育:5 个是熊、1 个是豹、14 个是狼哺育的,其中最著名的就是印度"狼孩"的故事。这也充分说明人格是社会化的对象,也是社会化的结果。

当然,我们还应认识到人格也具有自然和生物的特性,是在个体遗传和生物性的基础上形成的。从这个意义上说,人格是个体的自然性和社会性的综合体。

三、人格的结构

人格是由不同成分构成的一个结构系统,不同成分从不同侧面反映人格的差异。人格结构系统包括气质、性格、自我调控等成分。

(一)气质

气质是个人生来就具有的表现在强度、速度、灵活度、指向性等方面的一种稳定的心理特征,即我们平时所说的脾气、秉性或性情,是人格的基础之一,在人格结构中比较稳定并与遗传素质联系密切。

古希腊医生希波克里特(Hippocrates,公元前 460—377 年)认为,人体内有四种体液——黏液、黄胆汁、黑胆汁、血液,这四种体液的配合比率不同,形成四种不同类型的人。

罗马医生盖伦(Galen,约公元 130—200 年)进一步确定了气质类型,提出了胆汁质、多血质、黏液质、抑郁质四种气质类型。

胆汁质——夏天里的一团火。这类人精力旺盛,直率、热情,行动敏捷,情绪易于激动,心境变换剧烈。胆汁质的大学生有理想、有抱负,有独立见解,反应迅速,行为果断,表里如一;不愿受人指挥,而喜欢指挥别人;一旦认准目标,就希望尽快实现,遇到困难也不折不挠,但往往比较粗心。日常活动带有强烈的情绪色彩,情绪高时学习、工作热情高,肯出大力,反之,什么事都不感兴趣。典型代表人物:张飞、李逵等(图 10-2、图 10-3)。

图 10-2 张飞

图 10-3 李逵

多血质——喜形于色，可塑性强。多血质的人具有活泼好动，反应迅速，情绪发生快而多变，兴趣容易转移等特征。典型代表人物：孙悟空、王熙凤等（图10-4、图10-5）。

图10-4　孙悟空

图10-5　王熙凤

黏液质——冰冷耐寒。黏液质的人安静、稳重，反应缓慢，沉默寡言，情绪不易外露，注意稳定难以转移，善于忍耐。典型代表人物：诸葛亮等（图10-6）。

抑郁质——秋风落叶。抑郁质的人孤僻，行动迟缓，情感体验深刻，善于觉察别人不易察到的细小事物。典型代表人物：林黛玉等（图10-7）。

图10-6　诸葛亮

图10-7　林黛玉

气质主要与先天遗传有关，受神经系统活动过程的特性所制约。无好坏之分，任何一种气质都有其积极和消极的方面，不能决定人的社会价值，不直接具有社会道德评价含义。例如，有的人活泼好动，有的人平稳安静（表10-1、表10-2）。

表10-1　四种气质类型及行为特征

气质类型	行为特征
胆汁质	坦率、热情、精力旺盛、脾气暴躁、易感情用事、自制力差，具有外倾性
多血质	活泼好动、反应敏捷、情绪多变、注意和兴趣易转移、善交际、亲切有生气、轻率，具有外倾性
黏液质	稳重、安静、情绪内敛、反应慢、注意稳定不易转移、意志力强、不善于随机应变，具有内倾性
抑郁质	多愁善感、行为孤僻、情绪体验深刻、重视细节、想象丰富，具有内倾性

表 10-2　气质类型及其适宜的工作

气质类型	适宜的工作
多血质	适宜从事社交、外交工作，以及管理人员、律师、记者、演员、侦探等需要有表达力、活动力、组织力的工作
胆汁质	适宜从事社交、政治、经济、军事、营销、主持人等工作
黏液质	适宜从事科研、教育、医生、财务会计等有条不紊以及思辨力较强的工作
抑郁质	适宜从事研究工作、保密员、打印等无需过多与人交往但需较强分析与观察力以及耐心细致的工作

心理案例

四个不同气质的人去剧院看戏，都迟到了。这时……

典型的胆汁质者

对检票员不让进剧场的做法，十分气愤，并和检票员争执起来，想闯入剧场。

典型的多血质者

对检票员的做法很理解，但随后又找到一个没有检查的入口进入剧场，安心看戏。

典型的黏液质者

碰到检票员不让入场，非常理解，并自我安慰"第一场戏总是不太精彩的，先去超市买点吃的休息一下，等幕间休息再进去不迟。

典型的抑郁质者

早就对自己的行为很后悔，认为这场戏不该看，进而想到"我运气不好，如果这场戏看下去，还不如要出什么麻烦呢！"于是，扭身，"打道回府"。

（二）性格

1. 性格的定义

性格一词源于希腊语，主要强调个人的典型行为表现和由外部条件决定的行为。我国心理学界倾向于把性格定义为一个人对现实的稳定的态度和习惯化了的行为方式中表现出来的人格特征。

性格是一种与社会相关最密切的人格特征，其中包含有许多社会道德含义，表现了人们对现实和周围世界的态度，并表现在他的行为举止受人的价值观、人生观、世界观的影响。

性格是在后天的社会环境中逐渐形成的，是人的最核心的人格差异，对人格的塑造和完善，在很大程度上，就是对良好性格的培养。有好坏之分，能最直接地反映一个人的道德风貌。

2. 性格结构

性格具有丰富性和复杂性，是多种多样的，就其结构而言，主要包括态度特征（同情或冷漠，自信或自卑等）、意志特征（目的性或盲目性，果断或犹豫等）、情绪特征（乐观或悲观，热情或低沉等）、理智特征（富有创造性或好钻牛角尖，偏好分析或综合等）四个方面。

当然，我们也要清楚地认识到，每个人的性格都不是各种特征的简单叠加，而是有机的组合，使性格结构具有动力性。性格的特征之间是密不可分、彼此联系和相互制约的。另外，随着个人社会角色及外部环境的变化，个人的性格也会呈现出不同的特征。

3. 性格类型

对于性格类型不同的理论观点和视角都进行了不同的划分，归纳起来，主要有以下几种：

按照认知、情感、意志在性格中的比例和表现程度，将其分为理智型、情绪型和意志型三种。一般而言，理智型的人处理事情较少情绪化，多以理智思维来指导和支配自己的行动；情绪型的人容易受情绪左右；意志型的人目标较为坚定，会主动努力，不会轻言放弃。

按照个体的心理倾向，可分为内倾型和外倾型。内倾型的人感情含蓄，不外露，事事谨慎，好幻想，缺乏实际行动，顾虑多，不易适应环境；外倾型的人一般情绪外露，善于交际，不拘小节，有较强的独立性，但有时缺乏耐心，不够细致。

根据个体的独立性程度划分，可以将大学生性格划分为独立型和顺从型。独立型的大学生善于思考总结，能够有效排除外界事物的干扰，甚至会将自己的意志强加于人；顺从型的大学生往往屈服于他人的权利和意志，不能对事物作出合理分析和判断，出现紧急情况时会表现出惊慌失措。

根据社会生活方式价值观来划分，可将大学生性格划分为理论型（具有强烈的求知欲和钻研精神，勇于探索真理）、经济型（追求实惠，注重效率和经济价值）、审美型（珍视美的享受和创造，喜欢艺术活动）、社会型（把热爱他人并促进他人和社会进步当做生活目标）、权力型（信和迷信权力，具有强烈支配和命令他人的欲望，把获取更多的权力当做生活目标）、宗教型（信奉宗教，重视宗教活动）。另外，还有部分学生的性格类型综合了多种性格，属于混合型和中间型。

4. 性格与气质的区别与联系

性格与气质既有区别又存在着联系。

区别：性格受到环境的影响，具有较大的可塑性；有好坏之分。气质主要受先天遗传制约，后天可塑性差；无好坏之分。

联系：性格与气质都是构成人格的重要因素，二者相互渗透，相互影响，彼此制约。气质影响性格特征的表现方式，影响个人性格的形成，性格也对气质发生作用，它能影响气质的改变。

（三）自我调控系统

（1）自我认知（self-cognition），对自己的认识以及洞察和理解，包括自我观察和自我评价等。

（2）自我体验（self-experience），是伴随自我认识而产生的内心体验，是自我意识在情感上的表现。

（3）自我控制（self-regulation）是自我意识在行为上的表现，是实现自我意识调节的最后环节，包括自我监控、自我激励、自我教育。

健康人格小测试

健康人格有时可从小动作中表现，请你做一做下面的小测试：

（1）当你站立时，为了舒服，总爱把胳膊放在椅背上吗？

（2）你有咬手指和指甲的习惯吗？

(3)当你与人交谈和倾听别人谈话时,你总是不停地用手指击打桌面吗?

(4)当你站立时,你喜欢双臂抱肩吗?

(5)开会时,你总是不断改变姿势,以求坐得更舒服些吗?

(6)当你谈话时:①你感到抑扬顿挫,眉飞色舞,手舞足蹈;②你感到有些紧张;③你把手自然下垂,偶尔有点手势。

(7)聚会时,不论你想不想吸烟,你总爱点上一支吗?

(8)参加宴会时,你总是把眼睛盯在一盘或附近几样菜上,是吗?

(9)看到别人把大拇指藏在手心,拳头紧握时,你害怕吗?

评分:第(6)题回答①得2分,②得1分,③得0分。其余8题,答"是"得1分,"不是"得0分。

分析:

0~3分:人格健康,不论在什么情况下,都能沉着、坚定、稳重,你的举止表明你是一个沉着老练,遇事不慌,自信、自强,分寸得当,自制力强的人。这种自我控制能力是健康人格的重要特点。

4~7分:人格健康的状况欠佳。表面上看,你很平静,但常失去平衡。高兴时,信口开河、夸夸其谈;不高兴时,冷眼相看、袖手旁观,情绪变化大。对你来说,至关重要的是学会自我控制,从而达到人格结构的稳定和健全。

8~10分:人格健康问题严重。你很不沉着,如果不学会自我控制,坚定信心,你在哪里都无法安定,总不舒服,也许你自己还不以为然,可在别人看来却很刺眼。关键问题是达到内心的平衡、和谐和安定,同时注意与周围环境相适应。

第二节 人格理论

一、人格的生物遗传因素

遗传与人格的发展关系密切,是人格发展的生理基础,遗传基因是人格发展的物质基础。

(一)遗传基因

遗传基因是遗传的基本单位,主要是指携带有遗传信息的 DNA 或 RNA 序列。基因通过指导蛋白质的合成来表达自己所携带的遗传信息,从而控制生物个体的性状表现。

有研究发现,除精子和卵子外,人类体细胞有 46 个染色体,其中一半来自父亲(精子),一半来自母亲(卵子)。染色体的主要成分是复杂的遗传物质脱氧核糖核苷酸(DNA),构成 DNA 的单位称为基因。基因是控制生物性状从亲代传递到子代的基本物质单位,人类依靠基因繁衍后代。

1. 双生子研究

双生子可以分为同卵双生子和异卵双生子。同卵双生子由同一个受精卵发育而来,可以近似认为有相同的基因,异卵双生子由两个不同的受精卵发育而来,两者基因不完全相同,两者从理论上来讲有着极其相似的后天环境,再加之社会道德、教育和伦理等方面的因素,双生子研究就成为用来证实遗传与人格发展关系的有效方法之一。英国学者戈登于1875年首创双生子研究法,主要通过比较同卵双生子和异卵双生子的人格相似性来确定遗传的作用。

心理小贴士

> 有一对同卵双胞胎自出生起就被分开,31岁初次见面。三十多年未曾见过面的兄弟俩竟然表现出惊人的相似性:
> 都穿着蓝色、双排扣、带肩章的衬衫,都留有短鬓,戴金丝边眼镜;
> 都喜欢吃辣的食物,喝甜酒,喜欢把涂了黄油的吐司放在咖啡里;
> 都习惯在便前先冲洗厕所,甚至乘电梯时都会打喷嚏如此等。
> 这难道仅仅是巧合么?遗传学家会非常肯定地说不。
> 戈特斯曼(Gottesman,1963)提出了双生子的研究原则:同卵双生子基因相同,那么他们之间的任何差异都可以认为是受环境因素的影响;异卵双生子虽然基因不同,但环境的相似性极高,提供了环境控制的可能性,再配合共同抚养和分开抚养两种情况,就能很好地鉴别遗传与环境的影响力。

2. 家谱法

家谱法是通过对家族中前代人的某种人格特征在后代中出现的频率,以此来说明人格特征的遗传性。如果某一人格特征的显现频率高于家族内其他人格特征的显现频率或高于其他家族同一人格特征的显现频率,则可说明该人格特征具有遗传性。

高尔顿依据达尔文的生物进化论理论,选取了977位有资料记载的名人作为家族研究的对象,将这些名人的调查结果和普通人进行比较后发现,名人的亲属中也是名人的人数达到了322位,而对比组中只有1位亲属成了名人。也有学者对巴哈家族的音乐才能进行研究,发现从1550年到1880年,这个家族产生了60位音乐家,近三分之一闻名全国乃至全世界。结合多方面研究,高尔顿提出了遗传学说,并完成了《遗传的天才》一书。

此外,家谱法也被用于了异常人格的研究,美国心理学家戈达德(Goddard)曾经在18世纪的美国独立战争期间,对一名名叫马丁·卡里卡克的军人进行了家谱分析,马丁在从军时与一位精神异常的女子同居,之后的150年间育有后代约480人,对其中的189人的详细报告说明,正常者只有46人,余下的143人均存在精神异常等问题。战争结束后,马丁与一名精神正常的女子结婚,至1912年共育有后代496人,无一例精神异常者。

对于家谱法也有学者提出了质疑,认为其忽略了环境因素在其人格发展中所起的作用是该研究不能很好地说明遗传因素对人格形成的作用。例如,在音乐世家中成长的孩子有更多的与音乐接触的机会,经常接受音乐的熏陶,甚至从小就开始接受规范的训练,为他们发展音乐才能提供了环境。

(二)生化因素

生化因素对人的影响是自始至终的,人体分泌的一些激素及化学性的神经递质,对人格的形成和发展起着直接作用。随着科学技术的不断提高,生化因素对于人格发展和形成的影响也越来越直观,数量也不断增加。

有研究发现，大脑中的单胺氧化酶 B（MAOB），具有控制激动、抑制兴奋的作用，单胺氧化酶 A 也被证实与冲动行为有关。也有研究认为，神经递质 5-羟色胺（5-HT）与焦虑和抑郁水平有关。在一项 505 名被试参与的研究中，大五人格问卷（NEO-PI）和卡特尔 16 种人格因素量表（16PF）的测量结果表明，有该等位基因者呈现较高的神经递质水平。

另外，还有研究者发现，危险体验和新异寻求的倾向，如吸毒、赌博和飙车等，与 11 号染色体的多巴胺 D4 受体基因（D4DR）有关。

（三）脑结构与功能因素

美国神经学家达马西奥曾记录过这样一个案例：埃利奥特曾经是一位模范丈夫和父亲，在一家大公司担任重要职位，积极参加社会和教会活动，但一次前额叶皮质脑肿瘤切除手术，使其性情大变，甚至不能过正常生活，最后成为流浪汉。这个案例也告诉我们，人格的发展和形成与大脑结构或许存在一定联系。

事实上，很多脑结构与人格发展的结论都是在研究脑部损伤中发现的，现代的医学技术提供了很好的支持。例如，艾森克认为，内向和外向性格的人由于所处的生理刺激等级不同，特别是在网状上行激活系统（ARAS）存在差异，最终导致人格的不同。

除了脑损伤的研究外，对于正常人大脑的研究也发现了人格与大脑的联系，例如，左右半球优势。卡根的研究研究发现，内向的孩子多为右脑趋势，而那些外向的孩子则表现为左脑趋势。戴维森在一项个体脑功能单侧优势差异性研究发现，脑功能的差异与不同的情绪反应有关。

综上所述，生物遗传因素对人格的形成和发展有着重要影响，遗传是人格发展的生理基础，在智力、气质等生物因素相关较大的特征上，遗传因素更为重要；而在信念、价值观等容易受社会因素影响的特征上，后天环境发挥着更大作用，在人格发展过程中两者呈现交互作用。

二、人格的环境基础

先天遗传为人格发展提供了生理和物质基础，而后天的家庭、教育等环境则对人格的发展发挥着重要作用，是人格形成的外部因素。

（一）家庭教育

"教人要从小教起。幼儿比如幼苗，培养得宜，方能发芽滋长，否则幼年受了损伤，即不夭折，也难成材。"这是著名教育学家陶行知说过的教育名言，很多研究也表明，家庭因素对人格的形成发挥着重要作用。

1. 家庭教养方式

家庭是孩子的第一所学校，父母是孩子的第一任教师，家庭对人的发展的影响是不言而喻的。一般而言，家庭的教养方式主要有民主型、放纵型和权威型三种。

民主型的家庭教养方式会给孩子一个较为和谐的成长氛围，孩子能够感受到爱和尊重，最有利于孩子形成良好的人格特征，而且容易形成一些自信、乐观、善于交际等积极的人格品质。

放纵型的家庭教养方式在孩子的管理过程中较为松弛，家长对孩子的要求有求必应，孩子是家中的小皇帝、小公主，这类家庭中成长的孩子往往缺乏独立精神且以自我为中心，容易形成为我独尊、蛮横无理等人格特征。

在权威型的父母面前，孩子的成长往往是比较被动的，很多事情父母以全权做主，孩子必须严格执行，没有主动权，这种类型的家庭成长起来的孩子遇事较为被动，依赖性较强。

  心理小贴士

> 挑剔中成长的孩子学会苛刻；
> 敌意中成长的孩子学会争斗；
> 讥笑中成长的孩子学会羞怯；
> 羞辱中成长的孩子学会自卑；
> 宽容中成长的孩子学会忍让；
> 鼓励中成长的孩子学会自信；
> 称赞中成长的孩子学会欣赏；
> 公平中成长的孩子学会正直。

2. 童年早期经验

童年早期的经历经验对儿童发展和形成健全的人格是极其重要的，研究发现成人的很多心理和人格问题都与其早年的经历经验有着不同程度的联系，相对而言，健康快乐的童年更有助于儿童形成健康的人格，挫折经历较多的童年会引发儿童形成不健全的人格。但两者并非一一对应，如提供适当的指导和社会支持，逆境就会使人形成坚强的人格，溺爱也容易使孩子形成任性、以自我为中心等不良人格。

父母是孩子的第一任教师，在童年早期经验中影响力最大的就是孩子的父母，特别是孩子与母亲的相处模式对孩子人格的形成有着重要影响，当母亲对孩子进行惩罚、疏远时，孩子就会有孤独感，认为其不受关注，这种影响会影响到其成年之后的社交活动中。

另外，我们也要清楚地认识到，童年早期经验的影响也是因人而异的，也会受到环境、教育等方面的影响，并且，随着年龄的增长、社会阅历的增多，儿童的心理会逐渐走向成熟，早期经验的影响则会逐渐减弱。

（二）学校教育

学校教育对于每个孩子的成长都是极其重要的，除了知识的学习，对其人格的发展和形成也有着重要影响。

1. 教师

教师的言传身教、悉心指导和个人权威，学生的耳濡目染、模仿学习都对学生的人格发展和形成有着巨大影响。

每位教师都有自己独特的教育教学风格和个人管理习惯，洛奇等的研究也发现，不同风格的教师对学生人格的发展和形成有着不同的影响，教育学家勒温等的研究也发现了不同的教育管理风格对学生存在着不同的影响，并将教学管理分为民主型、专制型、放任型。

在民主型的管理中，学生是比较积极主动的，很少出现不满情绪；在专制型的管理中，教师比较强势，学生则会有较强的依赖性，缺乏主动性，也容易产生不满情绪；在放任型的管理中，则更容易出现失败和挫折现象。

教师的人格特征与学生的人格特征的融合程度也会对学生人格发展产生正面或负面影响，研究者通过进一步分析发现，当师生人格特征有较好的匹配融合时，对学生的人格形成和学业都有积极影响，反之，则会产生负面影响。另外，研究结果还发现，勤奋型的学生能很好地匹配多种类型的教师，学习和行为表现比较稳定；顺应型的学生能够较好地匹配自由型的教师，这类学生通过教师的鼓励和帮助学习成绩都有明显提升；抗争型的学生在遇到纪律性的教师时，如果教师不过多施加权威，这类学生则表现得会更好。

老师对学生的期望值也对学生的成长有着潜移默化的影响。罗森塔尔效应是老师在学校教育中因为自己的先入为主的观念直接影响学生人格和能力等发展的有力证明。

在罗森塔尔的一次实验中，向一所学校的老师提交了一份学生名单，并被告知这些学生智商天赋超群，将来能取得巨大成就，后来这部分学生的学习成绩明显高于其他学生。其实这部分学生只是随机抽取的，罗森塔尔的"谎言"对教师产生了暗示，使教师对这部分学生能力的评价处于一个较高水平，而教师又将这一心理活动通过语言、行为及暗示等方式传递给了学生，便学生感受到了教师的关注和期望，变得更加自信，便自己各方面都取得了较快进步。教师受到了权威的影响，对这部分学生的潜力深信不疑，而学生也受这种期待的积极影响，努力将其变为现实。这个实验充分说明，如果教师把自己的信任与期望充分投放于学生，学生是可以觉察到的，并会努力实现这种期望，朝着这种期望方向奋力拼搏。

2. 同龄伙伴

有研究发现，在人的性格的形成过程中同龄伙伴的影响力比教师的还大，学校是同龄人较多的群体组织，这个群体中也存在着"领导者""被领导者""互助者"等不同关系，被群体接纳也有助于缓解儿童离开父母产生的焦虑情绪。

卡拉汉的测验发现，中学生更喜欢学业优秀、办事老练、具有良好道德的领袖，而非注重仪表、爱出风头，以及有体育特长的人。他们都喜欢精力充沛、有能力、聪明且富有创造性的同伴，他们会要求自己去拥有同伴所普遍接纳或推崇的特质。在少年时，男孩喜欢更大、更活泼的团体，女孩更倾向于团体的合作与和平。

多数的同龄群体对于人格的形成是能起到促进作用的，但是如果接触或进入到不良同伴群体，则会对人格的发展产生负面影响，甚至可能会出现人格障碍。因此，要积极做好必要的引导和教育，促使学生健康成长。

总而言之，学校是人格发展和形成，以及社会化的重要场所，我们应对其充分重视，通过适合的途径正面影响学生的人格发展。

（三）社会环境

1. 社会文化

我们时时刻刻都处在特定的社会文化环境之中，文化潜移默化地影响着我们每一个人，也是影响我们人格发展和形成的重要因素。这种影响主要在于其塑造了特定文化背景中社会成员的人格特征，每种社会文化都会对人的行为模式、信念产生影响。

> **知识窗**
>
> 民族性格，是指同一文化中多数人共同具有的人格特征。全世界的人们来自很多不同的民族，代表着不同的民族文化。不同的民族文化差异对人格的形成也有重要的影响。
>
> 人类学家米德（M·Mead）研究显示：山丘地带的阿拉佩什族，崇尚男女平等的生活原则，成员之间互相友爱、团结协作，没有恃强凌弱，没有争强好胜，呈现出一派亲和景象。
>
> 河川地带的孟都古姆族，生活以狩猎为主，男女间有权力与地位之争，对孩子处罚严厉，成员表现出攻击性强、冷酷无情、嫉妒心强、妄自尊大、争强好胜等人格特征。
>
> 居住在湖泊地带的德昌布利族，男女角色差异明显，女性是这个社会的主体，她们每日操作劳动，男性则处于从属地位，其主要活动是艺术、工艺与祭祀活动，并承担孩子的养育责任。这种社会分工使女人表现出刚毅、支配、自主与快活的性格，男人则有明显的自卑感。
>
> 这些研究和发现，充分地说明了民族文化对人格的影响力。一些自然条件,如生态环境、气候条件、空间拥挤程度会对民族性格产生重要影响。

另外，社会对顺应文化的要求是否严格，社会意义的大小，都是人格的影响因素。如果个人的人格特征因极端偏离其特定的文化要求而无法融入社会文化中，则会被视为行为偏差或者心理疾病。

2. 社会阶层差异

社会阶层由一个人在社会中的所体现的价值及其拥有的权力和经济收入决定，影响着他的判断、追求和生活方式。所以，社会阶层这一差异对人格的发展有着重要联系。

美国社会学家和心理学家华纳根据人们所处的不同经济地位，把现代美国社会划分为三个阶级，他们所占比例分别为2%、43%和55%，其中上层的2%，多由富豪和商界领袖组成，他们日常消费高档商品，生活奢华，喜欢挖掘自己独特的兴趣和追求；中层的43%，多由不同岗位的专业人员组成,他们的生活以职业为中心,追求稳定和生活质量的提高；下层的55%，多由生产工人、技工或靠社会救济金维持生活的人组成，他们发展的机会较少，消费水平受限，生活态度相对消极。

另外，森塔斯的研究也发现，社会阶层影响着人们的行为模式，处于上层的人多半比较保守，因为他们希望保护并维持现有的状态，而中层阶级和部分下层阶级的劳动人员比较激进，因为他们希望改变现状，提升自己的社会地位。

在人格的成长过程中，各个因素对人格的形成与发展起到了不同的作用，遗传决定了人格发展的可能性，是人格形成和发展的基础；环境决定了人格发展的现实性，是人格发展的外部条件；教育则起主导和关键性作用。

三、个体与环境的交互作用

每个个体都生活在一定的环境中，环境是影响人格形成和发展的重要因素。这些因素都会对个体人格的形成产生重要影响，因此，人格的形成是个体与环境不断交互作用的结果。人格的形成离不开环境的影响，但个体能主动地作用于环境，两者的交互作用在不断地进行着。

1. 反应的交互作用

面对同样的环境，每个人都会有独特的感受、体验和理解，产生不同的反应，这就是个体与环境反应的交互作用。例如，不同的学生在进行同样的教育后，收获是不相同的；同一文化背景也会塑造出不同的人格特征等。

2. 唤起的交互作用

个体的人格特征和行为会引起周围的人对他的特异反应，这是唤起的交互作用，不同的人格会唤起环境不同反应，如不同的学生会让老师采取不同的教学方式一样。

3. 前动的交互作用

个体会主动选择和建构自己喜爱的环境，这些环境又会反过来塑造人格。当个体的行为具有一定的主动性后，就会产生前动的交互作用。

4. 交互作用的表现强度

人与活动的交互作用在人格发展的不同时期有着不同的表现强度，在婴幼儿时，孩子的任何事情都是父母安排好的，遗传与环境对人格的影响较大，随着年龄的增加，阅历的丰富，反应的交互作用和唤起的交互作用开始在日常生活中起作用时；个人已经能有意识地选择和建构环境了，所受环境的影响和对环境的改造已经交互进行，从这点讲，人格是自身与环境的动态交互作用造就的。

第三节　健全人格的培养

20 世纪 20 年代，人格心理学家奥尔波特就提出了"成熟人格"的概念和模式，这被认为是最早的健康人格模式。20 世纪 70 年代，美国当代心理学家舒尔茨在他出版的《成长心理学》一书中总结了健康人格的七种模式，也顺应了现当代社会由外部世界的关注转向对人内心关注的需要。随后美国健康心理学分会成立，对健康心理学、健康人格的研究逐渐成为心理学研究的另一重大课题。

一、人格修补

《论语·里仁》说："见贤思齐焉，见不贤而内自省也。"人的性格就像一个系统、一个软件，永远存在漏洞，需要经常打补丁完善。人格修补就是有目的、有计划地对人格中的缺陷或异常人格进行修补改善，从而逐步完善自己的人格。

二、人格修补的主要内容

人格修补主要是对异常人格的修补和完善，因此我们首先来认识异常人格，也就是我们常说的人格障碍。

（一）异常人格的概述

异常人格又称人格障碍，一般受青春期，甚至儿童早期经历经验影响，这种影响会延续到成年，在《精神疾病诊断和统计手册》（DSM-IV-TR）中被定义为，因态度和行为长期不能适应发展的异常表现，会对个体的思维、情绪、行为等方面产生深入影响，持续终生。

我国学者郭念锋在 2011 年将其定义为在个体发育成长过程中，因遗传、先天及后天不良环境因素造成的个体心理与行为的持久性的固定行为模式，这种行为模式偏离社会文化背景，并给个体自身带来痛苦或贻害周围。

（二）异常人格的特征

首先，异常人格具有长期性和稳定性，多数人格障碍是在人生早期形成的，一直持续到成年期，但人在成长过程中的某些特殊阶段，也可能会表现出不适应的思维和行为，如孩子到青春期会出现叛逆等。异常人格一旦形成很难改变，相应的治疗和干预很难起到理想效果，因此人格障碍又是相对稳定的。

其次，异常人格具有社会性，人格的形成和发展都和社会环境有密不可分的联系，一些学者也认为人格是习得的思维和行为模式，而人类思维和行为的习得只有在社会中才能完成。

再次，异常人格特征的极端化，异常和正常是一条连续的线，没有精确的划分点，但临床阶段的人格障碍一般都会有极端化的特征和行为、思维模式，几乎所有的人格障碍都会在一定程度上影响社交和人际关系。

最后，异常人格的自我协调性，异常人格的人往往对自己所做的事情是深信不疑的，即使给周围人带来困扰，也认识不到自己的问题，会认为是别人不正常，很难对周围的人、事负责，并且拒绝改变现状。

由于异常人格的以上四种特征，且对于其出现的原因不好正确掌握，所以对异常人格的治疗干预需要患者的积极配合，并且能够长期坚持，才能让治疗取得一定的效果，甚至使其重新回归社会。

（三）人格修补的主要内容

《精神疾病诊断和统计手册》罗列了十种人格障碍，分为三大类（表 10-3）。

表 10-3　人格障碍的种类

类别	子类别	临床描述
A 簇人格障碍（思维障碍和真实感缺失）	边缘型人格障碍	害怕被抛弃；人际关系、情感，自我意象不稳定；有自杀、自我伤害、物质滥用倾向
	类精神分裂型人格障碍	拒绝亲密关系；少有愉快活动；经常单独活动；情感冷漠
	分裂型人格障碍	有牵连观念；交往、行为、思想古怪；多疑；异常的知觉体验；常认为一些不相干的事情与自己有关
B 簇人格障碍（社交障碍）	反社会型人格障碍	易冲动，好斗，易怒；缺乏同情心；忽视自己和他人的安全；欺骗；无法适应社会行为准则
	偏执型人格障碍	无根据地猜疑别人；不敢相信别人；倾向于将良性事件理解为带有侮辱性和贬低意味的事件
	表演型人格障碍	外表迷人、热心，通过表演吸引注意、寻求赞美；不恰当的性诱惑；一旦与他人建立关系后，就表现出自我中心、苛刻等缺点
	自恋型人格障碍	浮夸；缺乏同情心；易产生嫉妒心理；认为自己在某些方面与众不同，需要得到他人的特殊对待
C 簇人格障碍（焦虑障碍）	回避型人格障碍	对他人观点极度敏感，回避大多数人际关系和交往，害怕被拒绝
	依赖型人格障碍	要求别人为他作大多数决定；负担生活的责任；常常需要人陪伴，不自信，认为自己无助
	强迫型人格障碍	吝啬；过分谨慎小心；完美主义；内心不安全

1. A 簇人格障碍

思维障碍和真实感缺失是这类人格障碍的主要特征,他们的精神生活和外部世界的联系较少,思维紊乱,甚至带有妄想和自我破坏的特征。

1)精神分裂型人格障碍

这类患者思维奇特,言谈举止古怪,普遍缺乏人际关系和人际交往技巧,会有不同程度的功能失调的表现,很难与周围人建立起稳定的关系,这类人除亲人外,几乎没有朋友。并且多数患者会伴有抑郁、焦虑等情绪状态,有时也会出现躯体症状。需要进行专业的心理干预和治疗,否则这类人格障碍存在演变成精神分裂的可能性。

2)类精神分裂型人格障碍

社会能力受到损害直接导致了这一人格障碍的产生,主要特点是社会关系疏远,情绪体验和情感表达受限。存在这种人格障碍的患者往往会逃避或拒绝参加社交活动,不愿与人建立情感联系,男性患者多数没有结婚,缺少亲密朋友,女性社会参与程度不高,倾向于扮演被动的社会角色。另外,这类人由于社交困难,缺乏同情心等因素,在工作中也会受到很大影响,不容易取得较大成就。因此,他们更倾向于选择科研、创作等不需要太多人际互动的工作,在这类工作中,更容易取得成绩。

这类人格障碍患者在与人交往是感到极端的害羞,表现忧郁且自我意识较强。他们的情绪和情感表达比较匮乏,行为表现懒散。此外,他们中的多数人会出现幻觉,但不会与现实脱节,一般不会伴有其他严重的精神症状。

3)边缘型人格障碍

边缘型人格障碍常常会伴有焦虑症、循环型情感症等较严重的其他精神症状,边缘型人格障碍的患者症状比较接近严重精神病的症状,是较为复杂的一种人格障碍,主要特征如下:

(1)强烈又极不稳定的人际关系。边缘型人格障碍的人际关系是混乱和不稳定的,常常在理想化和过于贬低之间变化,无法预测,他们对周围的人既依赖又充满敌意,当需求得到满足时,便会要求和对方建立亲密关系,反之,则会贬低、挖苦,甚至攻击对方。因此,难以维持深度而亲密的关系,经常在与人极好和极坏之间快速变化。

(2)害怕被抛弃。这类人缺乏自我安慰能力,常有孤独感,害怕被抛弃,因此常常会拼命努力以使自己不被抛弃,但大多数对于被抛弃的恐惧是不现实的。他们也经常通过各种刺激性行为等方式消除孤独感。

(3)情绪极其不稳定。这类人经常会因为小事而情绪大便,情绪极其不稳定且波动较大,比较在乎别人的举动和想法。

(4)失控的愤怒情绪。这类人在没有什么明显刺激的情况下,也会出现情绪失控,表现出愤怒等负面情绪,而且变化较快,无法有效控制。甚至在感觉到自我否定和压抑时,采用自残的方式表达。

(5)冲动及自伤、自杀行为。边缘型人格障碍的患者抗挫能力差,做决定前又往往不计后果,情感爆发时会出现暴力攻击,甚至自伤、自杀等行为,也会出现冲动型的酗酒、挥霍等情况,但多数患者事后又会感到非常后悔。

(6)空虚。由于人际关系及情绪化等问题,无法建立稳定的人际交往圈,所以这类人经常会感到空虚和无趣,特别是当周围人离开他们时,他们会有被抛弃的恐惧感。因此,为了使亲友回到自己身边,他们有时也会采取一些极端的方式。

(7)自我同一感混乱。边缘型人格障碍的患者由于自我同一感形成滞后,对自我定位不准确,甚至不知道自己是谁,也很难理解自己在他人面前的形象,对自己的人生观、价值观认识肤浅且易变,对自己的行为有时也难以理解。因此,这类患者可能会试图成为社会变色龙,逃避行为选择,通过做一些不必要的事情来隐藏自己。

2. B簇人格障碍(社交障碍)

所有B簇人格障碍患者都有较严重的人际交往障碍。这类患者通常是令人厌恶的、具有剥削性的,甚至有时候会进行危险的社会交往模式。

1)反社会型人格障碍

反社会型人格障碍又称为悖德型人格障碍,或称精神病态或社会病态等。在人格障碍的各种类型中,反社会型人格障碍是心理学家和精神病学家所最为重视的,是一种以行为不符合社会规范为主要特点的人格障碍。其行为特点常常表现为敌对、反社会、问题行为、无责任感等(图10-8)。

这类人很少关心他人,易怒、易冲动且对自己给别人造成的伤害毫无内疚之意,绝不会承认错误。他们的行为模式包括恶意破坏、虐待、偷窃、斗殴等各种非法行为,很容易就有合理化的想法,例如,"生活本来就不公平""其他人都是坏的""我不在乎别人怎么看我"等极端思维。另外,这类人缺乏罪恶感,对他人的遭遇漠不关心且十分残忍,缺乏一般人的怜悯之心和对社会的关注,不负责任。这类人群容易出现毫无缘由地旷课、旷工,甚至是突然放弃原有的工作。有时候,这类人群的行为表现十分具有欺骗性。他们可能会十分花言巧语,并在人际关系中表现得似乎很游刃有余。但在人际关系逐渐成熟之后,其反社会特征就慢慢显露出来了。

2)偏执型人格障碍

偏执型人格障碍又称妄想型人格,其行为特点常常表现为:猜疑、固执、自以为是、自卑、片面、不良人际关系(图10-9)。

图10-8 反社会型人格障碍事例

图10-9 偏执型人格障碍

在日常生活中,偏执型人格障碍患者表现为极度不信任他人,不断幻想自己有被谋害或利用的危险。对于偏执型人格障碍的界定主要是看其警觉的程度是否损害其正常的人际交往。偏执型人格障碍患者经常会曲解或使一些人际交往信息(包括语言和动作)复杂化,总以为别人在诋毁或在密谋伤害自己利益的事情。另外,这类人群对他人的攻击性语言极其敏感,加上他们本来就争强好胜,所以往往事后很久都耿耿于怀。

 心理案例

杨丽娟事件回顾（杨式偏执）

1994年，杨丽娟突然梦到刘德华，命运从此改变。

1995年，迷恋刘德华已理智尽失，不上学、不工作、不交朋友。

1997年，20岁的杨丽娟在父母的支持下，花了9900元参加了一个香港旅游团，却未能看见刘德华。

2003年，父母为满足女儿追星的心愿，连家里的房子都卖掉了，一家人搬到了每月花400元租来的房子中。

2004年，杨丽娟得知刘德华在甘肃拍《天下无贼》后，每天从早至晚都站在自家的8层楼顶，但仍未见偶像。

2005年，得知刘德华住所，与父亲再次赴港，失望而回。

2006年3月，父亲准备卖肾筹措资金帮女儿赴港追星。

2007年3月25日，第三次赴港的杨丽娟终于可以与偶像近距离接触，还被安排上台跟刘德华谈话及拍照。

2007年3月26日，老父跳海自杀，留下遗书大骂刘德华。

2007年3月27日，杨丽娟埋怨刘德华，痛哭失声连呼后悔。

2007年3月28日，杨丽娟母女返回内地。

3）表演型人格障碍

表演型人格障碍又称戏剧型人格障碍，是一种以过分感情用事或夸张言行以吸引他人注意力为特点的人格障碍。其行为特点常常表现为：表演、表里不一、言行夸张、受暗示、自我中心、过度寻求关注和情绪化等。

这类人往往会很夸张地表达自己的喜怒哀乐，但这种情绪可能会在突然间消失甚至变成另外一种截然不同的情绪状态。他们可能会因为一件小事而大发雷霆或放声大哭，情绪夸张得像是在演戏，因此又被称为戏剧型人格障碍。他们喜欢在别人面前发表意见，不过大多数是一些不假思索的、哗众取宠的肤浅见解，但他们依然绘声绘色地夸夸其谈，而且没有自己的立场，忽略客观事实。另外，由于他们过度情绪化，有时候会用自杀的手段来博得他人的关注。这些行为特点都会使他们的人际关系趋于紧张。人际交往和工作生活的种种困扰，但往往他们却不自知。

4）自恋型人格障碍

自恋型人格障碍是一种以自我为中心为主要特点的人格障碍。其行为特点常常表现为：自高自大、敏感、自我中心等，具有强烈的被崇拜的需要和强调自我的重要性。

当他们的期望没有被引起关注时，他们往往有很强的、无根据的优越感，他们会觉得自己的能力比他人强，进而低估他人的价值。例如，他们经常有这样的想法或语言："你算什么东西，有什么资格批评我？"在他们眼里，他们自己是最重要的，其他人都只是自己生活的附庸，理应为自己所利用。自恋者每天的谈话内容中使用第一人称（我、我的）的频率比一般人高很多。当别人的才能超过自己，他们会产生强烈的妒忌心理。他们经常会有这样的信念："我有任何理由去期待生活所赋予我最好的东西"。"你们那点成绩根本不算什么。"

自恋型人格障碍与其他人格障碍不同，他们的症状特征往往是自我和谐的，根本不承认他们自己有任何问题。所以，对这类人格障碍的治疗让临床心理学家十分头疼。

3. C簇人格障碍（焦虑障碍）

C簇人格障碍主要表现出不安全、恐惧、焦虑、习惯性的沮丧情绪及行为模式，包括回避型、依赖性和强迫性三类人格障碍。

1）回避型人格障碍

回避型人格障碍又称逃避型人格障碍，人具有趋利避害的本能，都会选择逃避伤害性的事情，从而减少负性体验。如果这种逃避行为发展到极端，就会成为回避型人格障碍。因此，这种人格障碍是一种以行为退缩、心理自卑，面对挑战多采取回避态度或不能应付为主要特点的人格障碍。其行为特点常常表现为：退缩、自卑、敏感、羞怯、不良预期等（图10-10）。

这种障碍者总是避免社交活动，个体会选择限制自己的行为来避免潜在的批评或其他可能引发焦虑的负性事件。这就是回避型人格障碍常用的焦虑应对方式。这种消极的应对方式会使个体越来越孤单，人际关系越发紧张。患者也十分在意他人对自己的看法和评价，他们因为害怕被嘲笑而不敢轻易表达自己的观点和意见。越是这样，他们的自尊就越低，自尊越低越回避社会交往。如此恶性循环最终将导致人际圈封闭，没有或仅有几个朋友，尽管他们十分渴望参与社会交往，希望有固定的亲密关系。

2）依赖型人格障碍

依赖性人格障碍是一种过分依赖、不能独立解决问题，怕被人遗弃，常常感到自己无助、无能和缺乏精力的人格障碍。其行为特点常常表现为过度地寻求他人的照顾和关爱，以及希望自己的生活被他人指导，并且经常伴有无助感、被抛弃感等（图10-11）。

图10-10　回避型人格障碍

图10-11　依赖型人格障碍

他们很可能过度地依赖家人或者配偶去打理自己及日常生活中的一切事务。在人际交往中，这些人往往表现为顺从他人，习惯把自己的一切决定权都交由他人，哪怕是一些芝麻绿豆的生活琐事，比如，"今天中午吃什么""出门穿什么样的衣服"等。但是这种低自尊和缺乏安全感和情感支持的表现往往会让人难以接受，甚至产生危险的人际关系，因为他们可以容忍受人虐待以获得受支配的情感满足。这种类型的人常常无法很好地胜任工作，也很难在事业上有大成就。另外，考虑到有些文化本身就推崇"顺从""谦逊"的人际相处方式，因此在对这类人格障碍患者进行诊断时应该考虑其特定的文化背景。

3）强迫型人格障碍

强迫型人格障碍是一种以要求严格和完美为主要特点的人格障碍，其主要行为特点为完美、反复检查、计数、严格、重细节（图10-12）。

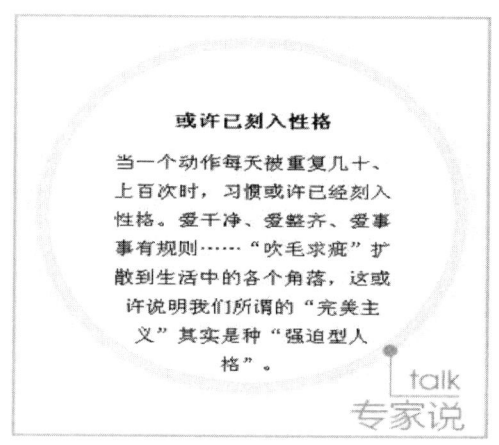

图 10-12　强迫型人格障碍

这类患者常常关注秩序并追求完美，无论多么琐细，具体表现为：极端关注细节，爱好规则、仪式、时间表及秩序性。

强迫型人格障碍患者与别人一起工作时会出现困难，因为他们不愿与人协商，而是希望别人按照自己的模式标准做事。强迫型的人经常会发出这样的抱怨："如果你想正确地做一件事，你必须独自去做。"如果别人不严格按照他们的做法去做，就会激怒他们。

通过心理疗法治愈强迫型人格障碍很难。这可能是因为它的机制是生理上的。前文提到过大脑结构可能与这种人格障碍有关，特别是前额叶和边缘系统的联结。其他实验性的证据也表明，强迫性的儿童的强迫症状有时候可能是因为链球菌感染所致的。

三、健全人格的培养

（一）健全人格的定义

20世纪20年代健康人格（healthy personality）这一概念被提出以来，但对于健康人格的概念却众说纷纭。

奥尔波特："健康的人格不受无意识力量的控制，也不受童年心理创伤或冲突的控制。心理健康者的功能发挥是在理性和意识水平上进行的。这意味着控制他们的力量是实际影响他们生活的那些因素，并且，他们的定向依据是当前以及自己对未来的目标。"

马斯洛："自我实现的定义是各式各样的，但一致同意的坚实核心还是能看到的。所有的定义都承认或者都含有承认并表述内部核心或自我实现，即那些天赋能力、潜能、'完善的机能'、人类和个人实质有效性的现实化；他们全都意味着极少出现不健康、神经症、精神病，以及人类和个人基本能力的缩减或丧失。"

舒尔茨："健康的人格概念的是至关重大的，其内容是困难的，引起争论的，复杂的，它充满未知的东西和部分真实的东西，并且毫无疑问也有某种一时的风尚和爱好，这样一种情况本身就反映出它试图包括的人的人格的论题。"

乔拉德："健康人格是人行动的方式，这种方式由理智所引导并尊重生活，因此人的需要得以满足，而且人的意识，才智以及热爱自我，自然环境和他人的能力都将得以发展。"

此外，弗洛伊德、荣格、弗兰克、艾利斯等也都提出了关于健康人格的定义，尽管存在分歧，但也存在以下共同之处。

（1）具备健康人格的人是有意识地控制自己的生活的。
（2）能够主动给予他人爱和关怀，同情及赞美，能够对新观念宽容接受。
（3）具备健康人的人具有自知之明并能接纳自己。
（4）他们能够正常地表达自己的情感，在对他人无害的前提下能够合理地宣泄情绪。
（5）具备健康人格的人正视并生活于现实。
（6）具备健康人格的人是有目的性的。
（7）真诚地对待他人，能保持融洽的人际关系。
（8）具备健康人格的人是有丰富创新和开拓精神的。
（9）能够对个性中的共同性和独特性进行协调统一。

从这些人格的定义，我们可以发现，其实，这里所指的人格健康并不意味着没有疾病，而是疾病出现后，我们能够有能力去应对疾病，不健康人格则丧失了这种和疾病对抗的能力。人格健康者并非那么完美，只是相比其他人而言，他们更能容忍和接受他们自身存在的不足，并试图减弱或改正缺点，完善自我。他们也会有悲伤难过的时候，只不过他们不会为过去的痛苦所困，而是勇敢地面对过去，立足当下，并放眼未来。

（二）健全人格的标准

健全人格的标准也有很多学者提出，马斯洛提出了16条健全人格特征：
（1）了解并认识现实，持有较为实际的人生观。
（2）悦纳自己、别人及周围的世界。
（3）在情绪与思想表达上较为自然。
（4）有较广阔的视野，就事论事，较少考虑个人利害。
（5）能享受自己的私人生活。
（6）有独立自主的性格。
（7）对平凡事物不觉厌烦，对日常生活永感新鲜。
（8）在生命中曾有过引起心灵震撼的高峰体验。
（9）爱人类并认同自己为全人类之一员。
（10）有至深的知交、有亲密的家人。
（11）有民主风范，尊重别人的意见。
（12）有伦理观念，能区别手段与目的，绝不为达到目的而不择手段。
（13）带有哲学气质，有幽默感。
（14）有创见，不墨守成规。
（15）对世俗和而不同。
（16）对生活环境有改造的意愿和能力。

也有学者对健全人格的标准进行了总结，概括起来有以下几点：
（1）积极乐观，目标明确。

(2)心理和谐发展。
(3)人际关系融洽。
(4)富有创新精神。

四、健康人格的培养

(一)认识自我,优化人格整合

认识你自己(know yourself),相传是刻在德尔斐的阿波罗神庙的三句箴言之一,也是其中最有名的一句。尼采也曾说过:"离每个人最远的,就是他自己。"这是一个看似很简单的道理,但要真正做到正视自我,愉悦地接纳自我并非易事。

正确地认识自我,是心理健康的重要标志,也是迈向心理健康的第一步,但很多有心理问题的人却很难迈出这第一步,往往受制于外界的某种评价,而缺乏内心的自我探索,迷失自己。以至于在社会的期许下,为迎合社会标准而压抑自己的需求和愿望,自己不再是自己,如此长期持续,便会严重影响人格发展和形成。

因此,我们必须首先认识自己,欣然地接受自己,每个人都是独一无二的,发现自己的优点,也正视自己的缺点,我们的人生将会变得更加美好。

(二)学会关爱他人,建立必要的情感联系

弗洛伊德认为,要想成为一个人格健全的人,只爱自己是狭隘的,是不够的,必须将爱拓展到外部。因此,我们在准确地认识自我、愉悦地接纳自我之后,必须将爱拓展到外部,与他人建立情感联系也是十分重要的。

在人际交往中,我们会发现,每个个体都不是完美的,也不是绝对的恶人。人与人之间如果能形成互帮互助、互相学习,互相地积极关注等积极情感,会紧紧地将人们联系在一起,并持续地进行良性循环。因此,我们可以看到,准确地认识自我、接纳自我、关爱自我,以及关爱他人,他们彼此都是健康乐观的人,这样我们才能真正懂得爱。

(三)学会学习和工作

按照弗洛伊德理论,人类的最原始欲望必须得到合理的发泄,但由于受制于各种社会法律和道德约束,这种原始冲动又必须得到发泄。而学习和工作则是对原始欲望的一种转移和升华,通过正当的发泄途径和方式,不仅能缓解社会压力,而且还能从学习和工作中,体验到成就感和满足感。

(四)体验并合理表达自己的情绪情感

正视自己的情绪情感,恰如其分地表达出来,对于人格完善和发展是十分重要的。我们的情绪情感有积极的,也有消极的,但只要是我们自己的真实感受,都应该充分地去接纳,去感受,表达出最真实的自己,做一个充满真情实感的人。

在日常的生活、工作和学习过程中,我们会产生各种各样的情绪情感体验。

罗杰斯认为,我们都应该将这些情绪情感,以合理的方式表达出来。而不是将它们掩藏和压抑,这样既能让自己获得情绪情感的释放,也有利于他人对自己有准确充分的了解,进而增进彼此之间的人际关系和情谊。

（五）积极寻求专业人员帮助，不断完善自我

这里主要是针对已经出现心理问题的人而言的，应当积极寻求专业人员的帮助，进行必要的心理咨询和治疗。与西方发达国家不同，我国有许多人对心理咨询和治疗存在一定的误解和偏见，使很多人错失了最佳的引导和干预时机。

另外，心理咨询和治疗不仅可以帮助我们解决心理问题，更可以帮助我们发现并实现自身的潜能，使我们获得成长并提高我们的生活质量，所以，并非有了问题才需要进行心理咨询和治疗。因此，我们应对自身的心理状态有一个准确、合理地把握，必要时积极寻求专业人员的帮助。

菲尔人格测试

这个测试是菲尔博士在著名主持人欧普拉的节目里做的，国际上称为"菲尔人格测试"，其已经成为很多大公司人事部门实际用人的"试金石"。

一、菲尔人格的10项测试题

1. 你何时感觉最好？
   A. 早晨　　　　　　B. 下午及傍晚　　　C. 夜里
2. 你走路是：
   A. 大步地快走　　　B. 小步地快走　　　C. 不快，仰着头面对着世界
   D. 不快，低着头　　E. 很慢
3. 和人说话时，你：
   A. 手臂交叠站着　　B. 双手紧握着　　　C. 一只手或两手放在臀部
   D. 碰着或推着与你说话的人
   E. 玩着你的耳朵、摸着你的下巴或用手整理头发
4. 坐着休息时，你：
   A. 两膝盖并拢　　　B. 两腿交叉　　　　C. 两腿伸直
   D. 一腿蜷在身下
5. 碰到令你发笑的事情时，你的反应是：
   A. 欣赏地大笑　　　B. 笑着，但不大声　C. 轻声地笑
   D. 羞怯地微笑
6. 当你去一个聚会或社交场合时，你：
   A. 很大声地入场以引起注意　　　　　　B. 安静地入场，找你认识的人
   C. 安静地入场，尽量保持不被人注意
7. 当你非常专心工作时，有人打断你，你会：
   A. 欢迎他　　　　　B. 感到非常恼怒　　C. 在上述两极端之间
8. 下列颜色中，你最喜欢哪一种颜色？
   A. 红或橘黄色　　　B. 黑色　　　　　　C. 黄色或浅蓝色
   D. 绿色　　　　　　E. 深蓝或紫色　　　F. 白色
   G. 棕色或灰色
9. 临入睡的前几分钟，你在床上的姿势是：

A. 仰躺，伸直　　B. 俯卧，伸直　　C. 侧躺，微蜷
D. 头睡在一条臂上　　E. 被子盖过头

10. 你经常梦到自己：
A. 落下　　B. 打架或挣扎　　C. 找东西或人
D. 飞或漂浮　　E. 你平常不做梦　　F. 你的梦都是愉快的

菲尔人格测试得分标准

	A	B	C	D	E	F	G
1	2	4	6				
2	6	4	7	2	1		
3	4	2	5	7	6		
4	4	6	2	1			
5	6	4	3	5			
6	6	4	2				
7	6	2	4				
8	6	7	5	4	3	2	1
9	7	6	4	2	1		
10	4	2	3	5	6	1	

菲尔人格测试分析

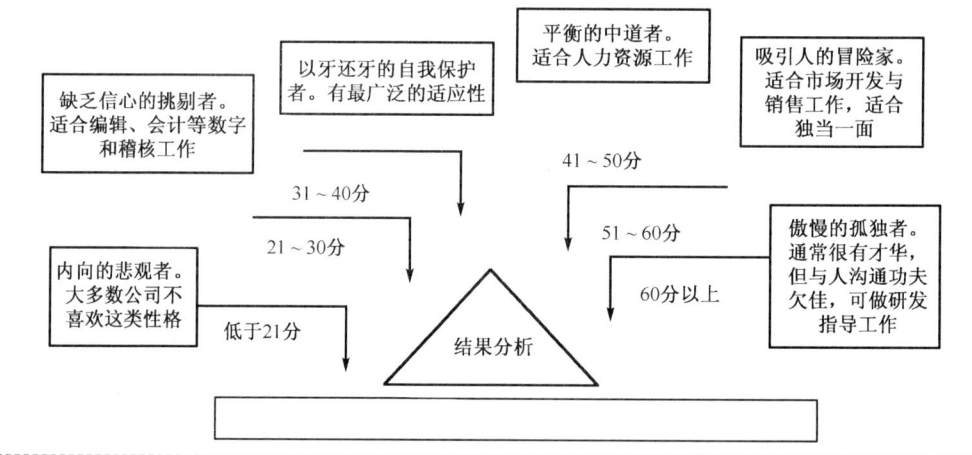

第十一章
心理障碍与精神疾病的识别及防治

大学生是 21 世纪国际竞争中不可缺少的中间力量，是祖国未来希望之所在。但随着社会竞争的日趋激烈，我国在校大学生中出现心理问题的人数比例有逐年上升的趋势。无论是个体内在因素或外在因素所造成的心理障碍，都给大学生的心身健康和事业发展造成了严重的影响。

第一节　心理障碍概述

人的心理活动是一个有机的、协调的、统一的整体。从接受外界刺激，一直到作出反应，是一系列相互联系不可分割的活动。心理活动包括感觉、知觉、记忆、思维、情绪、注意、意志、智能、人格、意识等，其中任何一方面的变化均可表现为心理活动障碍，即心理活动的各个方面互不协调或心理活动与环境不协调，均可表现为心理异常。

一、心理障碍的概念

心理障碍及相关的几个概念：

心理障碍，在临床上，常采用"心理病理学"的概念，将范围广泛的心理异常或行为异常统称为"心理障碍"，或称为异常行为。当然，这里的"行为"一词是广义的，泛指一切可观察的动作或活动，包含了人类功能的几乎所有方面。其所以采用"可观察的"这种字眼，是为了使心理或行为的研究成为客观的科学研究。通常所说的"心理障碍"有一个比较一般的定义，指没有能力按社会认为适宜的方式行动，以致其行为后果对本人或社会是不适应的。这种"没有能力"可能是器质性损害或功能性损害的结果，或两者兼而有之。心理障碍是对刺激的反应的异常表现。

心理障碍概念的外延较大，而通常所说的精神病概念的外延较小。精神病是指存在明显的幻觉妄想等精神症状，自知力丧失的严重情况。通常人格障碍、性心理和性行为障碍、智力发育障碍（精神发育迟滞）虽然也是属于精神障碍的范畴，但不属于传统的精神病的概念。

精神疾病可以按照不同的依据作不同的分类。按照是否有可以检出的器质性病变可以分作器质性障碍和功能性障碍，按照疾病对个体的社会功能的损害程度障碍的不同，心理障碍可以分为重性的精神病和轻性的心理障碍。前者如精神分裂症、抑郁症等；后者如各种神经症。当然这种简单实用的划分，并不很严格。

二、心理障碍的识别

如何识别是否属于心理障碍？可以参照以下标准。

虽然对于明显典型的心理障碍一般人都能很快分辨出来，但心理活动正常与异常的判断标准并不是像一刀切那样，那么黑白分明。有一个可供参照的原则：可以从以下三个方面来衡量心理是否正常。

第一，看个体的行为是否符合所处情境对其所提出的要求，就是从主体的心理活动与环境的统一性来看。

第二，看个体自身的心理活动是否完整协调统一。

第三，个体的个性特征是否具有相对的稳定性。

按照这样一个参照原则，一般是能够分辨出心理障碍的。

在实际操作中，人们常运用以下方面的标准：

（一）经验标准

首先是患者的主观经验，由于患有心理障碍，患者可能体验到不愉快，或自己不能控制某些行为，无法摆脱困境，据此，患者本人可以判断自己存在心理障碍，从而寻求医生的帮助。但仅靠患者的主观经验作为标准是不够的，一方面，当心理障碍严重到一定程度时，患者本人会丧失自知力，即难以对自己心理状态作出符合客观实际的认识和评价；另一方面，有些心理障碍的患者，如反社会人格障碍者，他们并不认为自己的心理有异常。

经验标准还包括以心理卫生工作者自身的主观经验为标准，即设身处地，他人的心理活动若与自己的相同，则为正常，反之，则为异常。这种经验标准因人而异，也是欠可靠的。

（二）社会适应标准

人总是在特定的社会文化环境中生活，社会则对个体的行为具有规范性的要求。人要适应社会环境，其行为就必须符合这些社会规范，必须根据社会要求和道德准则行事。因此，心理和行为异常是相对于社会常态而言的。通过考察一个人对人对己的态度，与他人交往的方式，人际关系情况，社会适应和社会功能情况，就可以对其是否心理异常作出评价。在使用这一标准时，应注意社会文化的差异，在某一社会文化背景下被认为是正常的心理和行为，在另一社会文化背景下可能被视作异常。

（三）社会常模和统计学标准

这一标准来源于对正常心理特征的测量，它是以群体中具有这种心理特征的人数分布为依据的。把变态心理看做是对"正常的偏离"。

（四）精神症状标准

心理障碍必然会有其表现，包括其主观上的感受体验或客观上的动作行为。异常心理活动的临床表现即为各种心理（精神）症状。因此，是否存在精神症状可作为是否异常的判定标准。进一步，还可根据症状的内容和形式，以及症状的组合和相互关系来对心理障碍进行分类。有的精神症状与正常精神活动有着质的差别，如幻觉、妄想等重性精神病的症状；有些症状与正常精神活动之间只有量的差别，如见于各种神经症中的焦虑。对于后者，判断其是否属于心理症状比较困难,必须结合具体的情境来分析。举例来说,日常生活中的情绪反应,例如,当遇到高兴的事时感到愉快,遇到挫折时感到沮丧、郁闷等,都属于正常心理活动。但如果持续很长时间,程度与客观事件不相称,以至于影响了个体的社会功能,就属于心理症状了。

三、心理障碍的生理机制

大脑是接受、传递和处理信息的器官,可以把大脑比喻为一个十分复杂的网络系统,它通过感官(即五官——听觉、视觉、嗅觉、味觉和触觉——其中最主要的是听觉和视觉)接受机体内外的信息(主要为外部),并通过运动器官发出言语、动作和姿势传出信息。而大脑内部信息传递与处理主要是由化学突触通过递质发挥作用进行神经元之间的信息交换。人的心理活动与这些递质的功能密切相关;自然心理活动异常也与这些不同功能的递质有紧密的关系:单胺类精神递质(乙酰胆碱——Ach、去甲肾上腺素——NE、5-羟色胺和多巴胺——DA 等)与思维和情绪的调节有密切的关系,精神分裂症和情感性精神障碍的发病与此有关;例如,抑郁症与 5-羟色胺,精神分裂症与多巴胺等。而癫痫则与抑制性神经递质如 γ-氨基丁酸有关。

第二节 常见心理障碍的表现与治疗

近百年来,精神病学家们对心理障碍患者的心理症状做了精细的观察和描述,包括意识、感知、思维、情感、行为、智力等方面,并创造和运用了许多专门的术语和名词。这些心理症状是诊断心理障碍的主要根据,是精神科医生和心理咨询工作者必备的基础知识。

一、心理障碍的种类与表现

心理障碍的表现可以是严重的,也可以是轻微的。据世界卫生组织(WHO)的估计,在同一时刻里,几乎可有 20%~30% 的人有不同程度的心理异常。心理异常的表现是多种多样的,目前,一般仍按下述系统对其进行分类。

(一)严重的心理异常

(1)精神分裂症;
(2)躁狂抑郁性精神病;
(3)偏执性精神病;
(4)反应性精神病;
(5)病态人格和性变态。

(二)轻度的心理异常:神经官能症

包括神经衰弱、癔症、焦虑症、强迫症、恐怖症、疑病症、抑郁症。

(三)心身障碍

(1)躯体疾病伴发的精神障碍:包括肝、肺、心、肾、血液等内脏疾病,内分泌疾病,结缔组织病,代谢营养病,产后精神障碍和周期性精神病。

（2）各种心身疾病（如高血压、冠心病、溃疡病、支气管哮喘等）所引起的心理异常。

（四）大脑疾患和躯体缺陷时的心理异常

①中毒性精神病；
②感染性精神病；
③脑器质性精神病；
④颅内感染所伴发的精神障碍；
⑤颅内肿瘤所伴发的精神障碍；
⑥脑血管病伴发的精神障碍；
⑦颅脑损伤伴发的精神障碍；
⑧癫痫伴发的精神障碍；
⑨锥体外系统疾病和脱髓鞘疾病的精神障碍；
⑩老年性精神病；
⑪精神发育不全；
⑫聋、哑、盲、跛等躯体缺陷时的心理异常。

（五）特殊条件下的心理异常

①某些药物、致幻剂引起的心理异常；②特殊环境（航天、航海、潜水、高山等）下引起的心理异常；③催眠状态或某些特殊意识状态下的心理异常。

二、心理障碍的病因

目前，众多学者倾向于认为心理障碍是多种因素共同作用而不是单一因素作用的结果。如果机体不具备某些特定条件，病因就不起作用，也就不会发病。心理障碍的产生，有人认为可分为内因和外因，内因是基础，外因是条件。如果一定的性格缺陷作为内因，心理创伤作为外因，那么，性格较健全的人，在经受巨大的精神创伤时才会发生心理障碍；而性格缺陷较明显的人，稍有精神创伤就容易发生心理障碍。

人们从不同的途径和层次探讨了心理障碍产生的原因。根据现有研究结果，主要有三方面的原因，可概括为生物-心理-社会模式。

1. 生物学原因

遗传学研究发现，精神分裂症、躁狂抑郁症、人格障碍等常常具有明显的遗传倾向。现已发现，精神分裂症高发家系的第五号染色体长臂近端 D5S79 和 D5S76 可能是精神分裂症病理基因的位点。还有明显的例子是 DOWN 综合征。研究表明，脑器质性病变，生化过程异常，神经递质如 DA 类物质代谢失常会导致心理功能异常。

2. 心理因素

人们发现性格特点与心理障碍具有相关性。精神分裂症和躁狂症的病前个性特征，长期以来受到许多研究者的注意。分裂性人格常见于精神分裂症病人，循环性人格多见于躁狂抑郁症患者等。巴甫洛夫及其学派，将人的神经类型分为 4 种类型：强不均衡型（兴奋型）、强均衡灵活型、强均衡惰性型和弱型。并认为，强不均衡型和弱型在不利情况下容易发生精神障碍，例如，精神分裂症的病人多偏于弱型，躁狂症病人多偏于强不均衡型，而神经衰弱病人多见于弱型等。个性特征是先天因素和后天环境相互影响下形成的，个性特征与心理障碍之间的关系应该引起重视。

3. 社会文化因素

社会文化因素对心理活动具有制约作用，心理障碍的内容和表现形式也受社会文化因素的制约。社会文化关系失调是心理障碍的重要原因。大多数心理障碍和正常心理一样，都是社会文化生活的产物。如果得到社会的同情和支持，遇到的挫折就少，个人心理状态就可能正常，当环境不稳定或恶劣时，就容易发生心理障碍。

生物学因素和社会心理因素在心理障碍的发病中共同起着决定性作用。但两者并非平分秋色。在某些心理障碍中某种因素起着主导作用，而在另一些心理障碍中则另一些因素起着重要作用。例如，在神经症的发病中，社会心理因素是发病的主要因素，但也有神经生理学的改变，例如，焦虑症时 NE 系统的改变，强迫症时 5-HT 含量的改变等。在精神分裂症、躁狂抑郁症，以及人格障碍和精神发育迟滞的发病中，则主要是生物学因素（如遗传因素）等起着主导作用。当然，社会心理因素的影响也不能忽略，它可能起着促发作用。

上述几种观点或模式，都不能完全说明所有心理障碍，而只能解释其中一部分一个侧面，因此都不可避免地带有片面性和局限性。人们已经认识到，人是同时具有生物-心理-社会三个方面的整体。其中，每一个方面的因素都在人的心身健康中起着重要作用。但这三方面的相互关系是错综复杂的，这还是一个有待研究的问题。不过，可以认为，任何心理障碍的产生都是这三方面因素共同作用的结果。这样的观点称作心理障碍的综合分析观点或生物-心理-社会模式。

造成大学生心理障碍的原因是复杂的、多方面的，特别是心因性（机能性）心理障碍，至今仍然难以准确地把握。但近些年来许多研究结果表明，外部环境因素和内部主观因素的交互作用，是导致当代大学生心理障碍的主要原因。

三、心理障碍的疏导与治疗

不同的心理障碍疏导方式和治疗方案也有所不同，在此，请大家简单了解一下常见的心理障碍：神经症和人格障碍的疏导与治疗。

（一）神经症

神经症是一组功能性疾病，神经症是一组非器质性的、轻型大脑功能失调导致行为异常的精神障碍的总称。它包括焦虑症、抑郁性神经症、恐怖症、强迫症、疑病症、神经衰弱症等。

1. 焦虑症

焦虑症是以持续的焦虑或发作性惊恐状态为主要临床症状的神经症。焦虑是一种复杂的综合的负性情绪，是预期即将面临不良处境的一种紧张和不愉快的感受，在心理上体现为泛化了的担心、烦躁和顾虑重重。焦虑、烦躁、易激惹是焦虑症的临床表现。神经症性的焦虑与常人的焦虑不同，后者是情绪性的，往往事过境迁，而前者的焦虑症状是持久的，与情境完全不相称，并伴有运动性不安（如坐立不安、常变换姿势、不知所措等）和自主性神经功能障碍（如心悸、胸闷、皮肤潮红、面色苍白、多汗、恶心等）。焦虑症通常由心理冲突所引起，情绪不稳定、自卑多疑、好夸大困难等性格特征亦与焦虑症的发生有关（图 11-1）。

图 11-1 焦虑症

焦虑症的发病原因主要与心理和社会因素有关。对大学生来说，焦虑和紧张形影不离。考试的紧张，人际关系的紧张，经济上的紧张，都可以带来焦虑的情绪。如果有失败和挫折的经历，就会感到极度焦虑，甚至会达到自主性神经机能紊乱，表现出种种神经官能症症状。

对于焦虑性神经症的治疗主要是以心理治疗为主，当然也可以适当配合药物进行综合治疗。在采取心理咨询的同时，还必须使用抗焦虑药。常用的有安定类药物，可以口服也可以肌肉或静脉注射。如果焦虑伴有抑郁，服用多塞平、阿米替林等三环类抗抑郁药有良好效果。焦虑性神经症患者，必须严格遵照医嘱，并密切配合心理治疗，一段时间后就能摆脱焦虑。

2. 抑郁性神经症

抑郁性神经症系由于社会心理因素引起的一种持久的情绪抑郁，其程度较轻，病程较迁延，具有如下特征：①具有持久的情绪低落，沮丧，压抑，伴有焦虑，躯体不适和睡眠障碍。②无重性抑郁症的特征，如无明显精神运动性迟滞、幻觉、妄想及无生物学方面改变所致的昼夜节律的改变，早醒失眠，无明显原因的体重减轻等。③与周围接触良好，日常的工作、学习及生活无明显异常。④有自知力，能主动求治。常见的心理社会因素有夫妻争吵、离异、亲人的分别，意外伤残，工作困难，人际关系紧张，考试失败等。本病多见于女性，多起病于青少年期。大多数患者病程较长，预后良好，尤其精神因素单一，无抑郁人格者。但如病情反复，常随着精神因素的影响而波动，具有抑郁人格障碍者，病程较迁延，预后欠佳。本病治疗需心理治疗及药物治疗同时进行，方可获得良好效果（图 11-2）。

图 11-2 抑郁症的九大代表性症状

神经症性抑郁症不同于精神病性抑郁症。一般来说，两者区别在于神经症状抑郁症的特点为兴趣减退但不消失；对前途悲观但不绝望；自觉疲乏无力、精神不振但无精神运动性迟滞；自我评价下降但愿意接受鼓励或赞扬；不愿主动与人交往但被动接触良好，且乐意给予别人真心实意的同情；有想死的念头但内心矛盾重重；自认病情严重但又希望能治好并且主动求治。

抑郁情绪如果得不到及时解决，就会极大地危害患者的学习工作和生活。当抑郁情绪严重时，就需要去看精神科医生，进行药物治疗。轻中度的时候，可以通过心理治疗与咨询或自我调节来缓解症状。

3. 恐怖症

情绪心理学告诉我们，人类的基本情绪有四种：快乐、愤怒、悲哀和恐惧。其中，恐惧指的是企图摆脱、逃避某种危险情境时产生的情绪体验。引起恐惧的重要原因是缺乏处理可怕情境的能力或缺少对付危险的手段。当一个人不知道用什么办法击退威胁，或者发现自己企图逃脱的路径被堵塞，因而被一种不可抗拒的力量包围时，恐惧就产生了。比如，当失火、地震发生时，会引起人们普遍的恐慌。这是一种正常的情绪反应。当人们习惯了危险的情境，或者学会了应付危险情境的方法时，恐惧就不再发生了（图11-3）。

图11-3 恐怖症

恐怖症与正常的恐怖的区别在于：使恐怖症患者产生强烈恐怖情绪的对象是那些对正常人并无威胁或威胁不那么大的特定对象，而且患者深知这种恐怖明显过分，却无法控制，并影响了正常的学习和生活。

恐怖症依据恐怖对象的不同，可分为社交恐怖、旷野恐怖、动物恐怖、高空恐怖、尖锐恐怖、水恐怖等多种类型。

治疗恐惧症的方法有多种，按照对患者的刺激强度由弱到强，可以分为：认知疗法、行为疗法、强迫疗法。认知疗法，是通过解释、疏导，告诉患者他之所以对某种物体、情境或人恐惧，是因为他自己的主观意念所致。所以，要消除恐惧症，就要勇敢地面对引起恐惧的事物，学会控制、调节自己的害怕情绪。行为疗法，系统脱敏法，是最常用的治疗方法。其基本原则是交互抑制，即每次在引发焦虑的刺激物出现的同时，让患者做出抑制焦虑的反应，恐惧感就会削弱，最终切断刺激物同焦虑反应间的联系。强迫疗法实际上是行为疗法的一种。

此外，催眠疗法和药物疗法也经常用于治疗恐惧症。有一些食物含有类似于治疗恐惧症的药物成分，以下这几种食物将有助于患者恢复自信，如深海鱼、香蕉、葡萄柚、菠菜、大蒜等。

4. 强迫症

强迫症是以强迫症状为主要临床表现的神经症。其特征为意识的自我强迫与意识的自我反强迫同时并存，两者的冲突导致患者紧张不安、焦虑痛苦。患者明知这是异常但无法摆脱。强迫症多种多样，主要有强迫观念、强迫情绪、强迫意向和强迫动作四大类。强迫症与心理社会因素关系密切，强烈或持久的精神因素的作用及激烈的情绪体验的影响往往是此症发生的直接原因（图11-4）。

图 11-4　强迫症

此外，强迫症与患者的人格特点也有关。许多患者具有主观任性、争强好胜或者优柔寡断、谨小慎微、墨守成规、生活习惯呆板、追求十全十美、喜欢过细地思考问题等特点。

强迫症的危害在于难以克制，从而引起内心痛苦，带来剧烈的心理冲突和紧张、焦虑、抑郁、惧怕等心理、情绪反应。

强迫症的治疗方法基本上有两种：行为治疗和药物治疗。前者适用于强迫性行为，后者主要用于强迫观念。对强迫行为的治疗效果不如强迫观念。临床实践表明，使用氯丙咪嗪结合其他药物，对强迫观念为主的强迫症疗效比较有效，但是根治则需较长时间地服药控制。

5. 疑病症

疑病症的主要临床表现为过度关注与担忧自己的身体健康，对健康估计之坏和关心之过分与躯体的实际情况很不相称，处于对疾病或症状持续、强烈的恐怖之中。甚至尽管没有任何证据，但患者确信自己躯体有病，并固执地坚持自己的不正确的观点（图11-5）。

疑病症既有个性因素，又有心理因素和外界因素。疑病症患者常有反复思索、缺乏灵活性、固执、吝啬、谨小慎微、敏感多疑、好依赖、对身心健康特别关注及要求十全十美等个性特点。作为诱发原因，有时源于医务人员医疗过程中的言语不慎，诊断得不确切，不科学的卫生宣传，还有的是看了医学书刊后的片面理解或心理挫折作为自身的不良暗示等。而诱发因素的背后，常常以躯体病后的衰弱状态或心理挫折作为疑病症的基础。如果对疑病症进行进一步分析就会发现，它的患病在于内心没有安全感，疑病症是没有安全感的一种转移。来访者对健康和疾病的过分关注和烦恼是对现实生活的一种转移，是在逃避矛盾纠纷，逃避现实的或可能的挫折。把一切不顺心的事，已经出现或即将出现的挫折、失败归咎于"病"，可以减少一个人心理上的压力、内疚和自责，避免对自己能力、才学、人格等的怀疑和否认，避免自以为可能出现的名誉、地位和损失，从而心安理得。因此，疑病症是一种自我心理防御机制作用的结果，是精神上的自我保护。

图 11-5　疑病症

治疗疑病症，通常以心理治疗为主，一般的支持性心理治疗和认知治疗可结合使用。药物治疗仅起辅助作用，其一般不直接针对疑病本身，而是用于因疑病而产生的焦虑或抑郁等症状，常用药物有苯二氮卓类抗焦虑药或三环类抗抑郁药等。

6. 神经衰弱

神经衰弱是以神经过程易于兴奋和易于疲劳为特点的神经症，指一种以脑和躯体功能衰弱为主的神经症，以精神易兴奋却又易疲劳为特征，表现为紧张、烦恼、易激惹等情感症状，以及肌肉紧张性疼痛和睡眠障碍等生理功能紊乱症状。这些症状不是继发于躯体或脑的疾病，也不是其他任何精神障碍的一部分，而是多缓慢起病，就诊时往往已有数月的病程，并可追溯导致长期精神紧张、疲劳的应激因素（图11-6）。

引起神经衰弱的主要原因是某些精神因素长期存在引起大脑机能活动过度紧张从而使精神活动能力减弱。比如，长期的学习紧张，尤其是一年级大学生，从高一开始，连续几年的紧张学习，没有得到心理上的放松。可是进入大学后，发现大学里群英荟萃、人才济济，在没有改变原来学习方式的情况下，为不失去自己原来的优势，只有玩命用功，结果因学习方法不当，学习成绩不理想，又造成心理上更大的失落和紧张，这样就使大脑处于高度疲惫状态。再加上环境的干扰（宿舍同学生活没有规律，各行其是），人际关系不和谐，焦虑不安情绪的增长导致大脑兴奋和抑制功能失调。除学习问题外，还有人际关系问题、恋爱问题、社会工作及生活适应问题等，都容易引起强烈的心理冲突和压力。如果得不到及时调节，很容易诱发神经衰弱。心理不开朗、敏感多疑、主观急躁、自制力差、情绪易波动、易受外界刺激、思虑过多的人更容易罹患此病。

对此病的治疗应以心理治疗为主，结合药物和理疗的综合治疗方法。当然，主要是预防。在日常学习生活中，讲究学习方法，注意劳逸结合，加强体育锻炼，避免大脑神经活动长时间处于紧张状态。对各种精神刺激要及时、有效地缓解，消除压力，保持心理平静。加强个性修养，端正认知方式是预防神经衰弱及一切心理疾患的基础。

图 11-6　神经衰弱

（二）人格障碍

人格障碍一般是指在没有认识过程或智力障碍的情况下，人格显著偏离正常。其突出表现是在特定的文化背景中，具有一种根深蒂固的适应不良的行为模式。这些行为模式对行为及心理功能的多个重要环节有影响，致使对环境适应不良，常常伴有主观的苦恼或精神痛苦，以及社会功能和行为方面的问题（图 11-7）。

图 11-7　人格障碍

人格障碍者的一般特征为：有紊乱不定的心理特点和与人难以相处的人际关系，如偏执怀疑、自我爱恋、被动性、侵犯等；把自己遇到的一切困难都归咎于命运和别人的错误，把社会和外界对自己不利的条件都看做是不应该的，对自己的缺点却无所觉察，也不改正；自我中心，认为自己对别人不负任何责任，对不道德的行为没有罪恶感，对伤害别人的行为不后悔，对自己的一切行为都执意偏袒与辩护。以自己的利益为中心，而不能设身处地体谅他人；在任何环境中都表现出猜疑、仇视和偏颇的看法，难以改变病态观念；缺乏自知。当行为后果伤害他人时，自己却泰然自若、毫无感觉；一般意识清醒，无智力障碍。大都从早年开始,逐步而缓慢地发展,因此找不到准确地变态时间。人格障碍形成后一般难以改变,甚至持续终生,具有相对稳定性。也有少数人在中年以后,由于经验与教训和精力不足等原因而自动缓解。一般认为紊乱不定的心理特征和难以相处的人际关系是各类人格障碍的突出特征。

1. 人格障碍的种类

我国《中国神经精神疾病诊断标准（CCMD-3）》中将人格障碍分为如下八类。

1) 偏执型人格障碍

这是一种以猜疑和偏执为主要特点的人格障碍,常表现为广泛性猜疑,易将别人无意的或友好的行为误解为敌意或轻蔑而产生歪曲的体验。有时把周围事物解释成不符合实际的"阴谋"。对自己估计过高,过分自负,对批评和挫折过分敏感,常把错误和失败归咎于别人。脱离实际地争强好胜,固执地追求一些不合理的权利或利益。看问题主观片面,往往言过其实。

2) 分裂型人格障碍

它是以观念、外貌和行为奇特,以及人际关系有明显缺陷,且情感冷淡为主要特点的人格障碍。患者具有奇异的信念,或与社会文化不相称的行为;有时服饰奇特或不修边幅;言语怪异,令人费解;情绪冷淡,缺乏亲切感,对赞扬和批评都无动于衷,没有愉快的情感体验;孤独自处,行为怪癖。

3) 反社会型人格障碍

它是以行为不符合社会规范为主要特点的人格障碍,通常表现为行为紊乱,行为与整个社会规范相背离,对他人的感受漠不关心,缺乏同情心;忽视社会道德规范、行为准则和义务,对自己的行为不负责任;认识完好,但行为未加深思熟虑,不考虑后果,常因微小的刺激引发攻击、冲动或暴力行为;无内疚感,不能从挫折中吸取教训,知错不改;不能与他人维持长久关系,如责怪别人,强词夺理,或为自己的粗暴行为进行辩解。

4) 冲动型人格障碍

亦称暴发型人格障碍,其特点为对事物容易做出暴发性反应,稍不如意就火冒三丈,易于暴发愤怒、冲动或与此相类似的激情,易与他人冲突和争吵。行为有不可预测和不计后果的倾向,且暴发时不可遏制。

5) 表演型人格障碍

亦称癔症型人格障碍,这是一种以过分感情用事或夸张言行吸引他人注意为主要特点的人格障碍。这种人常戏剧性地、过分夸张地自我表现;暗示性强,行为易受他人影响;情感浮浅,极易波动;自我为中心,自我放纵,不为他人着想;如夸耀自己,不断渴望受人赞赏;感情易受伤害;常富于幻想、说谎欺骗,操纵他人为自己的需要服务。

6) 强迫型人格障碍

其特点是刻板固执,做事情循规蹈矩,墨守成规,不会随机应变;优柔寡断,由于个人内心深处的不安全感导致怀疑和过分谨慎;要求十全十美,但又缺乏自信,导致过度地反复核对某种事物;过分注意细节,以至于忽视全局;由于过分谨慎多虑,过分注重于工作成效而忽视人际关系。

7) 焦虑型人格障碍

其特点是懦弱胆怯,胆小怕事,易惊恐,有持续和广泛的紧张和忧虑的感觉;敏感羞涩,对任何事物都表现出忐忑不安;有自卑感,追求别人对自己的认可和接受,对排斥和批评过分敏感；日常生活中惯于夸大潜在的危险，达到回避某些活动的程度；个人交往十分有限，对与他人建立关系缺乏勇气。

8）依赖型人格障碍

其特点为缺乏独立性，感到自己无助、无能、缺乏精力，生怕被人遗弃；将自己的需要依附于别人身上，过分顺从于他人的意志；要求并容忍他人安排自己的生活，当亲密关系终结时则有被毁灭和无助的体验；有一种将责任推卸给他人来对付逆境的倾向。

2. 人格障碍的矫治

人格障碍的治疗是困难的。人格障碍的治疗应以心理治疗为主，包括对适应环境能力的训练，选择适当职业的建议与改善行为方式的指导，人际关系的调整及优点与特长的发挥等。特别是认知治疗与行为矫正疗法可以发挥其作用，但治疗需要较长时间与极度耐心，同时要防止患者的依赖与纠缠。药物治疗只有临时对症的效果，镇静剂、抗焦虑药与抗抑郁药均可酌情选用，长期用药则利少弊多，尤应停止药物依赖。

特别值得注意的是，人格障碍的治疗应与预防相结合。尽管人格障碍到成年时才能定型，但大多数在儿童时期就开始形成了。父母的爱护、悉心照料、正确教养及良好的环境，可减少人格障碍的发生。儿童大脑有较大的可塑性，一些性格倾向经适当的教育可以纠正，如听之任之，发展下去可出现不正常人格。因此，为儿童提供良好的家庭和社会环境与教育是极为必要的，这是预防和减少人格障碍的有效手段。

（三）大学生心理障碍如何预防

针对当代中国大学生心理障的现状，以及使他们产生心理障碍的主要原因，我们认为，解决大学生心理问题的原则及对策应是：预防为主、防治结合，并从社会、学校、个人等方面入手，达到从根本上解决大学生心理问题的目的。

1. 从政策、社会、学校和教育等方面入手

1）开设心理学讲座及课程并设置心理健康咨询机构

开设心理学课程，使大学生通过系统的学习心理知识，了解自己的心理发展变化规律与心理保健的途径，掌握心理调节的方法，自觉地控制情绪，懂得人际交往的技能，增强社会适应能力，塑造良好的人格，这无疑是引导大学生健康成长的重要措施，也符合大学生自我教育的要求。还可开设适应大学生特点的各种讲座，以提高大学生适应现实的能力。

建立高校心理咨询室，它能及时解除大学生的心理困扰，并对学习困难、有行为问题的学生进行辅导，使其掌握应付压力的策略，为其扫清正常成长过程中的心理障碍，以便于学生更充分地发展。心理咨询是矫治大学生心理障碍的一条有效的途径。

2）营造和谐健康的校园文化环境，培养学生的交际能力

重视校园文化建设，丰富大学生业余文化生活。大学生的健康成长离不开健康的心理社会环境，大学生的心理素质培养需要和谐健康的校园文化氛围。丰富多彩的学术、科技、体育、文娱活动有助于培养大学生积极乐观的生活态度和健康愉快的情绪。

学生交际困难主要是因为其自卑、自大，缺乏交际方法，所以有意识地引导学生学会倾听、真诚待人、给予爱和接受爱等人际交往的原则，将提高学生的人际交往能力，从而根除由于缺乏交际能力而衍生出的心理障碍。

3）引导学生树立正确的恋爱观，正确对待青春期性冲动

对学生开展青春期教育，让学生了解自己、了解异性，正确对待自身变化，以平常心看待自己对异性产生好感的行为。同时，应给予恋爱的学生一定的指导和帮助，尤其要使他们学会理性地处理好因爱情而引起的一系列矛盾与选择。

4）做好择业与就业指导，解决学生在就业方面的后顾之忧

在新的就业形式下，学校应做好学生就业方面的指导工作。这种指导一是要帮助学生实现心理上的转变与适应；二是应为学生实行就业与择业的双向选择，创造良好的条件；三是应根据市场的需要灵活调剂课程，提高学生在市场上的竞争能力。通过这些方法，使学生以积极的心态、健康的情绪去面对市场的挑选。

2. 从大学生对心理疾病认识的水平入手

大学生对心理疾病的正确态度是预防和治疗心理疾病的前提。一方面，心理疾病和生理疾病一样，是人体自身的一种功能失衡和异常状态，没有理由，也不应当感到可耻；另一方面，心理疾病是可以预防的，也是可以治疗的。

预防心理障碍的最好办法，就是通过提高个体的自身修养水平，培养健康心理。

第一，要树立正确的人生观、价值观，提高自身的伦理道德修养水平。第二，要建立正确的自我概念，以积极的方式体验自我。第三，要客观地认识环境，勇敢地面对现实。第四，要努力工作，善于休息。第五，要积极参与社会活动，建立良好的人际关系。第六，选择合适的心理医生，寻求专业的药物治疗。

第三节　精神疾病概述

常见的心理异常的主要症状是精神科医生和心理咨询师必备的基础知识。但是，精神科医生运用这些知识是为了诊断精神障碍和进行治疗，而心理咨询师了解这些知识是为了鉴别精神障碍和非精神障碍，以便将精神障碍患者转诊给精神科医生，留下非精神障碍患者。

对于有精神障碍的人，即通常所说的精神病患者，也要进行心理咨询和心理治疗，但它是辅助性的，而且是有条件的。其具体条件如下：必须是在经过系统临床治疗，病理性症状缓解或基本消失后；主要目标应是社会功能的康复和预防复发；必须密切配合精神科医生一起实施。

一、精神疾病的概念

精神疾病又称精神障碍，有一定的范围，患者与健康人之间应该有明确的界限，但由于健康人各有不同的性格、习惯、爱好、思想方法、宗教信仰及世界观等，并且受到性别、年龄、周围环境、个人经历和文化程度等的影响，精神状态和行为表现差异很大，必然会出现各种情绪、思维和意志等改变。甚至出现精神疾病患者常有的症状，但不一定就是精神疾病。举例为证：①遇到挫折或不幸，情绪低落，面临困境或威胁，焦虑不安，但不一定就是抑郁症或焦虑症。②反复检查重要文件或财物，尤其是性格拘谨者更是如此，不一定就是强迫症。③心中有事而失眠，有时有睡眠障碍，不一定就是失眠症。④从小性格孤僻内向，某些想法与众迥异，不一定就是精神分裂症。

精神疾病是指在各种生物学、心理学及社会环境因素影响下，大脑功能失调，导致认知、情感、意志和行为等精神活动出现不同程度障碍为临床表现的疾病。精神活动包括：认识活动（由感觉、知觉、注意、记忆和思维等组成）、情感活动及意志活动这些活动过程相互联系，紧密协调，维持着精神活动的统一完整。

按照心理活动不同及心理过程的异常特征，将它们概括为感知障碍、记忆障碍、思维障碍、情感障碍和意志障碍等类别。这些不同特点的各种障碍又分别有它特殊的具体临床表现，即称为某种精神症状。

二、精神疾病产生的原因

精神疾病的病因学是一种复杂而又十分重要的课题。是目前精神医学基本理论中急需研究和解决的主要内容之一。经过半个多世纪做了大量探索性研究。但对人们影响最大的精神分裂症、躁狂抑郁症等疾病，至今病因尚未完全阐明。

精神疾病的病因学，为了探索发病的因素。可从两方面来寻求。一是从个体内的生物学；二是从个体外在环境中的心理——社会因素。而两者往往是相互作用的。精神疾病的病因不是单一的致病因素，而是由多种因素共同作用形成的。

（一）生物因素

1. 遗传因素

遗传因素是决定个体生物学的特征。在某些精神疾病病因中有一定地位，也是精神疾病病因中确实是一个重要的问题，如精神分裂症、躁狂抑郁症、人格障碍、精神发育迟滞某些类型等具有明显遗传倾向。

据国内外调查资料，精神分裂症国内群体流行学遗传调查，总患病率为 5.6‰；家系遗传调查为 17.5‰。躁狂抑郁症国内流行性遗传调查总患病率为 0.37‰。虽然这说明遗传因素对某些精神病有密切关系，但不能忽视社会环境的影响。

遗传性，是先天的既得性和后天获得性两者相互作用形成的，且遗传性这一因素能否显现，还要靠了解病人病前和发病时社会环境对病人影响来做决定。例如，良好环境或减少心理因素是可以降低或避免发病的。

2. 体质和性格因素

体质，是在遗传的基础上个体发育过程中内外环境相互作用，而形成的整个机体的机能状态和躯体状态。性格，是先天的禀赋素质和后天的环境影响下形成的心理特点。体质和性格与精神疾病的发生有些相关，有的研究者从形态、生理和心理学的观点把人们的体型分为四种类型：①瘦长型，多见于精神分裂症；②肥胖型，往往见于躁狂抑郁症；③力士型，常见于癫痫；④发育异常，可见于精神发育迟滞。

性格，病前性格特征与精神疾病的发生有着密切关系，且不同的性格特征易患不同的疾病，巴甫洛夫经实验提出四种类型：①弱型；②强不均衡型；③活泼型；④镇静型。他认为，弱型易患精神分裂症和癔症；强不均衡型易患躁狂抑郁症和神经衰弱。但他强调弱型和强不均衡型不是发病型，而是正常过度变异，只不过顺应小，微弱而已，他又将人们分为：①思想型易患强迫性神经症；②艺术型易患癔症；③中间型易患神经衰弱。

3. 性格和发病年龄

性别和年龄由于机体的发育，生理机能和心理活动特点的差异，与精神病的发生有一定关系。

女性由于性腺内分泌和某些生理过程的特点如月经、妊娠、分娩和产褥的影响，常可出现情感多变、冲动或抑郁、焦虑等。同时，女性富于情感、易脆弱、敏感等。往往由于心理的应激可引起脑机能障碍。可表现出各种神经症和某些精神病。男性常因饮酒、吸毒、外伤、性病、感染等机会较多。因而易患酒依赖、脑动脉硬化性精神障碍、颅脑损伤性精神障碍和神经衰弱等。

发病年龄，不同的年龄可发生不同的精神疾病。儿童期，由于整个精神发育和心理活动还未达到成熟阶段，处于幼稚情感和原始行为时期。偶可出现儿童期特有的症状或疾病，如行为障碍、神经症或精神分裂症等。青春期，由于分泌系统改变和自主神经机能不稳定，这时若遇心理因素往往易患神经症或精神分裂症、躁狂抑郁症。中年期，正处于脑力和体力最充沛最活跃时期，思维和情感的变化复杂，易在心理因素下，常易发生妄想状态或抑郁状态，心身疾病等。老年前期或老年期，由于脑和躯体生理机能处于高龄衰老时期，如内分泌系统，神经系统、心脑血管和心理活动等机能出现衰退或老化，如遇生活事件的心理因素，老年前期易患焦虑、抑郁或偏执状态等。老年期往往发生阿尔茨海默病、脑动脉硬化性精神障碍等。

4. 躯体因素

（1）感染，包括急、慢性躯体感染和颅内感染。由于细菌、病毒、原虫、螺旋体的感染和其反应的高热，电解质平衡失调，中间代谢产物蓄积和吸收，维生素缺乏，血管改变等招致脑功能或器质性病变引起精神障碍。

（2）躯体疾病，包括内脏各器官，内分泌、代谢、营养和胶原病等疾病，由于各种因素招致脑缺氧、脑血流量减少、电解质平衡失调、神经递质改变等引起精神障碍。例如，肝性、心性、肺性、肾性等脑病和内分泌机能障碍等疾病。

（3）中毒，即精神活性物质所致的精神障碍。由于某些体外毒物中毒，如工业用毒物、食物、药物包括催眠药、阿片类药等，从不同途径经体内侵入脑部招致精神障碍。

（4）颅脑外伤，由于颅脑被冲击，坠跌和炮弹、炸弹爆破，以及气浪伤直接招致颅内血液循环障碍和脑脊液动力失去平衡或脑内小出血点，脑水肿等引起短暂的、持续的精神障碍。

（二）心理、社会环境因素

1. 心理因素

心理因素对某些精神疾病的发生有一定作用。例如，心因性精神障碍、神经症和与文化密切相关的精神障碍等，是心理因素起着主导作用，但不是起病的单一致病因素。主要看心理因素的性质和强度，对患者反应的程度而定，即个体对心理因素所持的态度。

（1）生活事件，如离婚、丧偶、失败、失恋、失学、家庭纠纷、经济问题等。

（2）自然灾害是指突然、强烈而急剧的精神应激，如地震、火灾、洪水、爆炸、滑坡、空袭、交通事故、亲人突然死亡等重大而骤然事故。心理急剧受致超过限度的应激多急剧诱发短暂的或持久的精神障碍。

2. 社会环境因素

（1）环境因素是指社会上和环境上心理因素的影响。例如，空气污染、嘈杂声音、居房拥护、交通乱杂、环境卫生不良、人际关系等增加了心理和躯体应激，对精神卫生产生不良影响。使人们长期处于厌烦、紧张状态之中，易患心身疾病、神经症和某些精神病，且发病率很高。

（2）文化环境是指不同的民族、不同的文化和不同的社会风气，以及宗教信仰、生活习惯等与精神疾病的发生有着密切的相关。由于文化、民族和环境不同出现特有的精神疾病。例如，马来西亚、印度尼西亚等东南亚国家有拉塔病、行凶狂和缩阳病；加拿大森林地区的冰神附体；澳大利亚北部的灵魂附体；日本冲绳岛的矮奴；蒙古的比伦奇等精神疾病。

从上述精神病病因中生物学因素和心理社会因素，各有偏重。在某些精神疾病中以某种因素起着主导作用。而在另一些精神疾病中的某些因素起决定性影响。不是单一的致病因素，而是多种因素共同作用的结果。

三、常见精神症状的识别

在临床心理咨询工作中，时常遇到精神病病人家属向医生诉说病人患病多年，虽经多方治疗，但都好一阵歹一阵，真不知什么时候才能彻底好了。医生发现这类病人大多在发生精神疾病早期并未接受任何治疗，并且从明显发病到接受正规系统治疗的时间多为 1～3 年不等，致使病情迁延难愈。因此，早期识别精神疾病，早期治疗十分重要。

（一）精神病的早期识别

世界卫生组织公布，目前心理疾病已成为全球第四大疾病，光抑郁症患者就有 4 亿人。预计到 2020 年，心理疾病将跃居世界第二位，仅仅排在癌症之前，心脏疾病之后。我国卫生部在 2009 年提供的数据显示，中国有心理问题和精神疾病的人口比例达到 7%，总数超过 1 亿人。而在英国一家医学刊物的报告指出，实际上，在中国有 17% 的人患有某种程度的精神疾病。

青年期、高压力是容易诱发精神疾病的两个因素，精神疾病的早期症状如同其他疾病一样，症状轻、不典型，往往不为人注意，或认识不到是精神病，以至于延误治疗时机，带来不良后果。如能学会简单鉴别心理活动的正常与异常，了解一些异常心理症状，在工作中就不会把需要药物治疗的精神病性学生来用德育方法处理。

常见异常心理的症状：

（1）内心被揭露体验（被洞悉感）。患者"直觉地"感到自己内心的想法或隐私，未经自己语言文字的表达，别人就已经知晓。或者患者感到他的思想已经被"传播"或"广播"出去（思维播散）。

（2）被控制体验。患者感到自己的身体活动完全是被动的（躯体被动体验），或者是不由自主地"扮演"出来的（被强加的体验）。

（3）思维插入。患者在思考时突然出现与主题无关的意外联想，患者认为这种思想不受自己意志支配，是别人强加给他的；或者患者感觉很自然就要接着想到的思想忽然"被夺走"了，他既说不出被夺走的思想是什么，也否认那是由于"忘记了""一时想不起来"；或者患者在思考时，思想突然中断，无以为继，可伴有忽然言语中断的客观表现。

（4）特征性言语幻听。幻听评论患者当时正在进行的活动，或者幻听命令患者必须怎样做。幻听内容与病人的心情和思想无关；或者患者能够听到自己的思想，称为思维鸣响。

（5）特征性妄想。妄想的特点是以毫无根据的设想为前提进行推理的，违背思维逻辑，得出不符合实际的结论，而且对荒唐的结论坚信不疑，不能通过摆事实讲道理及亲身经历来纠正这种荒唐的结论。例如：①关系妄想：患者认为电视里在演他和他家的事情，或认为报纸的内容是影射他或他家，或认为陌生人的谈话是议论他，认为吐痰、咳嗽是针对他等；②被害妄想：患者坚信有人在监视、打击、陷害自己，甚至在其食物、水里下毒。受妄想支配可有拒食、逃跑、伤人、自伤等行为；③影响妄想：患者感到他的思想、情感或行动受到某种外力（如个人、某个集团或受人操纵的某种仪器等）的控制，患者不能自主；④特殊意义妄想：认为周围人的言行举动与自己有关，而且有种特殊的含义；⑤夸大妄想：患者夸大自己的能力、地位、权力、财富；⑥自罪妄想：患者毫无根据地认为自己犯了严重的错误和罪行，应受到惩罚；⑦疑病妄想：患者毫无根据地坚信自己患了某种疾病，因而到处求医，但是医院的详细检查检验都不能纠正其歪曲的信念；⑧钟情妄想：患者坚信某异性对自己产生了爱情，即使遭到严词拒绝，反而认为对方是在考验自己对爱情的忠诚度；⑨嫉妒妄想：坚信配偶对其不忠，想方设法需找所谓的证据；另外还有很多如被窃妄想、变兽妄想、非血统妄想等。

（6）特征性思维障碍。例如，在一连串的自发言语中，有时上一句话与下一句话之间缺乏任何联系，而追问起来患者也说不出任何恰当的解释；或者患者持有特有的逻辑，推理十分荒谬，而且坚持己见，不能说服；或者患者自己创造一些文字、词语、图形、符号，并赋予其特殊的含义；或者思维形式上出现"思维奔逸"（患者自己觉得脑子反应灵敏，表现语量多、语速快、词汇丰富、滔滔不绝、诙谐幽默，症状严重时谈话主题很容易转换）和"思维迟缓"（思维活动显著缓慢，联想困难，思考吃力，反应迟钝，表现在语量少、语速慢、语音低沉，患者觉得自己脑子不灵，本人非常努力，但是效率很低，多见于抑郁症）。

（7）特征性紧张症状群。例如：①木僵：指不言不语、不吃不喝不动，或者言语动作减少，但是没有达到完全消失的地步，则称为亚木僵；②违拗：患者对别人要求他做的动作不做任何反应，或者不但不执行，反而作出相反的动作；③蜡样屈曲：即使姿势不舒服，也可在较长时间内像雕塑一样保持不动；另外，还有模仿动作、刻板动作、缄默、强迫动作等。

（8）青春症行为。不时出现不可预测、前后毫无联系且与环境显得极不相称的各种显著怪异的行动；或突如其来、没有任何明显的动机、似乎指向一定的目标但没有完成又中止的行动；或忽然无故改变目标、事后说不出任何恰当的解释、使人无法理解的行为等。

（9）特征性情感障碍。例如，情感倒错、无故独自发笑，由于微不足道的事或无明显缘故而悲啼或暴怒等；或者情感淡漠，对周围的事情漠不关心，表情呆板等。

（二）大学生常见的精神障碍

1. 情感性精神障碍

情感性精神障碍（心境障碍）是以心境显著而持久的高扬或低落为基本特征，伴有相应的思维和行为改变，并反复发作，间歇期完全缓解，症状较慢者可达不到精神病程度的精神障碍。一般预后良好，少数病人可迁延而经久不愈。本病发作可表现为躁狂相或抑郁相。感情性精神障碍又称心境障碍，是以心境或情感显著而持久的改变——高扬或低落为主要特征的一组疾病，伴有相应认识和行为的改变，有反复发作的倾向，间歇期精神状态基本正常。发作症状较轻者达不到精神病的程度。

2. 偏执性精神障碍

偏执性精神病是一组以系统妄想为主要症状而病因未明的精神病，若有幻觉则历时短暂且不突出。在不涉及妄想的情况下，不表现明显的精神异常。以固定、持续、较系统的妄想为主要症状，伴有相应的情绪与行为。伴有与妄想内容相联系的幻觉，但在临床中不占突出地位。在不涉及妄想的情况下往往没有明显的精神异常，病期虽久但并引不起精神衰退。智力保持良好。

3. 反应性精神障碍

主要由于突然或持久的应激性不良心理社会因素，导致精神活动功能性障碍的一组心理疾病。这类疾病是典型的心因性障碍，病前有明确的精神创伤或应激性生活事件，起病常比较急骤，经过适当治疗措施，病情很快好转，恢复健康，预后良好。人们常误认为一切精神疾病都是由精神刺激诱发的，没有精神刺激因素不会得病。这其实是一种误解。严格地讲，大多数精神疾病并非由精神创伤作为病因的，充其量不过是一种诱发因素或促发因素。真正由精神创伤直接导致精神障碍的疾病就是反应性精神障碍。所谓"反应性"，是指对不良心理社会因素（通常指应激强度大、频度高和时限长的）作用下引致的精神障碍。典型例子就是我国古典名著《儒林外史》所描述的范进中举后的精神病态。本病是一组由应激所致的精神障碍。一般来说，决定精神障碍的发生、病程和临床表现的因素有三个：生活事件和处境；文化背景；人格特点、教育程度、智力水平和生活信念。

本病不包括神经症、心身疾病和性心理障碍，亦必须排除器质性、症状性精神病和精神分裂症等疾病。

（三）精神分裂症

属于重型精神病，是精神病里最严重的一种。病因未明，多发病于青壮年，隐匿起病，临床上表现为思维、情感、行为等多方面障碍，以及精神活动不协调。患者一般意识清楚，智能基本正常。精神分裂症是一种精神科疾病，是一种持续、通常慢性的重大精神疾病。主要影响的心智功能包含思考及对现实世界的感知能力，并进而影响行为及情感。

1. 早期

大部分患者无明显诱因下缓慢起病，许多病状是在不知不觉中逐渐形成的。最早被发现很多时候独自呆坐似在思考问题，生活较前懒散，纪律松弛，做事注意力不集中，常漫不经心，学习成绩下降，与其谈话话题不多，语句简单、内容单调，逐渐对人冷淡，疏远亲人，本来很有兴趣的事物也不感兴趣。

偶然可发现有一两句话不可理解或"牛头不对马嘴"，或有时有点奇怪的行为。例如，突然发怒摔烂东西，或为一点小事执拗与人纠缠不休，无理取闹，莫名其妙地伤心落泪或欣喜。此时常易被误会为"思想问题"或性格改变。有部分患者会诉说：时有头晕、头痛、失眠、记忆力差、注意力不集中、全身疲倦无力等不适症状，也有表现为怕脏，反复洗手，无故心慌恐惧，心烦意乱等，也常常被误诊为神经衰弱。

部分患者可因躯体有病或精神受刺激等因素诱发，突然出现失眠、兴奋、言语与行为明显异常，少数会出现短暂意识不清并有片断性幻觉妄想或待着不动呈木僵状态等。

2. 充分期

此期为精神分裂症明显显露特征性病状时期，其表现如下：

思维障碍也称联想过程障碍。较轻病状时为思维散漫，病者讲话或写文章时，每句话文法结构尚通顺，但上下句之间或上下文之间缺乏连贯性，因而整段讲话或文章使人无法理解其中心内容。病状严重时加重思维破裂，不仅句与句之间无联系，每个语句也不完整，好像语词的杂拌或语句的堆积，紊乱得支离破碎，好像一个文盲的人乱按打字机所打出来的文章。

情感障碍。病者在安静时表现冷淡，对周围事物无兴趣，不关心，与亲人疏远，告知重大事件时无动于衷，喜欢一人独坐房中，甚至连吃饭也不与亲人一起。有时会出现兴奋激动或焦虑抑郁等反应，但大多与周围环境无联系而是受幻觉妄想所支配，有时其情感与周围环境极不协调，为亲人开追悼会的时候他却站在一旁自笑。其情感也常与思维内容不协调，如笑嘻嘻地叙述她的悲惨遭遇。

意志行为障碍，我们每个人的行为都是受自己的意志支配的，如要完成某项任务必须决心克服一切困难才行。病者无论对学习或工作都无责任心，抱无所谓的态度，对近期或远期的打算也不考虑，整天无所事事地呆坐、卧床或无目的地徘徊，甚至连日常生活的吃饭、洗脸、换衣服、梳头理发等也是被动的。有时可因幻觉妄想的影响而自语、自笑或做出打人毁物、自伤等行为。

在精神分裂症的充分期，临床医生为了治疗与护理的方便，常把典型表现的病人分为四种类型。

（1）单纯型。于青少年期缓慢起病，一般无明显诱因，以孤僻懒散、冷淡、思维贫乏、意志缺乏为主要特征，可有片断的幻觉妄想，早期常有头痛、头晕、失眠、全身无力等神经衰弱症状群，常易被误诊为神经衰弱。病程发展缓慢，往往短者1～2年，长者3～5年；因此，早期易被误认为性格或思想问题。如不及时诊断及治疗，易逐渐迁延为慢性精神衰退。

（2）青春型。在16～23岁的青春期起病，大多为急性骤起失眠兴奋。行为紊乱、幼稚，常冲动打人毁物。情感不稳，无外界诱因而独自喜怒哀乐变化无常，瞬间即转变。思维明显破裂，言语增多，无论唱歌或讲话都是杂乱无章的，可有片断离奇的幻觉妄想。这种类型着重早期控制兴奋症状，如发展为疾病充分期则难以控制。此型大多呈反复发作，发作多次后易趋向精神衰退。

（3）紧张型。发生于青壮年，呈急性或亚急性起病，以表情淡漠行为抑制为其主要特征。初期言语动作明显减少，发展至严重时呈木僵状态，躺着不言、不动、不食，毫无表情，活像一个木头人。但要警惕有时会突然解除抑制呈兴奋状态，突然起来打人、毁物、逃跑，常历时短暂，又可转回木僵状态。此类型预后良好，经治疗后可完全恢复。

（4）妄想型（偏执型）。青壮年起病，起病形式缓慢，早期为敏感多疑或间伴有听幻觉，以后逐渐发展为妄想观念，大多以被害、关系、夸大、嫉妒、疑病或影响等妄想。由于妄想及幻觉而影响其言行异常，但其情感反应常与思维内容及环境不协调，妄想内容荒谬脱离现实。病程发展较慢，早期尚能正常工作故不易被发现。常发展至影响工作生活，产生异常行为时才被发现有病。此型预后较好，经治疗大多可痊愈，只有少部分会遗留性格改变等后遗症，极少数逐渐发展为慢性精神衰退。

3. 精神分裂症的后期

病者经过积极治疗以后，可能有几种不同的转归：一部分经治疗后病况逐渐好转而达到痊愈，愈后可以恢复其原来的工作。部分病人虽经努力治疗但不易完全控制症状，常反复发作。部分患者虽病况好转但遗留淡漠、孤僻、少语、学习工作不主动等症状。也有些遗留性格改变，对什么事都采取无所谓的态度，对社会及家庭均无责任心。少部分逐渐发展为精神衰退，即除了本能地感到饥饿时主动吃东西外无所要求，终日呆坐一隅或蒙头大睡，不与任何人接触，生活全部需别人照顾。

所以，当发现自身乃至家人出现疑似以上症状表现时，及时地到医院进行诊治是非常有必要的，从而避免病症的严重性，增加治疗难度。

四、精神疾病的治疗

掌握心理疾病的治疗不仅需要了解精神疾病治疗的历史，而且还要了解现代精神疾病的治疗原则。

（一）精神疾病的治疗历史

在人类历史上，由于对精神疾病的恐惧，早期使用许多非科学的方法驱除疾病。在古代，古人认为精神疾病的原因在外部，如被诅咒、灵魂出窍等，所以使用巫医、祈祷或举行一种请求神除去自己身体不净的仪式。到了中世纪，受宗教影响，认为精神病是"恶魔所为"或"神的惩罚"，因此会请被称为"驱魔师"的神父举行驱魔仪式。

到了近代，尤其是18世纪以后，由于科学的迅速发展，心理疾病开始被当做一种需要医疗帮助的疾病。而现代心理学的发展使精神疾患的治疗有很大的转变，目前对于精神疾患的治疗方式是基于"生物-心理-社会模式"的，良好的精神治疗模式必须结合生物医学、心理治疗，以及社会复健计划。例如，精神分裂症患者急性发作住院期间，给予药物协助缓解正性症状，病房中也会由专业人员如医师、精神科护士、心理师、职能治疗师、精神科社工等，带领团体治疗，或者给予个别治疗。而在急性症状缓解后，患者、家属和医疗团队一同讨论复健计划，如到复健病房、日间留院或者工作坊，透过复健计划，有效增加病识感、学习独立生活能力、改善家庭与社会关系。

（二）现代精神疾病的治疗原则

精神疾病的治疗主要应根据诊断而定，精神病性障碍与非精神病性障碍的治疗有原则性区别。有些精神疾病是由某些原发疾病和情况所继发的，应处理和治疗其原发疾病。例如，脑肿瘤所致精神障碍应尽量先手术切除其脑肿瘤；甲状腺功能亢进症所致精神障碍应先积极治疗其甲状腺疾病；酒精所致精神障碍应先戒酒；心因性精神障碍应消除和缓解其精神刺激和压力，尽力处理好实际存在的生活事件等。有很多精神疾病并无明确的致病因素，病因不明，有些虽有原发因素，但不一定能完全消除，对所出现的精神症状也应作相应的治疗。对精神疾病和症状的治疗是十分复杂的问题，应该因病、因人、因时作全面考虑，还应该根据治疗中的病情变化和反应而及时调整，一般而言，应从以下几个方面进行。

（1）心理治疗：该治疗方法对精神疾病十分重要，尤其对心因性疾病、抑郁症、焦虑症、强迫症、疑病症、神经衰弱、冲动控制障碍、睡眠、进食和性功能障碍等患者作用更大，对精神分裂症和躁狂症等的康复期也很有帮助。除安慰、鼓励、疏泄、引导和积极暗示等一般性心理支持治疗外，有不少心理治疗也十分有效和有益，如行为治疗可以纠正和克服患者某些异常行为和想法；认知治疗使患者对自身疾病有所了解，以消除顾虑、改变认知、增强信心，掌握对待疾病的正确态度和方法，都会有很大的帮助。

（2）药物治疗：精神疾病虽表现为精神活动的异常，但很多也有躯体和脑内器质性、物质性的改变。有的虽然病因不明，但已证实有神经递质等改变。若单纯依靠心理治疗是难以治愈的。即使有效，也常事倍功半，或难奏全功，或不能巩固，因此必须进行药物治疗。心理和药物治疗可相辅相成见效更快更好。精神药物按其主要作用功能，目前常分为以下四类：①抗精神病药：主要用以治疗精神分裂症等精神病性疾病。过去传统药物有氯丙嗪、奋乃静等，都有一定疗效，且价格低廉，易于普及，但因其不良反应较多，对疾病的阴性症状等疗效较差，已越来越多地为新一代的非传统药物所代替，如利培酮、奥氮平等。氯氮平也属于非传统抗精神病药，疗效较好，但由于不良反应较大，现一般作为"二线"用药。②抗抑郁药：传统药物有阿米替林、多塞平等，均有一定疗效而不良反应较多，现已多使用新一代药物，如帕罗西汀、舍曲林、氟西汀、米氮平等。③抗焦虑药：有抗焦虑、助睡眠等作用，以苯二氮类药为多，如阿普唑仑、罗拉西泮等，长期不当使用容易成瘾，属于"精神药品"范畴，应用有一定限制。其他有丁螺环酮、佐匹克隆等非苯二氮类药，可用于焦虑症、失眠症等疾病。④情绪调节药：可用以治疗躁狂状态、双向情感障碍等疾病。常用的有碳酸锂、丙戊酸钠等。

咨 询 案 例

案例一

李某某，男，20岁，某高校大二学生。父亲因受刺激患精神分裂症。自己从小觉得受歧视，产生了见不得人的想法，觉得"世上哪有我这样不幸的人"。进入初中，认为父亲有病是"家丑"，不让他参加家长会；高一时由于李某某学习不好，老师经常批评他，他非常恨该老师，同时更感到自卑。随着年龄增长，看到同学各有所长，更觉自己无用，周围的人都看不起他，但又认为周围的同学、老师等都是小市民，无法理解自己。身体状况也无改善，腰酸、背痛、头晕、头痛及乏力，但不愿去医院检查的治疗。

高三起李某某即产生想死的念头，并具体设想了如何去死，但没有勇气。进入大学后，一切均无改善其对社会、家庭、人生的看法，对自己极度悲观失望，提不起精神去上学，也不想上学，觉得对自己极度悲观失望，觉得自己是社会中多余的人，还是死了好。近期这些想法更加频繁了。为此来咨询中心寻求帮助。

案例分析

李某某存在典型的抑郁症的临床症状而且持续多年，突出表现为持久的情绪低落、悲观、失望和对生活的无意义感，并伴有轻生念头；他身体不好，有许多体诉，有其慢性疾病的原因，也有伴抑郁症状的躯体障碍；还可找到明显的社会环境因素持续的不良影响。诊断为：抑郁性症。

案例二

某晚自习时间咨询师接到学生电话。

学生：老师，你家在哪里？我要到你家里来。

咨询师：是不是有什么事情不能在学校里说呢？

学生：嗯，是的，必须在校外说！我现在在校门口，校警不让我出去！

……

咨询师：我们现在到了法院的位置，发生什么事情？怎么不能在学校里面说呢？

学生：我担心在学校里说他们会听见。

咨询师：你是说我们两人的谈话别人能听得到吗？

学生：是的，他们听了后就会到处乱说的。

咨询师：你觉得哪些人能够听到我们的谈话呢？

学生：那些男生呀！我担心他们会知道我心里的想法。

咨询师：你有没有把自己心里的想法告诉他们呢？

学生：没有，但是他们会知道。（思维被洞悉）

咨询师：这个确实让人觉得不舒服。你有没有听到过他们在别的教室或者教学楼里议论你呢？

学生：这个倒没有，不过学校里有很多仪器，这些仪器会控制我（物理妄想），所以我天天想着怎样从学校逃出去。

咨询师：嗯，确实挺痛苦的。这样吧，我们先回学校，你就藏到咨询室，那里很少有人去，很安全。你藏好后，我就去把那些仪器的电源都拔掉，保证你的安全，好不好。

学生：不过，我也想，现在科技还不是那么发达，怎么能造出这么先进的仪器，竟然能看到人的思维呢？（不完全丧失自知力）

注：该生成绩优秀，目前在家休养。

案例分析

该学生存在关系妄想、思维破裂、被洞悉感等症状，初步诊断为：精神分裂症。

自我心理调节方法

（1）精神胜利法。当你的事业、爱情、婚姻不尽如人意时，当你因经济上得不到合理对待而伤感时，当你无端遇到人身攻击或不公正的评价而气恼时，当你因生理缺陷遭到嘲笑而郁郁寡欢时，你不妨用阿Q精神调适一下失衡的心理。

（2）难得糊涂法。这是心理环境免遭侵蚀的保护膜。在一些非原则性问题上"糊涂"一下，以恬淡平和的心境对待各种生活紧张事件。

（3）随遇而安法。生活中，每个人总会遇到一些不愉快的事件，生老病死、天灾人祸都会不期而至，用恬淡的、随遇而安的心境去对待生活，你将拥有一片宁静清新的心灵天地。

（4）幽默人生法。当人受到挫折或处于尴尬紧张的境况时，可用幽默来化解困境，维持心态平衡。幽默是人际关系的润滑剂，能使沉重的心境变得豁达、开朗。

（5）宣泄积郁法。宣泄是人的一种正常的心理和生理需要。悲伤忧郁时不妨与亲人朋友倾诉，或进行一项你所喜爱的运动，也可以通过一次旅行来改变心境。

（6）音乐冥想法。当你出现焦虑、抑郁、紧张等不良情绪时，不妨试着去做一次"心理按摩"——音乐冥想。

第十二章 大学生的应激与心理危机

在现实生活当中总有一些不良的刺激和负面事件,而且不以我们的主观意志为转移,不是仅仅依靠我们的主观努力就能够改变的。在这时,我们的主要任务就是尽可能地不去接受这样一些刺激,努力使得我们的生命体避开应激状态,不是去改变那些让我们感觉到不满和愤怒的事件。

第一节 心理应激概述

在生活中面临突发紧急事件时,身体和生理将会处于应激状态。例如,家庭面临重大变故或个人将面对高考,身体会调动各种能量处于应对状态,同时生理和心理将会产生一系列的反应。

一、应激及其种类

当面临突发紧急或重大事件时,人会处于一种紧张的压力状态即应激状态,以应对当前的局势或事件。

(一)心理应激的概念

"应激"一词由美国生物学家康纳于1925年首先使用,他在实验的条件下观察到动物处于寒冷、缺氧、失血或遇到外敌等"紧急反应"会出现战斗-逃避-恐惧的3F反应,即该个体处于应激情况下。康纳还创造了"内稳态学说",即体内存在着明显的、复杂的缓冲系统和反馈机制,在交感神经系统发生障碍后,体内产生一种促进个体恢复稳定状态的持续倾向,这是肾上腺素和交感神经系统的适应功能,它的工作是Selye应激学说发展的重要基础。根据Selye学说所言,应激是集体对它提出各种要求作出的非特异性反应,也就是内外环境中各种因素作用于机体时所产生的非特异性反应。

由上所得,心理应激是指当个体感受或察觉到某种环境的刺激时,由于心理和生理反应所产生的一种身心紧张状态。

(二)应激的种类

1. 应激刺激物

人处于现实的生活中,会受到来自自然和社会环境中的各种刺激,将应激刺激物归为以下几类,如下所示。

化学类:毒物、药物、烟酒、咖啡等。

物理类：温度、噪音、震动、不良照明等。
生理类：疲劳、疼痛、疾病、细菌病毒等。
心理类：亲人丧亡、社会环境改变、人际关系不和、消极情绪等。
社会文化类：工作压力、生活压力、文化道德与评价、政治经济文化等。

2. 根据应激源的分类，对心理应激的分类

根据应激源划分,心理应激分为以下三类：

（1）心理性应激源。指人们头脑中不切实际的预期、凶事预感、工作压力，以及个体生活过程中所遇到的冲突及在满足基本需要的愿望过程中所遭到的挫折等。

（2）躯体性应激源。指对人体直接产生损害作用的反应刺激物，包括理化和生物刺激，如温度、噪音、点击、损伤、微生物和疾病。这类刺激物通常被作为生理学应激研究的应激源。

（3）社会文化性应激源。指心理应激的主要应激源，它主要是指那些造成个人生活风格上的变化，并要求个体对其适应和应付的社会生活事件和文化方面的情境。现实生活中的每一个人都生活于一定的社会之中。

二、应激理论

应激是指，人或有机体在某种环境刺激的作用下所产生的一种适应环境的反应状态，即在一定的社会生活环境中，对一个人能产生影响的刺激和情境，被其感知到并作出主观评价后，就会产生相应的一些心理生理变化，从而对刺激作出相应的反应。如果这个刺激或情境需要人做出较大的努力去进行适应，甚至超出一个人所能负担的适应能力，这时就会出现应激。

加拿大著名学者塞里是最早提出系统的应激学说的科学家。不过他是在比较狭义的情况下使用这一概念的，即侧重在生物学意义上来使用。他认为应激是人或动物对其环境刺激的一种反应。为了适应环境刺激因素，躯体会产生一系列应激反应，而能引起应激的刺激都伴有一系列非特异性的生物学变化，称为适应性综合征。

为了补偿塞里的生理学应激概念的欠缺，许多学者也从心理学的角度对应激做了大量研究，并进而提出了应激的心理学理论。生理上的应激并不依赖紧张源（即引起应激的那些刺激）的性质，这是有机体对环境刺激的一种防御反应的普遍形式。它包括动员、抵御和衰竭三个阶段：①所谓动员阶段，是指有机体无论在什么时候受到任何一个紧张刺激都会引起躯体内部的生理的变化、体内环境平衡的变化和内脏机能的变化，即生物有机体自身会动员起来进行适应性的防御。所以动员阶段又叫警戒反应期。②所谓抵御阶段，是指有机体在肾上腺素分泌增加以后，就会出现心律和呼吸加快、血压升高、血糖含量增加等变化，以便充分动员体内的潜能，应付环境变化刺激的威胁。因此，抵御阶段又叫抵御反应期。③所谓衰竭阶段，是指紧张刺激所致的威胁继续存在或躯体仍然像存在着威胁那样进行反应，抵御就会持续下去，必需的适应能力可能耗尽，最后出现崩溃。这时机体会被它自身的防御力量所伤害，结果导致疾病状态，故称衰竭阶段，又称为适应性疾病。

三、应激反应

应激反应是个体对变化着的内外环境所作出的一种适应，这种适应是生物界赖以发展的原始动力。应激反应涉及个体的身心功能的整体平衡，包括心理和行为上的反应。

（一）应激引起的心理（行为）反应

应激引起的心理（行为）反应包括两个方面：积极的心理反应和消极的心理反应。积极的心理反应是指适度的皮层唤醒水平和情绪唤起；注意力集中；积极的思维和动机的调整。这种反应有利于机体对传入信息的正确认知评价、应对策略的抉择和应对能力的发挥。消极的心理反应是指过度唤醒（焦虑）、紧张；过分的情绪唤起（激动）或低落（抑郁）；认知能力降低；自我概念不清等。这类反应妨碍个体正确地评价现实情境、选择应对策略和正常应对能力的发挥。

1. 情绪反应

心理应激时的情绪反应，除焦虑外，还有两种主要类型，表现为愤怒和激动。心理应激状态下的人往往无缘无故地发脾气，对敌人怀有敌意，甚至连自己也意识不到为什么如此。

（1）恐惧。是一种预期将要受到伤害或极不愉快的情绪反应，通常产生回避行为，引起恐惧的原因常常是面临真实的事件。

（2）焦虑。是人们对环境中一些即将来临的、可能会造成危险的灾祸或者要作出重大努力的情况进行适应时，主观上引起紧张和一种不愉快的期待情绪。焦虑与恐惧不同，前者发生在危险或不利情况来临之前；后者在面临危险时发生。

（3）过度依赖和失助感。过度依赖是以超出正常程度的失助感为特征的情绪反应。

（4）抑郁。指情绪低落，表现为心境悲观、愉快感丧失、自身感觉不良、对日常生活缺乏兴趣、自责倾向、自我评价降低，常伴有睡眠与食欲障碍。

2. 行为反应

行为反应可以分为两类：一类是针对自身的，即通过改变自身的方式以顺应环境的要求；另一类是针对应激源的，通过改变环境要求而不是改变自身的方式处理心理应激。

3. 自我防御

心理应激引起的焦虑和情绪变化会使人感到不适，为此人们总是想办法减轻应激源的冲击，一种常用的方法就是采用自我防御机制。这就是一种采用自欺的、歪曲实际的方式来看待应激源，对环境挑战和自己应对的机制。

（二）应激引起的生理反应

生理反应涉及全身各个系统和脏器，这些生理反应是心理应激导致身心疾病的必要基础。在心理应激条件下，一个人产生何种生理反应及其反应的强度，取决于许多因素。下面仅简要讨论一下神经内分泌和免疫系统的一些常见反应。

（1）交感-肾上腺髓质系统：多出现活动增强的表现。呈现为"搏斗或逃跑"反应。某些情况下也可出现副交感系统活动增强的表现，如心率减慢、血压下降、血糖降低等，与此同时，时常导致眩晕和休克等行为症状。

（2）下丘脑-垂体-肾上腺皮质系统：肾上腺皮质分泌的激素量可受心理应激影响。较长期的心理应激也可导致血容量增加、血压升高、出血和胃溃疡等变化。

四、应激管理

应激管理就是个体主动地应用一定的技术和方法，积极地应对应激事件，从而减轻生活事件的负面影响，尽可能地消除可能导致身心伤害的策略和方法。应激管理就是要求人们在充满应激的社会中，从以下两个方面来采取一些策略和方法：一是要从生理上和心理上使自己强大起来，达到生命个体的健康和平衡。二是要学会一些应对应激事件的有效方法。

第一，回避或者远离应激源。其实有的时候生活当中一些不良的刺激和负面事件，是不以我们的主观意志为转移的，不是仅仅依靠我们的主观努力就能够改变的。在这时，我们的主要任务就是尽可能地不去接受这样一些刺激，努力使我们的生命体避开应激状态，不是去改变那些让我们感觉到不满和愤怒的事件。譬如，从工作岗位上退下来的老同志，如果家庭条件允许，可以每年到乡下或到海边住上一段时间，这样就可以避开城市的噪声、拥挤和空气污染，收获心灵的宁静。

第二，可以适当使用一些心理防卫术。例如，**酸葡萄心理**：有些东西因为我得不到，所以尽管别人认为很好，但是我仍然认为不好；**甜柠檬心理**：有些东西可能别人认为不好，但是因为它属于我，所以我就认为它是最好的。生活中我们是否有时可以这样思考问题：别人住的房子大也不一定是好事，收拾起来还很麻烦，家有房屋万间也不过放床一张；我住的房子虽然小一些，但房子小有房子小的好处，家庭成员沟通方便，人与人的关系更密切，这样也同样乐在其中。

第三，对一些事件或者情境进行重新评价。我们有的时候，会长期地陷于一种认知的误区当中，觉得自己为什么那么倒霉？其实，生活中的有些事情换一个角度思考结果就会完全不同，退一步海阔天空，换一个角度柳暗花明。我们要学会对遇到的不良生活事件，或者对一个消极性创伤性事件的负面影响，进行重新评价。在生活中我们发现，类似塞翁失马焉知非福的事件比比皆是。

第四，寻求支持。当我们遇到一些不良生活事件时，我们要善于获得各方面的支持。生活中许多人都习惯采用的方法是有合理性的，比如，遭到重大事件时与几位知心朋友喝喝酒、说说心里话以获得精神上的支持，或者直接求助于心理医生。这样就可以既获得心理上的支持，同时又获得专业上的帮助，这对于减弱不良的情绪反应和降低紧张度都很有益处。

第五，适当的运动。健康心理学认为，当一个人处于不良的心理状态或者不良的心境当中的时候，切不可长时间地在那里唉声叹气。这个时候最好的对策是出去散散步、打打球、跑跑步、打打太极拳，这样就可以宣泄掉我们多余的能量，把我们的忧愁和烦恼伴随着汗水一起排除出去，然后精神饱满地开始新的工作和生活。运动，对于一个人来说是无限美好的事情，早在2500多年前的古希腊埃拉多斯山岩上就刻着三句名言："如果你想强壮，跑步吧！如果你想健美，跑步吧！如果你想聪明，跑步吧！"

第六，应激释放。当我们不能阻止应激源变为应激时，最好的方法就是释放应激。除了上面谈到的运动之外，还有以下方法也对我们处理应激事件很有帮助：躯体反应，如做一些重体力劳动；语言释放，通过谈话、哭喊、呻吟或其他方式来表达内心的痛苦、失意和挫折感；应激转移，通过从事某种具体有效的活动来达到应激释放的目的；松弛训练，通过特定的训练方法达到身心放松的目的。

第二节 心理危机概述

一般而言，危机有两个含义：一是指突发事件，出乎人们意料之外发生的，如地震、水灾、空难、疾病暴发、恐怖袭击、战争等；二是指人所处的紧急状态。

一、心理危机及其理论

生活中的事件的不顺利会引起人的危机感，危机，简而言之，便是引发紧张焦虑状态的突发紧急事件。另外，还可以理解为处于应激状态时的处于困境状态下的情感体验。

（一）心理危机的含义

危机，Chaplin主编的心理词典将其定义为"存在具有重大心理影响的事件和决定"。它只强调了心理应激的性质，不够全面，按Glass的理解，"危机"是心理上受到外部刺激或打击而引起的伤害。后来，Glass将其定义为"问题的困难性、重要性和立即进行处理所能利用资源的不均衡性"。

危机是一种认识，当事人认为某一事件或境遇是个人的资源和应付机制所无法解决的困难。同时，危机也包括该困难和境遇所导致的情感、认知和行为方面的功能失调。危机的发生、发展和干预也是个动态的过程。以下事件可能是危机：创伤后应激障碍、自杀、性暴力、殴打妇女、物质依赖、丧失亲人或朋友、公共机构中的暴力、人质危机等。

精神医学范畴的心理危机是指由于突然遭受严重灾难、重大生活事件或精神压力，生活状况发生明显变化，尤其是出现了用现有的生活条件和经验难以克服的困难，以致使当事人陷于痛苦、不安状态，常伴有绝望、麻木不仁、焦虑，以及植物神经紊乱症状和行为障碍。

心理危机的综合定义为：个体运用寻常应付方式不能处理目前所遇到的内外部应激时所发生的一种反应。

（二）心理危机及其干预理论

心理危机干预的许多理论产生于西方国家。这些理论从不同角度对危机干预的本质以及方法、策略、过程进行了探讨，既是对危机干预实践的提升，反过来对危机干预的实施又起着重大理论指导作用。例如，西方学者贝尔金把危机干预归纳为三种基本模式：平衡模式（equilibrium model）、认知模式（cognitive model）和心理转变模式（psychosocial transition model）。

第一，平衡模式。危机中的人通常处于一种心理或情绪失衡的状态，在这种状态下，原有的应对机制和解决问题的方法不能满足他们的需要。平衡模式的目的在于帮助人们重新获得危机前的平衡状态。平衡模式最适合早期干预，这时人们失去了对自己的控制，分不清解决问题的方向且不能作出适当的选择。

第二，认知模式。危机根植于对事件和围绕事件的境遇的错误思维，而不是事件本身或与事件和境遇有关的事实。该模式的基本原则是，通过改变思维方式，尤其是通过认识其认知中的非理性和自我否定部分，通过获得理性和强化思维中的理性和自强的成分，人们能够获得对自己生活中危机的控制。认知模式最适合危机稳定下来并回到接近危机平衡状态的求助者。

第三，心理转变模式。该模式认为人是遗传天赋和从特殊的社会环境中学习的产物。因为人们总是在不断地变化、发展和成长，他们的社会环境和社会影响总是在不断地变化，危机可能与内部和外部（心理的、社会的或环境的）困难有关。危机干预的目的在于与求助者合作，以测定与危机有关的内部和外部困难，帮助他们选择替代他们现有行为、态度和使用环境资源的方法，结合适当的内部应对方式、社会支持和环境资源以帮助他们获得对自己生活（非危机的）的自主控制。这个模式适合已经稳定下来的求助者。

不同模式指明了不同危机干预时期的重点，每种模式下又包含许多种不同的操作方式和方法。这有助于危机干预工作者了解不同干预模式适应的对象及各自的优点与不足，深入掌握一些危机干预的手段和方法，积累实践经验，从而帮助大学生面对危机、度过危机。

二、大学生的心理危机表现

在面临突发紧急或重大事件时，尤其处于危机状态下，会引发生理和心理方面等一系列的反应。

（一）心理危机的特征

（1）通常为时限性，多于1～6周内消失。

（2）在危机期，个人会发出需要帮助的信号，并更愿意接受外部的帮助或干预。

（3）干预后的效果取决于个人的素质、适应能力和主动作用，以及他人的帮助或干预。

（二）心理危机的反应

当个体面对危机时会产生一系列身心反应，一般危机反应会维持6～8周。危机反应主要表现在生理上、情绪上、认知上和行为上。

生理方面：肠胃不适、腹泻、食欲下降、头痛、疲乏、失眠、做噩梦、容易惊吓、感觉呼吸困难或窒息、哽塞感、肌肉紧张等。

情绪方面：常出现害怕、焦虑、恐惧、怀疑、不信任、沮丧、忧郁、悲伤、易怒、绝望、无助、麻木、否认、孤独、紧张、不安、愤怒、烦躁、自责、过分敏感或警觉、无法放松、持续担忧、担心家人安全、害怕死去等。

认知方面：常出现注意力不集中、缺乏自信、无法做决定、健忘、效能降低、不能把思想从危机事件上转移等。

行为方面：社交退缩、逃避与疏离，不敢出门、容易自责或怪罪他人、不易信任他人等。

（三）心理危机经历的发展过程

1. 冲击期

发生在危机事件发生后不久或当时，感到震惊、恐慌、不知所措。

2. 防御期

表现为想恢复心理上的平衡、控制焦虑和情绪紊乱，恢复受到损害的认识功能。但不知如何做，会出现否认、合理化等。

3. 解决期

积极采取各种方法接受现实，寻求各种资源努力设法解决问题。焦虑减轻，自信增加，社会功能恢复。

4. 成长期

经历了危机变得更成熟，获得应对危机的技巧。但也有人消极应对而出现种种心理不健康的行为。

（四）心理危机的评估标准

心理危机可以理解为一种严重的应激反应。判定应激反应是否达到危机的程度，可用以下三条标准来评估：

（1）必须存在具有重大心理影响的生活事件。

（2）出现一些不适感觉。

引起急性情绪扰乱（如烦躁、恐惧、焦虑、抑郁）、认知改变（如注意力不集中、记忆障碍）、躯体不适（如头昏、头痛、腰酸背痛）和行为改变（如失眠、不愿与人接触等一般的生活规律被打破），但这些表现均未达到精神疾病程度，不符合任何精神疾病的诊断标准。

（3）依靠自身的能力无法应付困境。

（五）心理危机的三种结局

心理危机是一种过渡状态，人不可能长久地停留在危机状态之中，整个心理危机活动期持续的时间因人而异，短者仅24～36个小时，最长也不应超过4～6周，最终必归于下面三种结局之一：心理危机未能得到有效的应付与干预，而进一步发展或难以自拔，使经受者陷入绝望之中，并可能采取自杀行为；或沉溺于借酒浇愁与药物滥用的消极应付方式之中，最终成为酗酒者或吸毒者；或变得孤独、多疑、抑郁、自责、焦虑，而成为适应不良或神经质患者。当事人通过自身努力与外界的帮助，问题得以解决而防止了危机的进一步发展，逐渐恢复到危机前的心理平衡状态，这是较理想和出现较多的结局。

部分人因经过危机的锻炼和体会，学会了新的应付技巧，心理适应能力同时也得到提高，心理状态变得比以前更成熟、坚强，更具有抗危机能力，其总体的心理结构和心理水平超出了危机前的水平。无疑这是最好和最理想的结局，也是危机干预努力的方向。

从以上心理危机的结局中可以看出，心理危机后的平衡状态可能恢复到原有水平，也可能高于或低于危机前的水平。心理危机对人来说并不总是一件坏事，它实际上包含有危险和机遇两层含义。有人曾将危机形象地比喻为一柄"双刃剑"，既可伤人也可助人。如果它严重地影响到一个人的家庭和生活，甚至产生自杀行为或导致精神崩溃，这种危机则是危险的；如果一个人在危机阶段得到适当有效的治疗性干预，在心理咨询师的帮助下，抹去心中阴影，情况就会大不相同了，或许苦闷的心情会变得开朗，压抑的情绪能得以释放，紧张状态会得以放松，曾经觉得活着没有意义的人会更加珍惜自己的生命，则危机不但不会进一步发展，反而可以帮助当事人学会新的应付技巧，使其心理功能超过原有的水平，使人变得更加成熟，那么此时，心理危机就可以说是一种机遇或人生的转折点。

三、大学生的心理危机干预

危机干预是 Crisis intervention 的译语，又称"危机介入"或"危机调解"，Glass 所下的定义是"在精神急症病人抢救中采取的不是根治，而是从数天的对症处理到数周短期治疗的过程——以调整所处的环境作为整体"。稻村则认为，危机介入是"对于面临着危机的人采取迅速而有效的对应措施，使其能够在避开危机的同时，达到进一步适应那种危机所运用的治疗方法"。这是一种短期的帮助过程，它的目的是随时对那些经历个人危机、处于困境或遭受挫折和将要发生危险（自杀）的人提供支持和帮助，使之恢复心理平衡。危机干预是从简短的心理治疗基础上发展起来的治疗方法，以解决问题为目的，不涉及来访者的人格矫治。需要治疗者倾听来访者的陈述，故又称倾听治疗。

1. 躯体疾病时的心理反应

（1）急性疾病时的心理反应。焦虑，病人感到紧张、忧虑、不安，严重者感到大祸临头，伴发植物神经症状，如眩晕、心悸、多汗、震颤、恶心和大小便频繁等，并可有交感神经系统亢进的体征，如血压升高、心率加快、面色潮红或发白、多汗、皮肤发冷、面部及其他部位肌肉紧张等。

恐惧，病人对自身疾病，轻者感到担心和疑虑，重者惊恐不安。

（2）慢性疾病时的心理反应。抑郁，多数人心情抑郁沮丧，尤其是性格内向的病人容易产生这类心理反应。可产生悲观厌世的想法，甚至出现自杀观念或行为。

（3）性格改变。例如，总是责怪别人、责怪医生未精心治疗，埋怨家庭未尽心照料等，故意挑剔和常因小事勃然大怒。他们对躯体方面的微小变化颇为敏感，常提出过高的治疗或照顾要求，因此导致医患关系及家庭内人际关系紧张或恶化。干预原则为积极的支持性心理治疗结合药物治疗，以最大程度减轻其痛苦，选用药物时应考虑疾病的性质、所引起的问题，以及病人的抑郁、焦虑症状。以癌症为例，如疼痛可用吗啡，抑郁用抗抑郁药，焦虑用抗焦虑药。

2. 恋爱关系破裂

失恋可引起严重的痛苦和愤懑情绪，有的可能采取自杀行动，或者把爱变成恨，采取攻击行为，攻击恋爱对象或所谓的第三者。干预原则为与当事者充分交谈，指出恋爱和感情不能勉强，也不值得殉情，而且肯定还有机会找到自己心爱的人。同样，对拟采取攻击行为的当事者，应防止其攻击行为，指出犯罪性质并可能带来的严重后果，因此既要防止当事者自杀，也要阻止其鲁莽攻击行为。一般持续时间不长，给予适当的帮助和劝告可使当事者顺利渡过危机期，危机期过后相当长一段时间内，当事者可能认为世界上的女人（或男人）都不可信，产生很坏的信念，但这不会严重影响其生活，而且随着时间的迁延会逐渐淡化。

3. 亲人死亡的悲伤反应（居丧反应）

与死者关系越密切的人，产生的悲伤反应也就越严重。亲人如果是猝死或是意外死亡，如突然死于交通事故或自然灾害，引起的悲伤反应最重。

（1）急性反应。在听到噩耗后陷于极度痛苦之中。严重者情感麻木或昏厥，也可出现呼吸困难或窒息感，或痛不欲生呼天抢地地哭叫，或处于极度的激动状态。干预原则为将昏厥者立即置于平卧位，如果血压持续偏低，应静脉补液。对于情感麻木或严重激动不安者，应给予其简短的心理治疗使其进入睡眠。当居丧者醒后，应表示同情，营造支持性气氛，让居丧者采取符合逻辑的步骤，逐步减轻悲伤。

（2）悲伤反应。在居丧期出现焦虑、抑郁，或自己认为对待死者生前关心不够而感到自责或有罪，脑子里常浮现死者的形象或出现幻觉，难以坚持日常活动，甚至不能料理日常生活，常伴有疲乏、失眠、食欲降低和其他胃肠道症状。严重抑郁者可产生自杀企图或行为。干预原则为让居丧者充分表达自己的情感，给予支持性心理治疗。用简短的心理治疗改善睡眠，减轻焦虑和抑郁情绪。

（3）病理性居丧反应。例如，悲伤或抑郁情绪持续6个月以上，明显的激动或迟钝性抑郁，自杀企图持续存在，存在幻觉、妄想、情感淡漠、惊恐发作或活动过多而无悲伤情感，以及行为草率或不负责任等。干预原则为适当的心理治疗和抗精神病药、抗抑郁药、抗焦虑药等治疗。

4. 重要考试失败

对个人具有重要意义的考试失败可引起痛苦的情感体验，通常表现为退缩、不愿与人接触，严重者也可能采取自杀行动。干预原则为对有自杀企图者采取措施予以防止。发生这类情况的大多是年轻人，可塑性大，危机过后大多能重新振作起来。

第三节　大学生的另一种危机状态——自杀

自杀不是突然发生的，它有一个发展的过程。日本学者长冈利贞指出，自杀过程一般经历：产生自杀意念—下决心自杀—行为出现变化+思考自杀的方式—选择自杀的地点与时间—采取自杀行为。对于不同年龄、不同个性、不同情境下的人，自杀过程有长有短。

一、自杀的心理过程

我国学者一般把自杀过程分为以下三个阶段。

1. 自杀动机或自杀意念形成阶段

表现为遇到难以解决的问题，想逃避现实，为解脱自己而准备把自杀当做解决问题的手段。

2. 矛盾冲突阶段

产生了自杀意念后，由于求生的本能会使打算自杀的人陷入生与死的矛盾冲突之中，从而使其表现出谈论自杀、暗示自杀等直接或间接表现自杀企图的信号。

3. 自杀行为选择阶段

从矛盾冲突中解脱出来，决死意志坚定，情绪逐渐恢复，表现出异常平静，考虑自杀方式，做自杀准备，如买绳子、搜集安眠药等。等待时机一到，即采取结束生命的行为。

二、自杀的识别

在生活中，由于没有及时识别或察觉到他人的自杀倾向导致悲剧发生的事件已经屡见不鲜。所以需要细心观察周围的人和掌握一定的识别自杀的技巧是必要的。

（一）自杀的含义

自杀是一个人以自己的意愿与手段结束自己的生命，它是一种人类生理、心理、家庭、社会关系及精神等各种因素混杂而产生的偏差社会行为，它也是一种沟通方式，有人借由它传达情绪、控制人、换取某种利益，更有可能是为逃避内心深处的罪恶感及无价值感。

自杀行为的形成相当复杂，涉及生物、心理、文化及环境因素，根据精神医学研究报告，自杀的人70%有忧郁症，精神疾病者自杀概率更高达20%。在社会环境因素中社会的脱序现象——暴力、犯罪、毒品、离婚、失业等，以及个别情况因素中的家庭问题、婚变、失落、迁移、失业、身体疾病、其他自杀事件的影响与暗示等，都是影响自杀的成因。研究显示，任何单一因素都不是自杀的充分条件，只有当它们和其他重要因素合并发生时才发生。

（二）自杀行为的识别

1. 言语上的迹象

（1）直接向人说出：

"我希望我已死去"

"我再也不想活了"

（2）间接地向人表示出：

"我所有的问题马上就要结束了"

"现在没人能帮得了我"

"没有我，别人会生活得更好"

"我再也受不了了"

"我的生活一点意义也没有"

（3）谈论与自杀有关的事情或拿自杀开玩笑。

（4）谈论自杀的计划，包括自杀的方法、时间和地点。

（5）流露出无助、无望的情感。

（6）与亲朋告别。

（7）谈论自己现有的自杀工具。

2. 行为上的征兆

（1）出现突然的、明显的行为改变（如中断与他人的交往，重要关系的突然结束，退缩、独处突然增多，或危险行为增加）；

（2）抑郁的表现（情绪的改变，表情淡漠、情绪不稳定，睡眠或食欲的改变）；

有条理地安排后事（送出自己珍贵的东西）；

频繁出现意外事故；

饮酒或吸毒的量增加；

16岁前男孩子失去父亲；

过去有过自杀意念；

产生自卑感或羞耻感。

三、自杀干预

有时候某些人因处于困境而选择了结束自己生命的方式走向死亡，无外乎对生的绝望。为了挽救生命需对其进行自杀干预，让他们充满生的希望。

（一）认识自杀

自杀是一个人，以自己的意愿与手段结束自己的生命，它是一种人类生理、心理、家庭、社会关系及精神等各种因素混杂而产生的偏差社会行为，它也是一种沟通方式，有人借由它传达情绪、控制人、换取某种利益，更有可能是为逃避内心深处的罪恶感及无价值感。

自杀行为的形成相当复杂，涉及生物、心理、文化及环境因素，根据精神医学研究报告，自杀的人70%有忧郁症，精神疾病者自杀概率更高达20%。在社会环境因素中社会的脱序现象——暴力、犯罪、毒品、离婚、失业等，以及个别情况因素中的家庭问题、婚变、失落、迁移、失业、身体疾病、其他自杀事件的影响与暗示等，都是影响自杀的成因。研究显示任何单一因素都不是自杀的充分条件，只有当它们和其他重要因素合并发生时才发生。

自杀身亡的比率一般会随着年龄的增加而升高。年纪大者，多不会轻易尝试自杀，但是一旦决定了就会采取激烈的手段，成功率相当高。年纪轻者，自杀死亡的比率虽较低，但是因为少有因疾病而去世的，所以死于自杀者反而名列其死因的前几名。在两性中，女性尝试自杀的比率是男性的三至四倍，但在因自杀死亡者中男性却是女性的三至四倍，此乃因男性通常会采取较激烈成功率较高的方式，如跳楼、对头部开枪、上吊等方式，而女性则较常使用割腕、吃安眠药、喝盐酸、开瓦斯等。此外，对自杀者的研究也发现有下列因素者，自杀的概率较大。

（1）有精神科疾病者。在自杀死亡者中，约有百分之九十的人都有精神科的疾病，包括忧郁症占百分之五十，酒精或药物滥用者占百分之二十五，精神分裂病占百分之十，人格异常占百分之五。其中有不少是未曾看过精神科或是未接受治疗者。

（2）罹患有慢性或重大疾病者。如有慢性疼痛、癌症、脊髓损伤、艾滋病、脑伤或尿毒症等疾病者。

（3）有下列社会性因素者。包括离婚、寡居、失业、经济困难、官司缠身，或近期内有重大个人损失如破相、破产或失恋者。

（4）有家族性因素者。包括家族内有人曾自杀或有精神疾病、在幼年时期遭逢双亲分离或死亡、受到身体或性虐待等。

（5）过去曾经企图自杀者或是对未来感到绝望者。

当上述的条件符合越多者，其自杀的机会就越高。

（二）消除对自杀的误解

有自杀企图的人通常有强烈的孤独、无助、无望的感觉。此时，他们认为他再也解决不了自己的问题，自杀是他解决问题的唯一出路。许多人在其一生中有时会想到自杀。许多人发现这种想法是暂时的，事情是会有所转机的。对于暂时的困惑来说用自杀来解决问题是一种再也无法挽回的选择。

社会上对自杀这种行为所持的态度和认识差别很大。其中有一些错误的观念。若不加以纠正，对自杀预防不利。

1. 自杀无规律可循

自杀事件常常带有突发性，一旦发生，周围的人常感意外诧异。其实大部分自杀者都曾有过明显的直接或间接的求助信息。他们在决定自杀前会因为内心的痛苦和犹豫而发出种种信号。

2. 宣称自杀的人不会自杀

当有些人向他人透露自己会自杀，尤其当用语带有恐吓成分时，他人以为他不过是说说而已，真正想死的人是不会把自己的打算告诉别人的。其实研究表明，50%的自杀企图者在自杀前曾向他人谈论过自杀，这种人很可能会有自杀的举动，必须高度重视。

3. 一般人不会有自杀念头

很多人以为一般人不会有自杀念头。但是国内外研究结果显示，30%~50%的成年人都曾有过一次或多次自杀念头。对于性格健康，家庭关系好的人，自杀意念可能只是一闪而过，很少发展为真正的自杀行动；而性格或精神卫生状况存在问题的人在缺乏社会支持时，自杀念头有可能转变为自杀行为。

4. 所有自杀的人都是精神异常者

有人认为只有精神病患才自杀。但事实证明，自杀的人大多不是精神病人，只有20%的自杀者是抑郁症或精神分裂症者。大多数自杀者是正常人。

5. 自杀危机改善后就不会再有问题

有自杀企图的人经过危机干预状态改善后，情绪会好转。周围的人常常会误以为自杀危险性降低了，而放松防范措施。自杀危机改善后，至少在3个月内还有再度自杀的可能，尤其是抑郁病人在症状好转时最有危险性。

6. 对有自杀危险的人不能提及自杀

很多人担心，对于那些有情绪困扰的人、有自杀意念的人，主动谈及自杀会加重他们的自杀动机；实际上受自杀困扰的人往往愿意别人与他倾谈，听他诉说对自杀的感受，如果故意避开不谈，反而会因被困扰的情绪无从分解而加重情绪问题。

7. 自杀者非常想死

事实：大多数的自杀者通常是在生死之间犹豫不决，他们真的仅仅是想结束自己的痛苦感受。

8. 有过一次自杀，以后还会自杀

事实：他们只是在某个有限的时间会想到自杀。如果他们能够找到其他的解决问题的方法，他们会继续生存下去，生活得会一样很充实、有价值。

9. 自杀具有遗传倾向

事实：自杀是没有遗传倾向的，然而自杀者的自杀行为对其他家庭成员来说会有很深的影响。

10. 学业问题是青少年学生自杀的主要原因

不少人认为青少年正处在求学阶段，学业问题的困扰是导致青少年学生自杀的主要原因。但学者们研究发现，50%以上青少年自杀者自杀的原因涉及与父母的关系，其次是男女感情，然后是学校问题。

（三）有潜在心理问题者或者要自杀者要了解的知识

（1）遇到让你很痛苦或影响你的工作或社交功能的心理问题时，不要等待，主动寻求帮助。

（2）要相信会有人愿意帮助你，但是你得将自己真实的困难和痛苦告诉给你信任的人，否则，他们将一无所知。

（3）如果你的倾诉对象不知道如何帮助你，可以向心理热线、心理咨询人员或精神科门诊寻求帮助。

（4）有时为找到一个真正能帮助你的人需要求助于几个不同的人或机构。你应该坚持下去，提供帮助的人一定会出现。

（5）解决心理危机通常需要一个过程，可能你得反复地见咨询人员或心理医生。

（6）如果医生开药，应按医嘱坚持服用。

（7）避免使用酒精或毒品麻痹你的痛苦。

（8）不要冲动行事，强烈的痛苦会使你更难做出合理的决定。

（9）请拨打心理危机干预服务热线。800-810-1117 是北京心理危机研究与干预中心开设的 24 小时免费热线，除此之外还有：010-62716497 或 010-82951464。

（四）帮助有心理危机或自杀倾向者要掌握的要点

（1）事先应知道他们可能会拒绝你要提供的帮助。有心理危机的人有时因难以承认他们无法处理自己的问题而加以否认。不要认为他们的拒绝是针对你本人的。

（2）向他们表达你的关心。询问他们目前面临的困难以及困难给他们带来的影响。鼓励他们向你或其他值得信任的人谈心。

（3）多倾听，少说话。给他们一定的时间说出内心感受的担忧。不要给出劝告，也不要感到有责任找出一些解决办法，尽力想象自己处在他们的位置时是如何感受的。

（4）要有耐心。不要因他们不能很容易地与你交流就轻言放弃。允许谈话中出现沉默，有时重要的信息在沉默之后出现。

（5）不要担心他们会出现强烈的情感反应。情感爆发或哭泣会利于他们的情感得到释放。

（6）保持冷静，要接纳，不做批判。也不要试图说服他们改变自己内心的感受。

（7）对他们说实话。如果他们的话或行为吓着你了，直接告诉他们。如果你感到担忧或不知道该做些什么，也直接向他们说。不要假装没事或假装愉快。

（8）谈出自己的感受。每个人偶尔会感觉悲伤、受到伤害或绝望。你也会有这样的感受，向他们谈出你的感受。这样会让他们知道并不是只有他们才有这样的感觉。

（9）询问他们是否有自杀的想法。不要害怕询问一个人有无自杀念头，这样不但不会引起他的自杀，反而会挽救他的生命。

"你是否有过很痛苦的时候，以至令你有想结束自己生命的想法？"

"有时候一个人经历非常困难的事情时，他们会有结束生命的想法，你有那种感觉吗？"

"从你的谈话中我有一种疑惑，不知道你是否有自杀的想法？"

不要这样问："你没有自杀的想法，是吧？"

（10）不要答应对他的自杀想法给予保密。

（11）相信他所说的话。任何自杀迹象均应认真对待，不论他用什么方式流露。

（12）若有自杀的风险，要尽量取得他人的帮助以便与你共同承担帮助他的责任。在学生不愿求医的情况下，你仍然能够寻求专家的帮忙。

（13）让他相信别人是可以给其帮助的，并鼓励他寻求他人的帮助、支持。如果你认为他们需要专业的帮助，向他们提供转介信息。

（14）如果他们对寻求专业帮助恐惧或担忧，应花时间倾听他们的担心、告诉他们大多数处于这种情况的人需要专业帮助，解释你建议他们见专业人员不是因为你对他们的事情不关心。

（15）如果你认为他即刻自杀的危险性很高，要立即采取措施，不要让他独处；去除自杀的危险物品，或将他转移至安全的地方；陪他去精神心理卫生机构寻求专业人员的帮助；如果自杀行为已经发生，立即将其送往就近的急诊室。

（16）给予希望。让他们知道面临的困境能够有所改变。

（17）在结束谈话时，要鼓励他们再次与你讨论相关问题，并且要让他们知道你愿意继续帮助他们。

第十三章 珍爱生命 探寻人生

人生是个有始有终的过程。我们无法决定自己生命的长度，但可以把握自己生命的宽度。我们要沿着生命的时间线，拓展自己的阅历，过更有意义的生活，体现生命的非凡价值。生命是美丽的，要学会用欣赏的眼光看待；生命是善良的，要学会感激生命中每一个值得感激的人、每一个感恩的机会；生命是和谐的，要学会与身边的人相处，融入现实社会。生命只有一次，我们要善待生命、珍惜生命、热爱生命，让生命更加精彩。

第一节 认知生命

时至今日，生命对于我们来说还有太多的未知需要去探索，有无数的谜团等待我们解开。生命是如何起源的？生命的存在有何意义？为什么人会死亡？死亡的意义是什么？在漫漫人生路上，我们应当如何生活？不同的生活方式对我们有何影响？我们如何使自己快乐地生活？让我们以积极的心态来探讨生命的意义。

一、生命的意义

世界正是因为有了生命才精彩，而在所有的生命存在中，人是与其他生命现象都不同的。生命现象主要包括新陈代谢、生长、发育、遗传、变异、感应、运动等。生长和发育是生命的基本过程，而新陈代谢则是生命的最基本的过程，是其他一切生命现象的基础。宇宙赋予地球物质财富和适宜生存的条件，不仅是生命存在的基础，也是生命有意义的基础。

（一）人的生命特征

虽然目前科学研究还无法完全揭示围绕生命起源、发展、进化等诸多未解之谜，但我们可以通过简单的归纳，来管窥人的生命特征。从哲学角度来看，生命存在着有限性、独特性、超越性、整体性等基本特征。

（1）生命的独特性。世界上没有完全相同的两片树叶，作为拥有高等生命的人，更是每一个人都有自己的独特之处。人具有独立思考、判断的能力，必然会体现出自己的独特性。这不仅表现在生理指标上，更体现在人的经历体验、个性特征、思维方式、表达方式、兴趣爱好等方面。

（2）生命的超越性。人是有意识的生命体，能够不断地总结经验教训，进行自我反思，在此基础上不断地改进和超越自己。超越有两个层次，一是外在的超越，即通过对自己现实状况的审视，按照自身的需求和条件来改造自己所处的环境，挑战生理、技术、能力等极限；二是内在的超越，在意识、智慧、精神上，按照自己的理想、价值观来不断提升、优化自己的内在世界。

（3）生命的受限性。在宇宙中运动是绝对的，包括物质的运动、能量的运动，这一基本规律也适用于生命个体的发展。在人生历程中，生命只有一次，生命的历程也不可能从头再来或调整顺序。除了人生的时间有限之外，人还受到其他限制：作为生物体，受到自然条件的限制，例如，在运动速度、听觉、嗅觉、视觉等方面不如某些动物；作为社会人，受到社会伦理道德、法律的约束，不能随心所欲；作为特定的角色，在社会、家庭中要承担一定的责任，必须正确面对。当然，限制束缚着人，也成就了人。正因为受到自然生理条件的限制，人类学会了直立行走、学会了使用工具、进化出了发达的大脑，进而创造了灿烂的文明；受到伦理道德和法律的限制，人类社会才能发展成为自由、民主、文明的社会。

（4）生命的整体性。人的生命是一个复杂的有机体，生理状况、心理状况共同决定了生命的长度和质量。生命不仅是物化的存在，也是知、情、意、行的统一体。生命的各个部分相互影响，我们对生命的把握绝不能只关注生命的某一部分，而要从整体着眼综合进行考虑。

（二）生命的意义

每年花开花落，冬去春来，生命看似在重复，但如果从亿万年和物种的尺度来看，生命是在持续地进化和发展。地球上的生物经历无数代的繁衍、进化与改变，进化出了适应当前环境的特征，造就了目前地球的自然条件和多姿多彩的地球生命。

对于生命的意义这个问题，古往今来许多哲学家、思想家都有独特的见解。这个问题似乎已经成为一个千古命题，我们无法给出"标准答案"，但是我们可以从不同的层面来审视生命的意义。

生命的产生是自然进化的一个重大成果，而人类的产生则是生命进化的一个重大成果。人类的出现赋予了生命以全新的功能、价值和意义。一个人自诞生起，就显示出其存在的意义，生命的价值是与生俱来的。人与动物的不同之处，就包括人会追问"生命的意义"。动物的一生经历诞生、发育、繁殖和凋亡，它们不会去思考生命的意义，只是按照千万年来进化所形成的本能来保持个体生存、延续物种的存在。

生命的意义这个问题对于每个人来说都具有不同的意义，因此我们不能脱离具体的生命意义去讨论"抽象"的生命意义。社会是人组成的，因而生命意义包括个体意义及社会意义。作为个体的人，一方面具有生物的属性，有诞生、发育、繁殖和凋亡的过程；另一方面也体现着人的特殊价值和意义，主要表现在具有意识和主观能动性，能够主动地思考和解决问题。作为社会的人，首先是具有社会意义，即承担一定的社会角色，这些社会角色规定了人需要做什么、不能做什么，对人的权利、义务进行了限制和界定；其次是具有历史意义，即当代人的言行会对当前社会产生或多或少的影响，并且会随着时间的推移，对历史进程产生影响。

二、生与死的理性思考

《论语》中有一段孔子与季路关于鬼神、生死的对话：

季路问事鬼神。子曰："未能事人，焉能事鬼？"敢问死。曰："未知生，焉知死？"

可以看出，儒家对于生死问题采取回避的态度，不予讨论。自从汉朝"罢黜百家，独尊儒术"之后，各个朝代均深受儒家思想影响，避谈死亡，甚至避免说"死"这个字。但是，不去思考死亡，并不意味着可以避免死亡，由于生命的受限性，我们每个人最终都要面临死亡。对于生死问题，我们不但无需避讳，还需要对其进行理性的思考，从而反观我们应该如何生活。

（一）人的生命的存在形式

探究生死问题，离不开对生命存在形式的探讨。人的生命存在于有形的个体，活跃于人们的精神世界，同时也是组成社会的细胞，所以生命存在形式有生物性、精神性和社会性三种形态。

1. 生物性的存在

生物性的存在是人的生命存在的物质前提，也是人的生命精神性、社会性存在的依托。人即使作为高等动物，也必须遵从生物界的法则。例如，人的部分身体器官如尾巴、全身的浓密毛发虽然经过自然选择退化了，但是偶尔还会出现一些返祖现象；人的体内保留了消化植物的阑尾，以及使毛发竖立的立毛肌等。除此之外，人的本能行为在动物界都能找到对应的影子。人作为生物体的形态存在，是一切人类活动的物质基础。

2. 精神性的存在

与其他高等动物相比，人具有主观能动性，人的行为不仅仅是为了满足生理的需要，更多的是为了追求超越生物性的精神存在。人类发展出了高等文明，积累科学文化知识，发展出了丰富的文化、艺术成果，这显然是超越生物性存在需要的。人们有意识地规划人生、创造更多的价值，以此来完善、提升和满足人的精神需求。生命正是有了精神性的存在，才使人类具有了文艺之美、理性之美和道德之美。

3. 社会性的存在

人生来就是存在于一个特定的社会环境当中，从社会获得生存所需资源，同时也为社会贡献自己的力量。个人要想生存和发展，必须参与到社会活动中，在与人的沟通、交往和互动中体现自己的价值、追求生命的意义。生命的社会性存在，使人们能够坚定目标、心无旁骛，为了实现理想而一往无前；在面对困境时，能够有所坚持，有适当的方法去应对。

（二）什么是死亡

死亡是相对于生命存活的一个状态，它是一个非常古老而又常有新发现的问题，因为人类一直对死亡进行思考和研究。死亡就像一个黑盒子，我们只能从死亡的条件、死亡过程的表现进行探索，因为死亡永远无法真正体验和感知，而死亡的人又不能有任何主观反馈。随着科技和人类认识能力的进步，我们可以从医学的层面来认识死亡、辨析死亡的意义，以此来探求生和死的意义。

传统医学认为"血液循环完全停止，心跳、脉搏完全停止"是死亡的判断标准。随着医疗技术的进步，可以借助医疗设备和药物来长期维持已经丧失脑功能患者的呼吸、心跳。此时由于患者的脑细胞已经大量死亡,所以也无法"苏醒"过来,所以现代医学一般以脑死亡作为死亡的标准。1968 年,世界卫生组织 "国际医学科学组织委员会"将死亡定义为"不可逆转的昏迷或脑死"。目前已有 80 多个国家和地区陆续建立了脑死亡标准,有些国家还颁布了相关法律进行强制要求,但也有国家采用两种标准并存的方式。1986 年,我国首次提出将"脑死亡"作为死亡的判定标准,之后经过医学界、法学界等领域专家的多年研究论证,目前我国关于"脑死亡"的判定标准已初步形成,并于 2009 年颁布了修订稿。

三、生命与死亡教育对大学生成长的意义

对生死问题的困惑与不解,会阻碍我们对生活及其意义的理解,甚至造成对生命的不珍惜。在这种情况之下,通过认识死亡来追问生命的终极意义,对人的生存和发展来讲具有重要的现实意义。

(一)生命与死亡教育不对称的现实

据《礼记·曲礼下》记载:天子死曰崩,诸侯死曰薨,大夫死曰卒,士死曰不禄,只有庶人死才曰死。死亡在中国人的传统观念中是力图避讳的事情,中国人创造了非常多的用来指代、隐讳和避讳死亡的词汇,如仙逝、逝世、去世、故世、过世、辞世、谢世、弃世、西去、羽化、驾崩、见背、坐化、捐躯、殉职、殉国、殉难、殉节、香消玉殒、驾鹤西去……。从这些形式丰富的词汇中我们不难看出,中国传统观念中对于"死亡"的态度,以及生命与死亡教育在传统文化中的缺位状态。时至今日,我们仍然可以看到见诸报端的"万人围堵副市长,群众集体抵制修建火葬场"、"少年杀人怕其会像网游复活连砍 100 余刀"等事件,可见,无论是在社会大众当中,还是在青少年中,都严重缺乏科学的生命与死亡教育。

在现实社会中死亡教育的缺失除了传统观念的影响之外,还有一些认识上的原因。首先,死亡的过程和相关事务处理往往发生在特定场合,由特定的人进行专业处理,远离大众。例如,死亡往往发生在医院或事故现场,由医生和警察、殡葬师等专业人士进行处理,殡葬仪式也越来越简化,普通大众一般不会接触到。其次,死亡往往是别人的事,看到的、听到的多,实际发生在身边的少。除了极其亲近的人死亡,人们一般不会有因死亡所引发的对人生意义和价值的反思。最后,打开新闻网站,总少不了世界各地自然灾害、各种离奇的事故、各种刑事案件等与"生死问题"相关的内容,而且随着互联网技术的发展,更加快了这些信息的传播速度,拓展了传播的广度。我们不得不常常面对死亡的新闻和故事,大脑总处于信息"超载"的状态,人们对死亡的概念也渐趋麻木。

人的生物性存在是人追求生命意义的基本条件,人的精神性存在则是构建生命意义的实体结构,人的社会性存在则是人们坚持追求真理、改变世界的不竭动力。作为大学生,我们有必要在当前生命与死亡教育的需要与现实不对称的状况下,科学、理性地认识生命和死亡,通过认识死亡来追问生命的终极意义,从而为自己确立坚定且合理的人生意义观念。

(二)生命与死亡教育的重要性

只有对生命和死亡有了正确的认识,才能使大学生以理性、客观的态度看待生命历程,懂得如何尊重生命、珍惜生命、关爱生命。死亡教育可以从生命终结的角度展示生命的意义,促使大学生理性审视并积极评估自我存在的状态和价值,从而将其内化到自己的世界观、人

生观、价值观中去。通过生命和死亡教育，大学生能够更加客观地评价人际关系，更加理性地看待挫折与失败，和谐地融入社会和周边环境。

生命观是生命与死亡教育的重要内容，是大学生对生命存在的基本看法，对生命现象的根本观点、态度，以及对生命价值的信仰和判断。只有建立科学的生命观，才能够从生命现象中体悟生存、生活和自我实现的意义和重要性，从而敬畏生命、珍惜生命、尊重生命，培养崇高的人文关怀精神。

现在社会上、高校内时有发生的死亡事件不断地冲击着大学生的神经，如果没有合理的死亡观，可能会引发对死亡和意外伤害的焦虑和恐惧。生和死都是生命过程中不可缺少的端点，不能离开生单独追问死的意义，也不能脱离死而思索生的意义，必须将两者结合起来，以动态的、发展的、互相联系的观点来看生命和死亡的意义。

生命与死亡教育注重学生自身潜在的生命意识，着力于启发学生的精神世界，关注生命的整体发展，重视对学生完整精神的构建和健全人格的培养，是一种智慧的教育。通过生命与死亡教育，使大学生在掌握生命知识的同时，形成正确的生命态度、生命意识，思考合理的生存生活方式，建立起正面的人生态度，从而以积极的行动面对生活。

第二节 珍爱生命

生命是构成绚丽多彩的自然世界的重要内容，生命意识则是人的精神世界的核心内容。大学生的生理、心理渐趋成熟，思考能力和创造能力旺盛，这正是人生中最光彩夺目的阶段。这段时间也是大学生通过对生命和生命现象的正确认识，积极主动地思考人生中的基本问题、思考生命的意义、学会珍爱生命的最佳时期。

一、对生命与死亡的认识误区

在生活中，人们往往将死亡视为偶然事件或特殊原因事件，与死亡相关的事务处理也都远离大众，青少年很少有机会接触。除此之外，在媒体上频频出现的意外死亡、群体死亡事件的报道，绝大多数只是展示了具有"新闻性"的死亡原因、场景，公布了几个数字和调查进展，缺乏对生存意义的追问。影视作品、网络游戏生死问题的不当处理也给青少年造成错误印象。例如，网络游戏中的虚拟人物死了是可以复活的，影视作品中会包括杀戮、远超出人类极限的暴力行为等，这些都对青少年的生死观产生误导。青少年如果没有受到正确的生命与死亡教育，这些错误观念就会乘虚而入。

当今青少年本来就缺乏生命与死亡教育，再加上受到误导等多方面原因，造成了目前高校生命与死亡教育的薄弱状况。与此同时，死亡所引发的恐慌和忧虑通过网络、影视作品和小道消息在校园中悄无声息地传播着。不仅校园中也会出现自杀、他杀现象，网络上的社会新闻中夺人眼球的都是意外事故、自然灾害、刑事案件所引发的死亡事件。面对如此频繁、强烈的死亡信息的刺激，大学生该怎么办？社会上发生的可以无视，但是发生在同一个城市甚至发生在同一个校园的死亡事件如何应对？大多数情况下，学校除了对涉及的人进行心理疏导，对绝大多数大学生都采取冷处理的方法外，只是消极地等待此类事件慢慢淡出大家的视野。面对死亡的忧虑、恐惧和阴影尚在，只是暂时被掩盖了而已。生命与死亡教育往往也因为不受重视，往往流于形式，无法使大学生有所触动。

一些发达国家在生命和死亡教育方面有较为完善的体系，让青少年从小就有机会接触到生命和死亡的话题，并且在长期的教育过程中渗透生命教育与死亡教育的内容，使青少年能够树立起正确的生死观念。事实证明，只有正视死亡才能理解生命，因此我们必须摒弃避讳死亡的做法，积极引导大学生正确认知生命和死亡。

生命的完整内涵包括了生与死两个端点，死和生一样也是生命历程中的一个必要环节。生命的长度是有限的，每个人都要面对死亡，但是不必为此感到焦虑和恐惧。哲学家海德格尔的"向死而在"的观点恰当地描述了"生"和"死"的关系，他认为生即"向死亡的存在"，人始终以向死而生的方式存在着。

只有正确地理解死亡，才能理解生命的有限性和不可逆性，从而真正体会到生命的可贵，从而自觉克服无谓的焦虑和恐惧，理性思考并努力追求人生的价值。

要正确认知生命和死亡，必须要纠正两个错误的观念，一是认为人死万事皆空，二是认为生命可以轮回。第一种错误观念往往导致没有自我约束力的人无所顾忌、胡作非为，或者导致悲观的人缺乏动力，感受不到生活的美好和生命的意义。人的生命不能仅仅看作是生物性的生命，因为人有能动性、有思想，可以影响其他人。高尚的人留下宝贵的精神财富，卑污的人留下千古骂名。在这方面不乏生动的例子，诸葛亮的足智多谋、曹操的自私多疑都给后世留下了鲜明的印象，岳飞的爱国形象和秦桧的卖国贼形象也形成了鲜明的对比。其实，人的死亡只是生物生命的终结，但是其社会生命还在继续影响其他人。第二种错误观念首先是不符合科学规律，人的生命只有一次，无法证实转世轮回的可能性和真实性，所有的"例子"也都是经不起推敲的谎言。其次，如果相信了这种错误观点，会导致人们对生命的不珍惜，任意残害自己或他人的生命。我们必须纠正这两种错误的死亡观念，使大学生树立起正确的死亡观：死亡是任何人都无法避免的，人的生命是生与死的统一体。只有从容地面对死亡、客观地看待生命的有限性，我们才能从积极的角度来看人生，主动地规划人生、把握人生，使自己的人生历程更加精彩。

二、让生命充满活力

每个人的生命历程都不会与他人相同，每个人的生命中都有太多美好的事物有待探索、有太多的奥秘等待发掘、有太多的乐趣需要主动创造。生命本身的超越性决定了生命要有活力，才能最大限度地体现其价值。

（一）正确认知自己，激发生命潜力

希腊德尔斐神庙中有这样一句话："人啊，要认识你自己。"认识自己实际上并不是一件容易的事，人们对自己的判断往往受限于自身认识的盲区，不能客观地认识自己。认识自己是一种智慧，也是走向成功的第一步。

认识自己是一种可贵的能力。常言道，人贵有自知之明。自知，就是要全面地认识到自己的优点和缺点，特别是自己的缺陷和无知所在，更要认识到自己认识能力的有限性。自知的人清楚自己的缺点和不足，因而能保持谦逊，也能在了解自己的基础上扬长避短，抓住机会完善自己。

正确认识自己有利于激发生命的潜力。人的潜力是可以发掘的,一个人如果能够认识到自己的潜力,就可以将自己的潜力发挥到最大程度。认识自己可以增强人的自信心,从而产生不可估量的力量。

(二)学会释放压力,保持身心健康

不可否认的是,压力在某种程度上是动力的"源泉",适当的压力有益于激发人的斗志。但如果压力太大,就会变成"压倒骆驼的最后一根稻草"。在生活、学习和工作中,如果压力太大,会导致心理和生理上的异常,严重的还会引发疾病。因此,大学生在学业压力、经济压力或情感压力过大时,要学会释放压力,以保持身心健康的状态。

我们可以采取生理和心理释放两种途径释放压力。生理释放压力一般采取运动的方式,形式不拘,首选自己最喜欢的运动方式,其次选择一些"有氧运动",如游泳、慢跑、骑自行车、慢跑等。这些运动可以适当地促进身体内部的系统循环和物质交换,锻炼心肺功能。生理上的疲惫过后,会给人带来一种心灵上的放松。心理释放一般采取心理咨询和治疗的方法,具体形式可能是倾诉、放松训练、音乐放松、沙盘游戏等形式,通过心理咨询的过程减轻压力和焦虑。

压力释放过后,可以带来一种稳定的积极状态,使人们充分发挥其潜在能量,增强自信,使自己的生活有节奏感,达到最佳适应状态。

(三)掌握交往技巧,建设和谐人际关系

按照马斯洛需求层次论的观点,交往是人类的基本需求之一。通过人与人之间的交往,一方面可以促进人与人之间的感情交流,使人获得理解、信任和友谊,另一方面也使人摆脱孤独,形成参与社会、热爱生活的积极心态,促进人的心理健康。在日常生活中我们也可以发现,离退休后的老人,如果积极参与社交活动,那么就能够很快地适应退休生活,而不爱交往的人,退休后可能会很不适应,甚至出现心理障碍。因此,积极参加社交活动,拥有良好的人际关系,可以实现思想交流和信息共享,不断地丰富和激活人们的内心世界,获得尊重、理解和信任,从而改善心理健康状况。

与人交往也需要掌握一定的技巧,才能够交到朋友、留住朋友。人际关系虽然复杂,但也有章可循,我们可以在基本的人与人之间互相平等、互相尊重的原则之上,掌握一些规则。"君子之交淡如水",人与人之间的交往要保持适当的距离与空间,友谊才能长久。"君子和而不同",每个人都有自己独特的想法,不管出于什么原因,在交往的过程中切记不可强求。"水至清则无鱼,人至察则无徒",在与人交往的过程中,"难得糊涂"也是重要的相处原则,非原则问题有时不宜太过较真。另外,对于那些事实已证明不可深交之人,我们也不必疾恶如仇,非要当面拆穿对质,注意拉远距离即可。正所谓"遇事退一步则天高地广,凡事论曲直则路窄林深",退让有时反而是自我保护的最佳选择。

社交技能自我训练小技巧

(1)与人交谈时抬头挺胸,尽量微笑。
(2)交谈中尽量用"我们"代替"我"。

（3）真诚赞美别人的优点。
（4）记录每天的快乐，和快乐的人一起快乐。
（5）向信任的人倾诉自己的烦恼。
（6）和朋友一起参加文娱、体育活动，如打球、唱歌、旅游等。

（四）感受生命的美好，珍惜生命的存在

树立尊重和热爱生命的意识，感受生命的美好，尊重生命的个性，能够让大学生更加珍惜现在的生活，珍视自己和他人的生命。

（1）欣赏生命的美好。生命起源、发展和进化经历了无数的磨难和挫折，生命的美好不仅仅限于外在的美，生命现象本身所蕴涵的坚毅品格更值得我们欣赏，这是坚持的美、胜利的美和顽强的美。我们应该站在审美的角度去欣赏生命的美好，用积极、乐观的眼光去看待生命。

（2）尊重生命的个性。每一个生命都是具体存在的，都有其独特的经历和特征，欣赏和尊重生命的独特性和个体差异是生命教育的重要内容。每一个人都是唯一的，包括每一个人的优点、个性特征甚至缺点都与他人不同，其实这也正是人与人之间最大的区别。每个人的生命都是一个创造、生成的动态过程，每个人的独特性都需要得到尊重和保护。

（3）维护生命的权利。维护生命权利的核心是对每个人的生命利益给予应有的保护。对大学生而言，一方面要通过学习法律知识，了解每个人都拥有法律所赋予的维护生命安全和支配生命利益的权利；另一方面要在敬畏生命的同时，懂得珍惜现有的生活，充分利用自己的特长和优势，发挥主观能动性，创造自己的生命价值。

（4）珍惜生命的存在。生命的存在是人的发展、生命价值实现的基础，如果生命不复存在，那么一切都无从谈起。人的生命只有一次，而在生命中能做的事很多，机会也很多，无论看起来多么难做的事情、多么重大的失误，都不值得为之放弃生命。生活中从来都没有"过不去的坎"。

三、心理危机的预防与干预

心理危机一般是指个体或群体在面临突然的或重大的生活挫折或安全事件时，既无法回避，又无法用通常解决应激问题的方式来应对时出现的心理失衡状态。心理危机意味着心理自我平衡稳定的状态被破坏，个体暂时无法自行恢复平衡，需要采取适当的心理疏导方法进行干预。为了有效地帮助人们恢复心理平衡状态，我们需要采取一系列措施，这个过程就称为危机干预。

大学校园里的心理危机事件对大学生有较大的影响，如果处理不当，容易导致个体心理危机问题转化为群体性心理问题。一般在心理危机发生前，采取适当的措施对心理危机进行预防，可以收到良好的效果。如果已经发生了心理危机，则需要及时进行适当的危机干预。

（一）引起心理危机的事件

（1）恶性犯罪事件。针对校园内人员的恶性犯罪事件发生的概率比较低，但是一旦发生，造成的后果就比较严重。如果凶杀、爆炸、恐怖袭击等社会安全事件在校园里发生，或者事件的受害人是校内人员的话，就会在整个校园引起巨大的恐慌和群体性焦虑。

（2）校园内发生的自残、自杀事件。大学生也面临着诸多方面的压力，如果个别人因为在生活中遭受重大挫折、患有严重精神疾病等特殊因素出现自残及自杀事件，也会在师生中引发强烈的负面影响和恐慌。

（3）自然灾害、公共卫生事件、火灾、踩踏、交通事故等其他事件。这些事件往往在短时间内造成巨大的生命和财产损失，同时会在师生中间产生极其强烈的心理冲击。

（二）大学生心理危机干预重点对象

根据大学生的学习、情感、人际等方面的问题引发的心理危机种类，可确定需要进行危机干预的对象：

（1）学业压力引发的问题。由于学习基础和能力差，从而导致学习压力过大而出现心理行为异常的学生，如英语四、六级，计算机等级考试通过努力但仍然无法通过的学生，毕业论文无法如期完成的学生等。

（2）情感失调及人际关系受挫引发的问题。在生活学习中遭遇突然打击而出现心理或行为异常的学生，如家庭发生重大变故、受到意外刺激的学生等。个人感情受挫后出现心理或行为异常的学生，如失恋而情绪失控的学生等。人际关系失调后出现心理或行为异常的学生，如当众受辱、受惊吓、与同学发生严重人际冲突而被排斥、受歧视的学生，与老师发生严重人际冲突的学生。

（3）在心理健康普查中筛选出来的性格内向孤僻、有较严重的心理障碍、心理疾病，且出现心理或行为异常或具有自杀倾向的学生。

（4）因疾病或适应不良导致压力过大的学生。身体出现严重疾病，如患上传染性肝炎、肺结核等，个人很痛苦，治疗周期长，经济负担重的学生。出现严重适应不良导致心理或行为异常的学生，如新生适应不良者。

（5）就业存在困难的学生。心理素质较差的毕业生在找工作的过程中如果多次受挫，可能会引发心理危机。

压力知识小测验

以下十个论断你认为对的请打上"√"，认为错的或不赞同的请打上"×"。

（1）人一旦有压力的感受首先一定会觉得神经紧张。
（2）只要你遭受到压力你一定会知道的。
（3）长期的运动会削弱你抗拒压力的能力。
（4）有压力总是不好的。
（5）压力会制造不愉快的问题，但不至于置你于死地。
（6）打针吃药就可以控制压力。
（7）当你离开教室的时候，会留下学习的压力，而不会把它带回宿舍。
（8）压力只是心事，与身体无关。
（9）压力是可以完全消除的。
（10）除非你改变生活方式，否则，你对压力一点办法也没有。

做完了，数一数你打×的数目。正确的答案是上述题目全部是错的。

（三）大学生个体心理危机的外在表现

大学生在遇到无法处理的心理危机诱发事件后，一般都会有较大的情绪落差，同时表现在情绪、行为和生理等方面。

（1）过度情绪反应。高度紧张、焦虑、空虚感、丧失感，同时可能会伴随出现恐惧、极端愤怒、罪恶感、无端烦恼和羞惭等。

（2）行为明显改变。不能专心从事学习、处理事务；拒绝接受帮助，拒绝沟通，回避与人交流，或沉迷于其他使自己感到孤单的事；与周围人的联系减少，可能发生对自己或周围人、物的破坏行为；持续出现根据其以往性格来说异常的行为。

（3）生理不适。可能会出现失眠、头晕、食欲不振、胃部不适等症状。

抑郁症状知识卡

（1）抑郁心境。有某种程度的不快，从轻度的抑郁到极度的无助感，被人们描述为"完全的绝望、孤独感或只是厌倦"。

（2）在平常的活动中丧失兴趣和乐趣，如对平常喜欢的运动、旅游、和同学聊天等都觉得没意思。

（3）食欲紊乱。部分抑郁者食欲很差，体重减轻；部分抑郁者食欲增加，体重增加。

（4）睡眠紊乱。失眠、早醒、入睡困难或夜晚不断醒来、睡得过多。同学间人际关系紧张、孤单，与父母、知心好友也懒得说话。

（5）上课走神，作业花时长，精力不能集中，记忆下降，思维困难，精力减退、学习效率低。

（6）很想改变自己，让自己好起来，但效果不好，失去自信，甚至有自杀的想法。

（7）过于焦虑，出现无价值感和内疚感。

（8）青少年常见的抑郁症状可能是恼怒、违拗、抱怨或反社会行为、药物滥用等。

（四）大学生心理危机预防的策略

校园心理危机的预防要建立起宿舍、班级、院系、学校四级预警系统，抓好信息的及时上报、重点对象的及时排查，并且要在重点时期实施积极的预防措施，才能做到有的放矢。

建立宿舍、班级、院系、学校四级预警系统

一级预警：宿舍。宿舍长作为本宿舍心理健康联络员，在发现本宿舍成员有较大心理问题或行为异常时，第一时间上报信息。宿舍内成员是最早发现问题的，因此宿舍的一级预警可以为心理问题预防和干预争取有效的工作时间。

二级预警：班级。各班设立班级心理委员，男女各一名。班级心理委员的任务主要包括两个方面：一是广泛联系本班同学，加强思想和感情上的沟通，了解同学们的舆论和思想动态，一旦发现问题及时上报；二是接收各宿舍长所反映的情况，了解具体情况，给院系提供适当的信息以帮助心理危机预防和干预措施的制定。

三级预警：院系。各院系指定专人作为负责学生心理健康的辅导员，密切关注学生异常心理、行为，对班级上报的处于危机状态需要立即干预的学生有针对性地与其谈话，帮助学生解决心理困惑，对重要情况要立即向院系领导、心理健康教育与辅导中心和学生处报告，并在专业人员的指导下及时对学生进行快捷、有效的干预。

四级预警：学校。学校应开展大学生心理测评，建立大学生心理档案，筛选出需要主动干预的对象并采取相应措施。学校心理咨询人员要牢牢树立心理危机干预及自杀预防意识，在心理辅导或咨询过程中，若发现处于危机状态需要立即干预的学生，要及时采取相应的干预措施。

（五）大学生心理危机干预的原则

（1）预防性原则。导致心理危机的本质是当事人经历或目睹的突发事件超过其平时身心所能承受的压力，又无法通过常规手段去应对，失去心理平衡，引起的后果难以预料。因此，必须尽早干预，采取有效措施，避免出现心理危机才是干预的上策。

（2）发展性原则。心理危机的干预应遵循"促进当事人和当事人所在团体发展"的原则，引导当事人认识到危机中还包含促使其在逆境中成长和发展的机遇，进而提升当事人对个人发展的认识。

（3）释放为主原则。心理危机是不良情绪积累到超过个人心理防御临界点而发生的，如果能够得到及时疏导和释放，将会得到缓解。

（4）价值中立原则。心理危机往往与大学生的世界观、人生观、价值观紧密联系，因此在实施心理干预措施时，应该保持价值中立原则，避免因干预过程中采取"矫枉过正"的言行而误导当事人。

（5）多方参与原则。心理危机的解决需要依靠心理辅导、朋辈互助、家庭支持、专业心理咨询甚至医疗手段介入等多种途径，多方参与才能收到良好的效果。

（六）心理危机干预的程序

（1）问题发现。各院系要建立起通畅的学生心理危机信息反馈机制，做到在第一时间内掌握学生心理危机动态，对有心理障碍的学生，周围学生应予以理解、关心和帮助。发现问题者需要及时向心理辅导员老师反馈情况。对有行为异常或近期情绪、行为变化较大的学生，院系心理辅导员应给予及时的心理指导，并做好咨询记录，对问题严重的学生需转介到院心理健康教育中心，由心理健康教育中心对学生进行预诊和危机风险评估，提出危机干预措施和初步的相关建议。

（2）信息报告。发现危机情况者（包括学院领导、老师）应立即向心理辅导员报告，心理辅导员迅速向所在院系心理危机应急处理工作小组组长报告，该组长需立即向大学生心理危机评估与干预工作办公室主任报告，办公室主任视危机严重程度，酌情向大学生心理危机干预工作领导小组及时汇报。

（3）即时监护。在与学生家长做安全责任移交之前，院系"心理危机应急处理工作小组"应对该生作 24 小时特别监护，对心理危机特别严重者，院系"心理危机应急处理工作小组"组长安排院系相关人员协助保卫人员进行 24 小时特别监护，或在有监护的情况下送医院治疗。对于出现危机事故的学生在医院接受救治期间，院系"心理危机应急处理工作小组"组长指派相关院系人员协助保卫人员根据医院要求在病房进行 24 小时特别监护，保护学生的生命安全。组长视情节轻重可将该系学生送至相关单位处理，但仍对学生身心健康和安全负责，需要慎重。

（4）通知家长。在实施监护的同时，所在院系的"心理危机应急处理工作小组"应以最快的速度通知家长来校，与家长商议进一步的处理措施，院系做好相应记录。

（5）进行阻控。对于有可能造成危机扩大或激化的人、物、情境等，进行必要的消除或隔绝。对于学校可调控的可能引发其他学生心理危机的刺激物，院系应协助有关部门及时阻断。

（6）实施治疗。需住院治疗的，必须在家长的陪同下将学生送至专业精神卫生机构治疗；对可以在校坚持学习但需辅以药物治疗的学生，院系应与其家长商定监护措施；对不能坚持在校学习的，按照学校学籍管理有关规定办理相关手续，由家长监护并离校治疗。

（7）应急救助。得知学生有自伤或伤害他人倾向时，发现情况者应立即赶赴现场采取救助措施，紧急情况下应先拨打110、120等紧急电话求助。

（8）事故处理。当学生自伤或伤害他人事故发生后，任何接报单位均应迅速通知保卫处、医务室、心理健康教育中心等相关专业人员，并同时上报大学生心理危机干预工作领导小组组长。保卫处负责保护现场，配合有关单位对当事人实施生命救护，协助有关部门对事故进行调查取证，配合院系及医疗部门对学生进行医疗救护过程中的安全监护；医务室负责对当事人实施紧急救治，或负责配合相关人员护送至就近医院救治；心理健康教育中心协同有关人员（如警方、消防、院系等相关人员）根据有关信息负责制订心理救助方案，实施心理救助，稳定当事人情绪。

（9）成因分析与经验、教训总结。事故处理结束后，心理健康教育中心和院系负责事件的成因分析，对事前征兆、事发状态、事中干预、事后疏导等经验与教训进行认真梳理。

第三节　探寻人生

大海上的航船如果随波逐流，也能见识到不少风景，但无法掌控自己的命运；如果有明确的目标，加上适当的努力、技巧和坚持，最终就能够到达成功的彼岸。人生也是如此，面对人生的航程，我们是应该随波逐流，还是应该确立自己的目标并为之奋斗呢？我想这个问题大家都会选择后者，可是，人生并非行船那么简单，人生历程中有很多问题使我们不得不驻足停留，甚至有时会使我们彷徨、挣扎甚至懊悔当初的目标是否有意义。那么我们如何才能使自己的人生有意义呢？如何度过一个幸福快乐的人生呢？

 哲思点滴

什么样的人生有意义

人生必须有目标——这目标不是我们碰巧满意的随便哪种东西，而只能是真正高贵而美好的那种目标。而且，这种目标事实上必须是可以达到的，不能永无止境地求而不得；它还必须是延续性的。最后，这种目标应该是我们自己的，不能由外在强加于我们。总之，真正有意义的人生只能是那种不断创造的人生。

——泰勒

一、人生意义

"一家人家生了一个男孩,合家高兴透顶了。满月的时候,抱出来给客人看,——大概自然是想得一点好兆头。

"一个说:'这孩子将来要发财的。'他于是得到一番感谢。"

"一个说:'这孩子将来是要死的。'他于是得到一顿大家合力的痛打。"

"说要死的必然,说富贵的说谎。但说谎的得好报,说必然的遭打。"

——摘自鲁迅《立论》

鲁迅在《立论》一文中形象地描绘了中国家庭对于孩子的希望,虽然文中本意是讽刺,但是也很现实地反映了中国人对人生意义的观点。大家都希望孩子一辈子能够大富大贵、有所成就,尽管这不一定会有;都不希望孩子死亡,但是这一定会到来。从表面上来看,这是一个矛盾的命题,但是我们细细思考,其实趋利避害、追求快乐幸福又是哪一个人所不愿意的呢?如果我们仅仅是为了枯燥的说教、空洞的伟大、无法实现的目标而活,那还有什么意义?

"人生的意义"这个问题是特殊的,它不可避免地带有个人性,因人而异,甚至因时而异。小孩子刚出生,长辈就对他报以富贵的希望,实际上也是对"什么样的人生是有意义的?"这个问题做出了解答。当然,除了富贵以外,还有许多词汇可以作为这个问题的回答:平安、幸福、健康、快乐、奋进、高尚、成功等。我们应如何选择呢?

爱因斯坦说过:"一个人的价值,应该看他贡献什么,而不应当看他取得什么。"人是具有社会性的,人的一生往往被社会赋予多种角色,承担这些角色并且对社会有所贡献,那么就可以说人生就是有意义的。大学阶段是人生中汲取知识、提高能力、形成"三观"的黄金阶段,大学生作为青年人中的优秀分子,是思想最活跃、想象力最丰富的人群,我们应该追求一种什么样的人生,才能使自己的人生有意义呢?

(一)追求真知,勇攀高峰

人类自从有了思想以来,一直在追求真知的道路上前行。不论是对自然科学的研究,还是对社会科学的研究,目的都在于认识事物并掌握事物发展的规律,将这些规律应用到能够满足人类现实需要的领域。追求真知应该是我们大学生活中的重要内容,也是极有意义的内容。追求真知,除了包括对科学文化知识的追求,还应该包括对高尚的思想境界的追求,只有将这两个方面结合起来,我们才能够在未来的道路上不偏离方向。

(二)不懈奋斗,铸就成功

在人生的航程中,现实是此岸,目标就是彼岸,而奋斗就是通往彼岸的航船。奋斗是毅力的坚实脚步,是意志的直观体现,是人类成功永远的法宝。无论多么聪明的人,也无论有多么周密的计划,离开了奋斗的精神,没有奋斗的行动,一切都只是空谈;无论目标多么遥远,路途多么艰辛,只要有奋斗的勇气和行动,总会达成目标。奋斗是长期的艰苦劳动,也是我们青年人求得真知、提升能力、达成梦想的唯一途径。那些畏缩不前的人,不愿出力流汗的人,永远尝不到成功的甘甜。

(三)提升修养,知行统一

一个人能否得到信任、支持和尊敬,往往与这个人的修养以及由修养体现出的个人魅力有很大关系。个人修养与个人所掌握的知识有一定的关系，但更重要的是体现在"德"和"行"两方面。"德"就是良好的品德和素养，"行"就是外在的行为。个人修养较高的人，在言谈举止中自然地流露出一种文雅的气息，往往待人和善亲切、谦虚随和，处事诚信守约，给人留下美好的印象。作为当代大学生，我们一定要将"德"的提升和"行"的规范相结合。大学生在拥有了较高的文化水平和专业素养之后，应该将这些内在的"德"表现为日常生活中的文明行为、文明语言。一定的形式反映一定的内容，我们要以实际行动体现出当代大学生应有的修养和魅力。

（四）追求理想，创造未来

理想是人类特有的一种精神现象，是人类社会不断进步的不竭动力。理想源于现实、高于现实，是现实的升华。理想是实现人生价值的精神力量，是引导人们前进的指路明灯，也是人们不懈奋斗的精神支柱。同时，现实是追求理想的立足点和出发点。追求理想要做到脚踏实地、全力以赴。理想是现实的升华，意味着理想不是轻轻松松就能实现的，需要我们以自己的现实为基础，通过全力以赴的奋斗，才有可能实现。由于人的社会性特征，大学生个人理想的实现必须与社会发展的需要紧密结合。荀子说过："君子性非异也，善假于物也。"个人要实现自己的远大理想，需要使自己站在一个更高的为人民服务的平台之上。如果将个人理想与社会需要相结合，就可以更多地借助社会上的资源和力量，使自己的理想更容易实现，同时也能做出更大贡献。

二、人生快乐的源泉

快乐在人生中的作用就像烹调中的佐料，仅需"少许"就可以使整道菜鲜香诱人。如果没有快乐，也能度过一生，但是会感觉索然无味；如果能寻找到快乐，将会是锦上添花。快乐分很多种，有满足生理需要的快乐，婴儿饿了会哭，吃饱就会快乐；有满足安全感的需要，在战乱的年代，能够找到没有炮火硝烟的地方生活，也是一种快乐；有满足爱和归属的需要，一个人被所在的集体认同，受到重视，那么他也会得到快乐。马斯洛的"需求层次理论"认为，人的需求是具有逐步递进层次结构的，包括生理需求、安全需求、社交需求和自我实现需求。从纵向来看，在每一个层次的需求得到满足后，人们都会收获到相应的快乐。在实际的生活中，低层次的需求得到满足后，人们会追求高层次的需求，但有时高层次的需求得到满足后，反而导致低层次的需求无法得到满足，因此我们不能简单地从纵向的角度理解快乐。我们可以从横向的角度，从达成目标的快乐、体验过程的快乐、欣赏的快乐几个方面来寻找人生快乐的源泉。

（一）体验达成目标的快乐

快乐与人的需求得到满足直接相关，无论是获得了友情、完成了任务，还是辛勤劳动得到了回报，都会使人感到快乐。这些都是人生历程中的一个又一个目标，这些目标的达成，会让人们直接体验到快乐的感受。要想达成目标，首先要确立目标。这就要分析自己的需要，无论是近期需要还是远期需要，只要有实现的可能性，都可以作为目标。目标可以是有形的、具体的，如食物、温暖、休息、健康、安全、好成绩、与人交往、财富、升学等，也可以是无形的、抽象的，如亲情、友情、爱情、尊重、公正、美感、智慧、道德、自信、成就感等。

如果能针对这些已经定好的目标，通过思考、设计与行动达成目标，那么快乐就会如期而至。快乐的重要来源在于不断地确立目标、实现目标。

（二）体验过程的快乐

目标的实现是需要认真思考、谋划的，甚至还需要一点点运气。实现目标的过程是我们获得快乐的重要途径。例如，旅行的快乐，一定不是在旅程结束回到出发地的时候才能够得到，而是在旅行的过程中，通过对过程的感知、体验而得到的；学习过程中得到的快乐，也不仅仅是在考试成绩最终揭晓的时候得到的，必定是在学习的过程中克服一个又一个困难的过程中体验到的。有些人抱怨生活太单调，没有乐趣，工作太枯燥，没有激情，可是我们也能找到在工作、生活中很快乐的人。在工作中克服一个个困难，在生活中体会一次次的温暖和感动，这些应该都是快乐的源泉。因此，我们要学会体验过程的快乐，以享受生活、享受学习、享受工作的态度面对生命中的每一天，当你坚信自己一定能够从中发现快乐的时候，你离快乐已经不远了。

（三）体验欣赏的快乐

有句成语叫作"爱屋及乌"，意思是喜欢一个人，连其拥有的东西或身边的东西都喜欢，这就是欣赏的力量。对于一个人的欣赏，可以波及他身边的事物，同理，也可以波及他的所有一切。在我们的生活中，如果能用欣赏的眼光去看待身边的人、身边的事物，那么美好和快乐就会如期而至；如果用相反的态度去看待，结果自然是厌恶、不满和痛苦。欣赏不仅仅局限于他人，自己、美好的大自然、美妙的生命现象、独具特色的地方文化，甚至不同的观念和看法等，都可以成为欣赏的对象。欣赏的态度首先可以使我们去掉有色眼镜和固有成见，客观地看待人和事，从好的方面去想，体会到自我价值、自然之美、生命之美、文化之美；其次可以让我们真正尊重生命的独特性规律，形成理解、宽容他人的优秀品格，从而提升自己的个人修养水平；最后，欣赏的态度会给我们带来无穷的快乐，因为能够包容、能够看到优点、能够换个角度看世界，所以会感受到更多的快乐。

三、快乐人生的心理攻略

我们身边的人，总有那么几个整天都很高兴，似乎从没有过烦恼，也会有那么几个，总是愁眉苦脸，仿佛从未快乐过。这两类人都是少数，但是他们代表了快乐和不快乐两种典型状况。当然，快乐和不快乐往往不会那么集中地表现在一个人身上，往往是表现为一个人的快乐时有时无，甚至"人生不如意事十之八九"。很显然，这里有一个问题需要我们去思考：怎样才会快乐？在大多数人眼里，快乐是一种感觉，是一种对比，也是一种心态，其实快乐就是这么简单，除了把握快乐的源泉之外，还需要一些小小的心理技巧。

星光闪耀：要掌握好的方法

爱迪生是举世闻名的大发明家。他一生有 2000 余项发明，对改进人类的生活方式，做出了重大贡献。

"浪费，最大的浪费莫过于浪费时间了。"爱迪生常对助手说，"人生太短暂了，要多想办法，用极少的时间办更多的事情。"

> 一天，爱迪生在实验室里工作，他递给助手一个没上灯口的空玻璃灯泡，说："你测量一下灯泡的容量，将结果给我。"说完他又低头沉浸在自己的工作中。
>
> 过了好半天，助手还没将结果测出来。当爱迪生再一次催促助手时，却发现助手拿着软尺在测量灯泡的周长、斜度，并拿了测得的数字伏在桌上计算。这时爱迪生说："时间，时间，怎么费那么多的时间呢？"他拿起那个空灯泡，向里面斟满了水，交给助手，说："把里面的水倒进量杯里，马上告诉我它的容量。"
>
> 助手立刻读出了数字。爱迪生说："这是多么容易的测量方法啊，它又准确，又节省时间，你怎么想不到呢？还去算，那岂不是白白地浪费时间吗？"
>
> 助手的脸红了。
>
> 爱迪生喃喃地说："人生太短暂了，要节省时间，多做事情啊！"

（1）要学会每天及时调整好自己的心态。人生的烦恼绝大多数都是由压力引起、由琐事触发的，因此，面对生活中的烦恼，我们就应学会及时调整心态，给自己创造快乐的理由。

（2）懂得自我激励。工作中或生活中遇到困难的时候，如果把问题无限放大，肯定会感到天崩地裂。假如我们换一个角度，用自我激励的方式来鼓励自己，可能就是另外一种状态。

（3）积极面对人生。人生只有在自己感到烦恼的时候才会真正烦恼，谁没有经历过开心和不开心的事呢？因此，要学会从自寻烦恼中解脱自己，从简单的生活中寻找可以欢乐的理由，让自己每天都能保持良好的心情面对生活。

（4）学会放弃。奋斗改变人生，积极面对挑战的人可以得到事业有成的成就感，但是，在竞争激烈的社会环境中，学会适当放弃自己根本得不到的东西才是智慧的选择，根据自己的实际情况来设定能够达到的目标，才能享受到达成目标的快乐。

（5）保持一颗平常心，做到仁爱、平静、理智、乐观、豁达。保持平常心，就能够做到"不以物喜，不以己悲"，对名利得失顺其自然，对失败也能够泰然处之，能够想得开、想得宽、想得远，从而保持一个平和的心理状态。

（6）保持一颗感恩的心。感恩不是一种压力，而是一种处世哲学，一种人生智慧。感恩让你以满足的心去珍惜身边的人和事，发现人生的美好和人性的光辉，让你变得轻松、快乐。在这种心态下，思想就会得到滋润，形成人与人之间和谐、幸福的局面。让我们保持感恩之心，常表感激之情，创造出生命中的幸福和快乐。

参 考 文 献

阿伦森．2005．社会心理学．侯玉波译．北京：北京大学出版社．
贝姆·P．艾伦．2011．人格理论．陈英敏，纪林芹，王美萍等译．上海：上海教育出版社．
柴志明，何仁富．2012．大学生命教育论：首届海峡两岸大学生命教育高峰论坛论文集．北京：中国广播电视出版社．
陈红英，舒刚．2012．大学生心理健康教程．武汉：武汉大学出版社．
陈盼．2009．大学生情绪管理及其思想政治教育．河南科技学院学报，(1)：138-141．
陈琦，刘儒德．2007．当代教育心理学．北京：北京师范大学出版社．
陈淑萍，张宏，王广杰．2012．大学生心理素质教育教程．北京：科学出版社．
陈宇光，林焰芳，陈宏．2012．社会支持与大学生心理健康教育．南昌工程学院学报，(5)：14-16．
戴朝护．2011．大学生心理健康．北京：北京大学出版社．
邓瑾轩．2000．运用行为科学中的"双因素理论"，调动大学生的学习积极性．桂林航天工业高等专科学校学报，(4)：34-37．
杜继淑，王飞飞，冯维．2007．大学生绪管理能力与心理健康关系研究．中国特殊教育，(9)：75．
杜丽娟．2009．大学生心理健康教育实用教程．开封：河南大学出版社．
樊富珉，贾煊．2013．生命教育与自杀预防．北京：清华大学出版社．
樊富珉，王建中．2006．当代大学学心理健康教程．武汉：武汉大学出版社．
燕国材．2006．非智力因素与学习．上海：上海教育出版社．
冯缙．2011．当代心理治疗四大流派治疗方法述评．保健医学研究与实践，8（1）：76-80．
辅仁大学宗教学系．2010．宗教的生命观．台北：五南图书出版股份有限公司．
高秦嫣．2011．当代大学生审美心理分析与审美教育的对策思考，福建农林大学学报（哲学社会科学版），14（5）：87-90．
郭永玉、贺金波．2011．人格心理学．北京：高等教育出版社．
何仁富．2010．生命教育引论．北京：中国广播电视出版社．
何仁富，肖国飞，汪丽华，等．2012．大学生命教育的理论与实践．北京：中国广播电视出版社．
胡庆庆．2013．大学生心理健康与社会支持的关系．社会科学家，(9)：47-49．
华特士．2012．生命教育．成都：四川大学出版社．
黄敏儿，郭德俊．2001．情绪调节方式及其发展趋势．应用心理学，(2)：17-22．
黄蕴旗．2011．大学生心理调适探究．心理健康，(2)：85．
贾林祥，郭利．2013．追寻生命的意义——大学生自我生命意义的多元价值取向分析．江苏师范大学学报（哲学社会科学版），39（1）：145-149．
姜旭编．2008．生命教育研究．沈阳：辽宁民族出版社．
冯忠良，伍新春，姚梅林，等．2010．教育心理学．北京：人民教育出版社．
孔晓东．2011．大学生心理健康导引．武汉：华中科技大学出版社．
李传银，李华．2012．大学生心理健康教育．北京：科学出版社．
李丹．2012．青少年核心价值观教育读本．北京：北京工业大学出版社．

李红．2013．大学生幸福课．北京：北京大学出版社，

李江雪．2011．大学生情绪管理与辅导．北京：北京师范大学出版社．

李素梅．2011．心理健康与大学生活．华中科技大学出版社．

李伟．2006．大学教育的最终目标是人格完善．医学教育探索，(5)：806-807．

李晓东．2003．课堂目标结构、个人目标取向、自我效能及价值与学业自我妨碍．心理科学，26(4)：590-594．

栗九红，刘玉娟．2010．心理健康．沈阳：东北大学出版社．

廖桂芳，徐园媛．2012．生命与使命：大学生生命教育创新模式构建．成都：电子科技大学出版社．

刘晨．2011．死亡观教育 高校生命教育的"短板"．理论观察，(6)：98-99．

刘芳芳，白丽英，谢叶鑫，等．2008．不同类型高校大学生压力源及应对策略研究．中国健康心理学杂志，(8)：857．

刘济良．2004．生命教育论．北京：中国社会科学出版社．

刘济良．2004．生命的沉思：生命教育理念解读．北京：中国社会科学出版社．

刘娜，陈维．2011．大学生心理健康分析及对策研究．价值工程，(09)：85．

刘镇江，蒋福明，彭建国．2007．大学生心理危机预防与干预机制研究．南华大学学报（社会科学版），8(2)：72-75．

卢勤，周宏，邵昌玉．2010．大学生心理健康理论与实践．成都：四川大学出版社，

罗峥．2012．学生情绪调节与辅导．北京：开明出版社．

麻艳香．2007．论大学生的人格完善问题．社科纵横，(22)：148-150．

麻艳香．2005．论大学生的心理健康及其教育．社科纵横，(20)：188-190．

麻艳香．2005．论大学生心理问题及其对人格完善的危害．社科纵横，(20)：163-166．

欧巧云．2009．当代大学生生命教育研究．北京： 知识产权出版社．

齐新艳．2012．大学生心理健康教育教程．北京：北京大学出版社．

沈渔邨．2003．精神病学．第四版．北京：人民卫生出版社．

孙科炎．2012．情绪心理学．北京：中国电力出版社．

王冰蔚，杨宾峰，王永铎．2011．大学生朋辈心理辅导．北京：清华大学出版社．

王高亮，李侠．2006．大学生心理健康教育．北京：北京工业大学出版社．

王丽焕．2012．大学生心理健康教育教程．北京：对外经济贸易大学出版社．

王文鹏，贾喜玲．2006．大学生心理健康教育．开封：河南大学出版社．

王文鹏，王冰蔚，王永铎．2012．大学生心理健康教育．北京：教育科学出版社．

王文鹏、王冰蔚．2011．高校学生心理健康教育与指导．北京：清华大学出版社．

王燮辞．2011．青少年心理危机干预概论．成都：四川大学出版社．

王欣．2004．试论当代大学生的人格完善．山东商业职业技术学院学报，(4)：67-69．

王永铎．2010．大学生心理危机预防与干预体系的建设．河南科技学院学报，(9)：116．

王争艳，杨波．2011．人格心理学．北京：高等教育出版社．

王祖莉，初铭铜．2009．大学生心理健康教育修订版，北京：科学出版社．

卫生部疾病预防控制局．2013．儿童青少年心理健康100问系列 大学生心理健康100问．北京：东方出版社．

吴岩．2007．别让快乐擦肩而过：塑造现代人心理健康的33个技巧．北京：北京工业大学出版社．

吴智育．2011．大学生心理健康标准构建新探．心理健康教育，(2)：78-79．

伍敏，赵轶群，王琛．2013．大学生心理健康教育的实践与探索．铜陵学院学报，(1)：118-121．

谢小青．2011．大学生情绪管理的现状与对策分析．教育与职业，(6)：82-84．

许燕．2012．人格心理学．北京：开明出版社．

薛永苹．2008．大学生情绪管理能力的培养．思想教育研究，(4)：75-76．

杨和平，黄翠萍，谢模英．2004．大学生常见心理疾病的表现和成因分析．咸宁学院学报（医学版），18(4)：302-304．

姚本先．2012．大学生心理健康教育．合肥：安徽大学出版社．

姚利民．2002．当代中国大学生学习状况的调查．清华大学教育研究，23(2)：104-108．

叶奕乾，何存道，梁宁建．2010．普通心理学．上海：华东师范大学出版社．

岳学友，赵雅丽．2011．大学生心理健康教育．西安：西北工业大学出版社．

曾德嵘．2011．心理学的暗示效应探析．才智，(02)：190．

张保文．2009．阳光心态 点亮人生．北京：石油工业出版社．

张进辅，徐小燕．2004．大学生情绪智力特征的研究．心理科学，(2)：879．

张湘富，张丽颖．2011．大学生生命教育教程．北京：高等教育出版社．

张旭东．2008．大学生生命教育模式研究．北京：中国科学技术出版社．

张运生．2009．大学生心理健康．开封：河南大学出版社．

郑晖，郑乐平．2011．大学生心理健康教育．长沙：湖南师范大学出版社．

中华精神科学会．2001．中国精神障碍分类与诊断标准第三版．济南：山东科学技术出版社．

周晓芳．2012．当代大学生恋爱心理研究．沈阳航空航天大学硕士学位论文．

朱恪川，李冬．2012．校园心理剧在大学生人格完善中的作用．高校辅导员学刊，(4)：68-71．

朱宇．2011．当前大学生恋爱问题及规范引导对策．西南大学硕士学位论文．

左斌．2011．社会心理学．北京：高等教育出版社．

Albert Ellis．2007．别跟情绪过不去．广梅芳译．成都：四川大学出版社．

Jerry M. Burger．2012．人格心理学．陈会昌等译．北京：中国轻工业出版社．

Roger．Hock．2004．改变心理学的40项研究．白学军等译．北京：中国轻工业出版社．

http://www．psyhealth．cn（中国大中学生心理健康教育在线）．

http://www．psych．gov．cn（中国心理教育网）．

http://www．xlwsh．com（中国心理卫生网）．

http://chinapsy．net（中国高校心理在线）．

http://www．psych．gov．cn（中国心理网）．

http://www．chinaxl．net（中华心理网）．

http://www．psychcn．com（华夏心理网）．

http://greatcourse．cnu．edu．cn/dxsxljkl （首都师范大学精品课程）

http://www．xxduan．com （段鑫星心理课堂）．

http://www．bamaol．com/Html/20130119103521 50462．shtm

http://www．china．com．cn/news/law/2011-05/13/content_22554398_2．htm（中国网）．

http://www．xinli110．com/education/jxyj/XLKT/201105/223361．html（中华心理教育网）．

http://baike．baidu．com/link?url=oSkgSDPrRXw2_aqQnr4yRg1R4fmxjlI5jsxbuSutGL_rN3KiipND5kpDh7ynv9AQ（百度百科）．